“流域水循环模拟与调控”国家重点实验室自主研究课题
“十一五”国家科技支撑计划课题“南水北调水资源综合配置技术研究”
水利部公益性行业科研专项“水资源红线管理基础和监测统计考核体系研究”
水利部公益性行业科研专项“北京智能水网顶层设计和水量调度系统框架研究”

南水北调
水资源综合配置研究

王建华　赵建世　李海红
赵　勇　彭少明　桑学锋　等著

科学出版社
北　京

内 容 简 介

本书面向南水北调东、中线一期工程实施情景下黄淮海流域发展的水资源支撑实践需求，在知识创新层面，形成了科学发展观指导下的超大泛流域水资源综合配置理论方法和模型工具，为黄淮海流域水资源合理配置提供科技手段；在支撑发展层面，提出了南水北调东、中线一期工程通水后，黄淮海流域的水资源整体科学配置方案，明晰了未来情势下黄淮海流域水资源供需形势和配置措施；在工程规划层面，在黄淮海流域水资源整体配置的基础上，回答了南水北调东、中线二期工程和西线工程规划的关键问题，为东、中线二期工程和西线工程规划与决策提供科学依据。

本书可供水资源、水文、环境、生态、减灾等领域的科研、管理和教学人员阅读，也可作为相关专业研究生和大专学生的专业读物。

图书在版编目(CIP)数据

南水北调水资源综合配置研究 / 王建华等著. —北京：科学出版社，2013

ISBN 978-7-03-037468-4

Ⅰ. ①南… Ⅱ. ①王… Ⅲ. ①南水北调-水资源-资源配置-研究-中国 Ⅳ. ①TV68

中国版本图书馆 CIP 数据核字（2013）第 097423 号

责任编辑：李　敏　王　倩 / 责任校对：朱光兰
责任印制：钱玉芬 / 封面设计：耕者设计

科学出版社 出版
北京东黄城根北街 16 号
邮政编码：100717
http://www.sciencep.com
骏杰印刷厂 印刷
科学出版社发行　各地新华书店经销
*
2013 年 6 月第　一　版　开本：787×1092　1/16
2013 年 6 月第一次印刷　印张：22 1/2　插页：3
字数：550 000

定价：128.00 元

（如有印装质量问题，我社负责调换）

前　言

南水北调是我国全局性的水资源配置工程，对于缓解黄淮海流域严重缺水的紧张局面具有重要的战略意义。目前南水北调东、中线工程正加紧推进，一期工程即将正式通水。在大规模引江水调入后，黄淮海流域水资源短缺的形势究竟缓解到何种程度？基于东、中线调水工程的黄淮海流域内区域性重点配置措施还有哪些？东、中线二期工程的必要性和时机如何选择？黄河流域水资源情势和西线工程的必要性如何？这些问题在东、中线一期工程通水后都成为现实当中必须回答的重大水资源配置问题。为此，“十一五”国家科技支撑计划南水北调项目中设立了重大课题“南水北调水资源综合配置关键技术研究（编号：2006BAB04A16）”，以期通过流域水资源的整体配置形成对上述问题的清晰图景。

课题组面向南水北调东、中线一期工程实施情景下黄淮海流域水资源配置的现实需求，进行了为期三年的技术攻关，取得了三大技术创新成果和四方面的应用成果。其中，技术创新层面：一是创新形成了全口径缺水定量识别技术方法，该技术按照现行技术政策下不同用水户竞争能力的强弱，根据各自用水短缺的差异性表象，确定了不同的缺水识别方法，整体形成涵盖“三生”的全口径缺水识别的整体技术；二是发展形成了科学发展观视域下的水资源配置理论与方法，该理论与方法将科学发展观的要求具体落实到水资源配置目标与约束中，提出以基于五个统筹的五维水资源配置理论与方法；三是创新研发了超大泛流域水资源合理配置整体模型，为黄淮海流域水资源配置提供了定量模型工具。将上述技术方法应用于黄淮海流域水资源配置实践，取得了四项应用性成果：一是实现了黄淮海流域现状缺水定量识别，包括对生活、工业、农业和生态分项缺水量及其空间分布状况；二是提出了黄淮海泛流域水资源整体配置方案，提出了以二级区套地市为基本单元的黄淮海流域 2015 年、2020 年和 2030 年水资源配置方案和供需平衡分析结果；三是提出了包括北京、天津和河北重点缺水区等东、中线受水范围重点地区的水资源配置成果，对南水北调东、中线二期工程的必要性进行了论证；四是提出了黄河流域输沙需水量和上中游能源重化工基地的水资源配置方案，对南水北调西线工程规模与时机进行了论证研究。

基于上述课题主要研究成果，全书共分 16 章：第 1 章介绍了黄淮海流域及南水北调工程概况，分析了未来一个时期流域社会经济发展形势，系统梳理了黄淮海流域存在的水资源问题，由王建华、邵薇薇、赵勇、李海红、夏庆福编写；第 2 章创新提出了全口径缺水识别技术与方法，定量识别了黄淮海流域全口径缺水量，由王建华、李海红、翟正丽、黄耀欢、翟家齐编写；第 3 章在黄淮海泛流域水资源配置需求分析基础上，形成了科学发展观下的流域水资源合理配置理论，由王建华、桑学锋、褚俊英、何凡、陈康宁、高学睿编写；第 4 章构建了黄淮海流域水资源配置整体分析模型，重点研发了流域水资源–环境经济投入产出分析技术、水量与水质联合调配技术、多目标、群决策技术和整体模型建模与求解技术，由赵建世、赵勇、桑学锋、翟正丽编写；第 5 章针对所获取的水资源配饰数据多语义性、多时空性、获取手段多源性、存储格式多源性等特点，构建了南水北调水资源综合配置决策支持平台，为配置工作提供基础支撑，由江东、王建华、翟正丽、刘淼、曹尚兵编写；第 6 章以 2015 年、2020 年和 2030 年为近期、中期、远期规划水平年，依照相关规划，设定了黄淮海流域水资源配置边界与情景，由赵建世、梁爽、余弘婧、屈吉鸿编写；第 7 章采用整体模型对设定的情景方案进行模拟和优化分析，得到黄淮海流域在各种情景下的水资源供需平衡情景及其分布，并对各方案的水资源供需情势进行定量对比分析，确定了南水北调工程按照规划实施后流域间及流域内部各行政区的水资源配置方案，由赵建世、王建华、桑学锋、梁爽、赵勇编写；第 8 章在黄淮海泛流域水资源整体配置的基础上，结合工程建设规划，进行了南水北调东、中线受水区水资源合理配置，对东、中线二期工程的必要性与可行性进行了论证，由肖伟华、王建华、赵勇编写；第 9 章进行了基于南水北调东、中线的天津市水资源合理配置格局，提出了在南水北调工程通水后，天津市应解决的水资源管理重点问题，由桑学锋、王建华、褚俊英、牛存稳编写；第 10 章重点研究了河北省重度缺水地区的水资源合理配置问题，提出了应对方案，由胡鹏、李海红、周娜、黄耀欢编写；第 11 章计算了黄河流域不同时期输沙需水量，开展了南水北调中线二期工程与黄河减淤的关系研究，由刘家宏、曹麟、王建华、刘扬编写；第 12 章重点分析了黄河中上游能源重化工基地发展需求及水资源供需形势，由彭少明、张新海、刘扬、褚俊英编写；第 13 章在渭河流域资源配置研究的基础上，分析了引汉（江）济渭工程的重要作用，开展了引汉济渭工程在黄河整体水资源配置中的定位研究，由刘家宏、桑学锋、邵薇薇编写；第 14 章提出了基于黄河经济发展需求的四大治黄定位，客观分析了南水北调西线工程的必要性、合理调水规模与调水时机，由彭少明、王建华、张新海、刘扬、褚俊英、李海红、肖伟华编写；第 15 章在黄淮海泛流域水资源整体配置研究的基础上，提出了南水北调水资源配置保障机制与政策措施，由王建华、褚俊英、邵薇薇编写；第 16 章为结论与建议，由王建华、李海红、赵勇、肖伟华、桑学锋、胡鹏编写。

本书编写过程中，得到了水利部国际合作与科技司、水资源司及全国节约用水办公室的科学指导和亲切关怀，得到了一大批知名专家的悉心指导，得到了黄河水利委员会、海河水利委员会、淮河水利委员会和北京市水务局、天津市水务局、河北省水利厅、山东省水利厅、河南水利厅、陕西省水利厅及郑州市水务局、淄博市水利与渔业局、徐州市水务局、廊坊市水务局等单位的大力支持，编写组在此谨对在研究过程给予无私帮助和辛勤劳动的单位与专家表示深深的敬意和感谢！

2013 年 4 月

目　　录

第1章　黄淮海流域及南水北调工程概况

1.1　自然基本情况

1.1.1　自然地理

黄淮海流域是中国的三大一级流域（黄河流域、淮河流域和海河流域）的统称（图1-1），流域总面积约为144万km^2，约占全国的15%。2008年黄淮海流域总人口约为4.5亿，约占全国的35%，其中城镇人口约1.9亿。黄淮海流域土地资源丰富，光热条件好，是重要的粮食生产基地，是中国重要的农业经济区和粮食、棉花主产区之一。2006年黄淮海流域的耕地面积约为6.2亿亩①，粮食产量约为1.8亿t；2008年实际灌溉耕地面积约为3.06亿亩。黄淮海流域有丰富的能源和矿产资源，如煤、石油、天然气、铁、铝、石膏、石墨、海盐等。这一地区有我国的首都北京，还有天津、石家庄、济南、青岛、郑州、兰州、西安、太原、呼和浩特、西宁等大城市，具有承东启西、优势互补的有利条件，在我国国民经济与社会发展中具有重要的战略地位。

图1-1　黄淮海流域地理位置示意图

① 1亩≈666.7m^2

黄河是我国第二大河，位于95°53′E～119°05′E，32°10′N～41°50′N。黄河发源于青藏高原巴颜喀拉山北麓的约古宗列盆地，自西向东，流经青海、四川、甘肃、宁夏、内蒙古、陕西、山西、河南、山东9个省（自治区），在山东省垦利县注入渤海，干流河道全长5464km，流域面积为79.5万km^2（包括内流区4.2万km^2）。与其他江河不同，黄河流域上中游地区的面积占总面积的97%；长达数百公里的黄河下游河床高于两岸地面，流域面积只占3%。

淮河区位于111°55′E～122°45′E，30°55′N～38°20′N，包括淮河流域及山东半岛，地处我国东部，介于长江和黄河之间，跨湖北、河南、安徽、江苏、山东5省，面积约为33万km^2。淮河流域跨湖北、河南、安徽、江苏、山东5省，涉及40个地级市，面积约为27万km^2。山东半岛在山东省境内，涉及10个地级市，面积约为6万km^2。

海河流域位于112°E～120°E，35°N～43°N，西以山西高原与黄河流域接界，北以蒙古高原与内陆河流域接界，南界黄河，东临渤海。流域地跨北京、天津、河北、山西、河南、山东、内蒙古和辽宁8个省（自治区、直辖市），面积约为32.06万km^2，占全国总面积的3.3%。流域海岸线长920km。

1.1.2 水资源量

1. 降水量

根据1956～2000年系列评价，黄河流域多年平均年降水量为445.8mm；淮河区多年平均年降水量为839mm（其中淮河流域875mm，山东半岛678mm）；海河流域多年平均降水量为535mm。2008年，黄淮海流域平均降水量为559mm，各流域的降水量请见表1-1。黄淮海流域的降水具有地区分布不均和年际、年内变化大的特点。黄河流域年降水量在面上的变化比较复杂，其特点是东南多雨，西北干旱，山区降水大于平原；年降水量由东南向西北递减，东南和西北相差4倍以上。淮河流域降水量的地区分布不均，表现为南部大、北部小，山丘区大、平原区小，沿海大、内地小。而海河流域多年平均降水量表现为山区523mm，平原552mm，山区比平原略小。黄淮海流域内夏季降水量最多，最大降水量出现在7月；冬季降水量最少，最小降水量出现在12月。黄淮海流域单站年降水量的变差系数（Cv）为0.16～0.48，最大、最小年降水量的比值可达1.8～9.4。黄淮海流域经常出现连丰、连枯现象。1956～2000年，黄河流域出现了1958年、1964年、1967年、1982年等大水年，1960年、1965年、2000年等干旱年，1969～1972年、1979～1981年、1991～1997年等连续干旱期。海河流域共出现15个丰水年，其中有4个连丰段，最长连丰段持续3年；共出现17个枯水年，其中有4个持续2年的连枯段。

表1-1 黄淮海流域降水量 （单位：mm）

地区	黄河流域	淮河区	海河流域	全国
多年平均降水量	445.8	839.0	535.0	628.0
1956～1979年平均	462.4	876.2	560.0	648.0
1980～2005年平均	429.2	801.8	501.0	608.0
2008年降水量	433.1	879.5	541.0	654.8

2. 地表水资源量

1956~2000 年黄淮海流域多年平均地表水资源总量为 1500.2 亿 m^3（表 1-2）。其中，黄河流域多年平均分区地表水资源量为 607.2 亿 m^3，不包括内流区则为 604.6 亿 m^3。淮河区多年平均地表水资源量为 677 亿 m^3，折合年径流深为 205mm。海河流域 1956~2000 年平均地表水资源量为 216 亿 m^3，折合径流深为 67.5mm，径流系数为 0.126。黄淮海流域径流深的地区分布与降水量分布基本相似。黄淮海流域地表水资源在年际变化上，丰枯变化剧烈，且经常出现连丰、连枯现象。例如，海河流域在 1956~2000 年，全流域共出现 14 个丰水年，其中有 4 个连丰段，最长连丰段持续 3 年；枯水年共 21 年，其中有 3 个连枯段，最长的连枯段持续 8 年。黄淮海流域地表水资源的年内分布，也主要集中于汛期（7~10 月）。1956~2000 年系列和 1956~1979 年系列相比，黄淮海流域的地表水资源量基本都有减少的迹象。淮河区 1956~2000 年多年平均地表水资源量（677 亿 m^3）比 1956~1979 年多年平均地表水资源量（740 亿 m^3）减少 63 亿 m^3，减幅 8.5%。海河流域 1956~1979 年平均地表水资源量为 288 亿 m^3，与其相比，1956~2000 年多年平均地表水资源量减少了 25%。

表 1-2　黄淮海流域地表水资源量

地　区	黄河流域	淮河区	海河流域	全国
多年平均地表水资源量/亿 m^3	607.2	677.0	216.0	26 704.0
变差系数 Cv	0.20~0.70	0.60~0.80	0.19~1.44	—
2008 年地表水资源量/亿 m^3	454.2	782.1	126.9	26 377.0

3. 地下水资源量

1980~2000 年，黄淮海流域多年平均地下水资源总量为 1017.4 亿 m^3（表 1-3）。其中黄河流域平均年地下水资源量为 376.0 亿 m^3，其中矿化度不超过 1g/L 的地下水资源量为 350.7 亿 m^3，占 93%，矿化度 1~2g/L 的地下水资源量为 25.3 亿 m^3，占 7%。在黄河流域地下水资源量中，山丘区地下水资源量为 263.3 亿 m^3，平原区地下水资源量为 154.6 亿 m^3，山丘区与平原区之间的重复计算量为 41.9 亿 m^3。淮河区多年平均年浅层地下水资源量淡水为 397 亿 m^3，其中淮河流域为 338 亿 m^3，山东半岛为 58.9 亿 m^3。淮河区平原区多年平均年地下水资源量为 280 亿 m^3；淮河区山丘区多年平均年地下水资源量为 127 亿 m^3。海河流域多年平均浅层地下水资源量为 235 亿 m^3。其中，山丘区地下水资源量为 108 亿 m^3，平原及山间盆地地下水资源量为 160 亿 m^3（其中平原 141 亿 m^3，山间盆地 19.5 亿 m^3），山丘区与平原、山间盆地间的重复计算量为 33.5 亿 m^3。总体而言，黄淮海流域 1980~2000 年地下水资源量与 1956~1979 年相比，变化趋势比较复杂。其中淮河区 1980~2000 年地下水资源量（397 亿 m^3）比 1956~1979 年地下水资源量（393 亿 m^3）增加了 4 亿 m^3。而海河流域 1980~2000 年地下水资源量（235 亿 m^3）比 1956~1979 年地下水资源量（268 亿 m^3）减少了 12.6%。这是因为一方面海河流域1980年以后降水量和地表水体补给量减少，而另一方面地下水埋深增加，达到了不利于地下水补给的深度，从而使地下水补给量减少。

表 1-3　黄淮海流域地下水资源量　　（单位：亿 m^3）

地　区	黄河流域	淮河区	海河流域	全国
多年平均地下水资源量	376.0	397.0	235.0	8288.0
多年平均平原区地下水资源量	154.6	280.0	160.0	—
多年平均山丘区地下水资源量	263.3	127.0	108.0	—
2008 年地下水资源量	344.7	430.6	242.1	8122.0
2008 年平原区地下水资源量	139.3	305.1	164.4	1735.5
2008 年山丘区地下水资源量	237.0	137.8	111.2	6683.2

4. 入海、入江水量

从20世纪70年代以来，随着黄河流域的经济发展和用水量增加，加上降水偏少等原因引起的资源量减少，黄河入海水量大幅度减少，河流生态环境用水被挤占。1956～2009年黄河利津站的入海水量变化情况如图1-2。据1991～2000年统计，黄河平均天然径流量为437.00亿 m^3，利津断面下泄水量为119.17亿 m^3。而按黄河流域多年平均利津断面应下泄水量220亿 m^3 并考虑丰增枯减的原则计算，1991～2000年利津断面平均下泄水量应达到179.77亿 m^3。

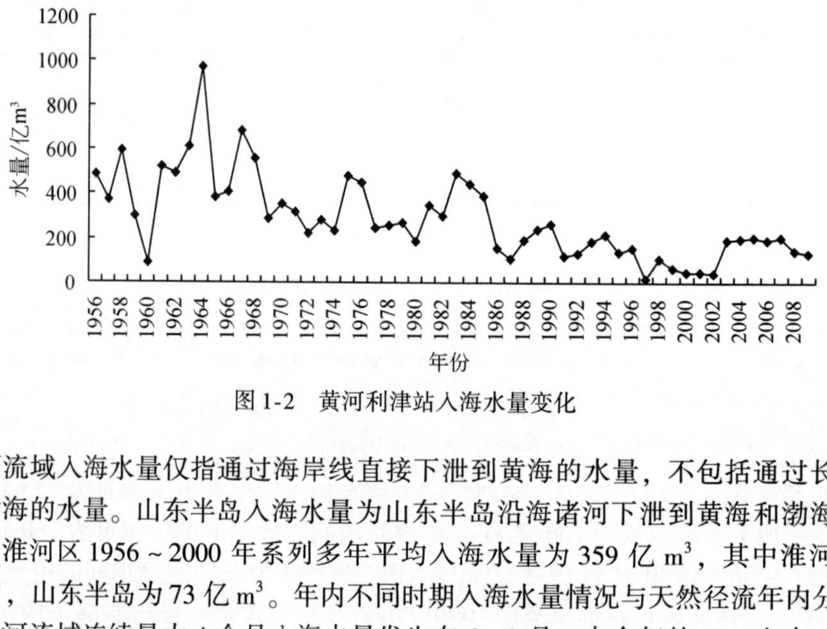

图 1-2　黄河利津站入海水量变化

淮河流域入海水量仅指通过海岸线直接下泄到黄海的水量，不包括通过长江间接下泄到黄海的水量。山东半岛入海水量为山东半岛沿海诸河下泄到黄海和渤海湾的所有水量。淮河区1956～2000年系列多年平均入海水量为359亿 m^3，其中淮河流域为286亿 m^3，山东半岛为73亿 m^3。年内不同时期入海水量情况与天然径流年内分配大体一致。淮河流域连续最大4个月入海水量发生在6～9月，占全年的63%左右；连续最小4个月，出现在12月至次年3月，不足全年总量的14%。山东半岛入海水量汛期集中程度比淮河流域更高，年内分配更不均。淮河流域1956～2000年平均入江水量为

183亿m^3。最大年为1991年，入江水量为615亿m^3，最小年为1978年，入江水量为0亿m^3。入江水量年内分配主要受降水影响，同时受湖库调节能力的影响。

海河流域1956~2000年平均年入海水量为101亿m^3，占同期平均地表水资源量的46.8%，约80%集中在汛期。近几十年来，海河流域入海水量总体上呈递减趋势。丰水的20世纪50年代平均为241亿m^3，枯水的80年代只有22.2亿m^3。2001~2007年平均入海水量只有16.76亿m^3。各年代平均入海水量见表1-4。

表1-4　海河流域不同年代年平均入海水量　　（单位：亿m^3）

统计年代	滦河及冀东沿海	海河北系	海河南系	徒骇马颊河	流域合计	天津	河北	山东
1956~1959	76.3	54.8	109.0	1.7	241	149.0	86.4	6.0
1960~1969	42.7	24.3	77.5	16.5	161	79.2	58.9	22.8
1970~1979	44.6	26.7	32.4	11.8	116	39.8	60.8	14.9
1980~1989	9.8	7.8	2.9	1.7	22.2	9.4	11.0	1.9
1990~2000	21.0	12.9	9.7	11.4	55.0	18.3	24.2	12.5
1956~2000	33.5	21.1	37.1	9.6	101.0	46.2	42.7	12.4
2001~2007	0.77	2.57	4.95	8.47	16.76	5.13	3.16	8.47

5. 淮河、海河引黄（江）水量

通过多年的开发治理，至2007年海河流域已建成大中型引黄调水工程27处。海河流域初步构建了地表水、地下水、引黄水和非常规水源相结合的供水工程体系。海河流域2007年总供水量为403.03亿m^3，引黄水量为43.85亿m^3，占总供水量的10.9%。海河流域引黄水量受黄河来水和当地需求的共同影响年际差别较大，1980~2007年，海河流域多年平均引黄水量为46亿m^3，年际变化较大。南水北调东线和中线的骨干和配套工程及万家寨引黄北干线工程正在加紧建设。2004年以来，海河流域先后实施了引岳济淀、引岳济港、引岳济衡、引黄济淀等生态调水措施，挽救了濒临干涸的华北明珠白洋淀、南大港和衡水湖。

淮河流域1956~2000年平均引江水量为42亿m^3，最大的年引江水量为1978年的113亿m^3，最小为1963年的4亿m^3。随着工农业生产和城乡居民生活用水的增加，引江水量也在不断加大，20世纪50~60年代每年引水量10多亿m^3，70~80年代增加到50亿m^3，到90年代达60亿m^3。淮河区1980~2000年系列多年平均引黄水量30亿m^3，其中淮河流域21亿m^3，山东半岛9亿m^3。淮河流域引黄水量中，河南省为7.6亿m^3，主要集中在贾鲁河和惠济河上游，山东省为13.4亿m^3，主要分布在南四湖湖西。山东半岛引黄水量，主要在小清河西部平原地区。黄淮海流域2008年跨流域调水量见表1-5。

表 1-5　2008 年黄淮海流域跨流域调水量　（单位：亿 m^3）

调出＼调入	海河	淮河	长江	珠江	西北诸河	合计
黄河	43.3	31.1			0.8	75.2
淮河			3.7			3.7
长江		41.2		0.4		41.6

6. 水资源总量

1956～2000 年，黄淮海流域多年平均的水资源总量为 2000.4 亿 m^3（表 1-6）。黄河流域多年平均分区水资源总量为 719.4 亿 m^3，其中分区地表水资源量为 607.2 亿 m^3，分区地表水与地下水之间不重复计算量为 112.2 亿 m^3。淮河区多年平均水资源总量 911 亿 m^3，其中地表水资源量为 677 亿 m^3，占水资源总量的 74%，地下水资源量扣除与地表水资源量的重复水量为 234 亿 m^3，占水资源总量的 26%。淮河流域水资源总量 794 亿 m^3，山东半岛为 117 亿 m^3。海河流域 1956～2000 年平均水资源总量为 370 亿 m^3，产水系数（水资源总量与降水量的比值）为 0.22。其中北京产水系数最高，为 0.38。黄淮海流域 1956～2000 年系列的水资源总量与 1956～1979 年系列相比，总体有减少的趋势。例如，淮河区 1956～2000 年评价成果（911 亿 m^3）比 1956～1979 年系列成果（962 亿 m^3）减少 51 亿 m^3，减幅 5.3%。其中淮河流域减少 35 亿 m^3，减幅 4.2%，山东半岛减少 16 亿 m^3，减幅 12.0%。海河流域 1956～1979 年平均水资源总量为 421 亿 m^3，与其相比，1956～2000 年系列减少了 12.1%。主要原因是延长的 1980～2000 年为枯水段及下垫面的变化，造成地表径流量和降水入渗补给量减少。

表 1-6　黄淮海流域水资源总量

地区	黄河流域	淮河区	海河流域	全国
多年平均水资源总量/亿 m^3	719.4	911.0	370.0	28 124.0
多年平均产水系数	0.20	0.33	0.22	—
多年平均产水模数/(万 m^3/km^2)	9.0	27.6	11.5	—
2008 年水资源总量/亿 m^3	559.0	1047.2	294.5	27 434.3
2008 年产水系数	0.16	0.36	0.17	0.44
2008 年产水模数/(万 m^3/km^2)	7.03	31.74	9.21	28.97

1.1.3　水资源开发利用情况

1. 黄淮海流域水资源开发利用

1）供水量、用水量、耗水率

根据统计，2008 年黄淮海流域的供水总量为 1366.98 亿 m^3，其中地表水供水量为 555.74 亿 m^3，地下水供水量为 544.45 亿 m^3，其他水源供水量为 12.85 m^3（表 1-7）。

2008 年黄淮海流域的用水总量为 1366.98 亿 m^3，其中农田灌溉用水量为 876.07 亿 m^3，约占总用水量的 64.09%；林牧渔业用水量为 76.85 亿 m^3，约占总用水量的 5.62%；工业用水量为 210.67 m^3，约占总用水量的 15.41%；城镇生活用水量为 94.89 亿 m^3，约占总用水量的 6.94%；农村生活用水量为 83.92 亿 m^3，约占总用水量的 6.14%；生态环境用水量为 24.60 亿 m^3，约占总用水量的 1.80%（表 1-8）。2008 年黄淮海流域用水消耗总量为 883.83 亿 m^3，耗水率为 64.65%（表 1-9）。近 20 多年来，黄淮海流域用水总量总体呈增长趋势。例如，淮河流域 1980～2006 年，供水量由 518.2 亿 m^3 增加到 590.4 亿 m^3，净增 72 亿 m^3，年均增长率为 0.5%。

表 1-7　2008 年黄淮海流域供水量　　（单位：亿 m^3）

地区	地表水供水量		地下水供水量		其他水源供水	总供水量	海水利用量
		跨流域调水		深层水			
黄河流域	253.95	—	128.12	44.75	2.18	384.24	—
淮河区	432.44	72.32	175.75	33.65	3.00	611.19	28.90
海河流域	123.30	43.26	240.58	67.11	7.67	371.55	24.89
全国	4796.42	131.12	1084.79	210.71	28.74	5909.95	410.61

表 1-8　2008 年黄淮海流域用水量　　（单位：亿 m^3）

地区	农田灌溉	林牧渔业	工业	城镇生活	农村生活	生态环境	总用水量
黄河流域	254.89	22.31	60.77	22.51	17.31	6.46	384.24
淮河区	385.39	36.32	98.60	39.72	42.18	8.99	611.19
海河流域	235.79	18.22	51.30	32.66	24.43	9.15	371.55
全国	3305.72	357.74	1397.08	428.57	300.68	120.16	5909.95

表 1-9　2008 年黄淮海流域用水消耗量　　（单位：亿 m^3）

地区	农田灌溉	林牧渔业	工业	城镇生活	农村生活	生态环境	用水消耗总量	耗水率/%
黄河流域	151.88	11.98	26.14	8.76	16.64	4.07	219.47	57.1
淮河区	293.66	28.47	26.07	12.51	36.85	7.02	404.58	66.2
海河流域	182.32	15.36	25.31	10.48	19.05	7.27	259.78	69.9
全国	2064.78	259.08	333.31	129.78	254.25	69.22	3110.42	52.6

2）用水指标

2008 年黄淮海流域人均用水量约 305m^3，低于全国平均人均用水量 446 m^3。黄河流域、淮河区、海河流域的万元国内生产总值（GDP）用水量分别为 150 m^3、130 m^3 和 86 m^3，均低于全国平均水平 193 m^3（表 1-10）。黄河流域、淮河区、海河流域的农田实际灌溉亩均用水量分别为 395 m^3、274 m^3 和 233m^3，均低于全国平均水平 435m^3。

黄淮海流域的人均生活用水量也都低于全国平均水平，其中海河流域城镇生活用水水平在三个流域中相对略高，这一方面是由于黄淮海流域水资源相对紧缺；另一方面也反映了黄淮海流域生活节水水平较高。黄河流域、淮河区、海河流域的万元工业增加值用水量分别为46 m^3、45 m^3和28 m^3，均低于全国平均水平108m^3，说明黄淮海流域的工业发展水平和节水程度相对较高。

表1-10　2008年黄淮海流域用水指标　　（单位：m^3）

地区	人均GDP/万元	人均用水量	万元GDP用水量	农田实际灌溉亩均用水量	人均生活用水量/[L/(人·d)]		万元工业增加值用水量
					城镇生活	农村居民	
黄河	2.248	343	150	395	153	45	46
淮河	2.326	307	130	274	158	62	45
海河	3.085	272	86	233	162	58	28
全国	2.270	446	193	435	212	72	108

3）供水结构变化

黄淮海流域供水水源主要为地表水、地下水和其他水源等。受资源条件、水质条件等因素的影响，历年各种供水水源供水量在总供水量中比重变化较大。供水结构变化的大致趋势是当地地表水供水比重逐渐下降、地下水供水比重逐渐增加，跨流域调水比重逐步增加，其他水源供水总量较小但增势较快。例如，淮河区当地地表水供水量占全流域总供水量比重多年平均为59.8%，已由1980年的69.8%减少到2008年的58.9%。地下水供水量占全流域总供水量比重多年平均为28%，已由1980年的24.6%上升到2008年28.8%，略呈上升趋势。跨流域调水供水量占全流域总供水量比重多年平均为12.2%，已由1980年的5.6%上升到2008年11.8%，呈上升趋势，但年际变化大，跨流域调水已经成为流域供水的重要水源。其他供水水源供水总量较小，但增长迅速。而海河流域1980年以后，受天然来水减小和灌区配套工程年久失修等因素的影响，当地地表水供水量总体上呈下降趋势，由1980年的149亿m^3下降至2007年的89亿m^3。1980～2007年当地地表水多年平均供水量为109亿m^3。引黄水量受黄河来水和当地需求的共同影响年际差别较大，1980～2007年，每年引黄水量在33亿～64亿m^3，多年平均为46亿m^3。海河流域非常规水源利用在2000年以后有了明显的增加，2007年达到10.4亿m^3。

黄淮海流域用水结构的变化反映在工业、生活用水量迅速增长，在总用水中的比例持续上升。例如，淮河区的工业和生活用水比例由1980年的13%上升到2006年的27.0%及2008年的29.5%。1980～2007年，海河流域城镇人口从2289万人增加至6514万人，随着城镇人口的增长和城镇居民生活水平的提高，城镇生活及环境用水量急剧增加，由1980年的9.63亿m^3，增加到2007年的44.06亿m^3，城镇生活及环境用水量占总用水量的比重由2.4%提高到10.9%。海河流域1980～2007年供用水量变化情况见表1-11。

表 1-11　海河流域 1980 ~ 2007 年供用水量变化情况　　（单位：亿 m^3）

年份	供水量					用水量		
	地表水	地下淡水	黄河水	非常规水	合计	城镇	农村	合计
1980	149	205	42	0.2	396	55	341	396
1985	104	204	33	2.5	344	67	277	344
1990	112	220	34	3.1	369	74	295	369
1995	111	234	45	5.5	395	94	301	395
2000	99	261	37	5	403	101	301	403
2007	89	260	44	10	403	104	299	403
平均	109	239	46	3.7	398	85	313	398

4）开发利用程度

根据 1995 ~ 2006 年统计，黄河流域平均地表水资源量为 417.7 亿 m^3，平均地表水供水量为 366.7 亿 m^3，地表水开发利用率为 88%。地下水供水量 140.1 亿 m^3，其中平原区浅层地下水开采量约 100 亿 m^3，占平原区地下水可开采量的 84%，但地区分布不平衡，部分地区地下水已经超采，部分地区尚有一定的开采潜力。目前黄河流域地表耗水量已达到 300 亿 m^3。在多年平均来水情况下，地表水消耗率达 56%，在中等枯水年份达 68%，在特枯水年份达 85%，中枯、特枯年份地表水消耗率已大大超过地表水可利用率。黄河主要支流汾河、沁河、汶河等开发利用率也达到较高水平。

淮河区 2006 年水资源开发利用程度为 46.9%，其中淮河流域为 45.7%，山东半岛为 57.4%。淮河区现状当地地表水开发利用程度为 43.1%，其中淮河流域为 44.4%，山东半岛为 30.9%。中等干旱以上年份，淮河流域地表水资源供水量已经接近当年地表水资源量，已严重挤占河道、湖泊生态、环境用水。淮河区现状平原浅层地下水开采率为 37.1%，其中淮河流域为 32.9%，山东半岛地下水开采率为 60.9%。淮河区当地地下水资源开发利用程度见表 1-12。

表 1-12　淮河区当地水资源开发利用程度

分 区	水资源量/亿 m^3			开发利用量/亿 m^3			开发利用程度/%		
	地表水	地下水	总量	地表水	地下水	总量	地表水	地下水	总量
淮河区	701.2	397.0	957.4	301.9	147.1	449.0	43.1	37.1	46.9

海河流域 1995 ~ 2007 年年均地表水资源量为 148 亿 m^3，年均当地地表水供水量为 99 亿 m^3，地表水开发利用率为 67%，其中海河北系达 88%，流域水资源开发利用率为 108%。海河流域地表水开发利用率远远超过了国际公认 40% 的合理上限。平原区 1995 ~ 2007 年平均浅层地下水资源量为 141 亿 m^3，平均年开采量为 172 亿 m^3，浅层地下水开发利用率为 122%。除徒骇马颊河外，其他 3 个二级区均处于超采状态，其中海河南系浅层地下水开发利用率达到了 149%。平原浅层地下水总体上处于严重超采状态。另外，平原地区还开采了深层承压水，平均每年约 39 亿 m^3。

2. 黄淮海流域生态环境状况

近20年来黄淮海流域水污染程度在加剧，范围在扩大，水污染形势依然严峻。黄淮海流域废污水排放量主要来自三个方面：一是工业废水。工业污染源以造纸、酿造、制革、化工和纺织为主要污染行业，结构性污染问题较为突出。二是生活污水。随着人口的增长和城市化进程加快，生活污水所占比例呈上升趋势。三是面源污染。主要是农村生活、畜禽养殖、土壤中残留的农药和化肥通过灌溉和降水径流进入水体所产生的污染。

黄河流域特征污染物主要是化学需氧量、氨氮等有机耗氧因子；污染范围主要集中在河流中下游和经济较发达的城市河段，汾河、渭河的中下游，黄河干流的宁蒙、潼关、三门峡等河段污染尤为严重。黄河流域全年期评价水功能区为589个，达标水功能区为281个，达标率为47.7%；总评价河长为29 649.9km，达标河长为15 960.6km，占53.8%；评价湖泊水库面积为468.7km^2，达标面积为293km^2，占62.5%。评价水功能区中一级水功能区为202个，达标水功能区为118个，达标率为58.4%。水资源二级区中，龙羊峡以上和龙羊峡至兰州水功能区达标情况较好，达标河长分别达到80.9%和86.9%，而花园口以下水功能区达标情况最差，达标河长仅为18.7%。水资源二级区全年水功能区达标河长比例如图1-3。黄河流域地下水资源、丘陵山区及山前平原地区水质较好，部分平原地区的浅层地下水污染比较严重。

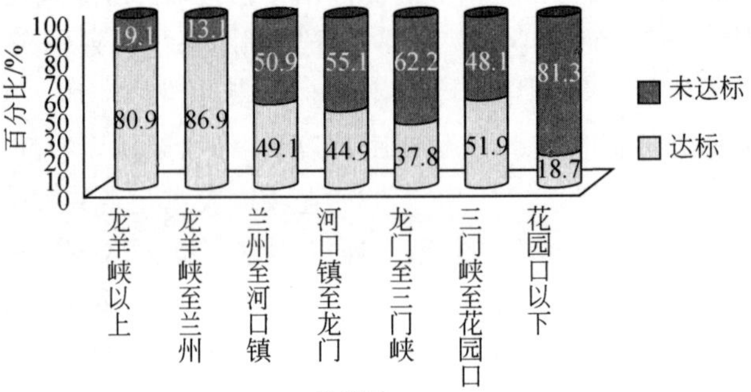

图1-3 黄河流域水功能区现状达标评价

淮河区参评水功能区有475个，对照水功能区水质目标评价，全年期评价水质达标率为28.6%。其中441个河流水功能区达标率为27.4%，15个湖泊水功能区达标率为33.3%，19个水库水功能区达标率为52.6%。淮河流域评价的水功能区有427个，全年期评价水质达标率为28.6%。淮河区水功能区评价河长为13 706km，水质达标率为23.3%；评价湖泊面积4847km^2，达标率仅为12.6%；评价水库库容129亿m^3，达标率为47.8%。对各类水功能区进行统计分析，保留区达标率最高为58.8%，渔业用水区达标率最低。淮河流域水功能区评价河长为11 976km，水质达标率为23.1%；评价湖泊面积4847km^2，达标率仅为12.6%；评价水库库容106亿m^3，达标率为42.7%。

海河流域水质监测始于20世纪70年代，截至2007年有监测站点1251个。海河流域524个水功能区，有146个功能区达标，达标率为27.9%；其中，河流型水功能区共491个，达标个数为125个，占25.5%，达标河长为5158.3km，占25.6%；湖库型水功能区共33个，达标个数为21个，占63.6%，达标面积为730.4km^2，占48.1%。各类型功能区达标率从高到低排序分别为保留区52.6%、保护区41.5%、缓冲区39.3%、饮用水源区38.0%、过渡区33.3%、排污控制区31.3%、农业用水区19.9%、工业用水区10.8%和景观娱乐用水区10%。山区水质较好，功能区达标率为43.3%，平原区水质较差，达标率只有16.5%。

1.2　社会经济情况

黄淮海流域是我国连东靠西的一个重要地区，也是21世纪经济社会将快速发展的一个地区，是我国重要的能源化工和粮食基地。黄淮海流域的若干大城市，如北京、天津、西安、兰州、太原等，是我国北方的经济、文化和交通中心。

黄河流域涉及青海、四川、甘肃、宁夏、内蒙古、陕西、山西、河南和山东9省（区）的66个地市（州、盟），340个县（市、旗），其中有267个县（市、旗）全部位于黄河流域，有73个县（市、旗）部分位于黄河流域。目前黄河流域共有建制市59个，其中地级市29个，县级市30个。截至2008年年底，黄河流域总人口约为1.12亿，约占全国总人口的8.5%，城镇化率约为40%。超过100万人口的有兰州、包头、西安、太原、洛阳等5个特大城市以及西宁、银川、呼和浩特等大城市。截至2008年年底，黄河流域GDP当年价为25 180亿元，占全国GDP的8.5%左右，人均GDP为2.248万元，比全国平均水平略低（表1-13）。

表1-13　黄淮海流域2008年主要社会经济发展指标

流域	人口/万人	工业增加值/亿元*	GDP/亿元	耕地面积/万亩*	有效灌溉面积/万亩*
黄河	11 201	8 278	25 180	24 362	7 765
淮河	19 909	12 637	46 308	22 497	16 246
海河	13 658	15 200	42 135	15 400	11 200

*采用2006年的近似数据代替

淮河区包括淮河流域及山东半岛，地处我国东部，介于长江和黄河之间，跨湖北、河南、安徽、江苏、山东5省，淮河流域涉及40个地级市，山东半岛在山东省境内，涉及10个地级市。2008年淮河区总人口约19 909万人，城镇化率约38.6%，低于全国水平。2008年淮河区GDP为46 308亿元，人均GDP为2.326万元，略低于全国的平均水平。淮河流域城镇化率约34.5%，山东半岛城镇化率约58.1%。

海河流域绝大部分位于环渤海经济区内。环渤海经济区已成为中国北方经济发展的“引擎”，被经济界誉为继珠江三角洲、长江三角洲之后的我国经济第三个“增长极”。海河流域地跨北京、天津、河北、山西、河南、山东、内蒙古和辽宁8省（自治区、直辖市）。全流域共有建制市57个，其中包括26个地级以上建制市，以及31个县级建制市。2007年海河流域总人口1.37亿，占全国的10.4%，其中城镇人口6514万，城镇化率47.6%；农村人口7179万，占52.4%。海河流域2007年GDP达到3.56

万亿元，占全国的12.9%。GDP中第一产业、第二产业、第三产业比例分别为8%、48%、44%。人均GDP达到2.60万元，是全国平均的1.25倍。

1.3 南水北调工程概况

1.3.1 南水北调工程总体布局

南水北调工程总体布局采用东线、中线和西线三条调水线路，将长江、黄河、淮河和海河四大江河联系起来，构成以“四横三纵”为主体的水网体系。这样的总体布局，有利于实现我国水资源南北调配、东西互济的合理配置格局，协调北方地区东、中、西部可持续发展对水资源的需求，具有重大的战略意义。

南水北调工程东线、中线和西线三条线路的总体布局（图1-4），基本可以安全、经济地解决北方缺水地区的需水与供水矛盾。东线工程位于第三台阶的中部，直接从长江干流下游取水，水量丰富，但因输水线路所处的地势较低，在黄河以南需逐级抽水北送，黄河以北可以自流，向黄淮海平原东部和胶东地区供水。中线工程近期从长江的支流汉江引水，远景从长江中游引水，从第三台阶的西侧通过，可自流向黄淮海平原大部分地区供水。西线工程布设在我国最高一级台阶的青藏高原上，居高临下，具有供水覆盖面广的优势。但是长江上游水量相对有限，且工程艰巨，投资较大，主要向黄河上中游和西北内陆河部分地区供水，相机向黄河下游补水。

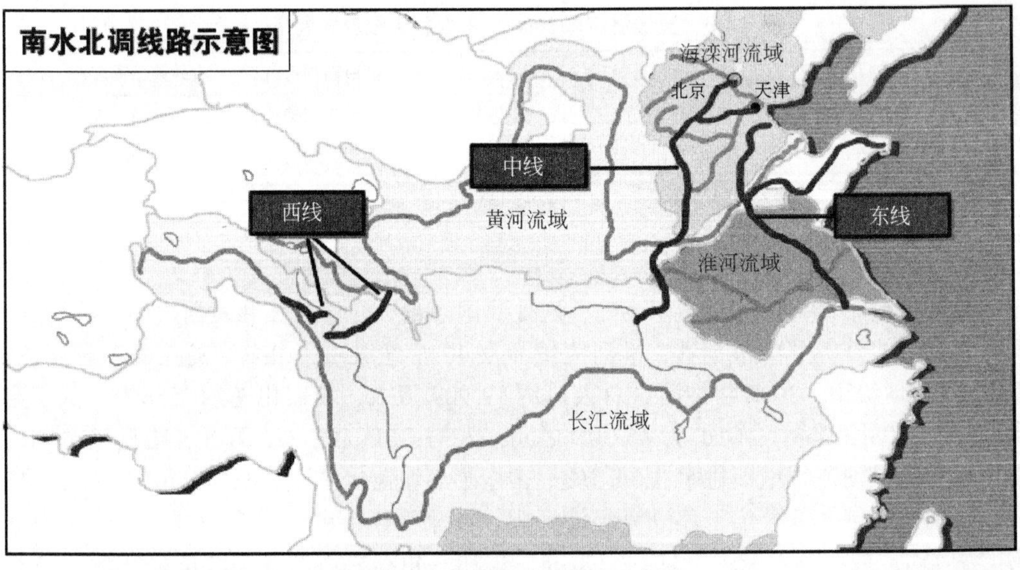

图1-4 南水北调工程线路示意图

南水北调工程规划东线、中线和西线年调水总规模为448亿m^3，其中东线148亿m^3，中线130亿m^3，西线170亿m^3，建设时间为40~50年，可基本缓解受水区水资源严重短缺的状况，并逐步遏制因严重缺水而引发的生态环境日益恶化的问题。东线一期工程建设目标为 2013 年通水；中线一期工程建设目标为 2013 年主体工程完工，2014 年汛后通水。南水北调工程东线、中线和西线三条调水线路，各有其合理的供水范围和供水目标，并与四大江河形成一个有机整体，可相互补充，从而解决黄淮海流域、胶东地区和西北内陆河部分地区的缺水问题，充分发挥多水源供水的综合优势，共同提高受水区的供水保证程度。

1.3.2　东线工程外调水

东线工程（图 1-5）将利用江苏省已有的江水北调工程，逐步扩大调水规模并延长输水线路。东线工程从长江下游扬州附近抽引长江水，利用京杭大运河及与其平行的河道逐级提水北送，并连通起调蓄作用的洪泽湖、骆马湖、南四湖、东平湖。出东平湖后分两路输水：一路向北，在位山附近经隧洞穿过黄河，经扩挖现有河道进入南运河，自流到天津，输水主干线全长 1156km，其中黄河以南 646km，穿黄段 17km，黄河以北 493km；另一路向东，通过胶东地区输水干线经济南输水到烟台、威海，全长 701km。

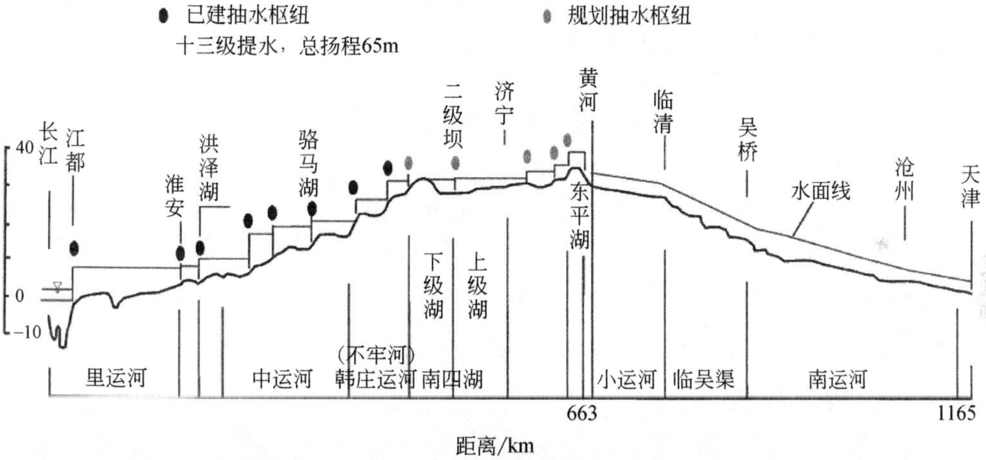

图 1-5　南水北调东线工程输水干线纵剖面图

东线工程的主要供水范围是黄淮海平原东部和胶东地区，受水区面积为 18 万 km^2。主要的供水目标，是解决津浦铁路沿线和胶东地区的城市缺水以及苏北地区的农业缺水，补充山东西南部、山东北部和河北东南部的部分农业用水。东线工程除调水北送任务外，还兼有防洪、除涝、航运等综合效益，亦有利于我国重要历史遗产京杭大运河的保护。

东线工程的水源地是长江干流的下游，水量丰富、稳定，水质良好，可调水量主要取决于工程规模。确定东线工程合理调水规模需要考虑在尽可能利用原有河道或扩大输水河道时，不对当地的防洪、排涝和航运产生较大影响，并具有经济技术上的合理性。

东线工程除解决沿线城市缺水，并可为江苏的江水北调地区的农业增加供水，补充京杭运河航运用水以及为安徽洪泽湖周边地区提供部分水量，据此确定东线工程的总调水规模为：抽江水量 148.2 亿 m^3（流量 800 m^3/s）；过黄河水量 37.7 亿 m^3（流量 200m^3/s）；向胶东地区供水 21.3 亿 m^3（流量 90m^3/s）。

东线工程完成后，多年平均增供水量 106.2 亿 m^3（未包括江苏省江水北调工程的现状调水规模），扣除输水损失后，净增供水量 90.7 亿 m^3，基本适应 2030 年受水区的需调水量。沿线各省（直辖市）水量分配表见表 1-14。

表 1-14　东线工程水量分配表　（单位：亿 m^3）

水平年	供水量	江苏省	安徽省	山东省	河北省	天津市	合计
2010 年	毛供水量	22.5	3.3	20.1			45.9
	净供水量	19.2	3.3	16.8	（7）	（5）	39.3
2030 年	毛供水量	32.7	5.3	40.6	12.7	15.0	106.2
	净供水量	28.2	5.3	37.2	10.0	10.0	90.7

注：①毛供水量指抽江处的增供水量，净供水量为干线分水口门的供水量。山东省的供水量包括调整引黄水量和航运水量 2.1 亿 m^3。②按照合理配置，东线工程在 2010 年可给天津、河北分别供水 5 亿和 7 亿 m^3

考虑江苏省江水北调工程已经发挥效益的现实，参照现行调度原则，经过调节计算拟定了黄河以南各调蓄湖泊的北调控制水位。一般情况下，当湖泊水位低于控制水位时，受水区只使用新增泵站抽水能力抽引的江水北调，湖泊内的蓄水量供当地使用。东线一期工程调水量按规划来水、需水和工程规模进行计算，第一期工程多年平均抽江水量 105.86 亿 m^3，穿黄水量 20.83 亿 m^3，山东半岛水量 8.76 亿 m^3。多年平均增供水量 64.78 亿 m^3，其中增抽江水 55.80 亿 m^3，增加利用淮水 8.98 亿 m^3。扣除损失后的净增供水量为 54.41 亿 m^3，其中江苏省 22.12 亿 m^3，安徽 3.43 亿 m^3，山东省 16.86 亿 m^3，河北省 7.00 亿 m^3，天津市 5.00 亿 m^3。如果北方需要，可在上述供水量基础上再向农业和生态供水 5.23 亿 m^3。

1.3.3　中线工程外调水

中线工程从汉江丹江口水库陶岔渠首闸引水，经长江流域与淮河流域的分水岭方城垭口，沿黄淮海平原西部边缘开挖渠道，在郑州以西孤柏咀处通过隧洞或渡槽穿过黄河，沿京广铁路西侧北上，可基本自流到北京、天津（图 1-6、图 1-7），受水区范围 15 万 km^2。从陶岔渠首闸至北京团城湖，输水总干线全长 1267km，其中黄河以南 477km，穿黄段 10km，黄河以北 780km。天津干线从河北省徐水县分水向东至天津外环河，长 154km。

根据 1956～1997 年水文系列分析，汉江流域水资源总量为 582 亿 m^3，丹江口以上水资源总量为 388 亿 m^3，占全流域的 66.7%。考虑汉江上游用水消耗，预计 2010 年和 2030 年丹江口水库入库水量分别为 362 亿 m^3 和 356 亿 m^3；根据汉江中下游地区未来经济社会和生态环境的需水要求，在兴建兴隆枢纽、引江济汉、改扩建沿岸部分引水闸站和局部整治航道后，2010 年丹江口水库多年平均需下泄水量 162.2 亿 m^3，2030 年需下泄水量 165.7 亿 m^3，则丹江口水库可调水量为 120 亿～140 亿 m^3，保证率为 95% 的干旱年份可调水量为 62 亿 m^3。

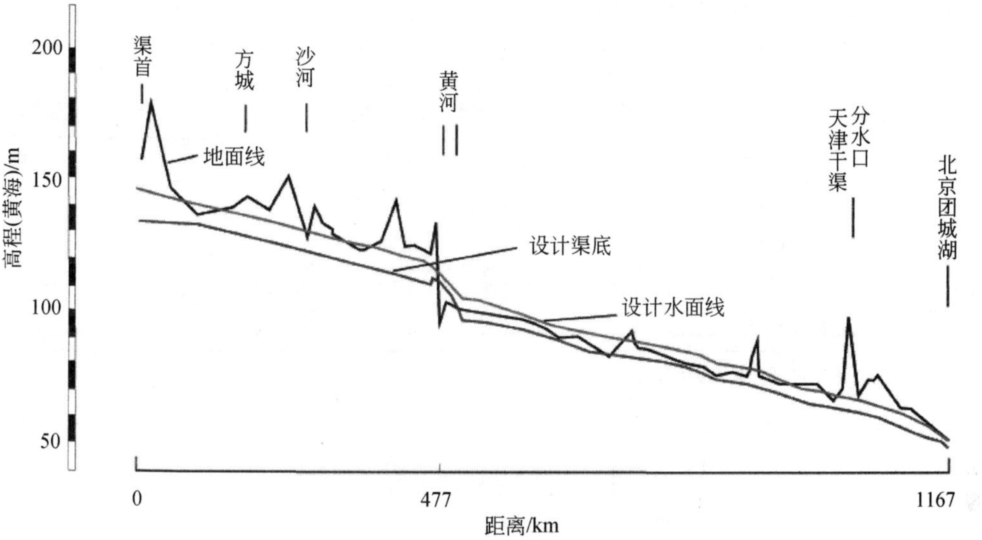

图 1-6　中线工程输水干线纵剖面图

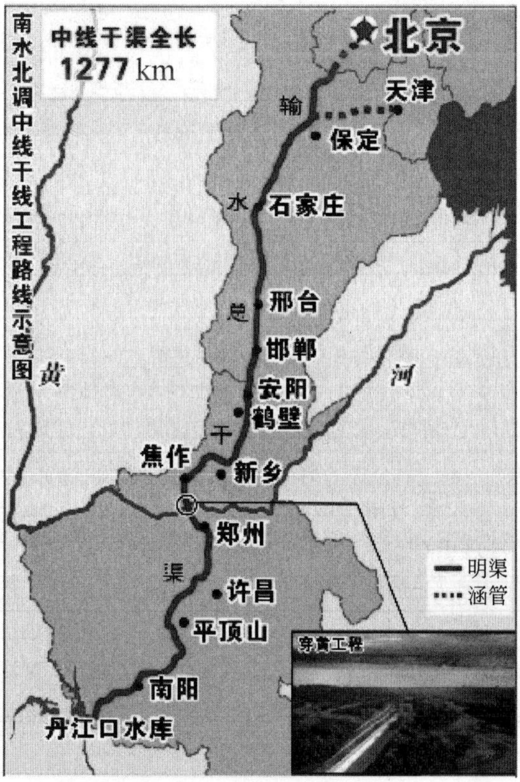

图 1-7　中线工程路线图

2010 年中线工程受水区范围内城市需中线工程调水 78 亿 m^3，2030 年需调水 103 亿 m^3（均为净水量），考虑输水损失后，规划确定中线工程的调水规模，2010 年为 95 亿 m^3，2030 年为 130 亿 m^3，相应渠首引水规模分别为 350～420 m^3/s 和 500～630 m^3/s。按此规模建设，沿线各省（直辖市）多年平均水量配置见表 1-15。

表 1-15　中线工程水量配置表　　（单位：亿 m^3）

年份	省（直辖市）	河南	河北	北京	天津	合计
2010	毛供水量（陶岔渠首）	32.3	34.7	12.4	10.2	89.6
	净供水量（干线分水口）	30.4	30.4	10.5	8.6	79.9
2030	毛供水量（陶岔渠首）	50.0	48.3	17.5	10.2	126.0
	净供水量（干线分水口）	47.2	42.3	14.9	8.6	113.0

注：河南省供水量不包括刁河灌区的水量 6 亿 m^3

1.4　形势与问题分析

1.4.1　社会经济发展形势

黄淮海流域具有优越的地理位置、丰富的矿产资源和较为雄厚的经济基础，在全国宏观生产力布局和经济发展中的地位越来越突出。该区横跨我国的东、中、西部，覆盖了全国七大经济区中的环渤海地区和部分西北地区。改革开放以来，首先是 20 世纪 80 年代珠江流域和东南诸河片的经济起飞，随后是 90 年代长江流域片的迅速发展，如今黄淮海流域已经成为 21 世纪我国新的经济快速增长地区。与此同时，随着西部大开发的逐步实施，东中西部地区的经济联系也在加强，而黄淮海流域地域辽阔，人口众多，地区间经济差异显著，具有联东促西、优势互补、功能协调、协同发展的有利条件，既是西部大开发战略实施的“桥头堡”和前沿阵地，又是西部大开发的可靠后方。

黄河流域经济发展的主要特点包括两方面内容：一是矿产、能源资源丰富，在全国占有重要地位，开发潜力巨大，随着国家经济发展对能源需求的增加，能源、重化工等行业在相当长的时期还要快速发展；二是黄河流域土地资源丰富，黄河上中游地区还有宜农荒地约 3000 万亩，占全国宜农荒地总量的 30%，是我国重要的后备耕地，只要水资源条件具备，开发潜力很大。目前黄河流域人均经济指标略低于全国平均水平，随着国家经济发展战略的调整，国家投资力度将向中西部地区倾斜，为黄河流域经济的发展提供良好的机遇，发展速度将高于全国平均水平。因此，预计在未来一段时间，黄河流域社会经济将呈持续、快速的发展态势。

淮河区的社会经济从整体上看，仍处于全国的低值区。淮河区人口密度大，经济基础差，工业化和城市化水平都比较低，但是最近几年流域各省都采取相应的措施，充分利用淮河区的交通、资源和区位优势，经济发展的速度超过全国平均发展速度，经济发展潜力较大。未来淮河区国民经济仍将呈持续、高速、稳定发展态势，加快工业化发展仍是未来淮河区经济发展的主要特征。

海河流域与全国其他地区相比，具有地理区位优越、自然资源丰富、交通便捷、工业和科技基础雄厚以及拥有骨干城市群等五大优势，未来经济社会仍将迅速发展。海河流域山区将以国家新型能源化工基地为建设重点。海河山区有一定的资源优势，有晋北、晋中和晋东三大能源化工基地，以及内蒙古煤化工和电力工业，在国家能源战略储备中占有重要地位。海河山区未来将建成资源节约型、安全保障型、环境友好型的新型能源化工基地，形成比较合理的能源产业结构。海河中部平原（包括山前和沿黄平原）拥有耕地约 7000 万亩，土地肥沃，光热和灌溉条件较好，适于各种农作物生长，未来仍将是国家粮食主产区并承担一定的增产任务。海河滨海平原将成为新型工业基地。滨海平原具有建设用地多（大量盐碱地）和交通等方面的优势，成为未来流域内最具有发展潜力的地区。在天津滨海新区、河北曹妃甸循环经济示范区的带动下，该区将成为我国现代制造业和研发转化基地，国际航运、国际物流和现代服务业基地。城镇化水平迅速提高，人口大量增加。在海河流域经济飞速发展的同时，流域生态环境的压力也将持续增加。

1.4.2　水资源形势与问题

问题一：在气候变化和人类活动影响的共同作用下，黄淮海流域水资源衰减严重，水文的一致性不复存在。

水文的一致性表征产流条件的变化影响情况，主要与流域的下垫面情况有关，如产流区域内下垫面条件改变是否在容许范围内等。如果变化影响很大，那么其系列一致性就不太好，要根据情况进行还原或修正，以符合实际情况。而黄淮海流域近几十年来在气候变化和人类活动的共同影响下，流域的水资源量衰减严重，水文的一致性已经不复存在。由于气候变化和人类活动的双重影响，黄淮海流域的水资源条件产生了深刻的变化。2001 ~ 2009 年黄淮海流域的降水—水资源总量关系，是这一变化的直接表现。根据黄淮海流域 2001 ~ 2009 年的水资源公报数据，期间的降水和水资源数据见表 1-16 所示。

表 1-16　2001 ~ 2009 年黄淮海流域降水与水资源总量

地区		1956 ~ 2000 年均值	2001 年	2002 年	2003 年	2004 年	2005 年	2006 年	2007 年	2008 年	2009 年
海河流域	降水/mm	535.0	416.0	400.4	582.1	538.2	487.0	438.2	483.5	541.0	489.8
	水资源总量/亿 m^3	370.0	200.1	158.1	320.2	299.8	267.5	219.8	247.9	294.5	285.2
黄河流域	降水/mm	445.8	404.0	404.2	555.6	421.8	431.0	407.2	484.1	433.1	440.4
	水资源总量/亿 m^3	620.8	416.46	403.0	684.1	482.7	633.2	400.4	581.8	483.7	479.94
淮河区	降水/mm	839.0	641.0	726.0	1210.0	780.0	1030.0	807.0	978.2	879.5	801.9
	水资源总量/亿 m^3	911.0	592.0	702.0	1852.0	756.0	1400.0	882.0	1366.9	1047.2	799.8

注：黄河流域水资源总量为花园口以上数据

为了便于分析，将还原到2000年下垫面的1956～2000长系列多年平均数据为基础，对降水和水资源总量进行标准化，即计算实际降水和水资源总量占相应多年平均的比例，见表1-17所示。

表1-17　标准化以后的2001～2009年黄淮海流域降水与水资源总量（单位：%）

地区		2001	2002	2003	2004	2005	2006	2007	2008	2009
海河流域	降水（均值）	77.8	74.8	108.8	100.6	91.0	81.9	90.4	101.1	91.6
	水资源总量（均值）	54.1	42.7	86.5	81.0	72.3	59.4	67.0	79.6	77.1
黄河流域	降水（均值）	90.6	90.7	124.6	94.6	96.7	91.3	108.6	97.2	98.8
	水资源总量（均值）	67.1	64.9	110.2	77.7	102.0	64.5	93.7	77.9	77.3
淮河区	降水（均值）	76.4	86.5	144.2	93.0	122.8	96.2	116.6	104.8	95.6
	水资源总量（均值）	65.0	77.1	203.3	83.0	153.7	96.8	150.0	115.0	87.8

注：黄河流域水资源总量为花园口以上数据

以表1-17为基础，对比降水变化幅度与水资源总量变化幅度之间的关系，海河、黄河和淮河的情况分别如图1-8、图1-9和图1-10所示。

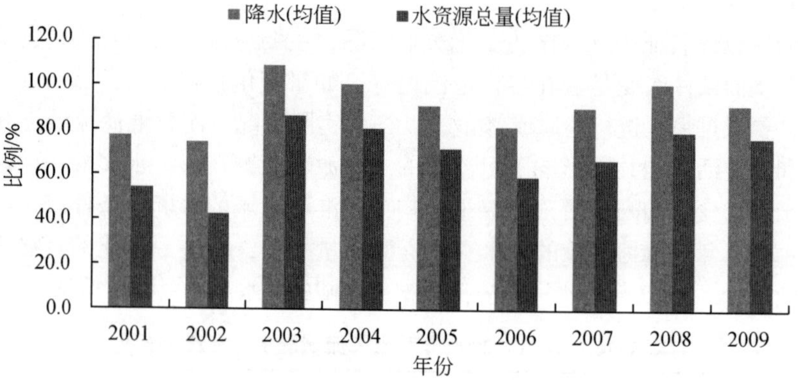

图1-8　海河流域降水和水资源的相对变化

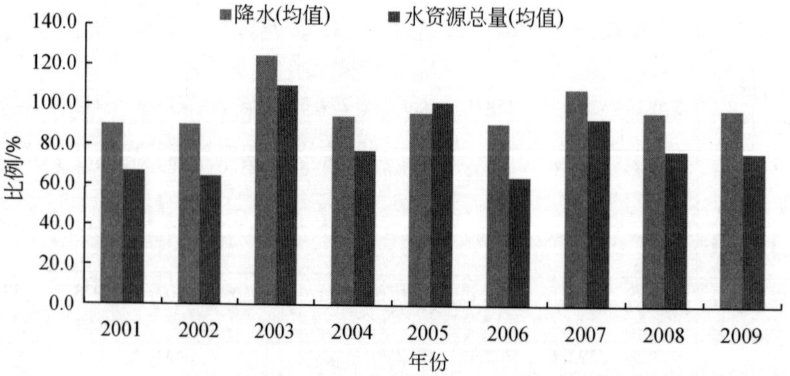

图1-9　黄河流域降水和水资源的相对变化

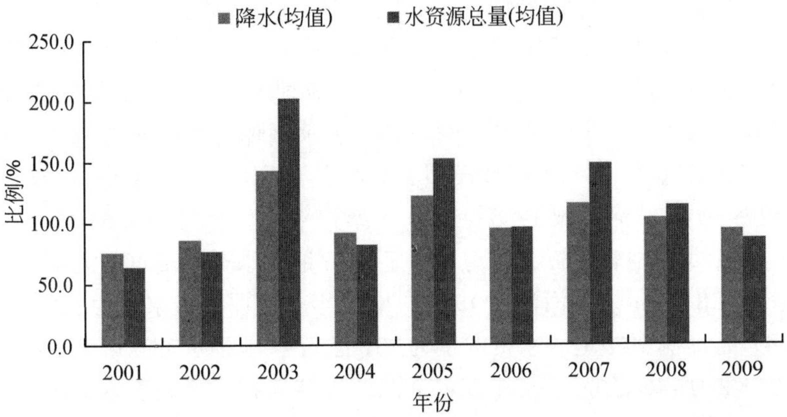

图 1-10　淮河区降水和水资源的相对变化

从图 1-8 可以看出，海河流域 2001 ~ 2009 年降水基本上都低于 1956 ~ 2000 年平均值，处于连续干旱期（或者降雨出现了显著的衰减趋势），水资源出现了相对于降水更大的衰减，水资源的相对衰减幅度均明显大于降水的衰减幅度，在降水接近多年平均值的 2003 年、2004 年和 2008 年，水资源都只有多年平均的 80% 左右。海河流域水资源总量衰减趋势明显。

从图 1-9 可以看出，黄河流域 2001 ~ 2009 年降水基本上都低于 1956 ~ 2000 年平均值（2003、2007 年略高于多年平均值），处于正常偏干旱期（或者降雨出现了一定幅度的衰减趋势），水资源出现了相对于降水更大的衰减（仅 2005 年除外），水资源的相对衰减幅度均明显大于降水的衰减幅度（仅 2005 年除外），即使在降水接近正常年份的 2003 ~ 2009 年，水资源衰减趋势亦十分明显。

从图 1-10 可以看出，淮河区 2001 ~ 2009 年降水属于正常偏湿，特别是 2003 ~ 2009 年降水基本上处于正常或者偏湿，降水与水资源总量关系比较稳定，无明显变化趋势。

按照常理，流域降水的平水年，一般对应于天然径流的平水年。但是，黄淮海流域由于下垫面条件在气候变化和人类活动的影响下已经发生了复杂的变化，降水的平水年对应的年份中，经过还原的天然径流却仍是枯水。由于水资源综合规划的结果一般是按照长期资料得出的平水年的径流情况，如果我们仍然按照水资源综合规划的评价结果来进行供需平衡分析和缺水量预测，那么所得出的结果，往往导致估算出来的径流量偏大，从而导致估算出来的供水量偏大，而缺水量偏小。然而，虽然知道水资源综合规划的评价成果离真实值是有偏差的，目前也只能依据现有的水资源评价的成果来进行计算和预测。根据全国第二次水资源评价成果，黄河流域 1956 ~ 2000 年年均降水量为 3554 亿 m^3，水资源总量为 719m^3，其中地表水资源量为 607 亿 m^3，地表水与地下水不重复计算量为 112 亿 m^3。海河流域 1956 ~ 2000 年年均降水量为 1712 亿 m^3，水资源总量为 370 亿 m^3，与第一次评价（1956 ~ 1979 年系列）成果相比减少 12.0%，其中地表水资源量为 216 亿 m^3，与第一次评价成果相比减少 25.0%；地下水资源量为 235 亿 m^3，与第一次评价相比减少 12.6%。

在黄淮海流域，高强度人类活动大范围改变了流域局地的下垫面特征，水循环特性发生了深刻改变，传统的水资源评价方法将带来评价结果的“失真”。国家重点基础发展计划（“973”计划）项目“黄河流域水资源演变规律与二元演化模型”和“海河流域水资源演变与水资源高效利用”中，为评价流域水资源的“真值”，采用统一的基准年下垫面和用水条件，保持天然水循环和人工水循环过程的动态耦合关系，采用分布式流域“自然-社会”二元水循环模型为基本定量手段，提出了全口径动态水资源评价方法。结果表明：黄河流域 1956～2000 年系列平均降水量为 3563 亿 m^3，水资源总量为 676 亿 m^3，其中地表水资源量为 549 亿 m^3，地下水资源量 404 亿 m^3，不重复的地下水资源量为 128 亿 m^3。海河流域 1956～2005 年多年评价降水量为 1700 亿 m^3，水资源总量为 347 亿 m^3，其中地表水资源量为 201 亿 m^3，地下水资源量为 270 亿 m^3，不重复地下水资源量为 146 亿 m^3。与传统水资源评价结果相比，地表水资源量偏小，垂向的不重复地下水资源量偏大，水资源总量评价偏小，科学的水资源评价结果说明水资源情势比现状的公共认识更加不容乐观。

问题二：黄淮海流域目前面临整体深度资源型缺水问题。

黄淮海流域，特别是黄河和海河流域，水资源本底条件差，加上承载的社会经济及人口迅速发展，经济社会对水资源的开发利用量不断增加。黄淮海地区多年平均水资源可利用量为 1140 亿 m^3，近 10 年来，全区经济社会年均水资源利用量维持在 1300 亿 m^3左右，不难判断，目前黄淮海流域水资源系统承载客体的用水需求已经超过水资源系统承载力，客体的部分用水需求不能完全得到满足，即呈现了缺水状态。

随着社会不断发展，水资源系统承载客体逐渐呈现多元化，包括生态环境系统和社会经济系统，而后者又分为生活用水系统，以及农业、工业等生产性用水系统。水资源系统承载客体的多元化导致水资源利用过程逐渐出现竞争与分配的问题。由于各类型承载客体缺水承受能力、取用水代言人势力强弱差别显著，导致用水竞争优劣势明显，缺水呈现梯度显现。生态环境系统因其缺水所导致的后果在短期内体现不明显，以及同时长期缺乏代言人，处于缺水客体的最底层，最易呈现缺水状态。社会经济用水系统中，由于可量化的经济效益的明显差异，导致农业用水系统处于劣势位置，成为第二易呈现缺水状态的缺水客体，再次为工业用水系统。生活系统用水由于其保障人们正常生存的特殊性而位于“金字塔”的最顶层，属于最先保证的用水类型。

根据黄淮海流域水资源综合规划、水资源报告等资料，以及本次研究调查、计算、分析结果，黄淮海流域一些地区形成了深度缺水的形势，部分缺水量无法再向低层的生态用水系统、农业用水系统转嫁，已经开始波及“金字塔”的最顶端用户，即各类型用水均存在缺水状况。

由于社会经济用水挤占，全区多年平均地下水超采量接近 120 亿 m^3，并在逐年加剧；河道内生态用水匮乏，导致黄河流域河道泥沙淤积问题严重，淮河流域河道水体自净能力大幅降低、水质情况恶劣，海河流域不少河段常年断流，生态环境系统遭到严重破坏。

黄淮海地区是我国重要粮食主产区，但由于资源短缺，农业系统用水被城市系统用水进一步挤占，导致农业灌溉水量不足。据本次估算，2008 年全区农业灌溉缺水量近 140 亿 m^3，如果这一缺口不能填补，实现《全国新增 1000 亿斤粮食生产能力规划（2009—2020 年）》中对黄淮海地区下达的粮食增产任务将面临更大挑战。

据调查统计，二三产业用水由于处于经济用水竞争性的高端，在超采地下水、挤占河道内生态环境用水和农业系统用水的情况下，黄淮海地区工业系统仍存在一定数量的停水和限制供水事件，统计缺水量为 6 亿 m^3，给社会经济造成巨大损失。必须指出的是，这部分缺水量仅计算了针对工业用水存量的破坏性缺水，未将因水资源短缺而导致的新建工业项目撤销或生产规模不能扩大的约束性缺水计入在内，实际缺水量应远高于 6 亿 m^3。由于长期缺水，黄淮海地区生态环境系统已十分脆弱，农业系统又承担着巨大粮食增产任务，未来工业发展性用水已不能再依赖于挤占弱势用水系统而获取。

黄淮海流域生活用水短缺集中体现在高居不下的农村不安全饮水人口数上。据相关统计，2008 年全区不安全饮水人口数接近 8000 万人，按照本次研究提出的计算方法，缺水总量为 9.3 亿 m^3，仅由于水质不达标造成的缺水量就达到 4.7 亿 m^3。

综上所述，黄淮海流域已经面临整体性深度缺水状况，社会经济发展已受到水资源短缺胁迫，生态环境系统十分脆弱。为保障社会经济稳定发展、保障人民饮水与国家粮食安全、维持生态环境系统的良性运转，如何合理配置使用水资源、寻找新的水分供给来源，已成为黄淮海流域迫在眉睫的问题。

问题三：黄淮海水污染问题比表现出来的更严重，其中海河和黄河流域一定程度上为缺水和泥沙所掩盖。

当前，黄淮海流域的产业结构不合理，高耗水、重污染和清洁生产水平低下的工业企业在流域内广为分布，工业废水的超标排放严重；城市生活污水处理率低于全国平均水平；农业面源污染并未达到有效控制。从整体上，黄淮海流域水污染形势十分严峻，部分水体功能下降甚至丧失，进一步加剧了黄淮海水资源短缺矛盾。

（1）淮河区水污染问题已威胁供水安全，水污染防治工作取得初步成效，但水污染情势仍很突出。具体表现在两方面。一是河流水环境质量恶化。全流域 186 个国家重点水质监测站 V 类及劣 V 类水占 51.1%，46 个跨省河流省界断面 V 类及劣 V 类水占 54.4%。近 50% 河流的水质尚未达到水功能区水质目标要求，特别是一些淮北主要支流污染比较严重。二是饮用水质量日益下降。生活供水水质不合格率达 28.5%，严重影响了供水安全。

（2）黄河流域纳污量超出水环境承载能力，水污染形势严峻。具体表现在两方面：一是水功能区达标率较低。基准年化学需氧量（COD）和氨氮的受纳量分别是纳污能力的 2.96、7.36 倍，流域内 23% 的河长劣于Ⅴ类水质，近 50% 的河长达不到水功能要求；超载的水功能区均位于流域人口稠密、工业集中分布的大中城市河段，如黄河干流，湟水、汾河、渭河、伊洛河、大汶河、沁蟒河等支流及其沿岸经济相对较发达的二级支流，以及宁蒙灌区范围内。二是省际的水污染矛盾日益突出。

（3）海河流域水污染问题在一定程度上为缺水所掩盖，其生态用水被大量挤占，降低了水体环境容量，造成严峻的水污染问题。主要表现在三方面：一是河流水质不断恶化；2007 年水功能区有 72% 达不到相应的功能区水质标准，占调查河长的近 50%，山区水功能区达标率为 43.3%，平原区水质达标率只有 16.5%，如图 1-15 所示。海河流域非汛期水质明显好于汛期水质，表明汛期的面源污染问题不容忽视。如图 1-15 所示。二是有水的河流为上游，下游地表水污染向土壤介质污染转移。三是污染有向地下水发展的态势。监测结果显示，海河平原及山间盆地的地下水环境质量总体较差，Ⅳ类和Ⅴ类水分布面积占总面积的 76.4%。超标项目主要有氨氮、矿化度、总硬度、硝酸盐氮、亚硝酸盐氮、高锰酸盐指数、铁、氟、锰等。地下水硝氮的模拟结果表明：① 流域平原区地下水硝态氮污染随农业持续发展呈逐年积累的特征；② 农业程度越高的地区硝态氮污染也越严重；③ 地下水氮污染主要发生在浅层地下水，但随着深层地下水的开采，地下水硝氮污染逐渐向纵深方向发展，局部地区已扩展到深层地下水。硝态氮作为污染代表因子，反映了农业生产发展对地下水的影响。

问题四：水资源过度开发利用造成依靠河流廊道和地下水维系水生态系统。整体退化，情势十分严峻。

黄河、淮河、海河三大流域多年平均降水为 445mm、335mm 和 839mm，其中陆面生态主要依靠降水支撑，并随降水波动而演化，其突出的生态问题主要是大规模水资源调蓄、开发和消耗导致的水生态系统退化的问题。河流生态需水过程划分为三大类：一是维持河流生态系统生物基本生存条件的枯季基流；二是汛期维护鱼类产卵和河道稳定的平滩流量；三是维护河漫滩生物栖息、营养物带入等整体生态功能的漫滩流量。可以看出，河道生态需水包括河道基流和洪水过程的维护，黄淮海大规模的水资源调蓄、利用和消耗，造成这两方面生态需水均得不到有效满足。

2009 年，黄淮海流域水资源开发利用率为 59.5%，远高于全国的 21%。受高强度水资源开发利用的影响，海河流域内主要河流每年几乎全部要发生断流，白洋淀等 12 个主要湿地总面积较 20 世纪 50 年代萎缩了 5/6；黄河干流 20 世纪 80～90 年代断流问题十分突出，自 1998 年以来干流实行统一调度，保证了连续 13 年不断流，但支流断流的现象依然十分突出。河道断流和湿地退化对河流与湖泊淡水生物乃至近岸海洋生物产生了严重影响，使得河流本底生物不复存在，多数河段的生物为耐污能力较强的底栖生物和浮游生物，加上河流鱼类栖息地的破坏，河流中很少能调查到鱼类。黄河三角洲为东北亚内陆鸟类迁徙的重要中转站、越冬栖息地和繁殖地。随着尾闾摆动，来水、来沙量减少，再加上这几年三角洲开发力度的加大，造成湿地面积逐年减少，导致生物物种减少，有些甚至已经永远消失。80 年代后海河流域针对白洋淀等重点湿地虎皮多次采取了补水措施，对维持湿地水域面积产生一定作用，但珍稀物种难以恢复，同时区域地下水位过低，单向地表补水也在一定程度上改变了底质层的微生物生境。

河口与近岸海域地区是陆海相互作用的集中地带，低盐环境和丰富的物质造就了独特的生态系统和丰富的生物多样性，生态系统和生境状况与入海水量密切相关。随着黄淮海流域水资源开发利用程度的提高，20 世纪 50 年代以来入海水量呈减少趋势，21 世纪初（2001～2008 年）入海水量减少为 903 亿 m^3，仅为 20 世纪 50 年代的 56%。其中海河区入海水量减少更为明显（图 1-11），21 世纪初（2001～2008 年）入海水量仅为 20 世纪 50 年代的 8%，从而导致营养盐含量下降了 50% 以上，同时近海盐度升高。入海水量的减少造成河口与近岸海域生态从 20 世纪 80 年代初开始，发生了质的变化。渤海近海生态系统的结构和功能即受到一定程度的破坏，渤海海洋生物多样性受到一定程度的损害，海洋生物种类明显减少，鱼类减少的主要种类是鲷科鱼类和鲆鲽类，说明地方性类群衰退比较快；底栖动物和游泳动物食性的种类显著减少。渤海湾的西南部过去是渤海主要的鱼类产卵育幼场，但是多年来非汛期几乎无水下泄，导致生态破坏严重。

问题五：黄淮海流域地下水超采量大、面广、漏斗深，在深度缺水的条件下，地下水资源保护难度极大。

黄淮海流域地下水超采问题由来已久，近年来此泛流域长期干旱缺水，而水资源开发利用却不断增加，地表水开发利用消耗率已分别达72%、37%和78%，都已大幅度超过或接近40%以下的开发利用率安全警戒线，被迫超采地下水已成为此资源性缺水泛流域饮鸩止渴的无奈之举。2008年三大流域地下水超采达140亿 m^3，造成地下水埋深大面积持续下降，地下水漏斗严重。超采主要分布在三大流域的平原、盆地地区。

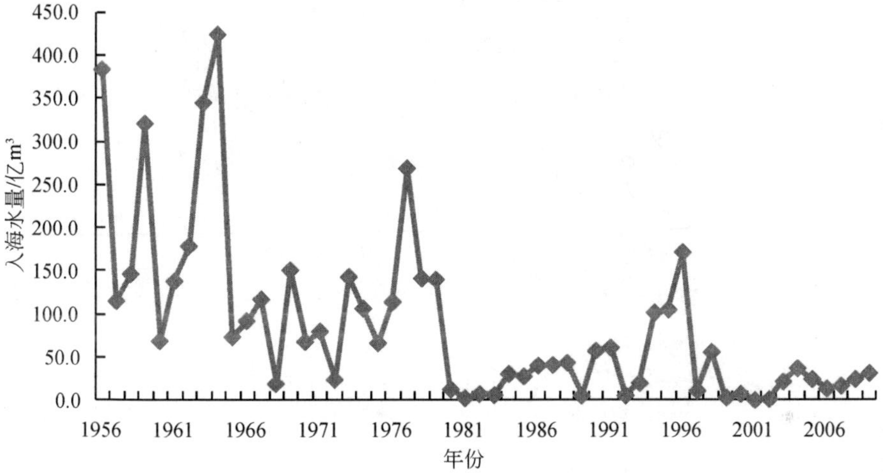

图1-11　海河流域入海水量变化

其中尤以海河流域超采最甚。2007年海河流域地下水开采量（含微咸水开采量）为263亿 m^3，占供水总量的比重达65%，均是黄河流域、淮河区地下水供水量的1.9倍。超采面积占总面积的35.1%，形成了面积共达4.26万 km^2 的地下漏斗群，最大埋深近100m。由于地下水长期严重超采，地下水位持续下降，部分地区地下含水层被疏干，引发地下水资源枯竭、地面沉降、地面塌陷和地裂缝、地下淡水水质恶化等严重的生态与环境问题。图1-12和图1-13为南水北调受水区浅层和深层地下水漏斗情况。

要想解决超采量如此巨大的泛流域地下水漏斗区、减缓地下水开采速度，是十分艰难的。目前，最直接有效的方法是减少地下水开采量，同时进行地下水回灌，但此方法也仅用于有水可灌地区。而黄淮海流域经济发展迅猛，需水量极大，并且形成了“有河皆干、有水皆污”的现象，此方法实属不可行。为从根本上解决地下水超采问题，则要在用水源头和市场机制条件下进行改革。

以城市水源替代和农业“一提一补”水价制度为根本解决途径。城市和农业用水是目前此泛流域用水的主要部分，其中城市和农业用水分别占到总用水量的22.4%和

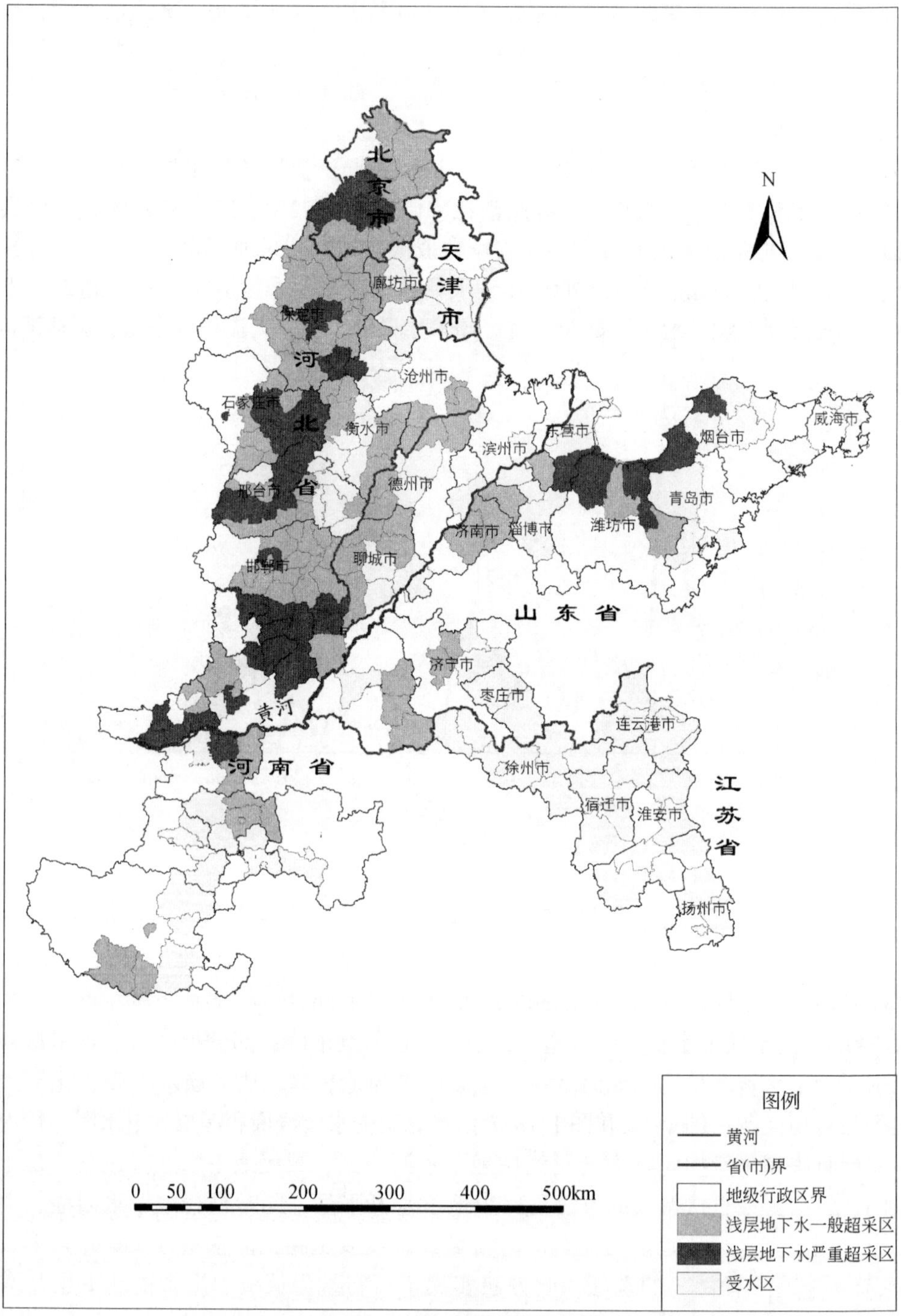

图 1-12　南水北调东中线受水区浅层地下水超采情况

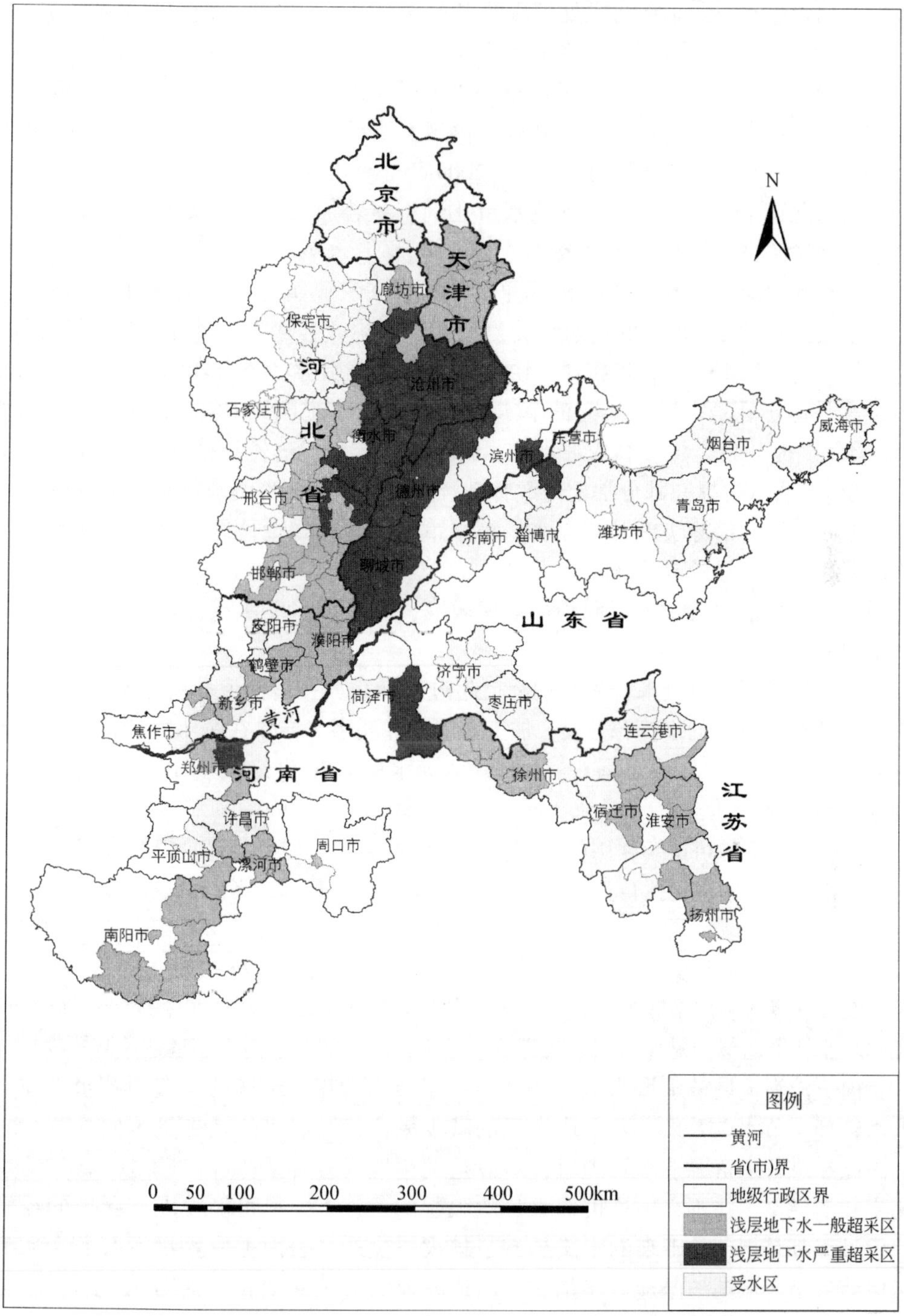

图1-13　南水北调东中线受水区深层地下水超采情况

64.1%。要解决黄淮海流域地下水超采问题，重在“开源节流”，以期寻求以技术开源和经济调节节水的“两条腿”并行模式。首先，在城市中寻找以再生水、雨洪水、外调水为主的城市替代水源。以北京市为例，在城市替代水源方面主要有三个方面：一是开发利用再生水。北京将污水处理后的出水再生用于工农业生产和改善城乡水环境。2009 年北京市再生水利用量已达到 6.5 亿 m^3，是 2003 年的 3.1 倍。二是深度开发雨洪水，科学利用中小洪水。北京地区将建设永定河滞洪水库，遇中小洪水拦蓄到水库里补充地下水，遇大洪水进行削峰，减轻分洪区和下游的防洪压力。最大年可增加供水量 1.47 亿 m^3。三是将充分利用外调水。2009 年北京市外调水量占总供水量的 7%，今后如果南水北调工程完工后，此外调水量比例将显著加大。此多渠道的替代水源方案使北京市供水结构实现了显著改善，2009 年地下水的供水比例比 2001 年下降了 27.9%，有效地减少了对地下水的超采。其次，在农业实行“一提一补”水价制度。以人均水资源量约 22.06m^3 的衡水市为例，衡水市桃城区从 2005 年开始，逐步创建了“总量控制、定额管理、节奖超罚、协会自治、政府引导、公众参与”的用水管理机制，探索并建立了“一提一补”的节水办法，重点对地下水（包括深层水和浅层水）进行提价。“提”就是将提高农业平均水价标准，充分发挥价格杠杆的经济调节作用；“补”就似乎将水价提高部分加上财政补贴资金共同作为节水调节资金，按承包地面积平均补贴给农民。措施实施几年以来，衡水市地下水超采量持续下降，这对区内的地下水超采起到了明显的改善作用。

问题六：黄淮海流域水资源利用效率较高，真实节水节水潜力远小于常规认识且其成本很高。

黄淮海流域现状水资源开发利用程度超过 80%，其中海河流域甚至超过 100%，大规模的经济社会系统的水资源开发，加上非生产性耗水，导致在每年大量超采地下水的条件下，入海水量严重衰减，其中海河流域入海水量由 20 世纪 80 年代的 120 多亿 m^3 衰减到基准年的 30 多亿 m^3。

节水作为水资源可持续利用的根本措施，但黄淮海流域经济产业结构是基于一定客观基础上长期形成的，包括自然资源禀赋和宏观生产力布局，考虑到黄淮海流域是我国人口最为稠密的地区，同时国家对流域有明确的粮食安全保障任务，因此种植结构调整的难度大；工业上对于资源依存度较高，结构趋于重型化，调整的难度很大。微观上流域现状农业灌溉水利用系数为 0.6，工业平均水重复利用率已达到 80% 以上；综合分析，常规的产业结构调整、提高利用系数等节水措施，流域的节水潜力还远达不到预期。

目前黄淮海流域节水潜力最大的环节在于节水管理，传统的水资源节水管理，注重取水管理，节水的效果主要由取水量的减少来衡量，取水的减少量等同于节约的水量。因此在进行水资源节水管理时，一般是发达地区或者强势部门通过提高水的重复利用率和消耗率，在不突破许可取水量的限制的条件下，尽可能发展本区域的经济发展，但过程都是把节约下来的水又进行了扩大再生产，表面上取水量没有发生大的变化，但结果是区域湖泊湿地逐步消失、河道断流时间不断变长，其实质是消耗了更多的水量，退水量大幅减少。另外在区域/流域水资源总量基本不变的情况下，这就意味着欠发达地区或者弱势部门如农业、生态等部门可使用的水资源将被挤占，越是在水资源紧缺的地区，这种矛盾越是突出。因此，按照以上水资源节水管理方式，水资源利用的可持续性和公平性并不能真正得到保证，生态系统的安全也并不能真正得到保障、甚至会加剧恶化。

综合看来，资源性缺水的症结导致在解决黄淮海流域缺水问题上必须立足于这一基本特征，资源性节水才是真实节水量，传统节水的方式的难度很大，潜力也有限，只有通过耗水（ET）管理才能实现；耗水管理是以区域ET总量控制、ET效率提高为核心，其理念认为只有减少ET消耗量，只有减少水分的蒸发蒸腾，才是区域水资源量的真正节约，是真实的资源性节水，这与传统的节水管理是有区别的。

1.4.3　水资源综合配置要求

解决缺水问题是实现21世纪黄淮海流域和西北地区可持续发展的重要战略。黄淮海流域水资源短缺与经济社会发展、生态环境保护之间的矛盾，不仅需要节水和挖掘当地水资源潜力，还需要尽快实施南水北调工程，以水量丰沛的长江为水源依托，进行大范围的水资源合理配置。因此，研究南水北调东、中线工程通水后，基于黄淮海三大流域统筹、“三生”（生产用水、生活用水和生态用水）统筹、城乡统筹的黄淮海水资源整体的科学合理配置技术，提出东、中线一期通水后的黄淮海水资源科学配置方案，是当务之急。

南水北调工程实施条件下，黄淮海流域之间、流域生态与经济之间、流域区域之间、区域内城市与农村之间要实行全口径的水资源整体科学配置。水资源整体科学配置需要回答南水北调实施条件下，现状黄河向淮河、海河大规模输水配置格局应如何科学调整；如何通过区域间的水资源统一配置扩大南水北调供水范围，提高南水北调工程效益；如何利用外调水置换出现状被挤占的生态环境用水；如何通过科学配置，在外调水主要供城市的同时，提高流域农村用水保障程度等一系列问题。

与一般的水资源配置相比，本次水资源配置的范围是涉及黄河、淮河、海河三个具有水力联系的超大泛流域，配置的主要水源包括大规模的外调水、呈现衰减趋势的地表水、被严重超采的地下水，配置的对象包括快速发展的城市、社会主义新农村、严重受损的生态环境。而且，南水北调工程连通的黄淮海泛流域水资源系统一个极其复杂的巨型系统，它的合理配置要求在宏观上协调三大流域之间、流域经济与生态之间、区域与区域之间的用水需求，在微观层面上要协调区域内城市与农村、不同水源、不同行业、不同配置措施之间的关系。因此，需要创新并形成一套科学发展观指导下的水资源合理配置的理论与技术体系，指导新形势下的黄淮海流域水资源合理配置。

黄淮海流域水资源层次化合理配置方案的研究对于保障黄淮海流域水资源安全，促进区域全面协调可持续发展，改善生态与环境状况具有重要的作用，将具有明显的社会、经济、生态与环境效益。

第 2 章　黄淮海流域现状缺水识别与发展情势分析

2.1　全口径缺水识别技术与方法

2.1.1　缺水的内涵分析

短缺的概念是一个相对状态，具体对于区域水资源短缺来说，它所描述的是一定经济技术条件下，区域可供水资源量和质的时空分布不能满足现实标准下的区域内人口、社会经济、生态环境等系统对水资源需求时的状态。

对水资源短缺的质的界定与量的确定，受到许多学者的关注与研究。事实上，缺水是用水需求未能得到有效满足的一种状态，具体来说就是指一定经济技术条件下，区域供水的量和质不能满足相对应用水需求的现象。基于这一初步的认知和定义，缺水包括五方面的内涵。

1）缺水是一个差值的概念

缺水是一个差值，即用水需求和水资源实际供给之间的差值，因此缺水是相对特定的需求对象和客观供给而言的。人均水资源量等指标虽然包含了一定的经济社会的需求信息，但难以全面刻画需求和供给之间的关系，因此难以系统表征区域缺水状况。另外，由于缺水是一个相对的概念，因此用水需求的标准在缺水判别过程中就显得十分重要，如在海河流域农业需水的标准就应当考虑本底的水资源条件，采取经济需水定额标准。

2）缺水是一个广义的概念

供水系统组成和用水主体是一个多元化系统，因此缺水是广义需水和广义供水的概念，其中需水主体包括经济社会系统和生态环境系统，需水的类型包括生活用水需求、生产用水需求、生态用水需求和环境用水需求等；供水组成则包括狭义的径流性供水和广义的有效降水，还包括一次性供水和循环利用供水等。此外，由于水资源利用过程中存在着多元充补的关系以及竞争和分配的关系，所以缺水识别必须从系统的角度出发，全面综合判断和计算区域缺水量。

3）缺水包括水量和水质两方面内容

由于水资源包含水量和水质两方面，因此缺水的内涵也包括水量和水质两方面，即缺水既包括水量不能满足用水主体的需求，也包括水质未能达到用水需求的标准，一些地方称之为“水质型缺水”。例如，在海河流域常常直接引用未经处理或是处理未能达标的污水进行农业灌溉，尽管作物的需水量得到满足，但污水灌溉会导致农产品的质量下降，影响人的身体健康，同样也会造成损失。基于这一内涵，进行缺水计算时应将供水水质未达标这一状况纳入其中。

4）缺水具有多元化成因

导致缺水的原因是多样的，既包括自然的水资源丰度较低造成的缺水，即资源型缺水，也包括需水模数过大引起的缺水，即过载型缺水。同时还会因为缺乏必要的水利工程和设施，造成供水能力不足以满足用水需求的缺水现象，即工程型缺水或设施型缺水。此外，还常常会由于管理不善导致水资源的利用不够充分或不经济，以及供水系统中的漏损等，而人为增加了用水的需求量并引发水资源短缺问题的现象，属于效率型或管理型缺水。当然，以上各类原因可能同时并存，即综合型或是复合型缺水。

5）缺水常常是一种经济现象的体现

需要特别指出的是，缺水常常表现为一种经济现象，即缺水总是在缺水损失小于进一步供水边际效益和开源和节水边际成本时才会发生。例如，对于滨海地区，海水可以看作稳定的供水源，当遇到常态的缺水时，工业由于其单方水产出的边际效益较高，会采取海水淡化来解决缺水的问题，而农业生产由于其生产的效益较低，面临枯水年缺水时，往往会宁可承受缺水损失而不会采取成本较高的应对措施。

2.1.2　区域缺水的主客体分析

依据前面对于区域缺水状态内涵认知，缺水识别范围应当从单一的水资源主体或受体状态描述、成因区分拓展到系统主客体两方面同时考察。

人类社会的历史是一部开发利用水资源的历史，从最早的逐水而居到如今的资源水利和水资源的可持续利用等理性思索的过程可以看出，水资源系统的外延不断被拓宽，内涵也不断被丰富。发展到今天，人们对水资源开发利用的范围已由最初单一的地表水系统拓宽到地下水、土壤水、大气水、海水、再生水、劣质水（包括微咸水和咸水等）等多个水源，供水水源系统主体多元化特征日益突出。

水资源系统承载的客体是随着社会的发展而更替改变，在无人类活动干扰作用下，天然水资源系统在其循环过程中滋养了丰富多样的天然生态系统。天然生态系统在包括水循环在内的自然驱动力作用下，不断实现生物群落与自然环境的动态平衡，最终达到一个符合区域水文情势的自维持状态，其中地带性植被主要依靠降雨中不形成径流的水资源来维持，而非地带性植被的维持除需要当地降水以外还需要径流等的支撑。自从人类社会行为作用于水资源系统伊始，水资源系统承载的客体的纯自然属性便开始发生改变，水循环系统的社会驱动力持续加大，农业和工业经济系统的需水量和取水量不断上升，水资源系统承载的客体逐渐演绎成生态环境系统和社会经济系统，水资源系统的社会经济服务功能得到充分体现。由于水资源系统承载客体的多元化，水资源利用过程中就存在着竞争与分配的问题。当竞争激化，水资源系统承载客体用水需求大于供水主体的供水能力时，则出现水资源短缺。

区域缺水主体与区域供水主体存在差别。区域社会经济供水主体是指以各种形式供公众生活的全部水量，包括五个部分：一是本区域内通过供水工程提供的新水资源量，与通常所说的工程供水量的概念一致；二是本区域农作物直接利用的天然降水量，即有效降水量；三是通过产品进出口所导致的虚拟水量（这部分水量，产品进口则为正值，产品出口则为负值）；四是达标污水、再生水、海水、雨水等非常规水源的利用量；五是社会经济对生态用水的挤占水量。而全口径区域缺水主体则仅指新水资源的短缺量和经济社会对生态用水的挤占量两部分。

区域缺水的客体是指在水资源利用过程中存在激烈竞争的社会经济系统与生态环境系统，其中社会经济系统包括城市生活系统、农村生活系统、农业生产系统、工业和第三产业生产系统、人工生态系统等。

2.1.3 竞争条件下的缺水梯度现象

水资源系统承载客体包括生态环境系统和社会经济系统，而后者又分为生活用水系统，以及农业、工业等生产性用水系统。如前所述，随着水资源利用量的不断增加，水资源系统承载客体的多元化导致水资源利用过程逐渐出现竞争与分配的问题。当水资源系统承载客体的用水需求超过水资源系统承载能力时，客体的部分用水需求将不能完全得到满足，即呈现缺水状态。由于水资源系统承载客体的渴水承受能力、取用水代言人势力强弱等存在较大差别，因此，竞争条件下，各客体缺水状态在横、纵两向均呈梯度分布，如图 2-1 所示。

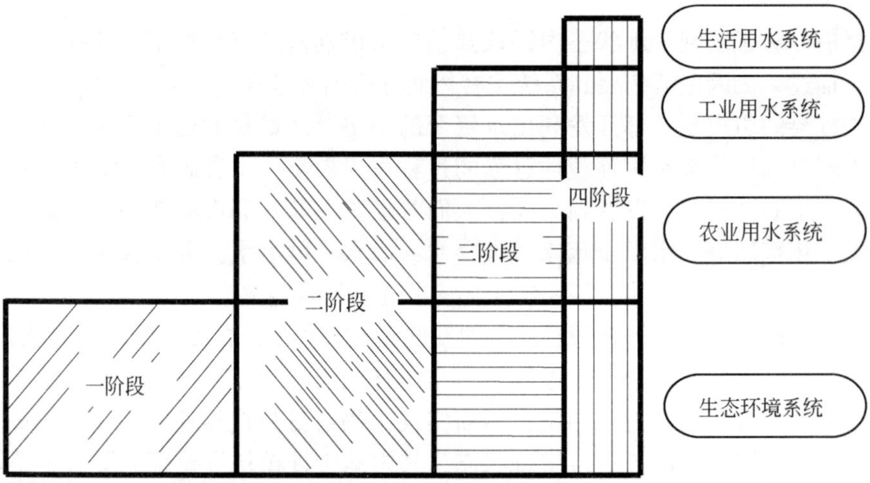

图 2-1　缺水梯度现象的概念解析

纵向梯度分布表现水资源系统承载的各客体在用水竞争中的势力强弱，即呈现缺水状态的先后顺序。生态环境系统因其缺水所导致的后果在短期内体现不明显，以及同时长期缺乏代言人，因此在纵向梯度上处于缺水客体的最底层，即最易呈现缺水状态。社会经济用水系统中，同属于生产性用水的农业用水系统和工业用水系统等，由于可量化的经济效益的明显差异，导致农业用水系统处于劣势位置，成为第二易呈现缺水状态的缺水客体。生活用水系统由于其保障人们正常生存的特殊性处于纵向梯度的最顶层，属于最先保证的用水类型。

横向梯度分布表明在不同水资源供需矛盾，即不同缺水程度下，各缺水客体所处状态。供需矛盾越尖锐、缺水程度越深，缺水客体越丰富。第一阶段，客体用水需求略大于水资源系统承载能力，用水竞争仅存在于生态环境系统和经济社会系统之间，处于弱势的生态环境系统用水不能得到全部满足；第二阶段，客体用水需求大幅增加，在大量挤占生态环境系统用水仍不能满足全部社会经济用水需求的情况下，经济系统中处于弱势的农业用水系统最先处于缺水状态，生态系统缺水程度较第一阶段进一步加大；第三阶段，社会经济用水系统用水需求量激增，更多的生态环境系统用水、农业系统用水得不到满足，导致处于竞争优势的工业用水系统也少量缺水；第四阶段，在水资源系统承载客体的用水需求严重超出水资源系统承载能力时，生态环境系统因缺水而被严重破坏，社会经济系统中用水保证率需求最高的生活用水系统因水量不足或因水体质量差也存在缺水现象，此阶段，全部客体均处于水资源短缺状态。

2.1.4　缺水识别技术方法研究

为对黄淮海地区真实的缺水状况做出系统的评估，本书提出全口径缺水识别理论，即区域缺水识别应当综合考察全口径的需水主体，包括全部的社会用水需求主体、经济用水需求主体和生态用水需求主体；全口径的供水水源，包括有效降水、地表水、地下水以及其他水源；同时还要考察供水的水量水质状况和时空的适配状况，不仅要看需水的水量是否得到满足，考察其供水水质是否达标，同时还要识别供水的时空分布与需水主体的适应性（图 2-2）。只有对以上三方面都进行系统科学的判别后，才能真正识别出区域缺水的真实状况。

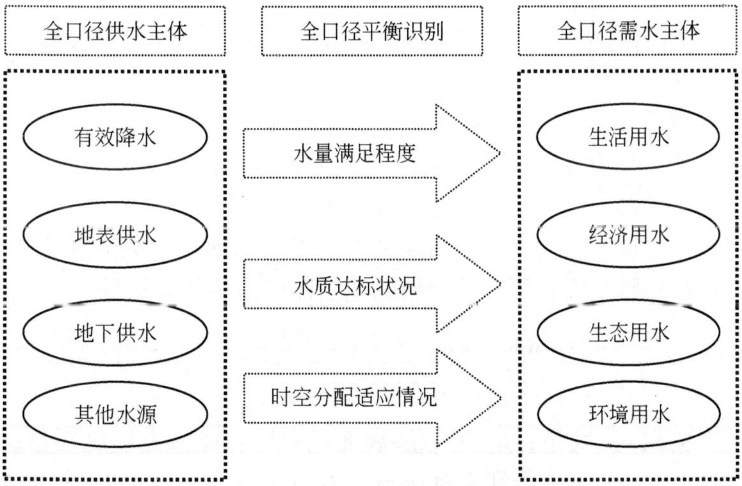

图 2-2　全口径缺水识别方法基本内涵解释

水资源承载客体的用水需求分为两部分：一是保障客体现状运转正常的用水存量，二是满足客体发展需求的用水增量。对应上述两部分用水需求，又可将缺水划分为针对存量的破坏性缺水和针对增量的约束性缺水。破坏性缺水存在时，社会经济系统和生态环境系统的正常用水量无法得到满足，从而导致经济体利益受损，生态环境失衡；约束性缺水则是指发展用水缺失，客体限于水资源的条件而不能改善状况或扩大规模。

受研究时间和基础信息的制约，本次研究仅进行了对于现状存量的破坏性缺水。

1. 农业缺水识别技术

农业用水处于经济用水竞争性的最底端，因此是缺水识别的重点对象。我国农业包括两种主要类型，即为雨养农业和灌溉农业。农业供水水分来源首先是有效降水，不足部分由灌溉供水补充满足。降水是雨养农业的唯一供水来源，作物生理需水量减去有效降水利用量即为缺水量。灌溉农业水分来源包括有效降水和灌溉补水两部分，因此缺水量等于作物生理需水量减去有效降水利用量和灌溉补水量。在此需要特别强调两点，一是关于农作物的生理需水标准，贫水地区采取经济需水定额，即主要追求单方水产出的最大化。富水地区则应采取充分需水定额，即主要追求农业产量的最大化。二是对于灌溉农业，受当地墒情预报和灌溉制度等方面的影响，有效降水和灌溉补水不可避免地会存在交叉现象，因此作物生理需水量减去有效降水利用量和灌溉补水量得到的缺水量是理想的最小缺水量。

农田灌溉需水量采用农业计算上精度比较高的参考作物法。选择实际作物蒸发蒸腾量 ET_c，作为作物需水量的表征指标。这一指标主要取决于作物生长发育对水分需求的内部因子和环境供给水分的外部因子。本次采用农业计算上精度比较高的参考作物法，假想存在一种参考作物，可以作为计算各种具体作物需水量的参照，计算参考作物的需水量（ET_0），然后利用作物系数（K_c）进行修正。最终得到某种具体作物的需水量。

$$ET_{ci} = K_{ci} \times ET_{0i} \tag{2-1}$$

式中，ET_{ci}为第 i 阶段的实际作物蒸发蒸腾量；K_{ci}为第 i 阶段的作物系数；ET_{0i}为第 i 阶段的参考作物需水量。

（1）计算参考作物的需水量（ET_0）的方法有许多种，在此选用联合国粮农组织 FAO 推荐的彭曼蒙特斯方程。该方法以能量平衡和水汽扩散理论为基础，既考虑了作物的生理特性，又考虑了空气动力学参数的变化，有较为充分的理论依据和较高的计算精度。同时该方法在计算过程中较为简便，仅需要当地的常规的气象资料——气温、水汽压、日照时数和风速资料便可较为精确地估计出作物的需水量。

$$ET_0 = \frac{0.408\Delta(Rn - G) + \dfrac{900}{T + 273}\gamma U_2(e_s - e_d)}{\Delta + \gamma(1 + 0.34U_2)} \tag{2-2}$$

式中，ET_0 为参考蒸发蒸腾量；R_n 为冠层表面净辐射；G 为土壤热通量；e_s 为饱和水汽压；e_d 为实际水汽压；Δ 为饱和水汽压与温度曲线斜率；γ 为湿度计常数；U_2 为 2m 高处风速；T 为平均温度。

（2）作物系数（K_c）的选取，可以利用实验结果，选择各个地区不同作物的 K_c 参考值。我国北方地区作物系数（K_c）的参考数值见表 2-1。

（3）有效降水计算方法。

农业供水水源主要包括有效降水以及灌溉补给供水两个方面。

表 2-1　主要作物的作物系数（K_c）值

时间	冬小麦	水稻	夏玉米	谷子	高粱	薯类	大豆	棉花	花生	芝麻	瓜菜类
1 月上旬	0.36	0.00	0.00	0.00	0.00	0.00	0.00	0.00	0.00	0.00	0.00
1 月中旬	0.36	0.00	0.00	0.00	0.00	0.00	0.00	0.00	0.00	0.00	0.00
1 月下旬	0.36	0.00	0.00	0.00	0.00	0.00	0.00	0.00	0.00	0.00	0.00
2 月上旬	0.36	0.00	0.00	0.00	0.00	0.00	0.00	0.00	0.00	0.00	0.00
2 月中旬	0.36	0.00	0.00	0.00	0.00	0.00	0.00	0.00	0.00	0.00	0.00
2 月下旬	0.36	0.00	0.00	0.00	0.00	0.00	0.00	0.00	0.00	0.00	0.00
3 月上旬	0.36	0.00	0.00	0.00	0.00	0.00	0.00	0.00	0.00	0.00	0.90
3 月中旬	0.36	0.00	0.00	0.00	0.00	0.00	0.00	0.00	0.00	0.00	1.08
3 月下旬	0.45	0.00	0.00	0.00	0.00	0.00	0.00	0.00	0.00	0.00	1.08
4 月上旬	0.61	0.00	0.00	0.00	0.00	0.33	0.00	0.00	0.00	0.00	0.72
4 月中旬	0.77	0.00	0.00	0.00	0.00	0.33	0.00	0.00	0.00	0.00	0.72
4 月下旬	0.93	0.90	0.00	0.37	0.39	0.33	0.00	0.34	0.00	0.00	0.82
5 月上旬	1.04	0.90	0.00	0.37	0.39	0.47	0.00	0.34	0.35	0.00	1.18
5 月中旬	1.04	0.90	0.00	0.37	0.47	0.76	0.00	0.34	0.35	0.00	1.25
5 月下旬	1.04	0.90	0.00	0.49	0.68	1.04	0.00	0.46	0.35	0.48	1.30
6 月上旬	0.97	0.92	0.00	0.68	0.88	1.13	0.00	0.66	0.35	0.48	1.21
6 月中旬	0.57	0.95	0.00	0.87	1.00	1.13	0.00	0.85	0.46	0.53	1.21
6 月下旬	0.00	1.00	0.61	0.94	1.00	1.13	0.64	1.04	0.64	0.72	1.20
7 月上旬	0.00	1.03	0.62	0.94	1.00	1.12	0.69	1.13	0.83	0.92	1.21
7 月中旬	0.00	1.03	0.76	0.94	1.00	0.98	0.97	1.13	1.01	1.04	1.21
7 月下旬	0.00	1.03	0.97	0.94	0.92	0.79	1.09	1.13	1.10	1.04	1.21
8 月上旬	0.00	1.03	1.12	0.94	0.77	0.00	1.09	1.13	1.10	1.04	1.24
8 月中旬	0.00	1.03	1.13	0.91	0.61	0.00	1.09	1.11	1.10	1.02	1.24
8 月下旬	0.00	1.03	1.13	0.73	0.51	0.00	1.01	1.00	0.97	0.65	1.24
9 月上旬	0.00	1.00	1.07	0.54	0.00	0.00	1.01	0.87	0.72	0.32	1.40
9 月中旬	0.00	0.80	0.84	0.37	0.00	0.00	0.68	0.74	0.58	0.00	1.40
9 月下旬	0.54	0.60	0.65	0.00	0.00	0.00	0.49	0.68	0.00	0.00	1.40
10 月上旬	0.54	0.00	0.00	0.00	0.00	0.00	0.00	0.00	0.00	0.00	0.80
10 月中旬	0.54	0.00	0.00	0.00	0.00	0.00	0.00	0.00	0.00	0.00	0.80
10 月下旬	0.54	0.00	0.00	0.00	0.00	0.00	0.00	0.00	0.00	0.00	0.80
11 月上旬	0.54	0.00	0.00	0.00	0.00	0.00	0.00	0.00	0.00	0.00	0.00
11 月中旬	0.54	0.00	0.00	0.00	0.00	0.00	0.00	0.00	0.00	0.00	0.00
11 月下旬	0.50	0.00	0.00	0.00	0.00	0.00	0.00	0.00	0.00	0.00	0.00
12 月上旬	0.37	0.00	0.00	0.00	0.00	0.00	0.00	0.00	0.00	0.00	0.00
12 月中旬	0.36	0.00	0.00	0.00	0.00	0.00	0.00	0.00	0.00	0.00	0.00
12 月下旬	0.36	0.00	0.00	0.00	0.00	0.00	0.00	0.00	0.00	0.00	0.00

一般规定阶段降水量小于某一数值时为全部有效，大于某一数值时用阶段降水量乘以某一有效利用系数值确定，多数情况都不考虑阶段需水量和下垫面土壤储水能力。其计算公式为

$$P_e = \alpha P_t \tag{2-3}$$

式中，α 为降水入渗系数，与一次降水量、降水强度、降水延续时间、土壤性质、地面覆盖及地形等因素有关。

$$一般认为：\begin{cases}次降水量<5\text{mm} 时，\alpha=0 \\ 5\text{mm}<次降水量<50\text{mm} 时，\alpha=1.0\sim0.8 \\ 次降水量>50\text{mm} 时，\alpha=0.7\sim0.8\end{cases}$$

但是在 α 值的确定上仍然存在一些问题。首先，α 值不仅与上面提到的因素有关，而且与上一次的降水强度和两次降水之间的时间间隔及此时段内的作物腾发强度也有直接关系，即使两次降水量及降水强度完全相同时，α 取值可能有较大的差异；其次，能否将次有效降水量的计算公式用于时段有效降水量的计算，目前还没有足够的实测资料能够予以证明。

美国土壤保持局通过分析全美国 22 个地方 50 年的降水资料，采用土壤水分平衡法，综合考虑作物蒸散、降水和灌溉等因素，提出了一项预测月有效降水量的技术。提出的公式为

$$P_e = \text{SF}(0.049\,310\,862 P_t^{0.82416} - 0.115\,56)(10^{9.551\,181\,1\times10^{-4}\text{ET}_c}) \tag{2-4}$$

式中，P_e 为月平均有效降水量；P_t 为月平均降水量；ET_c 为月平均作物需水量；SF 为土壤水分贮存因子。

土壤水分贮存因子 SF 用下式确定：

$$\text{SF} = 13.506\,373\,8 + 0.295\,164D - 2.271\,535\,4\times10^{-3}D^2 + 5.896\,211\,7\times10^{-6}D^3 \tag{2-5}$$

式中，D 为可使用的土壤贮水量。其取决于所用的灌溉管理措施，通常取为作物根区土壤有效持水量的 40% ~60% 。

根据式（2-4）和式（2-5）计算的月平均有效降水量不能超过月平均降水量，也不能超过月平均腾发量，如果应用这两个公式计算的值超过了其中的任何一个，则必须减小到使其等于两者中较小的那个数值。但是在实际研究分析中发现，这种方法虽然考虑了较为全面的因素，但在我国目前的农业生产管理水平下，不足 40mm 的旬降水只要雨强不是特别大，基本上都能被储蓄在田间土壤中或水稻的格田之中，因此 40mm 以下的旬降水用此方法计算不甚合适。

目前，仍旧缺少充分的实测资料可以定量地描述控制降水有效性的过程。影响有效降水的过程很多，相关参数也很难获取或率定，如作物需水量的测定、土壤湿度观测点等。因此，在本次研究中，在借鉴美国土壤保持局计算方法的同时，参考我国次有效降水量的确定方法，将 0 ~40mm 的旬降水量视为全部有效，将大于 40mm 的旬降水量，通过公式（2-5）进行计算，得出各旬有效降水量。如果用上述方法计算得到的旬有效降水量大于该旬的作物需水量，则将该旬的作物需水量视为有效降水量。

2. 工业缺水识别技术

工业用水处于经济用水竞争性的高端，供水保证率在 95% 以上，其缺水大多为转嫁性缺水，为隐性缺水。但在严重缺水地区也可能存在以非常规的供水事件表现出来的显性缺水，对于这一部分缺水也可以通过对工业企业的停水、限制供水等事件进行调查和统计的方式确定。此外，对于工业发展的约束性缺水也可以通过规划评价和实际调查等形式进行识别。

3. 生活用水缺水识别技术

生活用水包括农村生活用水和城市生活用水两部分。城市生活用水处于用水竞争的最顶端，保证率很高，一般情况下不存在缺水问题，只有特殊情况下才会缺水，如遭遇特殊枯水年，水污染事件和供水事故等。对于这一部分缺水可以通过事件调查和统计的方式确定。相对于城市生活用水来讲，农村生活用水具有取水分散、供水水平低等特殊性，因此农村生活缺水是一个十分突出的问题，特别是饮用水安全得不到保证。

国家对农村饮水安全制定的标准有水质、水量、方便程度和保证率四项指标，只要有一项低于安全值，就属于饮水不安全。饮用水水质：应符合国家《生活饮用水卫生标准》（GB5749）的要求，水源缺乏地区应符合《农村实施〈生活饮用水卫生标准〉准则》三级以上的各项标准；供水水量：应根据有关规范、标准的要求，并考虑到区域气候、水资源条件和生活习惯等；供水方式与方便程度：供水方式应采用自来水供水到户的方式，在经济欠发达或农民收入较低的地区，供水系统可考虑暂时先建到公共给水点，但必须保证各户来往集中供水点的取水往返时间不超过 20 分钟；水源保证率：饮用水供水水源保证率不低于 95% 为安全，不低于 90% 为基本安全。据统计，到 2004 年年底，全国农村饮水不安全人口约 3. 2 亿。其中饮水水质卫生不达标的 2. 27 亿人，水量不足、保证率低、取水不方便的近 1 亿人，全国 4 万多个乡镇中有 1/3 缺乏符合标准的供水设施。因此对于农村生活缺水识别，水量上可以根据相应的定额标准计算其需水量，减去实际供水量即为缺水量，其中要将因水质不达标导致的不安全饮水量扣除。我国目前农村居民生活用水定额大约在 50 ~ 75 L/(人 · d)，南方略高于北方地区。

4. 人工河湖生态缺水识别

城市河湖具有提供美学和休闲环境，提高城市品味和降低城市“热岛效应”等生态环境服务功能。城市河湖用水量主要包括维持水面蒸发、地下渗漏和水质保护等需求，目前我国不同城市人均河湖水面建设标准存在较大差异，在识别人工河湖缺水时有两点需要重点考虑：一是适宜的人均水面建设标准，有专家提出，为抵消城市“热岛效应”，城市水面面积应占城市市区面积的 1/6 为宜。但这一标准如何与区域水资源条件和经济社会发展水平相协调没有相关研究。二是合理供水水源和建设模式的选取。从资源节约和环境友好型社会建设需求出发，城市河湖生态应当选取符合城市河湖生态水质标准的再生水作为供水水源，同时尽量采取循环利用的建设模式。

5. 生态与环境缺水识别技术

根据环境中水分状况、植被地理分布及动物群落类型，可以把地球陆地上的生态系统划分为陆地生态系统与水生生态系统两大类群。其中陆地生态系统又可分成森林、草原、荒漠和冻原生态系统等，这类生态系统水分支撑主要源于土壤水，主要与降水和地下水位相关；水生生态包括江、河、湖、沼等水域生态系统，水分条件主要是与河川剩余径流相关，因此陆生和水生生态系统缺水识别出发点分别为土壤水和江河湖沼的径流存量与通量。

（1）陆生生态系统缺水识别。受纬度地带和光照、水分、热量、海拔等环境因素影响，陆生生态通常状况下表现出明显的地带性特征，其中多年平均降水量直接影响地带性植被的主要类型和盖度，因此陆生生态系统的余缺水的相对状况可以通过当年降水量与多年平均降水量来判断，其绝对缺水状况可以通过土壤水丰缺程度来表征。当土壤湿度较大时，区域实际蒸散发量也会较大，当土壤湿度较小时，区域实际蒸散发量也会较小。考虑地带性热量因素，本书引入地表缺水压力系数（SIWS）指标，即为实际蒸散发量与潜在蒸散发量的比值来表征和比较陆生生态缺水状况。

（2）水生生态缺水识别。包括河流、湖泊、湿地等在内的水生生态系统，所需用水是径流性水资源量。水生生态实际用水量是降雨坡面产流和经济社会取用径流性水资源后的余水量。水生生态需水量与水生态保护目标与标准有很大关系，不同的保护目标对应不同的需水量，从而导致不同的缺水量。水生生态保护目标应重点考虑区域水资源条件和用水的竞争性，确定适当的保护目标和合理的保护标准。

2.2 黄淮海流域现状缺水的系统识别

2.2.1 海河流域现状缺水识别

1. 农业缺水计算

2008年，海河流域耕地面积1.54亿亩，其中有效灌溉面积1.12亿亩，农业种植结构由海河流域特殊土壤条件、水资源本底条件约束、经济发展、社会消费需求、国家宏观调控政策、作物品种改良等多中因素共同驱动。目前，各类作物中以玉米和蔬菜瓜果种植为主，见表2-2所示。

表2-2 2008年海河流域各低级行政区主要作物种植面积 （单位：hm^2）

省级行政区	地级行政区	作物类型（流域内面积）							
		稻谷	小麦	玉米	大豆	油料	棉花	蔬菜瓜果类	薯类
北京	北京	687	63 068	135 808	11 866	7 197	2 105	179 869	4 001
天津	天津	12 956	115 876	189 813	4 949	3 827	70 418	128 144	14 001

续表

省级行政区	地级行政区	作物类型（流域内面积）							
		稻谷	小麦	玉米	大豆	油料	棉花	蔬菜瓜果类	薯类
河北	石家庄	879	340 093	308 048	26 588	69 863	16 720	164 084	35 657
	唐山	47 984	116 641	265 168	16 035	74 919	32 780	174 973	19 655
	秦皇岛	10 226	13 464	76 272	9 990	21 784	1 685	35 184	28 647
	邯郸	3 506	384 571	289 974	23 369	62 474	103 027	127 946	21 283
	邢台	0	339 750	272 847	20 934	52 105	160 192	57 723	11 311
	保定	3 009	357 946	401 405	16 433	83 120	34 364	157 147	44 808
	张家口	2 409	0	105 134	14 071	38 979	0	52 699	73 809
	承德	14 455	0	112 255	13 800	4 448	0	43 593	36 356
	沧州	4	364 192	364 546	60 930	40 911	135 540	77 630	113
	廊坊	0	109 442	177 473	18 710	20 986	45 365	100 524	5 116
	衡水	0	262 498	241 258	19 194	42 402	124 765	83 534	8 437
山西	太原	829	470	4 444	462	325	22	2 379	718
	大同	20 433	0	154 031	12 538	19 111	50	18 852	29 671
	阳泉	4 626	309	44 392	209	379	0	1 675	1 934
	长治	13 744	20 832	145 838	6 535	2 739	296	17 204	12 110
	晋城	1076	7 408	9 096	4 161	554	49	665	503
	朔州	5 484	165	88 284	10 530	19 241	0	19 133	23 546
	晋中	7 151	15 238	81 914	11 140	2 513	131	18 873	5 294
	忻州	15 274	134	116 829	10 759	19 019	21	4 609	21 781
河南	安阳	285	231 261	154 646	7 738	45 110	20 865	76 091	7 676
	鹤壁	0	85 880	69 960	2 200	14 230	1 150	10 440	1 830
	新乡	18 687	148 918	84 267	10 993	34 935	9 745	23 861	4 611
	焦作	2 699	65 473	53 229	2 433	9 560	2 418	19 732	1 188
	濮阳	19 551	97 856	42 967	5 789	16 162	6 352	27 561	2 991
山东	济南	2 416	64 488	52 936	4 307	4 747	9 256	38 565	2 328
	东营	770	20 555	16 872	1 373	602	35 752	12 292	742
	德州	14 310	381 954	313 530	25 508	7 363	130 526	228 412	13 789
	聊城	12 478	333 062	273 397	22 243	45 562	68 477	199 174	12 024
	滨州	5 513	147 152	120 791	9 827	2 460	102 394	87 998	5 313
内蒙古	锡林郭勒	113	522	2 703	772	1 302	0	1 022	808
	乌兰察布	1 246	5 759	29 802	8 508	5 979	0	4 694	8 906
	赤峰	158	732	3 787	1 081	1 117	0	877	1 132
辽宁	朝阳	2 919	341	17 482	1 274	719	44	3 882	674
	葫芦岛	326	11	3 086	169	573	2	605	333

海河流域水资源本底条件差，采用经济需水定额进行作物需水量计算，主要农作物的经济需水定额见表2-3。由此计算得到海河流域各行政区2008年主要作物的需水量，得出2008年海河流域总体农业需水量为604亿m^3。

表2-3　海河流域主要农作物经济需水量　　（单位：mm）

作物	稻谷	小麦	玉米	大豆	油料	棉花	蔬菜
需水量	550	450	280	380	320	480	850

2008年海河流域各地市典型逐月降水量过程如表2-4所示。2008年海河流域年降水量541.0mm，比多年平均多1.0%，属平水年份。全流域农业灌溉总量243亿m^3，由于资源短缺，通过灌溉制度、种植制度等改良，有效降水利用量占农业水分供给总量的57%，人工补充灌溉量仅占43%。在降水有效利用与人工补充灌溉充分互补的前提下，2008年全海河流域农业灌溉缺水量为50.77亿m^3，占农业灌溉需求量的8.4%，农业缺水量分布见图2-3和表2-5。

表2-4　2008年海河流域各地市典型逐月降水量过程　　（单位：mm）

行政区	2008年逐月降水量												合计
	1月	2月	3月	4月	5月	6月	7月	8月	9月	10月	11月	12月	
北京	0	0	9	64	64	125	79	132	119	31	0	0	623
天津	0	1	12	49	21	132	138	68	68	49	0	4	542
石家庄	2	0	6	7	55	153	160	184	38	21	3	3	632
唐山	13	1	27	29	54	86	196	60	12	4	11	12	503
秦皇岛	0	5	12	3	25	137	91	123	49	15	6	9	476
邯郸	0	1	8	0	78	22	234	125	23	5	1	4	501
邢台	8	9	20	3	19	72	87	142	33	6	8	1	411
保定	1	1	3	6	26	32	304	162	11	7	7	3	562
张家口	0	4	2	24	33	71	124	191	9	10	4	0	472
承德	2	6	8	8	4	47	245	196	3	12	9	5	543
沧州	7	0	6	0	10	40	226	84	59	25	13	0	468
廊坊	0	6	10	5	17	45	118	200	76	16	6	5	505
衡水	0	10	6	3	20	21	164	186	29	17	1	7	464
太原	4	3	21	63	18	104	24	45	57	17	0	0	356
大同	4	1	19	29	16	122	48	140	48	38	1	3	469
阳泉	8	0	22	48	32	97	129	239	116	17	0	0	708
长治	11	10	15	36	51	70	102	98	82	8	3	0	486
晋城	11	10	15	36	51	70	102	98	82	8	3	0	486
朔州	7	3	20	12	8	137	166	133	55	25	7	0	573
晋中	5	3	22	66	15	106	22	45	61	15	0	0	360
忻州	4	3	21	63	18	104	24	45	57	17	0	0	356
安阳	9	10	4	62	40	115	181	45	32	4	1	0	503

续表

行政区	2008 年逐月降水量												合计
	1 月	2 月	3 月	4 月	5 月	6 月	7 月	8 月	9 月	10 月	11 月	12 月	
鹤壁	10	7	3	60	42	112	183	40	33	3	2	0	495
新乡	17	3	2	97	59	23	300	65	64	10	16	4	660
焦作	17	3	2	91	59	25	310	59	64	13	13	3	659
濮阳	10	7	3	60	42	112	183	40	33	3	2	0	495
济南	7	6	13	54	62	27	254	187	74	19	3	0	706
东营	5	2	10	66	99	24	245	169	49	3	7	2	681
德州	2	2	13	28	109	59	114	99	31	25	0	0	482
聊城	2	2	13	26	111	57	118	98	34	29	0	0	490
滨州	7	6	13	54	62	27	254	187	74	19	3	0	706
锡林郭勒	1	0	7	9	13	85	27	62	8	6	6	4	228
乌兰察布	2	0	6	10	4	22	51	77	21	29	5	2	229
赤峰	0	0	9	40	42	122	65	121	81	32	1	4	517
朝阳	0	0	4	37	37	89	105	50	19	25	1	0	367
葫芦岛	0	0	3	35	37	80	112	52	16	24	0	0	359

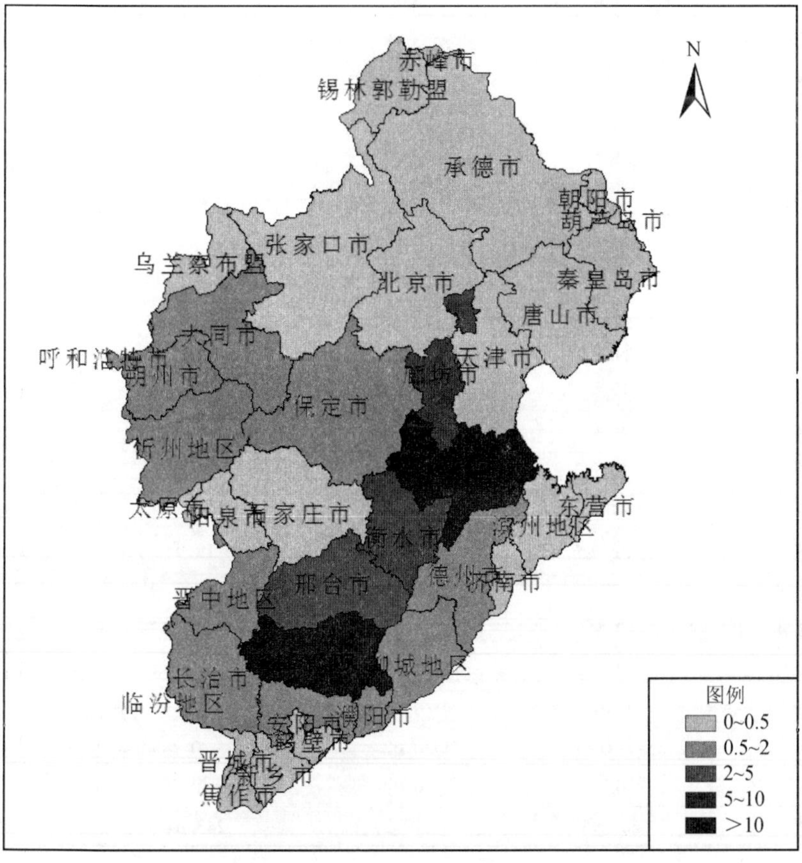

图 2-3　海河流域农业缺水量分布图（单位：亿 m^3）

表 2-5　2008 年海河流域各地市农业缺水量　（单位：亿 m^3）

地区	需水量确定	有效降水利用量	人工补充灌溉量	缺水量确定
北京	21.5	12.59	8.9	0.01
天津	28.1	14.42	13.2	0.48
石家庄	42	21.9	20.7	0
唐山	34.8	17	17.6	0.1
秦皇岛	7.5	5.7	5.5	0
邯郸	44.3	19.8	11.7	12.8
邢台	38	19.6	13.8	4.5
保定	45.8	21.4	22.9	1.5
张家口	13.6	5.6	7.9	0.1
承德	9.4	5.3	6.1	0
沧州	43.3	23.6	8.6	11.1
廊坊	22	10.1	6.5	5.4
衡水	33.7	15.6	12.9	5.2
太原	0.5	0.15	0.2	0.2
大同	7.6	4.04	2.5	1.06
阳泉	5.9	3.47	2.5	0
长治	6.5	3.49	2	1.01
晋城	1.01	0.44	0.3	0.27
朔州	4.9	2.06	1.8	1.04
晋中	3.4	1.64	1.1	0.66
忻州	5.2	2.75	1.3	1.15
安阳	22.6	12.01	8.7	1.89
鹤壁	7.6	4.39	3.9	0
新乡	14.4	9.28	5.1	0
焦作	9.5	5.44	4.1	0
濮阳	12.3	7.21	4.4	0.69
济南	8.4	4.45	3.7	0.25
东营	10.2	5.98	4.2	0
德州	37.3	20.82	15.7	0.78
聊城	32.2	18.79	12.9	0.51
滨州	27	16.21	10.8	0
锡林郭勒	0.6	0.4	0.2	0
乌兰察布	2.7	1.54	1.1	0.06
赤峰	0.01	0.01	0	0
朝阳	0.03	0.02	0	0.01
葫芦岛	0.1	0.09	0	0
合计	603.95	317.29	243.04	50.77

2. 城市生活与工业缺水计算

城市生活和工业用水保证率相对较高，是区域缺水影响最小的用户。2008 年全流域城市用水总量为 99 亿 m^3，其中居民生活用水量 38 亿 m^3，环境用水量 9 亿 m^3，第二产业、第三产业用水 51 亿 m^3。城市缺水主要表现在城市生态环境缺水和城市供水限、停等现象。第二产业、第三产业用水由于处于经济用水竞争性的高端，其供水保证率可以达到 95% 以上，缺水现象不甚明显。采用调查统计的方法，对造成城市缺水的停水、限水等事件进行统计分析，发现 2008 年海河流域工业供水存在一定数量的停水和限制供水事件，数据统计结果见表 2-6，合计 2.91 亿 m^3。这部分缺水量仅计算了针对工业用水存量的破坏性缺水，未将因水资源短缺而导致的新建工业项目撤销或生产规模不能扩大的约束性缺水计入在内，分布见图 2-4。

表 2-6　2008 年海河流域各行政区工业缺水量（仅统计停水和限水）

（单位：亿 m^3）

行政区	北京	天津	石家庄	唐山	秦皇岛	邯郸
工业缺水量	0	0.12	0.44	0.13	0.1	0.05
行政区	邢台	保定	张家口	承德	沧州	廊坊
工业缺水量	0.11	0.08	0.01	0.2	0.22	0.19
行政区	衡水	太原	大同	阳泉	长治	晋城
工业缺水量	0.43	0.04	0.12	0.05	0.08	0.07
行政区	朔州	晋中	忻州	安阳	鹤壁	新乡
工业缺水量	0.03	0.04	0.08	0.12	0.02	0.05
行政区	焦作	濮阳	济南	东营	德州	聊城
工业缺水量	0.02	0.03	0.03	0	0.05	0
行政区	滨州	锡林郭勒	乌兰察布	赤峰	朝阳	葫芦岛
工业缺水量	0	0	0	0	0	0

3. 农村生活用水缺水计算

2008 年海河流域总人口 1.377 亿，占全国的 10.4%，其中农村人口 7165 万，占 52.0%。海河流域农村饮水以地下水为主，山区的局部地区饮用山泉水、库塘以及水窖蓄水。流域东部平原区浅层淡水缺乏，浅层地下水多为苦咸水或微咸水，不适合饮用；中东部大部分地区的深层承压水含氟量过高，长期饮用将产生健康问题。山区农村饮水存在的问题主要是水量缺乏、取水条件差和水质不达标等问题。随着经济的发展和人口的增加，地表水、地下水都受到不同程度的污染，农村饮水安全问题已成为影响农民生产生活和身体健康的主要因素。截至 2008 年，海河流域有约 3386 万人存在饮水安全问题，占农村总人口的 48%。其中水质不达标人口 2310 万，水量短缺或取水困难人口 1121.2 万（表 2-7）。

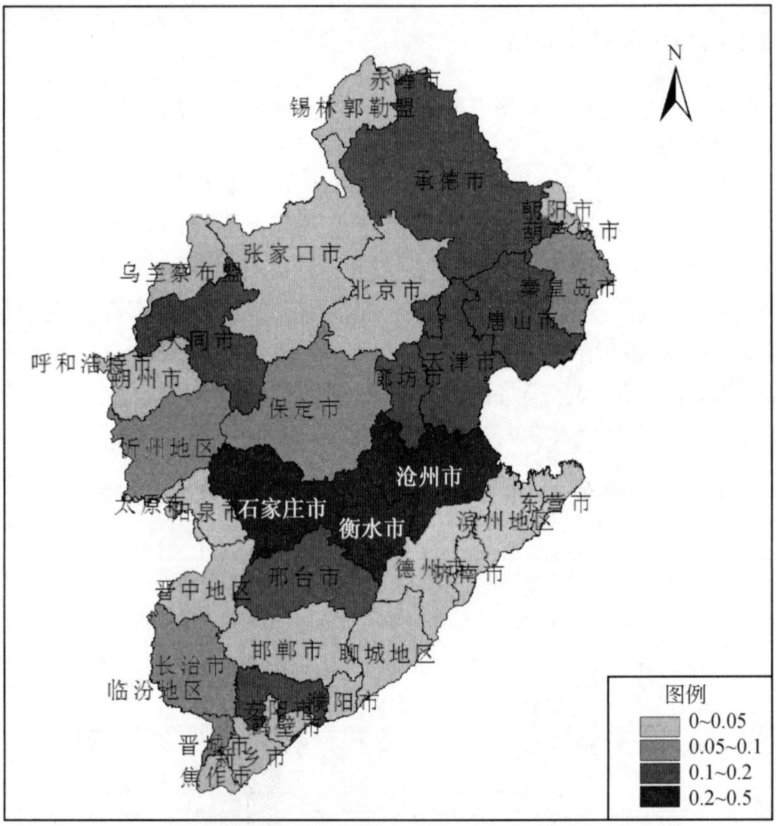

图 2-4　海河流域城市缺水量分布图（单位：亿 m^3）

表 2-7　2008 年海河流域各行政区农村饮水不安全人口　　（单位：万人）

行政区	农村不安全饮水人口数		
	合计	水质不达标	水量短缺或取水困难
北京	0	0	0
天津	45.8	5.15	40.65
河北	2323	1537	786
山西	201.42	36.22	165.2
河南	402.65	352.55	50.1
山东	418.2	365	53.2
内蒙古	32	15	17
辽宁	9.02	0	9.02
流域合计	3386.29	2310.92	1121.17

以现状各地市农村生活供水定额计算，按照分质供水的原则，其中 30% 属于高品质水量，饮水水质未达安全标准的作为缺水计算。根据饮用水不安全人口数，海河流域农村生活因水质不达标造成的缺水量为 1.26 亿 m^3。2008 年海河流域农村生活缺水总量为 3.97 亿 m^3，缺水率高达 23%，分布见表 2-8 和图 2-5。

表 2-8　2008 年海河流域各行政区农村生活缺水量　　（单位：亿 m^3）

行政区	未保证饮水安全缺水量	按定额计算缺水量	总缺水量	平均饮水缺水量（m^3/km^2）
北京	0.00	0.00	0.00	0
天津	0.00	0.09	0.09	755
河北	1.01	1.72	2.73	1591
山西	0.02	0.36	0.39	574
河南	0.23	0.11	0.34	2217
山东	0.24	0.12	0.36	1163
内蒙古	0.01	0.04	0.05	398
辽宁	0.00	0.02	0.02	740
流域合计	1.52	2.46	3.97	—

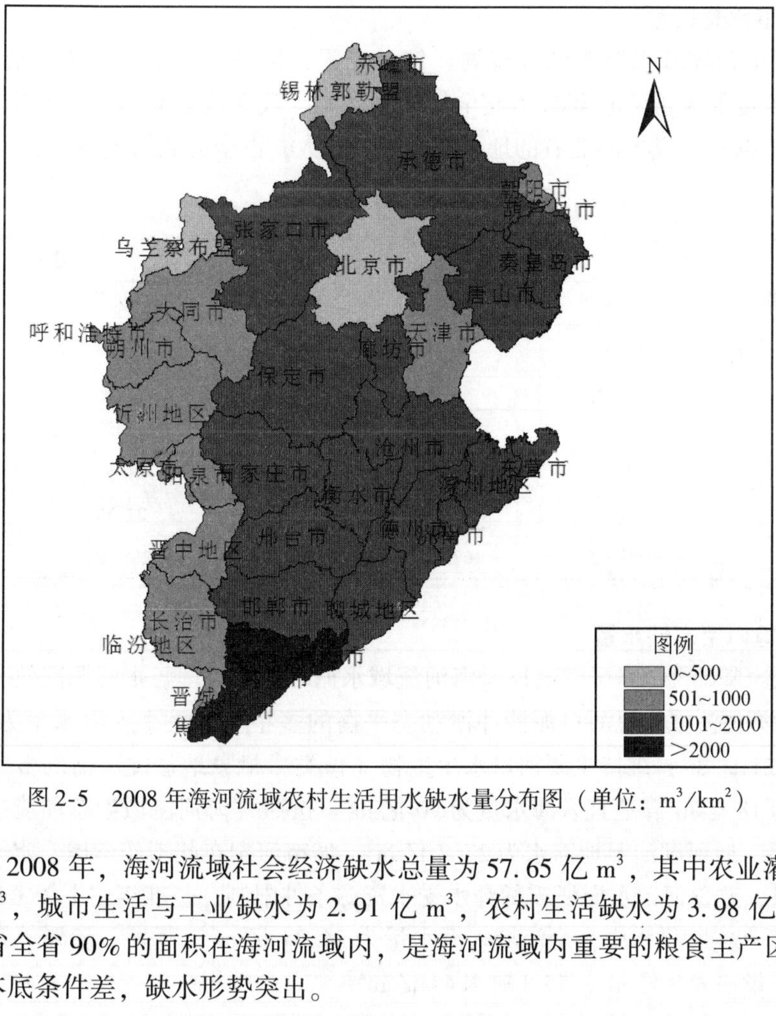

图 2-5　2008 年海河流域农村生活用水缺水量分布图（单位：m^3/km^2）

综上，2008 年，海河流域社会经济缺水总量为 57.65 亿 m^3，其中农业灌溉缺水为 50.77 亿 m^3，城市生活与工业缺水为 2.91 亿 m^3，农村生活缺水为 3.98 亿 m^3（表 2-9）。河北省全省 90% 的面积在海河流域内，是海河流域内重要的粮食主产区，加之当地水资源本底条件差，缺水形势突出。

表 2-9　2008 年海河流域各行政区社会经济缺水量　（单位：亿 m^3）

行政区	工业缺水量	农业灌溉缺水量	农村生活缺水量	社会经济总缺水量
北京	0	0.01	0.00	0.01
天津	0.12	0.48	0.09	0.69
河北	1.96	40.70	2.73	45.39
山西	0.44	5.39	0.39	6.22
河南	0.24	2.58	0.34	3.16
山东	0.08	1.54	0.36	1.98
内蒙古	0	0.06	0.05	0.11
辽宁	0	0.01	0.02	0.03
流域合计	2.91	50.77	3.98	57.65

4. 生态缺水计算

1）地下水超采量

根据《海河流域水资源综合规划》统计结果，地下水多年平均超采量约为 65 亿 m^3，2008 年地下水超采量为 81.6 亿 m^3（表 2-10），浅层地下水、深层承压水超采量分别占 51% 和 49%。其中河北省的地下水超采量最大，占全流域的 74%。

表 2-10　海河流域平原区 2008 年地下水超采量　（单位：亿 m^3）

行政区	浅层地下水		深层承压水开采量	地下水	
	可开采量	开采量		开采量	超采量
北京	21.48	22.64	0	22.64	2.85
天津	4.16	2.57	5.58	8.16	5.58
河北	74.28	105.63	28.48	134.1	60.1
河南	11.01	18.08	3.46	21.54	10.53
山东	24.5	19.25	2.54	21.79	2.54
合计	135.43	168.17	40.07	208.23	81.61

2）河道内生态缺水量

根据国家基础性战略研究项目《海河流域水循环演变机理与水资源高效利用》报告分析，维持海河流域主要河口泥沙冲淤动态平衡的多年平均最小入海水量为 75 亿 m^3，适宜量为 121 亿 m^3；维持主要河口水生生物（鱼类）栖息地盐度平衡的多年平均最小入海水量为 18 亿 m^3，适宜入海水量为 50 亿 m^3。按照《海河流域生态环境修复需水量研究》成果，通河湖泊湿地需水为 27.7 亿 m^3，城市河湖在此不作考虑，水土保持是规划的需水量，改善河道水质所需稀释水受水资源条件限制，基准年均不予考虑。

2008 年在实际供水中，全流域入海水量为 24.74 亿 m^3，蒸发、渗漏等在内河湖湿地实际用水量约为 9 亿 m^3，共计缺水 44 亿 m^3。

综上，2008 年海河流域社会经济缺水总量为 57.65 亿 m^3，占当年供水总量的 26%，生态缺水总量为 125 亿 m^3，全流域总计缺水量为 183 亿 m^3。

2.2.2　黄河流域现状缺水识别

1. 农业缺水计算

如表 2-11 所示，通过计算，2008 年黄河流域农业灌溉需水总量为 581 亿 m^3，有效降水直接利用量为 283 亿 m^3，人工补充灌溉用水量为 255 亿 m^3，占全部农业灌溉供水总量的 47%，扣除部分地区降水与人工补充灌溉不匹配量，流域农业灌溉总缺水量为 55.61 亿 m^3，占全部农业灌溉需水总量的 9%。黄河流域农业缺水量分布见图 2-6。

表 2-11　2008 年黄河流域各地市农业缺水量　（单位：亿 m^3）

行政区	需水量确定	有效降水利用量	人工补充灌溉量	缺水量确定
玉树	0.04	0.04	0	0
果洛	0	0	0	0
海南	3.2	3.66	1.6	0
黄南	1.2	0.64	0.3	0.26
海西	7.1	4.4	2.7	0
海北	2.1	1.53	0.6	0
海东	7.9	4.61	3.1	0.19
西宁	7.6	4.34	2.3	0.96
阿坝	1.2	1.14	0.1	0
甘南	0.8	0.4	0.1	0.30
武威	13.2	6.14	9.7	0
兰州	9.7	4.99	3.3	1.41
临夏	5.5	3.02	1.5	0.98
定西	8.5	4.44	2	2.06
白银	6.3	3.32	4.2	0
庆阳	4.2	1.9	1.4	0.90
平凉	8.4	4.71	1	2.69
天水	7.9	3.94	1.5	2.46
陇南	0	0	0	0.00
固原	10.6	3.2	1.9	5.50
吴忠	59	27.63	30.5	0.87
银川	37.1	21.89	16.1	0
石嘴山	22.3	14.08	9.5	0
阿拉善盟	3.4	2.2	1.5	0
乌海	1.7	1.2	0.6	0

续表

行政区	需水量确定	有效降水利用量	人工补充灌溉量	缺水量确定
巴彦淖尔	80.1	45.2	35.6	0
包头	8.6	6.28	4.6	0
呼和浩特	10.4	7.01	5	0
乌兰察布	6.3	4.77	2.4	0
鄂尔多斯	22.6	12.82	9.5	0.28
朔州	3.1	1.65	0.9	0.55
忻州	5.5	2.29	1.5	1.71
吕梁	8.7	5.61	2.3	0.79
大同	2.5	0.7	0.5	1.30
运城	15	8.64	3.7	2.66
临汾	3.1	1.41	1.7	0
长治	2.5	1.19	0.4	0.91
太原	3.7	1.6	1	1.10
晋中	6.9	3.6	2.1	1.20
晋城	4	1.6	0.2	2.20
榆林	8.8	5.69	3.3	0
延安	3.2	1.12	0.5	1.58
渭南	17.6	7.51	5.9	4.19
铜川	2.8	0.41	0.1	2.29
宝鸡	10.4	4.6	2.6	3.20
咸阳	13.6	6.32	4.6	2.68
西安	13.2	6.68	4.4	2.12
商洛	0.3	0.28	0.2	0
杨凌	0.3	0.18	0.1	0.02
洛阳	10.3	5.85	4	0.45
济源	2.3	1.5	1.1	0
三门峡	5.1	3.45	1.2	0.45
焦作	14.5	9.34	4.5	0.66
郑州	7.6	3.93	2.9	0.77
新乡	17.6	11.3	6.3	0
鹤壁	1.1	1.04	1.3	0
安阳	8.5	3.54	2.5	2.46
濮阳	14.2	7.7	5.4	1.10
聊城	17.7	10.43	8.6	0
泰安	11.3	7.26	3.5	0.54

续表

行政区	需水量确定	有效降水利用量	人工补充灌溉量	缺水量确定
莱芜	3.3	2.16	0.9	0.24
济宁	19.3	7.16	10.3	—
淄博	5.7	2.42	2.4	0.88
济南	11.1	6.53	4.8	0
滨州	12.4	8.28	5.6	0
德州	21.5	13.22	9.3	0
东营	3.1	5.75	3	0
菏泽	21.7	12.9	8.1	0.70
合计	581	283	255	55.61

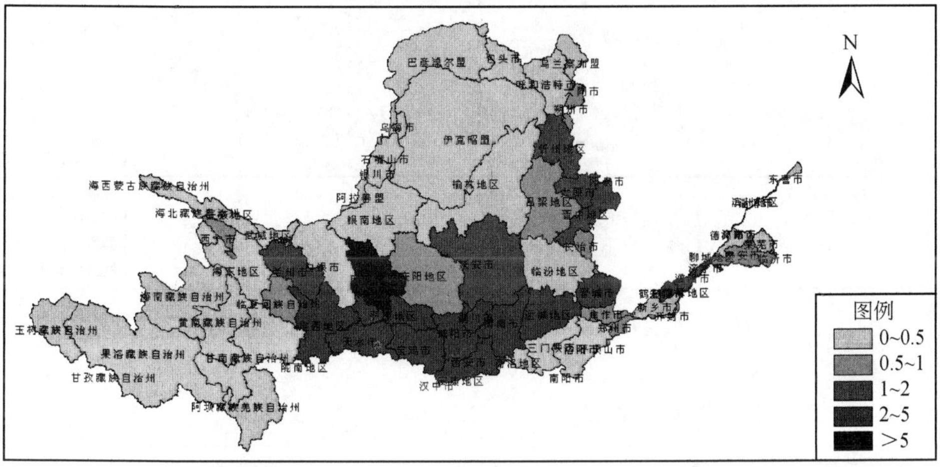

图 2-6 黄河流域农业缺水量分布图（单位：亿 m³）

2. 城市生活与工业缺水计算

经过调查，黄河流域工业缺水量为 3.1 亿 m³（表 2-12），其分布如图 2-7 所示。

表 2-12 2008 年黄河流域各行政区工业缺水量 （单位：亿 m³）

行政区	玉树	果洛	海南	黄南	海西	海北	海东	西宁	阿坝	甘南
工业缺水量	0	0	0	0	0	0	0	0	0	0
行政区	武威	兰州	临夏	定西	白银	庆阳	平凉	天水	陇南	固原
工业缺水量	0.1	0.1	0	0	0	0.2	0.1	0.1	0	0.2
行政区	吴忠	银川	石嘴山	阿拉善盟	乌海	巴彦淖尔	包头	呼和浩特	乌兰察布	鄂尔多斯
工业缺水量	0	0	0	0	0	0	0	0	0	0
行政区	朔州	忻州	吕梁	大同	运城	临汾	长治	太原	晋中	晋城
工业缺水量	0	0	0	0.2	0.1	0.1	0	0.4	0.2	0

续表

行政区	榆林	延安	渭南	铜川	宝鸡	咸阳	西安	商洛	杨凌	洛阳
工业缺水量	0	0.1	0.2	0.3	0.2	0	0.3	0	0	0
行政区	济源	三门峡	焦作	郑州	新乡	鹤壁	安阳	濮阳	开封	聊城
工业缺水量	0	0	0	0.1	0	0	0.1	0	0	0
行政区	泰安	莱芜	济宁	淄博	济南	滨州	德州	东营	菏泽	
工业缺水量	0	0	0	0	0	0	0	0	0	

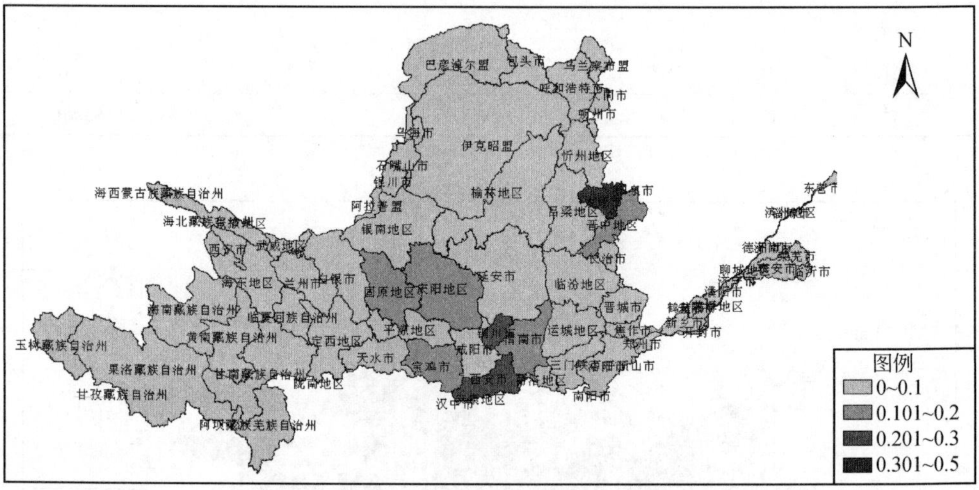

图 2-7　黄河流域工业缺水量分布图（单位：亿 m^3）

3. 农村生活用水缺水计算

2008 年年初，黄河流域农村总人口为 8022.4 万人，其中集中式供水人口为 3890.1 万人，占农村总人口的 48.5%；分散式供水人口为 4132.3 万人，占农村总人口的 51.5%。农村饮水不安全人口为 3484.8 万人，占流域农村总人口的 43.4%。其中饮用水水质不安全人数为 2167.5 万人，占流域农村饮用水不安全总人口的 62.2%；水量、方便程度或保证率不达标人口为 1317.3 万人，占流域农村饮水不安全总人口的 37.8%。黄河各省（自治区）农村饮水不安全现状调查见表 2-13。

表 2-13　2008 年黄河流域各行政区农村饮水不安全人口　（单位：万人）

行政区	农村不安全饮水人口数		
	合计	水质不达标	水量短缺或取水困难
青海	140.95	11.78	129.17
四川	2.88	2.70	0.18
甘肃	719.00	359.72	359.28
宁夏	220.36	142.64	77.72

续表

行政区	农村不安全饮水人口数		
	合计	水质不达标	水量短缺或取水困难
内蒙古	201.47	163.20	38.27
陕西	791.58	447.06	344.52
山西	674.70	403.80	270.90
河南	547.76	527.33	20.43
山东	186.11	109.26	76.85
流域合计	3484.81	2167.49	1317.32

注：黄河流域饮水不安全数据引自《黄河流域综合规划》报告

根据饮用水不安全人口数，2008 年黄河流域农村生活因水质不达标造成的缺水量为 2.89 亿 m^3，黄河流域农村生活缺水总量为 4.31 亿 m^3，缺水率高达 24.5%（表 2-14，图 2-8）。

表 2-14　2008 年黄河流域各行政区农村生活缺水量

行政区	未保证饮水安全缺水量/亿 m^3	按定额计算缺水量/亿 m^3	总缺水量/亿 m^3	平均饮水缺水量/(m^3/km^2)
青海	0.008	0.283	0.291	191
四川	0.002	0.000	0.002	12
甘肃	0.236	0.787	1.023	714
宁夏	0.094	0.170	0.264	514
内蒙古	0.107	0.084	0.191	127
陕西	0.294	0.754	1.048	796
山西	0.265	0.593	0.858	882
河南	0.346	0.045	0.391	1080
山东	0.072	0.168	0.240	1898
流域合计	1.424	2.884	4.308	—

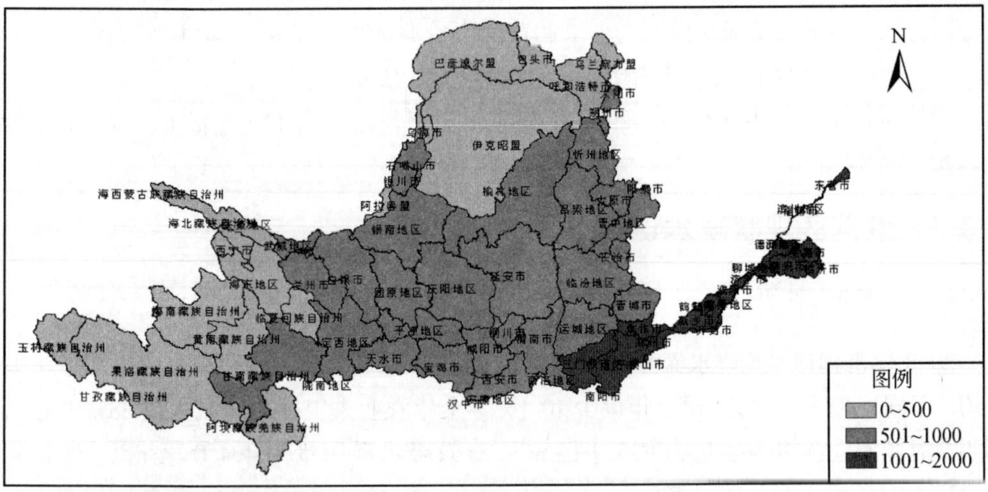

图 2-8　2008 年黄河流域农村生活用水缺水量分布图（单位：m^3/km^2）

综上，2008年，黄河流域社会经济缺水总量为63亿m^3，其中农业灌溉缺水为55.6亿m^3，城市生活与工业缺水为3.1亿m^3，农村生活缺水为4.3亿m^3。

4. 生态缺水计算

1）地下水超采

黄河流域多年平均地下水可开采量为113.21亿m^3，浅层地下水及深层地下水开采量为137.18亿m^3，总计超采量为26亿m^3（表2-15）。

表2-15　2008年黄河流域各行政区地下水超采量　（单位：亿m^3）

行政区	超采量
青海	0.93
四川	—
甘肃	0.83
宁夏	—
内蒙古	7.53
陕西	3.66
山西	4.59
河南	8.31
山东	—
黄河流域	25.88

注：数据引自《黄河流域水资源综合规划》和《2008年黄河流域水资源公报》

2）河道内生态缺水量

由于国民经济用水的增加，河道内生态环境用水被挤占，造成河道内缺水，黄河流域河道内缺水主要体现在输沙水量不足。按照《黄河流域水资源综合规划》分析，黄河下游河道多年平均输沙用水量利津断面应约在220亿m^3，其中汛期约在170亿m^3；考虑国民经济发展对黄河水资源的需求和黄河水资源的供需形势，黄河下游年平均输沙用水量不宜少于200亿m^3，其中汛期不宜少于150亿m^3。

根据黄河流域水资源公报，2008年利津站实测径流量为145.6亿m^3，河道内输沙缺水量达到74亿m^3。

2.2.3 淮河区现状缺水识别

1. 农业缺水计算

2008年淮河区平均降水深为879.5mm，折合降水总量为2902.30亿m^3，比常年（多年平均，下同）偏多4.9%，比上年偏少10.1%。全年农业人工补充灌溉水量385.39亿m^3，当年全流域农业灌溉需水量为875.9亿m^3，有效降水利用量为494.0亿m^3，缺水量为30.23亿m^3（表2-16，图2-9）。

表 2-16　2008 年淮河区各地市农业缺水量　　　　（单位：亿 m^3）

行政区	需水量确定	有效降水利用量	人工补充灌溉量	缺水量确定
平顶山	16.7	10.63	5.6	0.47
漯河	5.5	3.06	1.91	0.53
驻马店	23.9	14.01	9.52	0.37
信阳	30.4	19.38	11.08	—
南阳	4.8	2.5	1.93	0.37
洛阳	1.2	1.53	0.5	—
郑州	8.1	3.47	2.89	1.74
开封	14.4	9.34	4.17	0.89
商丘	29.3	14.57	12.57	2.16
周口	24.2	12.9	8.46	2.84
许昌	9.5	5.04	3.52	0.94
阜阳	25.4	14.66	10.65	0.09
亳州	21.7	12.1	9.05	0.55
淮南	7.5	3.98	2.31	1.21
蚌埠	13.5	7.67	6.5	—
安庆	3.5	1.95	0.49	1.06
六安	29.9	17.05	16.77	—
合肥	10.7	7.68	3.32	—
滁州	14.7	8.09	9.33	—
淮北	6.8	3.68	2.95	0.17
宿州	22.6	11.04	10.65	0.91
随州	0.4	0.41	0.44	—
孝感	1.5	1.38	0.23	—
徐州	60	35.78	28.7	—
宿迁	50.7	30.16	21.8	—
淮安	48.7	31.84	25.68	—
南京	2.1	1.19	0.29	0.62
镇江	0.2	0.12	0.19	—
扬州	21.6	10.04	14.37	—
泰州	10.7	4.11	7.84	—
盐城	80.7	45.18	38.19	—
南通	15.9	9.97	5.7	0.23
连云港	43.5	25.18	18.97	—
泰安	8.9	5.97	2.81	0.12
济宁	20.1	9.83	8.79	1.48

续表

行政区	需水量确定	有效降水利用量	人工补充灌溉量	缺水量确定
枣庄	3.6	0.63	3.57	—
菏泽	16.9	9.78	9.21	—
临沂	29.1	16.22	13.47	—
淄博	20	11.87	4.44	3.69
日照	12	5.15	4.16	2.69
滨州	3	2.05	1.77	—
潍坊	27.7	13.28	12.43	1.99
东营	13.8	7.86	3.53	2.41
烟台	23.1	11.92	10.77	0.91
威海	11.9	5.82	4.26	0.82
青岛	19.3	10.93	8.35	0.02
济南	6.2	3	2.25	0.95
合计	875.9	494	386.38	30.23

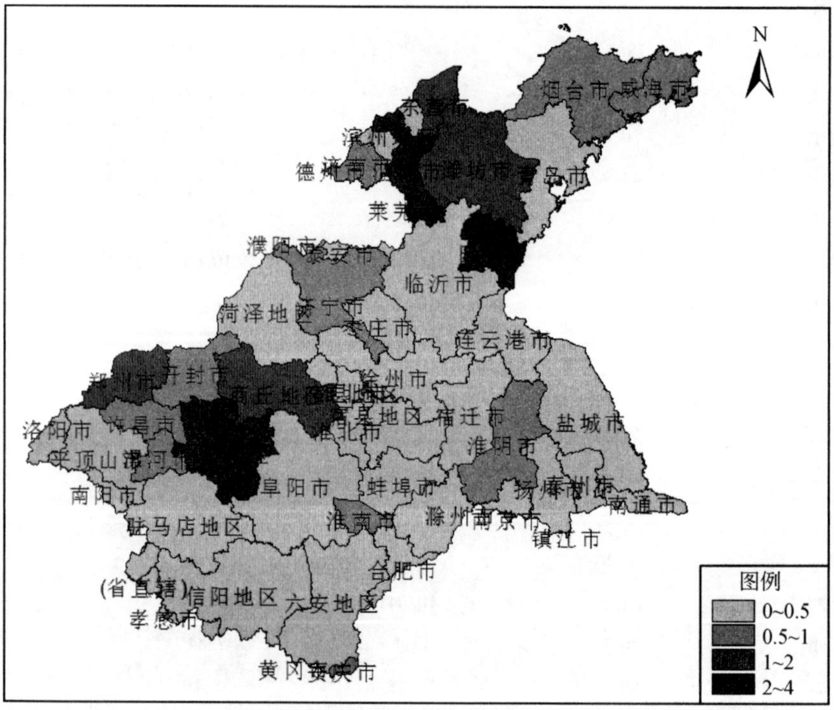

图 2-9　淮河区农业缺水量分布图（单位：亿 m^3）

2. 城市生活与工业缺水计算

通过对供水事件的考察，未发现存在大规模的停水和限制供水事件，分析认为

2008 年淮河片城镇生活用水与工业用水基本得以保障，不存在缺水问题。

3. 农村生活用水缺水计算

截至 2008 年年初，水量及水质不安全影响人口近 1007 万人，约占总人口的 16%，其中水质不达标导致饮水不安全人口数为 740.8 万人，由于水量短缺或取水困难导致饮水不安全人口数为 266.2 万人（表 2-17）。

表 2-17　2008 年淮河区各行政区农村饮水不安全人口　（单位：万人）

行政区	农村不安全饮水人口数		
	合计	水质不达标	水量短缺或取水困难
河南	331	185	146
安徽	209	146	63
湖北	6	5.8	0.2
江苏	194	183	11
山东	267	221	46
流域合计	1007	740.8	266.2

根据饮用水不安全人口数以及前节计算方法计算，2008 年淮河区片农村生活因水质不达标造成的缺水量为 0.58 亿 m^3，淮河区农村生活缺水总量为 1.07 亿 m^3（表 2-18，图 2-10）。

表 2-18　2008 年淮河区各行政区农村生活缺水量

行政区	未保证饮水安全缺水量/亿 m^3	按定额计算缺水量/亿 m^3	总缺水量/亿 m^3	平均饮水缺水量/（m^3/km^2）
河南	0.12	0.32	0.44	509
安徽	0.1	0.14	0.23	345
湖北	0.004	0.000	0.004	214
江苏	0.12	0.02	0.15	232
山东	0.15	0.1	0.25	225
流域合计	0.494	0.58	1.074	509

综上，2008 年，淮河区社会经济缺水总量为 31.3 亿 m^3，其中农业灌溉缺水 30.23 亿 m^3，农村生活缺水 1.07 亿 m^3。

4. 生态缺水计算

根据《淮河区水资源综合规划》分析结果，淮河区地下水现状超采面积为 4.27 万 km^2、浅层地下水超采量为 6.5 亿 m^3，深层承压水开采量为 26.8 亿 m^3，河道内生态环境缺水量为 3.1 亿 m^3，生态环境总计缺水量为 36.4 亿 m^3（表 2-19）。

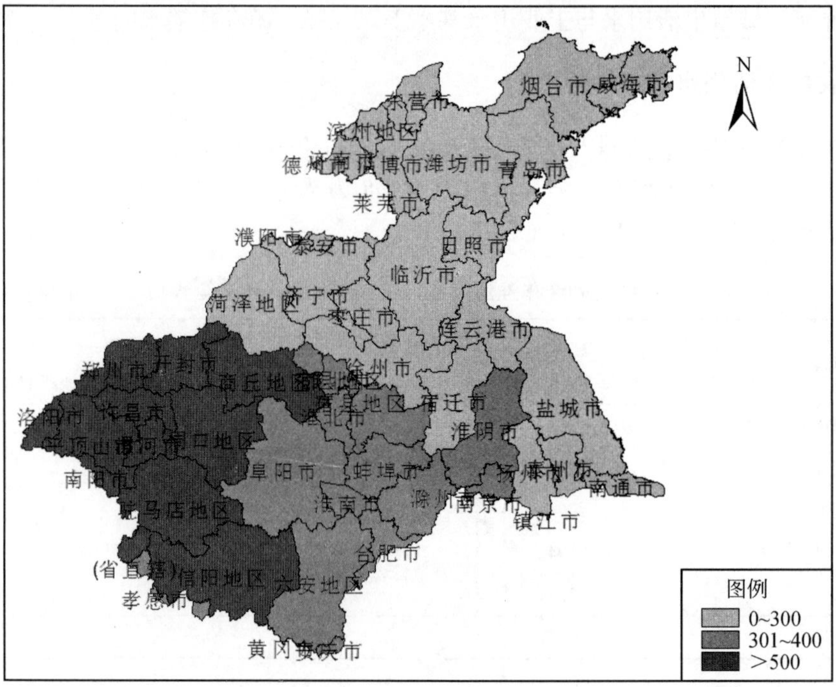

图 2-10　2008 年淮河区农村生活用水缺水量分布图（单位：m^3/km^2）

表 2-19　2008 年淮河区生态环境缺水量　　（单位：亿 m^3）

分区	河道内生态环境缺水量	浅层地下水超采量	深层承压水开采量	生态缺水量
淮河水系	2		15.3	17.3
沂沭泗水系	1.1	2.9	7.9	11.9
山东半岛		3.6	3.6	7.2
淮河流域	3.1	2.9	23.2	29.2
淮河区	3.1	6.5	26.8	36.4

2.3　黄淮海流域供需发展态势分析

黄淮海流域社会经济与人口的自然增长、城市化进程的加快以及农村人饮水安全保障程度的提高，都将导致经济社会用水需求不断增加。根据《黄河流域水资源综合规划》、《海河流域水资源综合规划》和《淮河流域水资源综合规划》对社会经济增长情况的预测，不同水平年黄淮海流域社会经济增长情况如表 2-20 所示。据规划分析计算，仅为支撑经济增长，2015 年、2020 年和 2030 年黄淮海流域将分别增加 34 亿 m^3、66 亿 m^3和 96 亿 m^3。

本节从城镇化、安全饮水保障、粮食安全保障以及能源化工基地建设三方面，论述了黄淮海流域未来水资源需求的主要增长点。

表 2-20 黄淮海流域社会经济（根据各流域规划） （单位：亿元）

流域分区	GDP 增长数		
	基准年～2015 年	2015～2020 年	2020～2030 年
海河流域	25 426	27 665	78 343
黄河流域	11 613	13 086	35 831
淮河区	9 762	10 102	31 783
合计	46 801	50 853	145 957

2.3.1 城镇化与安全饮水保障提高导致用水需求的增加

1）城镇化进程加快

由于人口自然增长和城市化进程的加快，2015 年、2020 年和 2030 年城镇人口分别较基准年增加 2781 万、2634 万和 3997 万人（表 2-21），不计入新出生人口，假定城镇人口增加数全部由农村人口转化，城镇人口生活用水定额以较低水平 90L/d 计，农村人口生活用水定额仍以 60L/d 计，则三个水平年由于城镇化进程导致的用水增长分别为 3.05 亿 m^3、2.88 亿 m^3 和 4.38 亿 m^3（表 2-22）。

表 2-21 黄淮海流域新增城镇人口数（根据各流域规划） （单位：万人）

流域分区	新增城镇人口数		
	基准年～2015 年	2015～2020 年	2020～2030 年
海河流域	768	879	1 519
黄河流域	659	506	435
淮河区	1 354	1 248	2 043
合计	2 781	2 634	3 997

表 2-22 黄淮海流域新增城镇人口导致生活用水增加量 （单位：亿 m^3）

流域分区	生活用水增加量		
	基准年～2015 年	2015～2020 年	2020～2030 年
海河流域	0.84	0.96	1.66
黄河流域	0.72	0.55	0.48
淮河区	1.48	1.37	2.24
合计	3.05	2.88	4.38

2）安全饮水保障

十七届三中全会决定“加快农村饮水安全工程建设，五年内解决农村饮水安全问题”，按照这一要求，海河流域规划 2010～2013 年安排解决 1801.91 万人口的安全饮水问题；黄河流域规划 2020 年农村饮水不安全人口得到全部解决；淮河流域规划通过加快实施农村饮水安全工程，包括水源保护、水处理设施和输配水管网等工程，到 2020 年，农村饮用水达到国家规定的标准，全面解决农村饮水安全问题，建立起农村饮水安全保障体系。

黄淮海流域2020年以前拟安排解决不安全饮水人口数达7923万人，需要优质水源9.36亿m^3（表2-23）。

表2-23　黄淮海流域2020年前解决不安全饮水需水量　（单位：亿m^3）

行政区	安排解决不安全饮水人口数	需水量
北京	0	0
天津	46	0.09
河北	2323	2.73
山西	876	1.249
河南	1281	1.171
山东	871	0.85
内蒙古	233	0.241
辽宁	9	0.02
青海	141	0.291
四川	3	0.002
甘肃	719	1.023
宁夏	220	0.264
陕西	792	1.048
安徽	209	0.23
湖北	6	0.004
江苏	194	0.15
合计	7923	9.363

2.3.2　粮食安全保障规划

黄淮海地区是我国小麦、玉米和稻谷优势产区，包括河北、山东、河南、安徽、江苏五省的300个县（市、区），占核心区县数的44%。耕地面积约3.2亿亩，占全国的17.7%。粮食播种面积约3.7亿亩，总产量约1432.5亿kg，分别占全国的23.2%和28.9%。

2009年11月4日，国家发展和改革委员会正式全文发布《全国新增1000亿斤粮食生产能力规划（2009—2020年）》（下称《规划》），其中黄淮海地区承担新增粮食产能建设任务164.5亿kg，占全国新增产能的32.9%。

地表水开发潜力小，地下水超采严重，供水明显不足，是黄淮海地区粮食增产的主要制约因素。《规划》指出应大力发展节水型农业，加强灌区续建配套和节水改造，提高灌溉水利用率和效益，推广耐密和适合套种、机收的品种，增加秋粮种植密度；在条件适宜地区，推广耐旱品种及玉米晚收、小麦晚播种植模式，但是粮食增产任务仍使各粮食主产区的农业灌溉供水面临严峻考验。

目前，黄淮海地区，特别是水资源极其短缺的海河流域，由于资源短缺胁迫，一直致力于通过作物品种改良、种植制度与灌溉制度调整等，提供农业灌溉水利用效率以保障粮食安全生产。

1）仅靠提高单产，不能完全实现增产任务

改良作物品种以及种植灌溉制度变化，导致单产的大幅增加。如图 2-11 所示为北京市玉米和冬小麦单产变化情况。1980～2000 年，玉米和冬小麦单产大幅增加，2000 年北京市冬小麦单产是 1980 年的 2.5 倍，2000 年之后，粮食单产量基本保持稳定，说明我国粮食作物品种改良已经到达较高水平，未来增产空间不大。

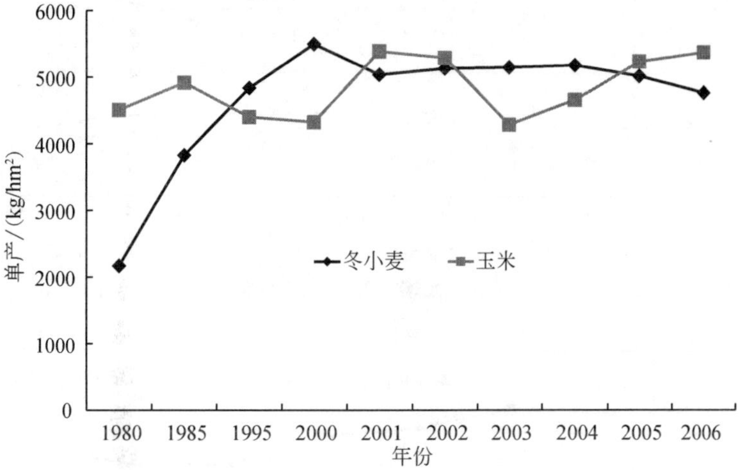

图 2-11　1980～2006 年北京市玉米与冬小麦单产变化情况

2）粮食作物种植面积增加导致农业灌溉用水增加

本书整理了海河流域北京市、天津市和河北省近年来粮食作物、经济作物和蔬菜瓜果的种植面积，如图 2-12～图 2-14 所示。20 世纪后期至 21 世纪初，各地粮食作物

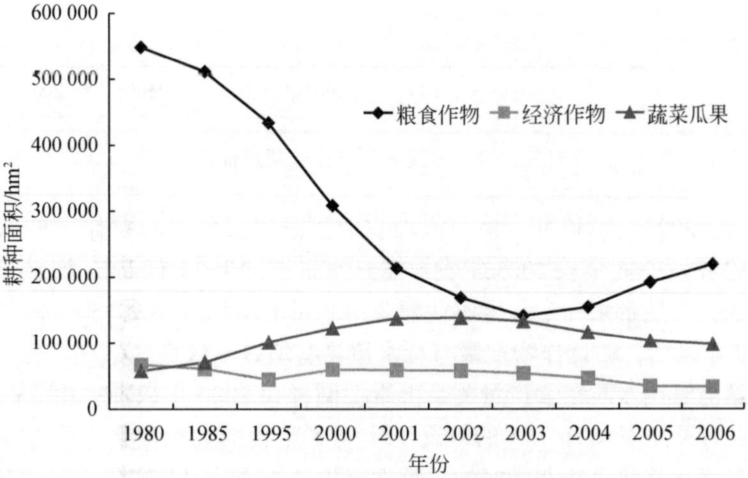

图 2-12　北京市各类作物耕地面积

种植面积呈现明显下降趋势，特别是北京市，2003年粮食耕种面积仅为1980年的25.8%，而这一时期，经济作物和蔬菜瓜果种植面积呈缓慢增加态势。自2003年至今，海河流域各地区粮食种植面积转而逐年增加，上升趋势明显。

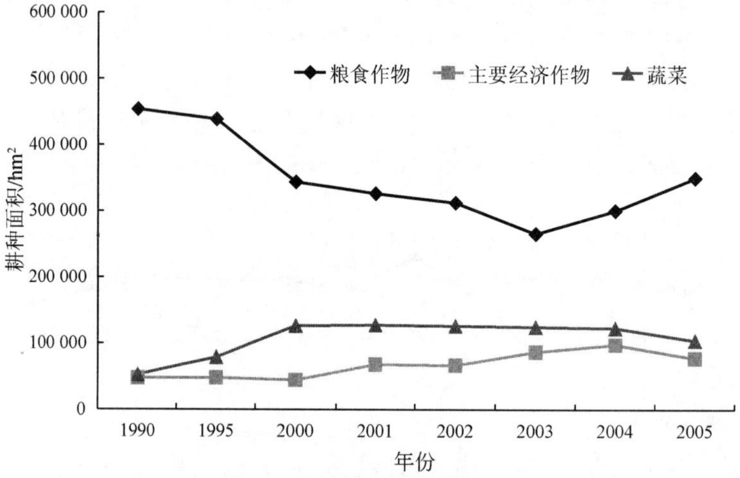

图2-13　天津市各类作物耕地面积

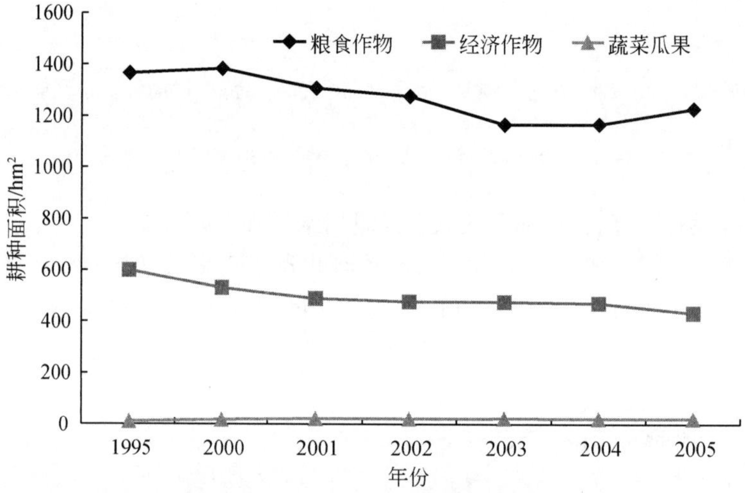

图2-14　河北省各类作物耕地面积

与此同时，2003～2006年，海河流域农业灌溉水量随着粮食作物种植面积的增加而呈现上升趋势，2006年较2003年农业灌溉水量增加近14亿m^3。如果未来粮食播种面积大幅增加，必然带来一定程度农业灌溉用水量的增加（图2-15）。

3）2000年以后，粮食作物产量与耗水量具有增减一致性

从栾城站灌溉用水与粮食产量关系上看，同样在2000年以前，由于品种改良和农艺措施改良，在耗水量增加不大的情况下实现了粮食的大幅增产，但是2000年以后，产量与耗水量变化趋势存在非常好的一致性（图2-16），因此实现粮食增产任务必然带来农业灌溉用水一定程度上的增加。

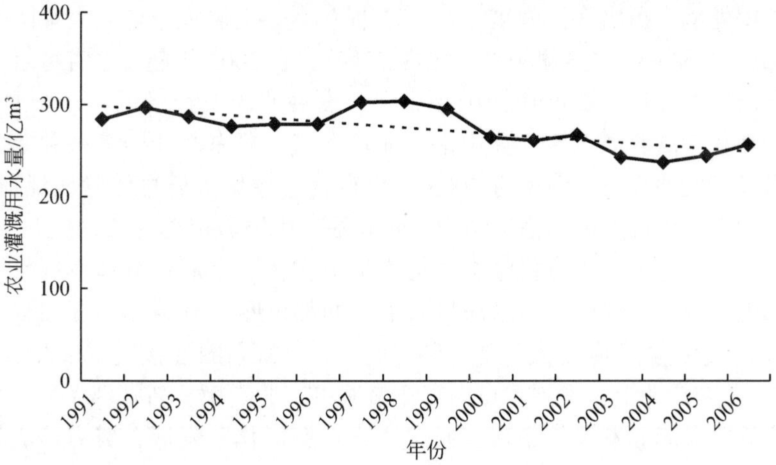

图 2-15　1991 ~ 2006 年海河流域农业灌溉用水量

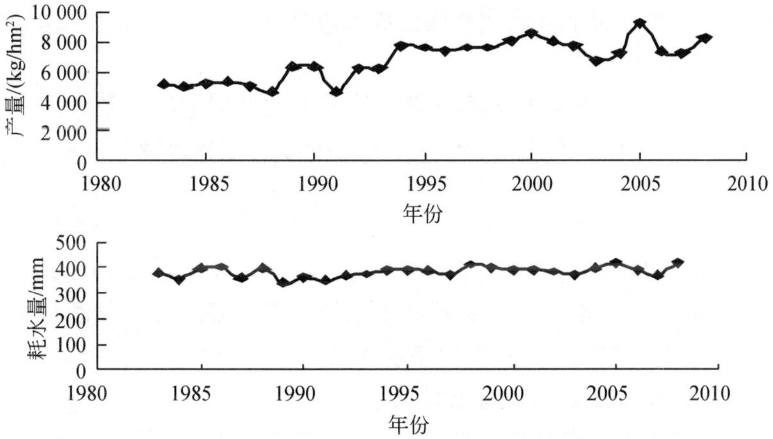

图 2-16　栾城站定点试验夏玉米在灌溉条件下产量和农田耗水量的变化

注：引自国家科技支撑计划课题“太行山前平原区小麦玉米减蒸降耗节水技术集成与示范”研究成果

2.3.3　工业经济的快速发展

1. 重要工业布局

黄淮海地区位于我国中部，特别是黄河海河两流域，近代经济以农业经济为主，现状人均工业增加值低，工业发展较落后，加之受到资源短缺胁迫，工业用水量相对较低。2008 年，黄淮海地区工业用水总量为 211 亿 m^3，占全部经济社会用水总量的 15%，远低于当年全国平均水平（23.7%）。当前及未来相当长的时间内，工业经济快速发展，是黄淮海地区经济发展重心和主体方向。

宁夏自 2006 年开始建设具有宁夏“一号工程”的宁东能源化工基地，按照规划，宁夏到 2020 年将建成中国重要的能源化工基地。2008 年，国务院出台了《关于进一步促进宁夏经济社会发展的若干意见》。强调了宁东能源化工基地发展的重要地位。甘肃省为摆脱贫困处境，提出经济发展“三大工程”——发展大企业、大集团的“双十工程”，打造甘肃工业的“支柱板块”，“211 工程”，自 2002 年起，全省每年重点扶持 20 个左右的高新技术项目；重点扶持中小企业、发展非国有经济的“千户百强”工程。河北省针对环京津产业经济区、冀中南产业经济区、冀东产业经济区和冀北产业经济区分别提出经济发展战略。河南省 2006 年出台《中原城市群总体发展规划纲要》，系统地提出了中原城市群发展的框架结构，明确提出中原城市群九市通过在空间、功能、产业、体制、机制等方面的有机结合，努力形成作为一个城市群体发挥作用的集合城市。在空间上形成三大圈层——以郑州为中心的都市圈（开封作为郑州都市圈的一个重要功能区）、紧密联系圈（其他 7 个结点城市）和辐射圈（接受城市群辐射带动作用的周边城市）。在产业上，发展重点向郑汴洛城市工业走廊、新郑漯京广、新焦济南太行、洛平漯等四大产业发展带集聚，通过“产业簇群化”发展，努力形成带动区域产业发展的核心增长极。环渤海经济圈狭义上指中国辽东半岛、山东半岛、京津冀为主的环渤海滨海经济带，同时延伸可辐射到山西、内蒙古。整个大的范围占据中国国土的 12% 和人口的 20%。目前环渤海地区已成为继珠江三角洲、长江三角洲之后的我国第三个大规模区域制造中心。

此外，陕西、山西、内蒙古、新疆均设计了工业发展的宏伟蓝图。根据工业规划与布局，黄淮海地区工业用水量将会改变目前这种增长缓慢态势与低量用水局面。

2. 能源化工基地

为了应对资源短缺胁迫，对于常规工业提出增产不增水的发展要求，但是，随着工业化进程的不断加快、社会经济发展对能源的诉求大幅增加、能源化工基地的大规模建设和发展，还是会带来一定程度的需水增长。

1）大规模煤炭基地建设导致需水增长

我国共有 13 个大型煤炭基地，11 个分布于黄淮海地区，其中神东、宁东、陕北、晋中、黄陇、河南、冀中、晋北和晋东共 9 个大型煤炭基地位于水资源供需矛盾最为突出的黄河、海河流域（表 2-24）。

表 2-24　我国 13 个大型煤炭基地所在流域分区及行政分区

水文分区		煤炭基地名称	所属行政分区
一级区	二级区		
黄河流域	兰州至河口镇	神东基地	内蒙古、陕西
		宁东基地	宁夏
	河口镇至龙门	陕北基地	陕西
		晋中基地	山西
		晋北基地	山西
	龙门至三门峡	黄陇基地	陕西、甘肃
	三门峡至花园口	河南基地	河南

续表

<table>
<tr><th colspan="2">水文分区</th><th rowspan="2">煤炭基地名称</th><th rowspan="2">所属行政分区</th></tr>
<tr><th>一级区</th><th>二级区</th></tr>
<tr><td rowspan="5">海河流域</td><td>滦河冀东沿海</td><td rowspan="4">冀中基地</td><td rowspan="4">河北</td></tr>
<tr><td>海河北系</td></tr>
<tr><td>海河南系</td></tr>
<tr><td>徒骇马颊河</td></tr>
<tr><td>海河南系</td><td>晋东基地</td><td>山西</td></tr>
<tr><td rowspan="3">淮河区</td><td>沂沭泗河</td><td rowspan="2">鲁西基地</td><td rowspan="2">山东</td></tr>
<tr><td>山东半岛</td></tr>
<tr><td>淮河中游</td><td>两淮基地</td><td>安徽</td></tr>
<tr><td rowspan="3">长江流域</td><td>金沙江石鼓以下</td><td rowspan="3">云贵基地</td><td rowspan="3">云南、贵州、四川</td></tr>
<tr><td>乌江</td></tr>
<tr><td>宜宾至宜昌干流</td></tr>
<tr><td rowspan="3">松花江流域</td><td>额尔古纳河</td><td rowspan="7">蒙东基地</td><td rowspan="7">内蒙古、辽宁、黑龙江</td></tr>
<tr><td>松花江（三岔河口以下）</td></tr>
<tr><td>乌苏里江</td></tr>
<tr><td rowspan="4">辽河流域</td><td>西辽河</td></tr>
<tr><td>辽河干流</td></tr>
<tr><td>浑太河</td></tr>
<tr><td>东北沿黄渤海诸河</td></tr>
</table>

根据我国煤炭发展规划，2015 年和 2020 年，黄淮海地区煤炭基地产量分别为 16.7 亿 t 和 18.2 亿 t，占全部煤炭基地生产总量的 79.8% 和 80.2%，生产用水较 2010 年分别增加 2.64 亿 m^3 和 5.02 亿 m^3。除此之外，煤炭开采还对黄淮海地区水资源及生态造成破坏性影响：一是采煤过程中原始地层状况发生巨大改变，且伴随大量疏干水的排放，严重破坏了地下含水层；二是地面塌陷所导致地表水资源循环方式改变；三是煤炭开采不仅疏干了地下水、减少了地表径流，而且使优质的水资源转变成矿井水。因此煤炭基地建设与煤炭开采将进一步加深黄淮海地区水资源的紧缺程度。

2）火电发展导致需水增长

北方地区由于资源短缺，缺乏发展水电的水文条件，加上高负荷用电，导致火力发电厂发展快，装机容量大。根据《科学发展的 2030 年国家能源战略研究报告》对我国 2007 年及未来各地区煤电装机规划，未来黄淮海流域火电装机呈明显增加趋势，2020 年和 2030 年分别达到 4.9 亿 kW 和 7.0 亿 kW，占到全国装机总量的 54.8% 和 59.9%。尽管火力发电用水效率指标不断提升，但是根据最节水的用水指标计算，2020 年和 2030 年，黄淮海地区火力发电仍有 12 亿 m^3 和 15 亿 m^3 的用水缺口。

第3章 科学发展观下的流域水资源合理配置理论

所谓水资源合理配置，是指在特定流域或区域范围内，按照公平性、有效性和可持续性原则，遵循水资源系统承载能力、稀缺资源配置准则以及市场经济规律，采取各种工程与非工程措施，合理抑制需求，保障有效供给，维护和改善生态环境质量，对多种可利用水源在不同区域、不同部门和不同用户等供水目标之间进行科学分配，实现水资源供需平衡的基本过程。水资源配置是区域水资源供需平衡目标下进行各项调控措施集成和比选的统一基础平台，不仅以此确定不同调控措施的有效组合和优先次序，同时也借此明晰各分项调控措施对区域水资源供需平衡的贡献。

3.1 水资源配置研究进展与黄淮海流域配置需求

3.1.1 实践驱动下的水资源合理配置

水资源配置研究与不同时期水资源问题的特征和国家治水目标具有明显的关系。我国突出的水资源短缺问题最早源起于20世纪70～80年代北方地区，从而驱动着水资源配置研究的进展。改革开放初期，随着经济社会的高速发展，水资源约束问题从资源禀赋条件最差的华北地区开始显现。当时国家水资源管理的目标主要集中于保障经济的快速发展上，受此实践需求的驱动，国家“八五”攻关研究中提出了基于宏观经济的水资源合理配置理论和方法，在深入分析宏观经济发展和水资源开发利用之间的相互依存和相互制约的关系的基础上，明晰了与社会发展目标关联下的水资源配置目标，研发了多层次、多目标、群决策优化配置定量分析方法与优化模型，开发了华北宏观经济水资源优化配置模型系统，为区域水资源优化配置和规划管理提供了科学决策手段。“八五”攻关研究是我国水资源配置首次从理论到方法以及模型的系统研究，也首次实现了水资源系统与经济社会系统联合研究，为水资源配置研究奠定了重要基础。

20世纪80年代后期和90年代前期，经历了一段经济社会大发展，我国一些地区的水资源过度开发利用带来的生态环境恶化问题引起了人们的关注，特别是水资源和生态环境脆弱的西北地区。因此，在实施国家西部大开发的总体战略下，“九五”国家重点科技攻关计划“西北地区水资源合理开发利用与生态环境保护研究”项目，将水资源开发利用与生态环境保护、社会经济发展三者有机联系起来统一考虑，提出了面向生态的水资源合理配置理论与方法，并提出了西北内陆地区“自然-人工”二元水循环演化模式和西北内陆区生态需水的定量计算方法，研发了西北内陆地区的水资源合理配置与承载能力定量分析的模型系统。在此基础上，中国工程院重大咨询项目“西北地区水资源配置、生态环境建设和可持续发展战略研究”中，在对西北干旱半干旱地区水循环转换机理研究的基础上，提出生态环境和社会经济系统的耗水各占 50% 的基本配置格局，为内陆地区面向生态的水资源配置提供了基本的定量准则。

随着经济社会的进一步发展和水资源开发利用程度的进一步提高，水资源的问题不仅表现为经济社会用水约束和生态用水不足的问题，而且还存在资源不可持续利用、社会分配不公平、环境约束矛盾突出等问题，因此“十五”科技攻关重大项目“水安全保障技术研究”中提出“面向全属性功能的流域水资源配置”概念，强调流域水资源合理配置必须以维护水资源自然、生态、环境、社会和经济等全属性功能为目标。同时，为在管理层面落实水资源配置方案，“十五”攻关研究中首次提出并实践了以“模拟—配置—评价—调度”为基本环节的流域水资源调配四层总控结构，为流域水资源调配研究提供较完整的框架体系，有效实现了规划层面的宏观水资源配置方案和操作层面的实时调度方案的总控与嵌套，保障了水资源实时调度的宏观合理性及可操作性。

进入“十五”末期和“十一五”初期，针对以一些资源型缺水流域资源总量约束的管理需求，水资源配置从传统的取供水口径拓展到耗水口径，提出了基于 ET 的广义水资源配置理论与方法，在国家西部大开发项目“宁夏经济生态系统水资源合理配置研究”“海河 GEF 项目水资源与水环境综合管理研究”中均对这一思路进行了实践，将水量配置从取用水量配置推进到耗水量配置，将配置与真实节水相关联。此外，水资源配置研究基于水量水质的联合调控和配置是目前的另一重要发展方向。一些学者对于水量水质联合调控与分配进行了初步研究，提出了分质供水配置调控方法。

可以看出，水资源配置是协调水资源约束与经济社会发展需求矛盾的重要手段，受不同发展阶段的实践需求的驱动，流域或区域水资源配置理论与方法表现出不同的阶段性特征，过去如此，以后仍将受到这一基本规律的支配，因此未来水资源合理配置理论与技术发展方向，必须在流域或区域实践需求维度的逻辑关系上进行延伸和展望。

3.1.2　黄淮海流域水资源配置实践需求分析

黄淮海流域是我国人均水资源量最少的区域，经济社会发展需求压力大，水资源问题十分突出和复杂，具有以下五方面的基本特点，需要在进行区域水资源配置过程中予以充分考虑。

1）流域现状缺水属于典型的资源性深度缺水

黄淮海流域现状水资源开发利用程度超过 80%，其中海河流域甚至超过 100%，大规模的经济社会系统的水资源开发，加上非生产性耗水，导致在每年大量超采地下水的条件下，入海水量衰减严重，海河流域基准年均入海水量仅大于 30 亿 m^3。资源性缺水的症结导致在解决区域缺水问题上必须立足于这一基本特征，如各行业节水也必须考虑以减少 ET 为基本口径的“真实”节水，再生水回用，也仅能解决用水质量问题，而不能增加用水数量问题。因此在水资源配置过程中必须充分考虑这一特点，在供用水和耗水两套口径上进行水资源的平衡计算分析。

2）现状各需求主体用水竞争矛盾十分突出

受旺盛的经济社会用水需求和水资源总量约束影响，黄淮海流域经济社会与生态环境各需水主体的用水竞争性十分强烈，具体表现在三个层次：一是经济与生态系统之间的竞争，突出表现为经济社会系统不断挤占生态环境用水、社会侧支水循环不断增加与自然径流性循环通量不断减少，导致以自然径流性水量为支撑的天然生态系统不断退化、以社会水循环为支撑的经济社会系统与人工生态系统不断发展。二是流域内不同地区之间的用水竞争，包括具有水力联系的地表水系统和地下水系统之间的竞争。同一水系的上下游、左右岸以及同一水文地质单元的不同地区之间，用水竞争乃至用水矛盾日益加剧，甚至引发了区域之间的冲突。目前黄淮海流域区域之间水资源的竞争性已发展为争夺，已经成为影响社会稳定的重要隐患。三是区域内的城市与农村之间竞争。包括有形的城市挤占农业水源问题，以及无形的农业用水袭夺城市水源问题。这要求黄淮海流域的水资源配置必须是基于全部供水水源与全部需水主体之间的全口径水资源配置，也要求在配置过程中充分利用公共政策的干预，以弥补不同需水主体在传统价值体系中的竞争能力不均衡的问题。

3）不同区域的经济社会发展与用水水平很不均衡

黄淮海流域地域辽阔，一方面，流域之间以及流域内上下游的经济社会发展水平很不平衡，如环渤海经济区中的京津唐地区以及山东半岛等城市地区人均 GDP 已接近或是超过 1 万美元，而流域上游的许多地区人均 GDP 甚至低于 1 万元；产业结构存在巨大的差异，如北京市第三产业比重已经超过 70%，而流域上游一些地区仍然以第一产业为支柱产业。另一方面，流域内不同地区之间的用水水平差异很大，如北京市再生水回用率已超过 60%，天津市工业用水重复利用率为 92%，但同处于同一流域的许多上游地区城市再生水回用才刚刚起步，工业用水重复利用率甚至不足 20%；农业用水方面，河北省一些地区的农业灌溉定额甚至不足河套灌区的 1/5。巨大的经济社会发展与用水水平差异要求在水资源配置过程中要考虑不同的经济社会发展需求，同时在配置的路径和手段上要适合于区域实际，这无疑大大增加了水资源配置的复杂性。

4）流域水资源衰减问题十分严重

受气候变化和人类活动的综合影响，黄淮海流域是我国水资源衰减最严重的区域。海河流域 1980～2005 年系列的地表水资源量较 1956～1979 年系列衰减了 51%，即便是在同等降水条件下，下垫面和取用水对于水资源影响也十分突出。例如，潘家口水库自 21 世纪以来，平均入库水量仅为 8 亿 m^3，导致对唐山和天津的实际供水量远远低于 75% 年份原先设定的 19.5 亿 m^3 的能力，这造成一般的长系列均衡模拟的分析方法难以适用性在现状的基本条件。此外，在大规模超采地下水的条件下，华北平原区的“四水”转换关系也发生了巨大的变化，要求在水资源配置过程中必须客观考虑由于环境变化造成的水资源结构的演变问题。

5）南水北调工程沟通要求实现黄淮海流域之间的水资源综合配置

跨流域调水工程打破了自然的水文单元边界，使得流域之间的水资源合理配置成为了可能。长期形成的黄河下游向海河和淮河流域供水的基本格局使得黄淮海流域区具有“泛流域”的基本特征，南水北调东线、中线工程则更是加大了这种泛流域的效应。在水资源配置过程中，可以通过水量的互济、置换与调配等途径实现更大范围的水资源的整体优化配置，同时也可以通过南水北调工程对原有流域间的补水格局进行一定程度上的优化，提高黄淮海流域水资源整体保障程度。

3.2　科学发展观内涵解析及对水资源配置要求

3.2.1　科学发展观的内涵解析

科学发展观，是中共中央总书记胡锦涛在 2003 年 7 月 28 日的讲话中提出的“坚持以人为本，树立全面、协调、可持续的发展观，促进经济社会和人的全面发展”，按照“统筹城乡发展、统筹区域发展、统筹经济社会发展、统筹人与自然和谐发展、统筹国内发展和对外开放”的要求推进各项事业改革和发展的一种方法论，是中国共产党对人类社会发展经验的深刻总结和高度概括基础上提出的今后我国发展的战略指导思想。

党的十七大报告中指出：科学发展观，第一要义是发展，核心是以人为本，基本要求是全面协调可持续，根本方法是统筹兼顾。

第一要义是发展。我国是一个发展中国家，发展对于全面建设小康社会、加快推进社会主义现代化具有决定性意义。科学发展观中的“发展”，其深刻内涵和基本要求主要体现在五方面。一是解放和发展社会生产力始终是社会主义的根本任务；二是以经济建设为中心，全面推进经济建设、政治建设、文化建设和社会建设，按照“五个统筹”的要求，促进经济社会发展和人的全面发展相统一，实现经济发展与人口、资源、环境相协调；三是总揽全局，统筹兼顾，充分调动一切积极因素，妥善处理各种利益关系；四是加快转变经济发展方式，实现经济社会又好又快发展；五是切实做到发展为了人民、发展依靠人民、发展成果由人民共享。科学发展观，是当代最新的发展理念，是对经济社会发展一般规律认识的深化，体现了唯物辩证法关于事物之间普遍联系、辩证统一和辩证唯物主义关于人与自然关系的思想。它把社会的物质文明、政治文明、精神文明、和谐社会建设和人的全面发展看成相互联系的整体，是发展理论的最新境界。

核心是以人为本。所谓“以人为本”，是指以人为价值的核心和社会的本位，把人的生存与发展作为最高的价值目标，这不是历史上的以人为中心主义，其内涵集中体现在四方面。一是以人为本就是以最广大人民的根本利益为本，包括社会各阶层在内的最广大人民群众。要始终把实现好、维护好、发展好最广大人民的根本利益作为党和国家一切工作的出发点和落脚点。二是要在治国理政的过程中充分体现和代表人民的意愿。三是要在经济社会发展的各个环节、各项工作中体现和保障人民群众的权益，不断改善人民生活、提高人民生活水平。四是把促进人的全面发展作为经济社会发展的最终目的，把促进人的全面发展落实到经济、政治、文化、社会建设的各个方面，推进经济社会全面进步。

基本要求是全面协调可持续。这是从数量、质量和时间三个维度上对发展提出的要求，在数量上要求全面推进经济建设、政治建设、文化建设、社会建设，促进现代化建设各个环节、强调了生产力提高和社会进步的动力特征；在质量上强调合理地优化调控财富的来源、财富的积聚、财富的分配以及财富在满足全人类需求中的行为规范，坚持生产发展、生活富裕、生态良好的系统发展，实现速度和结构质量效益相统一、经济发展与人口资源环境相协调；在实践维度上，强调发展进程中的长期合理性，追求人民在良好生态环境中生产生活，实现经济社会永续发展。

根本方法是统筹兼顾。就是要统筹城乡发展、区域发展、经济社会发展、人与自然和谐发展、国内发展和对外开放，统筹中央和地方关系，统筹个人利益和集体利益、局部利益和整体利益、当前利益和长远利益，充分调动各方面积极性。统筹国内国际两个大局，实质是农村发展与城市发展、区域发展与全国发展、经济发展与社会发展、国内发展与对外开放以及人与自然关系不断整合、不断优化和不断协调的过程，是妥善处理当前各方面突出矛盾、协调好各种利益关系必要途径。

从以上分析可以看出，科学发展观是一种现代系统发展观，既从经济增长、社会进步和环境安全的功利性目标出发，也从哲学观念更新和人类文明进步的理性化目标出发，全方位地涵盖了“自然、经济、社会”复杂系统的运行规则和“人口、资源、环境、发展”四位一体的辩证关系，并将此类规则与关系在不同时段或不同区域的差异表达，包含在整个时代演化的共性趋势之中。

3.2.2 科学发展观对水资源配置要求分析

水是基础性的自然资源，战略性的经济资源，是生态与环境控制性因素，因此水资源具有五大属性，即自然属性、环境属性、生态属性、经济属性和社会属性，五大属性之间或此消彼长或关联伴生。在黄淮海流域水资源稀缺竞争条件下，科学发展观对于流域水资源合理配置具有以下四方面的基本要求。

一是必须将以人为本作为水资源配置行为的基点，即要以人为主体的角度出发实施水资源合理配置，优化配置行为的唯一准则是全社会人的整体福利得到了提高，这又包括三方面的基本要点：一是从水是人的生命构成和生存要素的角度出发，水资源配置要以改善民生为基本点，不仅要切实保障必要的生活用水，同时还要将改善生活用水放在优先的位置；二是水是经济社会生产活动的基础性物质，因此在水资源配置过程中要切实维护人的发展权，不能单纯地从经济效益的角度进行衡量；三是稀缺条件下的水资源配置首先必须立足于促进社会公平，在此基础上兼顾效率。

二是将促进全面协调可持续发展作为水资源配置的目标。全面协调可持续发展是科学发展观的基本要求，落实到配置层面则具体体现为水资源五大基本属性在数量、质量和时间三个维度的共同实现。所谓全面发展，则要求水资源的配置在其承载能力范围以内，能够有效改善民生，支撑发展，维护公平，促进自然与环境的改善，维护水资源的全口径属性和服务目标的实现；所谓协调，就是不同属性功能均衡实现，不能偏废，特别是水资源紧缺和用水竞争条件，要按照协调的思想进行多目标的统筹；所谓可持续，就是水资源配置无论在水资源本身，还是生态环境，抑或是社会公平等层面，都必须在时间的维度上考虑配置状态和后效的持续累计效应。

三是从“五个统筹”的角度科学界定水资源合理配置的内容。稀缺资源的配置实质上是一种博弈行为，科学发展观提出的统筹兼顾的博弈方法对水资源配置具有重要的意义。“五个统筹”指明了水资源配置的五个层次的内容：第一个层次是在宏观层面上，水资源配置是要促进人与自然协调发展，即实现流域尺度上自然生态环境和经济社会用水的合理配置；第二个层次是促进流域内区域协调发展，即在流域经济社会允许配置量当中，对不同区域的水资源合理配置，促进和维护流域内的社会公平；第三个层次是经济社会协调发展，即在区域内部实现经济社会系统各行业用水的合理配置；第四个层次是促进城乡的统筹发展，基本的途径是实现城市与农村两大单元的水资源配置，核心是保障农村生活和生产用水的问题；第五个层次是统筹区内和区外的发展，在水资源配置上主要表现为区域“实体水”和“虚拟水”的合理配置，前者主要是跨区域引水和调水实现，后者通过水密集型产品的市场交易实现，从而在更大范围内促进水资源合理配置。

四是基本的技术手段上要研发整体配置协调模型。为实现基于科学发展观的水资源配置方案的仿真与优选，在模型技术上也要相应配套进行创新，主要体现在三方面：一是要求模型能够描述与水资源配置的相关经济、生态与环境行为；二是模型能够实现配置在资源、生态、环境、经济和社会目标的整体优选与联动；三是模型能够实现目标优选优化与过程模拟的耦合与反馈；四是能够在整体模型的求解方法方面有所突破。此外，配置的多目标性是现代水资源规划的重要特征之一，也是体现科学发展观的关键，在这个以下的“优化”方案必然是在一定边界和偏好前提下的非劣解之一。这种边界和偏好的变化可以归结为情景变化，并借助决策支持系统思想，构建情景生成机制，联合运用优化与模拟技术，可以很好地分析水资源配置中的各种问题。

3.3　科学发展观下的水资源配置决策机制与目标

3.3.1　基于水资源的属性功能的配置决策机制

1. 水资源的基本属性分析

水资源属性是流域水资源在其形成、转化和消耗过程中所实现功能的描述和概括。天然条件下，水资源具有三种原生的基本属性：一是因其物理性质所具有的自然属性，主要表现为水资源的循环再生特性，再生性的大小取决于其更新速率；二是因其化学性质而具有的环境属性，主要包括水循环动力过程造成的侵蚀—搬运—沉积或是溶解—输移—结晶的特性引发的对自然环境的改造功能，以及对人工污染物的降解所带来的环境净化功能两方面；三是因其生命组成物质特性而具有的生态属性，包括由降水和地下水支撑的坡面生态，以及河湖湿地及近海的水生生态系统。自社会经济系统取用水开始，水资源便具有了特定的社会经济服务功能，水资源具备明显的社会属性和经济属性，其中社会服务功能包括为人类提供生存和生活的基础，包括供人饮用、洗浴、美化环境、休闲娱乐等，同时水资源便具有了社会属性特征。水资源的经济特性主要体现在三方面：第一，水的有用性和宏观稀缺特性使水资源具有价值，使其具有原生的经济属性；第二，水的特殊物理、化学和生物特性，使水作为基本的原料或是辅助材料参与大部分经济生产过程，或成为最终商品的有机组成，或为商品的生产提供必要的环境或条件，在一些特殊条件下，水本身就是一种商品；第三，水资源开发、利用与保护也需要一定的经济投入，随着开发利用程度的最高，其成本会越来越高，致使水资源具有鲜明的经济属性。

水资源是具有多重属性的复合资源，五种基本属性或关联伴生或此消彼长，关联伴生是指一种属性的维护会促进另外一种属性功能的维护，以及该种属性的破坏会导致另外一种属性的退化，如水资源的环境属性与生态属性之间的关系。此消彼长是指一种属性不合理或是过度的发挥会影响另外一种属性的实现，如水资源的经济属性与其自然生态属性之间就常常存在这一关系。因此流域水资源合理配置就是以维护水资源自然、生态、环境、社会和经济等全属性功能为目标所采取的调控途径，实质就是在多元属性功能博弈空间进行的均衡调控。

2. 科学发展观下的水资源配置决策机制

正理均赢论是科学发展观的重要哲学思想，它强调的是双方对抗无双赢，主张人与自然、人与社会、人与背景对局的和谐共处，主张人人尊重自然，服从社会，关注背景。科学发展观这一可靠、包容的系统思想为水资源合理配置提供了重要的理论依据。在科学发展观的视域框架下，水资源合理配置的决策机制包括五方面，其中自然属性的维护必须以水量平衡机制为准则，社会属性的维护是以社会公平为准则，经济属性的维护以效益最优为准则，生态属性的维护则以维护生态功能良好为决策机制，环境属性的维护是以水体功能为准则。

1）基于水量平衡的水资源决策机制

由天然主循环和社会侧支循环构成的流域二元水循环过程不仅构成了社会经济发展的资源基础，是生态环境的控制因素，同时也是诸多水问题的统一客观基础。因此，水资源可持续利用是确保经济社会和生态环境的可持续发展的前提，水资源的合理利用和配置首先要遵循水平衡机制。

水量平衡包括三个层次：第一层次对流域总来水量（包括降水量和从流域外流入本流域的水量）、蒸腾蒸发量（即净耗水量）、排水量（即排出流域之外的水量）之间的流域水分平衡关系进行分析，即分析在二元水循环基本演化模式下，不影响和破坏流域生态系统，不导致生态环境恶化情况下流域允许总耗水量，包括国民经济耗水量与生态耗水量，评价尺度应为较大范围的完整流域，通常为二级以上流域分区。由于在总来水量中通常仅10%～54%形成径流性水资源，差额部分的非径流性水量为天然生态系统所消耗，约占流域总来水量的一半以上，特别在北方地区，天然生态系统的微小变化将对径流性水资源产生深刻的影响。第二层次对流域或区域径流性产水量、耗水量和排水量之间的平衡关系进行分析，即分析在人工侧支循环条件下径流性水资源对国民经济耗水和人工生态耗水的贡献，界定允许径流性耗水量，国民经济用水和生态用水大致比例，评价尺度可以小于第一层次，通常为三级、四级以上流域。第三层次对流域、区域、计算单元的供水量与需水量，用水量、耗水量和排水量之间的平衡关系进行分析，采用运筹学方法与专家经验规则方法相互校验的配置技术，分析计算各种水源对国民经济各行业、各用水部门等不同用户之间、不同时段的供需平衡和供用耗排平衡，评价尺度可以为具备信息条件的流域或行政分区。

水平衡机制是从流域水循环过程中的有效蒸发和无效蒸发的平衡协调角度出发，确保人工侧支耗水量不超过允许径流耗水量。流域水平衡决策机制控制原则为

$$ET_{规划} < ET_{允许} \tag{3-1}$$

$$ET_{允许} = W_{降水} - W_{入海} \tag{3-2}$$

允许耗水量可以通过以流域降水和水资源可持续利用条件下的入海水量控制目标之间的差值确定。而规划的 ET 则包括未来的人工系统用水和自然系统消耗的水量两部分。

$$ET_{规划} = ET_{人工} + ET_{自然} \tag{3-3}$$

自然 ET 计算公式为

$$ET_{工人} = Wu_d \times \zeta_d + Wu_I \times \zeta_I + Wu_{ir} \times \zeta_{ir} + Wu_o \times \zeta_o \tag{3-4}$$

式中，Wu_d、Wu_I、Wu_{ir}、Wu_o分别为生活、工业、灌溉和其他用水量；ζ_d、ζ_I、ζ_{ir}、ζ_o分别为生活、工业、灌溉和其他用水消耗率。该消耗率包括在供水和用水后排水过程中形成的水量消耗。

流域自然 ET 可以在分析现状自然 ET 的基础上通过预测自然植被覆盖程度以及土地利用方式的改变进行修正后得出。而现状的自然 ET 则可以通过现状降水、用水 ET、地下水蓄变量以及入海水量之间的平衡分析得出：

$$ET_{现状自然} = W_{降水} - ET_{人工} - W_{地下水蓄变} - W_{入海水量} \tag{3-5}$$

水量平衡模型主要是寻求在多目标优化模型提供的总体方向下流域调控的决策手段，通过不同边界条件下形成的方案集组合模拟，查看优化目标的可行性。水量平衡模型需要摆脱以往以水量供给和需求为主导的平衡分析计算，采用以流域耗水为中心的水量平衡分析方法，以耗水分配作为水循环调控的核心，建立以降水为总输入，耗水和系统排水为总体平衡分析关系，并以传统的资源量评价作为检验计算合理性的方法。对于生态用水，以水循环蒸发环节和作物生长耗水机理为计算基础；对于生产用水，分析不同行业用水效率，评价水资源消耗和生产的关系函数，从而在根本层面建立对水循环调控的基础，摆脱以往以耗水率为中心计算水资源供需平衡和流域水平衡依赖于经验估值数据的不足。

通过流域水平衡机制实现对流域可消耗水量的控制，一方面起到了协调经济社会和生态环境平衡关系的作用，水平衡的目标是保证水循环的稳定健康，为维护生态健康和环境质量提供基础保障条件，要求经济用耗水在不牺牲生态和环境的范围内实现有效利用配置。另一方面水平衡机制在本质上也起到了推进流域用水高效性的调控。在同样的流域允许耗水量条件下，用水效率的提高必然减少相同产业结构和生产规模下的耗用水量，在同等的经济效益基础上产生更多的生态和环境效益。而在保障一定生态和环境效益目标基础上，通过水平衡机制能推动相同用耗水和行业用水约束条件下的单位产值耗用水量的降低，从而促进行业用水公平条件下的高效用水，在允许耗

水量范围内实现最具有经济社会价值的水量分配，形成资源性的高效用水。

2）基于效益最优的经济决策机制

水资源合理配置的经济决策机制是市场经济条件下的边际成本，以边际成本替代性作为抑制需水或增加供给的基本判据，根据社会净福利最大和边际成本替代双准则确定合理的供需平衡水平。在宏观经济层次，抑制水资源需求需要付出代价，增加水资源供给也要付出代价，两者间的平衡应以更大范围内的全社会总代价最小（社会净福利最大）为准则；在微观经济层次，不同水平上抑制需求的边际成本在变化，不同水平上增加供给的边际成本也在变化，二者的平衡应以边际成本相等或大体相当为准则。依据边际成本替代准则，在需水侧进行生产力布局调整，产业结构调整、水价格调整，分行业节水等措施，抑制需求过度增长并提高水资源利用效率；在供水侧统筹安排降水和海水直接利用、地表水和地下水联合利用、洪水和污水资源化，增加水资源对区域发展的综合保障功能。

以开源和节流的关系为例，当开源的边际成本高于节流的边际成本时，节流在经济上就成为合理的手段，当本地水资源的开源和节流边际成本相等且高于跨流域调水的边际成本时，跨流域调水在经济上就成为了合理手段。对不易定量的生态系统，可以同等效应的资源环境重置成本作为生态环境的价值标准。具体方法是，将生态系统划分为若干子系统，直至单种植被，对每种天然植被，以同等的人工植被价值加权赋值，赋值的同时与人工生态具有了可比性，从而在水资源配置时可以统一比较。

经济机制体现了水循环调控的高效性原则，从不同用水的效益和社会福利基础上分析水资源有效调控的方向，通过水资源不同方式利用的经济效益差别实现在公平的基础上对水资源的更高效率利用。流域水资源配置的经济决策机制宏观控制公式表达为

$$\mathrm{Max}\ F(X)=B(X)-C(X)-L(X) \tag{3-6}$$

该原则核心是使流域水量调控得出的水量配置方案可以获取最大的社会净福利。式中，X 为规划的水量配置方案；$B(X)$ 为该方案下的水量供给所产生的经济效益，其中不同行业的用水效益应当由相应行业的产值和水经济价值的分摊效益分析得到；$C(X)$ 为该方案下水量满足水量需求所需要提供的成本，包括新增供水调水、水利工程维护扩建、再生水利用、水需求抑制等各方面的经济投入；$L(X)$ 则是该方案下由于水量短缺以及水环境恶化所产生的经济损失，包括经济行业和生态环境两方面的缺水损失。

通过经济机制可以促进水量在不同行业之间的流转，在公平的范围内单位用水能产生高附加值的地区和行业可以竞争获取更多水量，通过用水结构调整促进高效用水。

3）基于公平的社会决策机制

社会维的核心是公平。公平性一方面体现在强势群体和弱势群体之间的均衡，协调生存与发展的矛盾。另一方面体现在地区之间、行业之间、城乡之间、代际之间等多个方面的平衡。社会维调控的决策机制是使得这多个方面的用水和相应的效益差距尽量小。这种调控需要以下五方面的平衡。

（1）保证粮食产量，协调生存与发展之间的平衡。发展是社会进步的必然趋势，

但生存是前提。由于农业生产（特别是粮食作物）的水经济价值与显著低于其他行业，因此粮食安全和GDP增长就是生存和发展之间的一对矛盾。在有限的水资源条件下，其他高产值行业的快速增长，必然导致粮食生产能力下降。保障粮食安全就必须满足流域内粮食的基本自给自足。一般认为人均400kg粮食是粮食自给自足的最低要求，海河流域的粮食安全目标应立足于基本自给自足，保证粮食产量达到90%以上的自给率。

（2）协调城乡发展，减少城乡间人均生活用水的差距。城乡间的用水公平也是社会维度量的一个重要指标。人均生活用水量反映了人们生活水平的高低，而农村与城镇人均生活用水量的比值可以综合衡量城乡间用水的差异性，反映城乡之间的公平性。

（3）区域用水公平。本书初次使用省区间人均综合用水量的方差系数来反映省区间的公平性。省区的人均综合用水量反映了该区域的用水情况，而省区间的人均综合用水量的方差系数则反映了这些地区之间人均综合用水量的相对大小，其值越大，说明用水越不公平。将流域的人均综合用水量作为衡量标准，流域内各省区人均综合用水量与其差距越大，则说明流域省区间用水越不公平。通过计算所得的北京、天津等省市的人均综合用水量和海河流域的人均用水量，按照方差计算公式可得省区间人均综合用水量的方差系数。

（4）产业用水公平系数：产业缺水率之比。水资源是支撑国民经济各行业发展的关键因素。体现行业间用水的公平性，也是水资源社会属性的一个目标，可以从产业缺水率的比值入手，且该比值越靠近1，反映行业间越公平。因模型输出结果的限制，本次研究进行大口径统计计算，将产业划分为农业、工业及三产两大类。产业缺水率之比的计算过程如下：首先分别计算全流域的工业及三产缺水率与农业缺水率，然后用工业及三产的缺水率除以农业缺水率得出产业缺水率之比。

（5）代际用水公平系数：用水量与水资源可利用量的比值。使用用水量与水资源可利用量的比值来表达代际用水的公平性。

4）维系生态功能良好的生态决策机制

生态属性的核心是可持续原则，该原则的核心是流域开发要维持流域水资源可持续利用，尽量避免对区域生态系统的干扰和破坏。生态属性的维护以水分—生态演替驱动关系为决策机制，在实现经济用水高效和公平的同时，需要考虑水循环系统本身健康和对相关生态与环境的支撑。生态决策机制的实质是在保证基本生态功能基础上提高流域生态服务功能的总价值，扩大生态环境的范围。

根据流域自然状况确定水循环生态服务功能的基本要求，满足水资源利用的可持续性，流域生态决策机制控制原则为

$$\mathrm{Max}\ E(X) = M + B(X) - L(X) \tag{3-7}$$

式中，M为流域的水生态服务价值总和；$B(X)$为通过人工水量调节后形成的新增生态服务价值；$L(X)$为人工用水导致生态系统服务价值降低所形成的损失，包括天然水循环被人工用水干扰后在总的生态用水通量上减少以及用水的污水退水等引起水质恶化两方面对生态系统的负面影响导致的损失。该原则的核心是流域开发要维持流域水资源可持续利用，尽量避免对区域生态系统干扰和破坏。

5）维系水体功能的环境决策机制

环境属性的核心是关注水环境质量对社会的综合效益，针对环境属性的决策机制是以维护水环境可承载性为准则。水质的控制和水量调控必须联合进行，通过调控使得控制断面水环境、水功能区划满足要求，实现流域污染负荷的达标排放和处理，保持区域水体的自净能力。同时，环境决策机制中还包括对水污染损失的衡量、废污水处理和再生利用的边际成本和效益对水量行业区域间分配的影响。

3.3.2 科学发展观下的水资源配置目标指标

在资源总量的约束条件下，水资源在实现其资源、生态、社会、经济、环境五大属性之间往往存在诸多的矛盾与竞争，为实现五大属性之间的公度，需科学研究并建立五维整体优化配置的指标体系、分析评价阈值和创新公度方法，寻求一系列五维最佳平衡点，提供可行的筛选方案。

资源维度：地表水资源开发利用率反映了水循环系统目前开发利用状况，过高的开发利用程度会影响到水资源循环系统的稳定性和水资源的可再生性，因此可用水资源开发利用率来衡量水循环系统的循环特征和可再生能力。长期过度的开采地下水在较大程度上阻断了水资源的稳定、畅通、持久的循环，使地下水资源耗竭，从而影响到其作为资源的属性。地表水资源开发利用率和地下水超采量体现了水循环的稳定性，因此，选用其作为资源维的主要表征指标。

经济维度：主要针对国民经济各部门的供水效益、用水效率以及水的经济价值展开。人均 GDP 体现了一定经济结构和用水效率条件下区域经济发展水平，万元 GDP 综合用水量在一定程度上反映用水效率，万元 GDP 用水量越少，用水效率越高。因此，选用人均 GDP 和万元 GDP 用水量作为经济维的主要表征指标。

社会维度：核心社会公平与稳定，需要定义和判断地区之间、行业之间、城乡之间、代际之间的公平。粮食安全、城乡差距是目前社会关注的核心问题，其中粮食产量体现了生存与发展之间的平衡关系，城乡差距是目前社会公平性存在的最核心问题。因此可选用人均粮食产量和城乡人均生活用水比（指农村人均生活用水量/城镇人均生活用水量）作为社会维的主要表征指标。

生态维度：水生态问题主要的体现是用水挤占生态水量，导致地表径流减少、地下水位下降和入海水量减少。由于地下水位已用于表征资源维的状态，而地表河道内生态用水量和入海水量可以表征生态水量被挤占的程度，同时入海水量本身也是维持河口生态平衡所需的水量。同时，入海水量的大小与河湖湿地洼淀存在此消彼长的密切关系。因此，选用入海水量和河湖洼淀生态用水量作为生态维的主要表征指标。

环境维度：水环境质量的评价主要从总量和区域分布两方面衡量。主要污染负荷入河总量给出了总体上对区域污染与水环境通量的对比关系，是评价环境状态的重要指标；水质的区域达标状况反映了环境的整体均衡状况。基于海河流域的污染特性和环境维的属性，选择 COD 入河量和水功能区达标率作为环境维的主要表征指标。

水的经济属性和社会属性在功能层面上具有一定重叠性，但社会属性强调的是水作为一种基本资源要素的必需性，而经济属性则主要通过水资源利用的经济价值高低进行衡量。

根据上述基于属性功能的水资源配置多维度目标和准则，针对黄淮海流域人类活动密集深度缺水的基本特征，考虑经济社会与生态环境协调均衡状态以及水循环的自身稳定健康和可持续性，提出以“科学发展”为总体协调目标的五维综合指标体系，见表 3-1 所示。

表 3-1　基于属性功能的水资源五维配置综合指标体系

分析对象	表征指标 / 状态	衡量指标	单位
资源维—符合功能要求的水资源量	水资源开发状态	降水量	mm
		干旱指数	
		径流深	mm
		地下水模数	万 m^3/km^2
		人均水资源占有量	m^3/人
		亩均水资源占有量	m^3/亩
		水资源总量	亿 m^3
		地表水资源量	亿 m^3
		地下水资源量	亿 m^3
		水资源可利用总量	亿 m^3
		地表水可利用量	亿 m^3
		地下水可开采量	亿 m^3
		地表水供水量	亿 m^3
		地下水开采量	亿 m^3
		非常规水源可供水量	亿 m^3
		跨流域调水量	亿 m^3
		综合 ET	亿 m^3
		国民经济耗水量	亿 m^3
		生态环境耗水量	亿 m^3
经济维—经济系统	生活水平	人口	万人
		GDP	万元
		一产增加值	万元
		工业增加值	万元
		建筑业增加值	万元
		第三产业增加值	万元
	用水效率	生活用水净定额	L/(人·d)
		农业灌溉综合净定额	m^3/亩
		火电工业用水净定额	m^3/万元
		一般工业净定额	m^3/万元

续表

分析对象	表征指标 状态	衡量指标	单位
经济维 —经济系统	用水效率	高耗水工业净定额	m^3/万元
		建筑业用水净定额	m^3/万元
		第三产业用水净定额	m^3/万元
	开发利用水平	地表水开发利用率	%
		地下水开发利用率	%
		废污水处理率	%
		处理污水回用率	%
	水经济价值	单位 GDP 净用水量	m^3/万元
		人均耗水量	m^3/人
		种植业水经济价值	元/m^3
		工业水经济价值	元/m^3
		建筑业水经济价值	元/m^3
		第三产业水经济价值	元/m^3
社会维	地区间公平	人均综合用水量	m^3/人
		亩均综合用水量	m^3/亩
	城乡间公平	城镇供水保障率	%
		农村供水保障率	%
	行业间公平	第一产业缺水率	%
		第二产业缺水率	%
		第三产业缺水率	%
	代际间公平	水面面积	km^2
		植被覆盖率	%
		水质等级	—
生态维	结构	各类生态类型面积	m^2
		生物多样性和优势种	—
	功能	供水保障率	%
		防洪容量	亿 m^3
		土壤侵蚀模数	—
		最小生态流量	m^3
	状态	濒危物种	—
		湖泊水面面积、水深	km^2，m
		生态需水量满足度	%
		入海水量	亿 m^3

续表

分析对象	表征指标 状态	衡量指标	单位
环境维	水质状态	COD 排放量	t
		省界断面水质等级	—
		入海断面水质等级	—
		河流过流长度	km
		河流过流历时	h
		水功能区达标率	%
		省界水体达标率	%
		入河污染物排放消减量率	%

根据五维调控的准则，以五维综合调控指标体系为基础，选择每一维最能体现其属性的指标作为表征调控效果的关键指标，各维调控的基本准则与主要表征指标见表 3-2 所示。

表 3-2　五维调控的基本准则及其主要表征指标

属性	调控准则	主要表征指标
资源维度	流域水循环稳定或可再生性维持	地表水利用率、地下水超采量
经济维度	在基本社会伦理框架下追求水资源利用效率最大化	人均 GDP、单位 GDP 用水量
社会维度	确保弱势群体和公益性行业基本用水	城乡人均生活用水比、人均粮食产量
生态维度	确保重点生态因子的稳定和修复	入海水量、河道内生态用水量
环境维度	主要污染负荷达标排放	COD 入河量、水功能区达标率

3.3.3　泛流域的基本特征与配置需求

为解决流域间水资源分布不均衡或特定自然条件下为满足用水需水的问题，人们常常修建跨流域引水或调水工程，打破了自然分水岭的阻隔，联通了本来相互独立的单个流域，我们将这种由于人工“水道”沟通所形成的流域“交域”相对应的地域称为“泛流域”，它是以输调水工程为纽带，融通水系与地域，不单纯以分水岭划界，水资源输移互济、生态与自然响应趋同、水土资源等相互联系所形成的，具有新的流域发展规律和承载能力的多个子流域（水域）的关联体。更广泛的意义上，还包括自然流域与泛流域间经济社会的依存竞争，人文环境的相关演替，流域文明的融合与发展，以及经济社会与人类活动所体现的广泛联系。泛流域是开域，具有条件性、动态性和相关性等特征。

我国最典型的泛流域就是黄淮海流域，这一泛流域的形成包括两个阶段：一是黄河下游特殊的“地上悬河”的自然条件，使得地处下游黄河两岸的淮河和海河的灌区和城市长期将黄河水作为水源，引取黄河水进行农业灌溉或是城市供水，下游山东、河南、天津、河北均分有引黄指标；二是南水北调工程的建设，在将长江水引入黄淮海流域的同时，实现了黄河、淮河、海河三大流域更深程度的沟通，奠定了我国水资源“四横三纵”水资源配置的整体格局，从而促进了黄淮海泛流域的进一步发育。

泛流域的形成和发展对水资源配置提出了新的要求，除遵循流域内水资源配置的一般原则以外，泛流域水资源配置还有以下三方面的要求。

一是泛流域水资源配置要维护流域间的公平。与流域内水资源配置一样，泛流域水资源配置首先要维护流域间的公平。对于黄淮海流域，流域之间的公平可以通过引调水前后不同流域的水资源禀赋条件、供水保障水平等指标进行度量与对比，其中要立足于发展形势下的调出区和调入区的水资源条件的变化，充分考虑调出区的经济社会发展要求，不能出现贫水流域向富水流域进行大规模调水的问题。

二是泛流域水资源配置要促进流域间协调发展。引调水的水力沟通为泛流域水资源配置奠定了有利条件，泛流域水资源配置要促进流域之间的经济社会协调发展需求，要利用流域之间和流域内的水资源科学调配，着力解决经济社会严重缺水、生态环境深度破坏的重点地区，降低缺水的梯度分布，避免出现所谓“缺水高地”，促进和保障经济社会的可持续发展。

三是泛流域水资源配置要提高整体水资源保障程度。流域的联通为提高单一流域特枯和连续枯水情景下的抗风险能力提供了重要基础。黄河、淮河、海河三大流域均属于水文丰枯波动较大的流域，很容易发生特殊干旱情景，因此黄淮海泛流域水资源配置过程中要充分发挥流域联通的优势，提高特殊情景下的流域水资源安全保障程度，也作为应对全球气候变化的重要途径。

第 4 章　黄淮海流域水资源配置整体分析模型

本章的内容是建立黄淮海流域水资源配置整体分析模型。在宏观经济分区和水资源利用分区这两层系统空间结构上分别进行水资源优化配置方案的分析，建立探讨不同情境下水资源合理配置与适应对策的科学工具。整体模型的基础是宏观经济水资源模型和长系列供需分析模拟模型，以此为基础，模型中还耦合了生态模块和水环境保护模块。各个模块之间通过变量进行动态连接，并整体优化，以期为包括多种自然要素和经济社会要素的二元水资源系统提供一个整体分析工具。对黄淮海流域水资源配置的规划基准年为 2008 年，将决策变量离散成若干段静态变量，基准年 2008 年和 2015 年、2020 年、2030 年作为计算代表年。

4.1　整 体 理 论

4.1.1　整体理论模型

《科学》（*Science*）杂志 2008 年撰文指出，包括水资源系统在内的很多系统，都是人类-自然耦合系统（coupled human-nature system）。人类-自然耦合系统是指那些人类和自然交互作用的整体系统，这些系统中复杂的模式（patterns）和过程（processes）是单学科研究所无法发现和描述的，因此将社会科学和自然科学紧密融合，成为研究人类-自然耦合系统的哲学和方法论基础。在研究的理论方法上，面向人类-自然耦合系统的跨学科研究需要具备以下四个基本特征：①直接、动态地描述人类与自然的复杂交互和反馈过程，即不仅要对人类子系统和自然子系统采用变量进行描述，而且要将两个子系统的联系通过变量动态耦合；②跨学科研究方法的融合，即将社会科学与自然科学理论方法通过共同的问题进行融合；③多种技术手段的整合应用，即将自然科学常用的技术手段（如实验、监测、数值模拟、3S 技术等）与社会科学常用的研究手段（如样本调查、统计分析、数据挖掘等）紧密结合；④涵盖足够的时间和空间尺度，以研究人类-自然耦合系统的长期-短期、整体-局部特性上的差异。只有具备了以上特性，人类-自然耦合系统中存在的复杂、动态的模式和过程才能逐步被认识和理解，并为这类系统的建设和管理提供科学依据。

水资源系统是非常典型的人类-自然耦合系统之一。在水资源系统中，人类子系统（如人类的日常生活、工农业生产、城市化建设等经济社会发展活动）和自然子系统（如气候、降雨、径流、地表地下水交互、生态环境演变等）有着复杂的交互作用，任何单学科的理论和方法都不能完整地描述系统的复杂性，因此必须从人类-自然耦合的基本特征出发采用整体论的研究方法进行研究。

面向人类-自然耦合特性对传统水资源系统分析理论和规划方法提出了新的挑战。现代水资源系统分析方法起源于美国20世纪50～60年代的“哈佛水项目（Harvard Water Project）”（Mass et al.，1966）。在此后的很长一段时间内，水资源系统分析一般采用两类分析方法：基于宏观规划与控制的由上而下方法（top-down approach）和基于微观分析与综合的由下而上方法（bottom-up approach），优化模型和模拟模型是在这两类方法中都经常使用的建模工具（Loucks and Beek，2005）。随着环境的不断改变以及人们对水资源系统认识的逐步深入，水资源系统分析理论与技术目前正面临新的发展阶段，这一阶段在认识论、方法论、模型方法和管理策略三个层面都具有与以往截然不同的特征。

从认识论的层面来看，由于包含人类经济社会发展过程、自然水循环和生态过程，以及二者交互产生的工程设施和管理制度子系统，水资源系统被认为是典型的人类-自然耦合系统。在我国被广泛使用的相应概念是自然-人工二元系统（王浩等，2002）。二元理论可以被看作是本研究的重要理论基础之一，但与之不同的是：二元理论更加注重从水循环或水资源的角度进行分析，提出了自然水循环和人工侧枝水循环等重要的基本概念；而基于人类-自然耦合系统的观点，水资源更应该被看作是人类-自然耦合系统中的重要的约束性要素之一，但并非其核心的驱动性要素，因此需要在经济社会和生态环境协调发展的大背景下，提出水资源系统分析的基本理论框架和规划管理对策。

从研究方法论的角度来看，对于包括水资源系统在内的人类-自然耦合系统的分析和研究，正如2009年诺贝尔经济学奖得主Ostrom指出的，必须对系统中个体之间、个体与子系统之间以及各个子系统之间的交互作用进行描述，建立动态的整体分析模型，进而在人类-自然耦合系统的框架内提出资源环境管理问题的解决途径（Ostrom，2009）。因此，基于学科分解的“还原论”研究方法已经不能满足人类-自然耦合系统分析的要求，应用“整体论”方法研究这些人类-自然耦合系统已经成为共识。

从模型方法的角度来看，如何将水资源系统分析中涉及的众多子系统进行整体耦合，将成为技术性难题。在社会科学的角度来看，与水资源系统紧密相关的学科包括人口学、微观经济学、宏观经济学、制度经济学、公共管理、城市规划等，从自然科学的角度来看，又包括水文学、水力学、生态学、环境学、水文地质等，二者的交互则涉及系统分析、环境管理等。因此，以水资源问题为线索，有效选择相关领域的模型方法并进行有效的整体耦合，成为技术性难题。

在管理策略方面，水资源系统的管理必须将人类社会自身管理的与水资源的自然特性紧密结合。人类社会的管理是社会科学的核心问题，如何将这些基本准则与水资源的自然特性相结合，将成为管理实践的难题。水资源系统特有自然属性，如空间结构和时间变异性，为水资源管理带来了一些独特的问题，如河网空间结构带来的区域性水资源短缺和工程型水资源短缺、水文不确定性带来的水资源丰枯变化等，这些使得水资源的配置与管理区别于一般意义上的资源环境管理。因此，水资源管理需要从人类-自然耦合的角度分析和理解系统中人类对变化环境的适应机制，并以此为基础设计可靠的（reliable）、有弹性的（resilient）和抗干扰的（robust）基础设施与管理体系，引导人类个体和社会行为以适应变化的自然环境，从而达到提高水资源管理体制效率和可操作性的目的。

4.1.2　面向人类-自然耦合的水资源系统分析理论与方法体系

面向人类-自然耦合的水资源系统分析理论与方法是一个庞大复杂的研究领域，空间上涉及从用水户尺度到流域管理尺度的多层次主体，时间上涉及从降水与洪水过程到气候与下垫面演变的多尺度过程。

本书中建立的模型并不奢望一举解决所有的问题，而是希望从新的方法论出发，面向跨流域、中长期的水资源规划与系统分析，尝试提出并应用新的理论方法体系进行研究，为流域管理中的一些重大问题，如重大调水工程效果评价、流域中长期水资源供需分析等，提供技术支撑和决策依据。以此为目标，本书提出的相关理论方法体系示意图如图4-1所示。

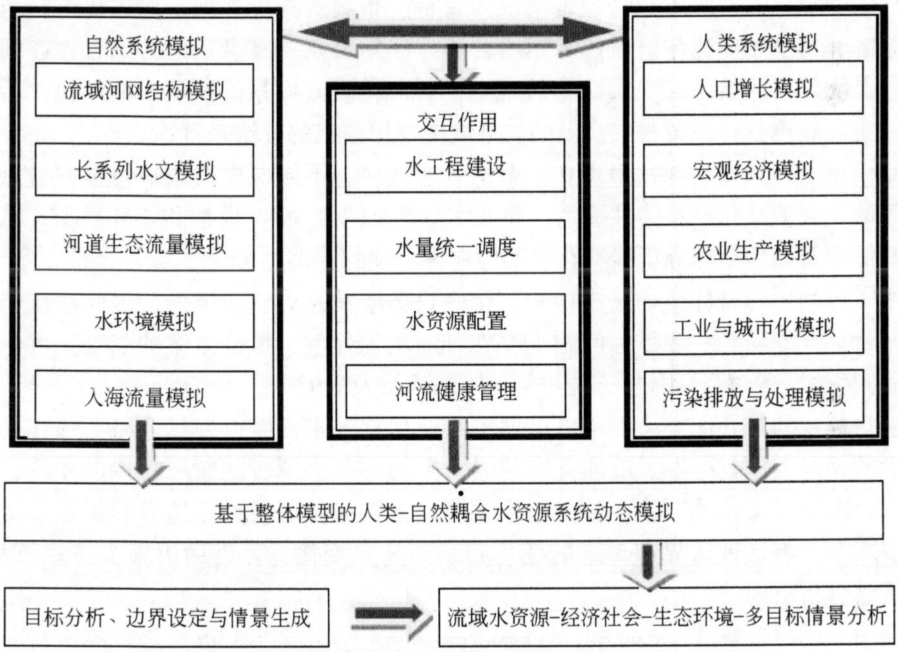

图4-1　面向人类-自然耦合的水资源系统模拟理论与方法体系

根据上述面向人类-自然耦合的水资源系统模拟理论与方法，建立了完整的模型系统及其运行平台，应用于黄河水量统一调度综合效果评估、南水北调西线工程效果评估以及黄河流域综合规划修编中的水资源中长期供需平衡分析与配置，初步检验了理论与模型的可靠性和有效性，在经济社会发展和生态环境可持续的大背景下，基于水资源系统自然特性，评估了重大管理措施和工程措施的事实效果，提出了相关的调度、配置和管理策略。

由于问题的复杂性，本书提出的面向人类-自然耦合的水资源系统模拟理论与方法，是基于新认识的新尝试，在理论方法方面还有很多有待进一步探索和完善之处，但其对水资源系统特性的新认识和多学科融合的特性，是水资源的稀缺性日益增加和自然环境不断变化条件下水资源系统研究的基本要求和必然方向，可以为规划管理实践提供新的思路和方向。

4.1.3 模型的实现方法

优化和模拟是实现区域水资源优化配置的两个重要技术手段。前者借助于数学规划理论建立规划模型，用约束条件和目标函数来描述问题并求解；后者则使用系统的物理机制建立数学模型，来处理系统的不确定性问题。

优化侧重于系统内部各因素之间的动态约束关系和期望条件下系统的发展结果，而不考虑系统实际的运转过程；模拟则侧重于给定条件下系统的运转过程，而较少关心给定诸条件间的相互制约关系。优化和模拟对求解水资源优化配置决策问题来讲，是不可分割的。一是宏观经济水资源系统包含有许多随机因素，使系统的发展带有不确定性，优化只能从平均的概念出发来求得水资源配置的战略对策，而系统在实际操作过程中受随机因素的影响将会偏离决策目标。偏离的程度如何，用优化方法来解答是困难的，而采用优化与模拟技术相结合的方法则可以对决策目标给出更为详细的描述。二是优化仅侧重于宏观层次上的规划，而对微观方面只进行适当的概化，若要解答在一定的决策目标下微观层次上的关系则需要用模拟的方法来解答。

整体模型的关键问题在于建立二者的本质连接，不同层次的数据传输的特点以及模型间的相互关联建立整体性关系，通过变量动态耦合 MOA 模型和 SIM 模型，从而使得水资源配置的多目标分析能够在主要的物理系统的基础上实现。

水资源利用的目标往往是多样的，这些目标经常是难以公度的，因此在优化中就形成多目标规划问题。多目标问题不存在唯一的最优解，最终方案的选择，可以应用“情景分析法”等多目标分析方法进行。本书未涉及后者。

多目标规划在寻优方法上可以借助单目标优化技术，但在寻优策略上往往要参考决策者的偏好，这就产生了最佳方案的搜索不得不与决策者的意愿协调的矛盾，使得人们对方案的“最优性”产生疑问。所谓优化方案必然是在一定边界和偏好前提下的非劣解之一。将这种边界和偏好的变化归结为情景变化，并借助决策支持系统思想，构建情景分析机制。

通用数学模型系统（general algebraic modeling system，GAMS）是世界银行与美国 GAMS 公司在 20 世纪 90 年代初开发的一种旨在建立和解决大型复杂数学规划问题的高级计算机软件。它是一种构造模型的高级语言。该语言表述简洁，建模者易于理解，从而大大提高了用户的工作效率，扩展了数学规划技术在政策分析和决策中的应用。一个 GAMS 程序由集合、数据、变量、方程和模型定义、求解语句构成。

在水资源优化配置模型基础上加上长系列模拟模型，中间连接部分利用 GAMS 自动计算。把配置模型的相关输出结果（需水量、工程调水量和污水回用量）通过系数计算出模拟模型需要的起始数据（需水量、工程调水量和污水利用量），然后一步一步实现水量调度的运行规则，直到最后得出城市缺水和农村缺水。

模型怎样实现整体性的：首先数据传输上完成优化部分到模拟部分的动态传输，然后设定经济目标最大化的前提下，先由水资源配置部分的结果筛选出一些备选方案，再以情景对比分析的方式向“环境目标”“供水目标”靠拢，这样人机结合的方式实现整体功能（图 4-2、图 4-3）。

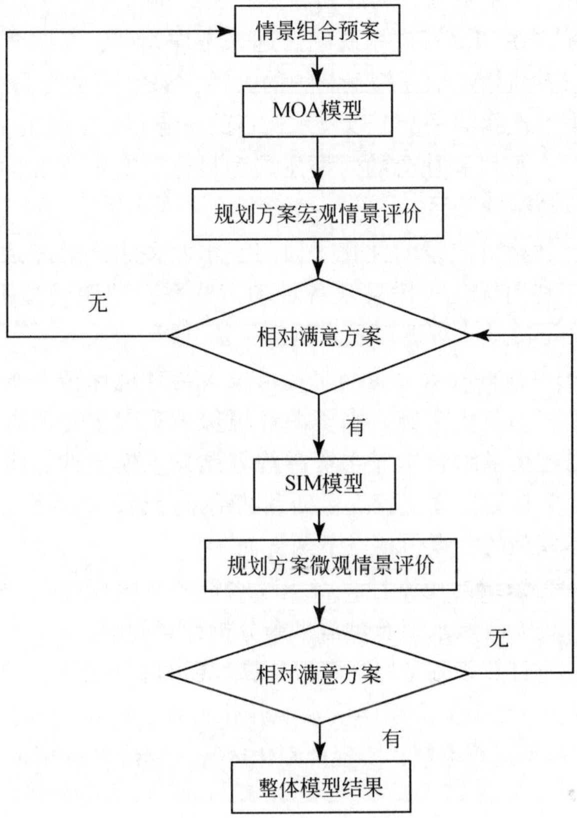

图 4-2　整体模型应用流程

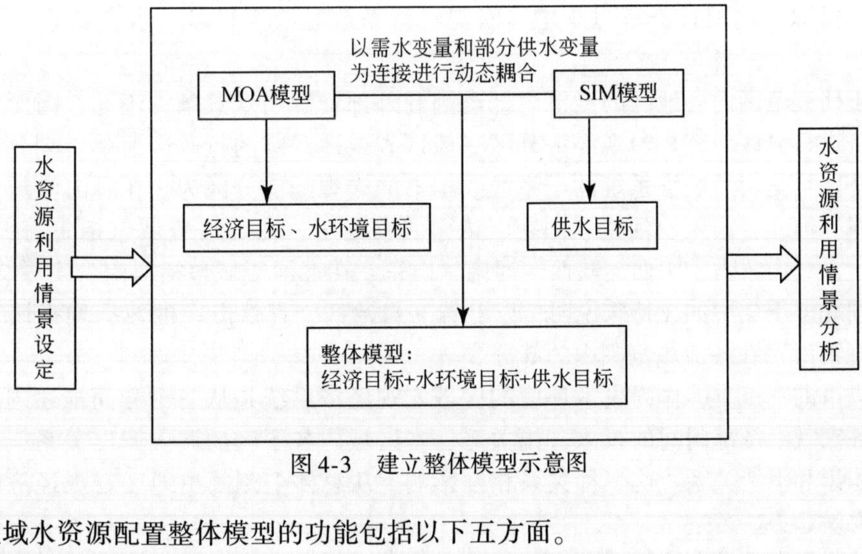

图 4-3　建立整体模型示意图

流域水资源配置整体模型的功能包括以下五方面。

（1）以区域宏观经济分部门的动态投入产出分析为基础，定量的揭示农业与工业、第三产业的关系，经济发展与江河流域总体规划的关系，分部门发展与灌溉规划、城市生活与工业供水规划、水资源保护规划等专业规划间的关系。

（2）将宏观经济系统和水资源系统结合起来考虑问题，需水管理、供水管理与水质管理并重，把握三者间相互依存相互制约的关系，保持了水的需求与供给间的平衡，污水的排放与水污染治理间的平衡，以及水投资的来源与分配间的平衡。

（3）以区域经济、环境和社会的协调发展为目标研究水资源优化配置策略，揭示了目标间的相互竞争与制约关系。

（4）将多层次多目标群决策的优化手段与多水源多用户的复杂水资源系统模拟技术有机地结合起来，利用优化手段反映各种动态联系，利用模拟手段进行统计评价，得出在不同来水条件下的缺水程度以及水供需平衡分析。

（5）情景分析平台：将流域中为满足经济发展与环境保护对水资源需求所提出的各种工程与管理措施，如节水措施、水资源环境保护、南水北调以及连续枯水系列的影响等主要因素，通过情景组合构成水资源规划预案。模型计算将以完整的结果展示提供情景分析平台，为规划方案比较提供便利的结果分析评判手段。

水资源配置整体模型的特点包括以下两方面。

（1）系统化：保持系统的完整性，将实际水资源系统概化，建立流域水资源体系的逻辑系统，能够解决大区域水资源供需平衡分析计算问题。

（2）规则化：建立计算规则是控制模拟计算过程的有效途径。通过系统网络关系和计算规则的双重控制，可以模拟微观层次水源转化过程。将各类要素规则集成化，实现系统设计。通过确定模型运行参数，实现规则化运行，完成各种预定方案的模拟计算。

4.2 宏观经济模块

在水资源优化配置决策过程中，宏观经济系统是决策环境，水资源系统是决策对象。

由于研究范围内各地区的经济内部动因和外部资源与观景条件不同，因而一般对宏观经济进行分区研究。宏观经济分区一般以省或地区级的行政区为单位划分，每个宏观经济区均是宏观经济系统的子系统。本书的宏观经济分区为：在海河流域包括北京、天津、河北、山西、河南、山东、内蒙古、辽宁，在黄河流域包括青海、四川、甘肃、宁夏、内蒙古、山西、陕西、河南、山东，在淮河流域包括河南、安徽、江苏、山东、湖北。下文中如无特殊说明，以上省（自治区、直辖市）的数据均指该省（自治区、直辖市）在各流域范围内的部分。

从决策的观点看，作为决策环境的区域宏观经济系统是从三个方面描述的：本区域内的各宏观经济部门间的投入产出关系、本区域内各子区的调入调出关系、各年度之间的积累和消费关系。这三种关系相互影响，从总体上刻画出地区宏观经济的内部活动及发展趋势。

作为决策对象的水资源系统由区域内的水源单元、输水单元、用水单元和排水单元构成。水源单元包括地表水工程、地下水水源地、各种工农业节水措施、污水处理回用工程和海水淡化等。输水单元主要由河流、渠道、引水调水管线等组成。用水单元由工业、农业和生活三大用户组成，其中工业进一步分成若干宏观经济门类。不同的用水单元，不同的用户又分别分布在城镇和乡村地区，如生活用水也相应地分成城市生活和农村生活用水。排水系统包括生活污水、工业污水、农业渍涝排水等。若从水资源系统的水量和水质两个方面看，该系统还可进一步分为水源子系统和水环境子系统，两个子系统间也存在着相互转化关系。显然，不同的水源工程单元与不同的输水单元的组合，其投资和供水效率是不同的；而同样数量与质量的水供给不同的用水单元，其宏观经济总体的效益也是不同的。因而，有必要对水资源系统的开发、利用、管理和保护的方式统一进行优化。

从系统的观点看，区域宏观经济系统和水资源系统具有广泛的联系。宏观经济的发展速度，将影响需水量的增长速度；经济结构的变化和城市化进程，将影响到城市工业用水与灌溉用水的比例；经济发展过程中所排放的各类污染物，有可能污染水体并造成有效水资源量的减少；经济积累中用于扩大供水能力和加大污水处理回用比例的投资额的大小，既影响其他经济部门的投资比例，也直接关系到水资源开发利用和保护管理的格局。因此，研究水资源的优化配置，首先要研究作为优化配置的出发点与归宿的区域宏观经济系统。

投入–产出分析（input-output analysis），又称部门联系平衡分析，是美国著名经济学家瓦西里·列昂惕夫（W. Leontief）首创的经济数量分析方法。列昂惕夫借鉴计划经济的思想和平衡方法，于 20 世纪 30 年代开始研究投入–产出分析，用于研究美国的经济结构和宏观经济活动。

静态投入产出模型的核心认为，区域在一定的投入下产生一定的产品，其内部产业在区域上达到一定的平衡。考察一个 $n \times n$ 部门的区域经济活动，见表 4-1。从表的横向看是各中间产品与最总终产品之和为总产品，从表的纵向看是各部门的价值构成。

表 4-1　投入产出平衡表

		中间产品				最终产品				总产品
		部门 1	部门 1	…	部门 n	消费	积累	净输出	小计	
物质消耗	部门 1	X_{11}	X_{12}	…	X_{1n}				Y_1	X_1
	部门 2	X_{21}	X_{22}	…	X_{2n}				Y_2	X_2
	⋮	⋮	⋮	…	⋮				⋮	⋮
	部门 n	X_{n1}	X_{n2}	…	X_{nn}				Y_n	X_n
	固定资产折旧	D_1	D_2	…	D_n					
新价值	劳动报酬	V_1	V_2	…	V_n					
	社会纯收入	M_1	M_2	…	M_n					
总　计		X_1	X_2	…	X_n					

动态投入产出理论在引入直接消耗系数 a_{ij} 外，还引入了资本系数 b_{ij}，用以反映整个经济中的资本结构。当研究若干年份的再生产过程时，模型中所有变量均为时间的

函数。动态投入产出理论是由冯·纽曼发展的，所以也称冯·纽曼-列昂惕夫投入产出模型，关于其特性可参考有关文献。投入产出模型把一个地区的全部经济当作一个单一的体系来观察，用以说明国民经济各部门彼此依赖的相互关系。静态模型中，投资被视为外生变量，以积累的名义包含在最终需求中；动态模型将投资和生产同步计算，以动态考察时间序列上的生产性积累和扩大再生产的关系；实际经济活动中，投资既可能来自于内部积累，也可能来自于外部投入，或者两者结合，视具体问题而定。

投入产出模型可以反映国民经济活动的许多内容，如社会总产品的分配和使用、社会总产品的价值构成、国民收入的总量和来源、劳动力资源和分配使用、生产性固定资产的总量与分配、经济增长情况等。衡量经济的总体发展水平和相应的结构特征，一般采用国内生产总值（GDP），在数值上等于各部门增加值总和，包括折旧、工资和利税，可以表示为

$$\mathrm{GDP} = \sum_{j=1}^{n} Q_j \cdot U_j = \sum_{i=1}^{m} Q'_i \cdot P_i = \sum_{k=1}^{l} \alpha_k \cdot X_k \tag{4-1}$$

式中，l，m，n 分别为产业部门数、最终产品数和全部产品数；X，Q'，Q 代表部门总产值、最终产品和总产品量；α，P，U 为产业部门增加值占总产值比例、最终产品价格和产品增加值比例。

投入产出模型一般容易写成数学规划的形式优化求解。宏观经济模块的数学形式如下。

（1）结构约束：

$$\begin{aligned}(\boldsymbol{I}-\boldsymbol{A}) \cdot X(t,d,s) = {} & B_{\mathrm{Home}}(t,s) \cdot X_{\mathrm{Home}}(t,d) + B_{\mathrm{Social}}(t,s) \cdot X_{\mathrm{Social}}(t,d) \\ & + B_{\mathrm{Fixinvest}}(t,s) \cdot X_{\mathrm{Fixinvest}}(t,d) + B_{\mathrm{StockC}}(t,s) \cdot \\ & X_{\mathrm{Stock}}(t,d) + X_{\mathrm{Export}}(t,d,s) - X_{\mathrm{Import}}(t,d,s)\end{aligned} \tag{4-2}$$

（2）社会积累与消费：

$$P_{\mathrm{Investup}}(t) \cdot X_{\mathrm{GDP}}(t,d) \geqslant X_{\mathrm{Fixinvest}}(t,d) + X_{\mathrm{Stock}}(t,d) \geqslant P_{\mathrm{Investlo}}(t) \cdot X_{\mathrm{GDP}}(t,d) \tag{4-3}$$

$$X_{\mathrm{Home}}(t,d) = P_{\mathrm{Home}}(t) \cdot X_{\mathrm{GDP}}(t,d) \tag{4-4}$$

$$X_{\mathrm{Social}}(t,d) = P_{\mathrm{Social}}(t) \cdot X_{\mathrm{GDP}}(t,d) \tag{4-5}$$

（3）进出口约束：

$$P_{\mathrm{Importup}}(t,s) \cdot X(t,d,s) \geqslant X_{\mathrm{Import}}(t,d,s) \geqslant P_{\mathrm{Importlo}}(t,s) \cdot X(t,d,s) \tag{4-6}$$

$$P_{\mathrm{Exportup}}(t,s) \cdot X(t,d,s) \geqslant X_{\mathrm{Export}}(t,d,s) \geqslant P_{\mathrm{Exportlo}}(t,s) \cdot X(t,d,s) \tag{4-7}$$

$$\begin{aligned}P_{\mathrm{Delta}}(t,d) \cdot X(t,d) & \geqslant \sum_{s} X_{\mathrm{Export}}(t,d,s) - \sum_{s} X_{\mathrm{Export}}(t,d,s) \\ & \geqslant -P_{\mathrm{Delta}}(t,d) \cdot X(t,d)\end{aligned} \tag{4-8}$$

（4）各行业产出及 GDP：

$$X(t,d,s) \leqslant P_{\mathrm{Cita}}(t,s) \cdot X_{\mathrm{Sfixasset}}(t,d,s) \tag{4-9}$$

$$X_{\mathrm{GDP}}(t,d,s) = \sum_{s} P_{\mathrm{GDP}}(t,d,s) \cdot X(t,d,s) \tag{4-10}$$

（5）固定资产与流动资金：

$$X_{\mathrm{Stock}}(t,d) = P_{\mathrm{Stock}}(t) \cdot X_{\mathrm{Fixinvest}}(t,d) \tag{4-11}$$

$$X_{\mathrm{Deltafix}}(t, d, s) = P_{\mathrm{Finalfixed}}(t, s) \cdot (P_{\mathrm{Alpha0}}(t, s) \cdot X_{\mathrm{SFixinvest}}(t, d, s) + P_{\mathrm{Alpha1}}(t, s) \cdot X_{\mathrm{SFixinvest}}(t-1, d, s)) \tag{4-12}$$

$$X_{\mathrm{Sfixasset}}(t, d, s) = (1 - P_{\mathrm{Disprate}}(t, s)) \cdot X_{\mathrm{Sfixasset}}(t-1, d, s) + X_{\mathrm{Deltafix}}(t, d, s) \tag{4-13}$$

$$\sum_{s} X_{\mathrm{SFixinvest}}(t, d, s) + X_{\mathrm{Waterinv}}(t, d) = X_{\mathrm{Fixinvest}}(t, d) \tag{4-14}$$

4.3　水资源配置与生态环境模块

除了经济部门的投入产出平衡关系的约束外，对于以水资源为制约因素的区域可持续发展还有许多地理因子和资源条件的约束，利用数学规划模型的开放性，在宏观经济模型的基础上增加了水资源配置子系统模型、水环境子系统模型以及生态用水子系统模型。模型的功能从单一的研究宏观经济系统的发展变化到可以进行经济、社会、环境、水资源等多种因素协调发展的分析，使模型更接近于真实系统。

本模块将社会、经济、环境、水资源等子系统内部及它们之间的约束机制进行了高度概括，它描述了资金与资源在“经济-环境-社会-资源-生态”复杂巨系统的各子系统中的分配关系及这种关系是如何决定社会发展模式的。它通过多目标之间的权衡来确定社会发展模式及在这种模式下的投资组成和供水组成，确定大型水利工程的投入运行时间和次序问题，是一个多目标线性模型。

4.3.1　种植业子系统模块

（1）种植面积约束：

$$X_{\mathrm{Acrop}}(t, d, c) \geqslant P_{\mathrm{Acroplo}}(t-1, d, c) \cdot X_{\mathrm{Acrop}}(t-1, d, c) \tag{4-15}$$

$$X_{\mathrm{Acrop}}(t, d, c) \leqslant P_{\mathrm{Acropup}}(t-1, d, c) \cdot X_{\mathrm{Acrop}}(t-1, d, c) \tag{4-16}$$

$$X_{\mathrm{Acrops}}(t, d) = \sum_{c} X_{Acorp}(t, d, c) / [1 + P_{\mathrm{Cropagn}}(d)] \tag{4-17}$$

（2）作物产量、产值方程：

$$X_{\mathrm{Ycrop}}(t, d, c) = P_{\mathrm{Ycrop}}(t, d, c) \cdot X_{\mathrm{Acrop}}(t, d, c) \tag{4-18}$$

$$X_{\mathrm{Mcrop}}(t, d, c) = P_{\mathrm{Mcrop}}(t, d, c) \cdot X_{\mathrm{Ycrop}}(t, d, c) \tag{4-19}$$

$$X_{\mathrm{Mcrops}}(t, d) = \sum_{c} X_{\mathrm{Mcorp}}(t, d, c) \tag{4-20}$$

（3）作物耗水方程：

$$X_{\mathrm{Wcrop}}(t, d, c) = P_{\mathrm{Wcrop}}(t, d, c) \cdot X_{\mathrm{Acrop}}(t, d, c) \tag{4-21}$$

$$X_{\mathrm{Wcrops}}(t, d) = \sum_{c} X_{\mathrm{Wcorp}}(t, d, c) \tag{4-22}$$

4.3.2　林业子系统模块

（1）林业面积约束：

$$X_{\mathrm{Aforest}}(t, d, f) \geqslant P_{\mathrm{Aforestlo}}(t-1, d, f) \cdot X_{\mathrm{Aforest}}(t-1, d, f) \tag{4-23}$$

$$X_{\mathrm{Aforest}}(t, d, f) \leqslant P_{\mathrm{Aforestup}}(t-1, d, f) \cdot X_{\mathrm{Aforest}}(t-1, d, f) \tag{4-24}$$

$$X_{\text{Atrees}}(t,\ d) = \sum_{f} X_{\text{Aforest}}(t,\ d,\ f) \tag{4-25}$$

（2）林业产值方程：

$$X_{\text{Mforest}}(t,\ d,\ f) = P_{\text{Mforest}}(t,\ d,\ f) \cdot X_{\text{Aforest}}(t,\ d,\ f) \tag{4-26}$$

$$X_{\text{Mtrees}}(t,\ d) = \sum_{f} X_{\text{Mforest}}(t,\ d,\ f) \tag{4-27}$$

（3）林业耗水方程：

$$X_{\text{Wforest}}(t,\ d,\ f) = P_{\text{Wforest}}(t,\ d,\ f) \cdot X_{\text{Aforest}}(t,\ d,\ f) \tag{4-28}$$

$$X_{\text{Wtrees}}(t,\ d) = \sum_{f} X_{\text{Wforest}}(t,\ d,\ f) \tag{4-29}$$

4.3.3 牧副渔业子系统模块

（1）草场面积约束：

$$X_{\text{Agrass}}(t,\ d,\ p) \geqslant P_{\text{Agrasslo}}(t-1,\ d,\ p) \cdot X_{\text{Agrass}}(t-1,\ d,\ p) \tag{4-30}$$

$$X_{\text{Agrass}}(t,\ d,\ p) \leqslant P_{\text{Agrassup}}(t-1,\ d,\ p) \cdot X_{\text{Agrass}}(t-1,\ d,\ p) \tag{4-31}$$

（2）草场载畜量、牧业产值方程：

$$X_{\text{Mpasture}}(t,\ d) = P_{\text{Mlivestk}} \cdot X_{\text{Livestk}}(t,\ d) \tag{4-32}$$

$$X_{\text{Livestk}}(t,\ d) = \sum_{p} P_{\text{Livestk}}(t,\ d,\ p) \cdot X_{\text{Agrass}}(t,\ d,\ p) \tag{4-33}$$

（3）牧副渔业耗水方程：

$$X_{\text{Wgrass}}(t,\ d,\ f) = P_{\text{Wgrass}}(t,\ d,\ p) \cdot X_{\text{Agrass}}(t,\ d,\ p) \tag{4-34}$$

$$X_{\text{Wlivestk}}(t,\ d) = P_{\text{Wlivestk}}(t,\ d) \cdot X_{\text{Livestk}}(t,\ d) \tag{4-35}$$

$$X_{\text{Wothagri}}(t,\ d) = P_{\text{Wothagri}}(t,\ d) \cdot X_{\text{Mothagri}}(t,\ d) \tag{4-36}$$

$$X_{\text{Wpasture}}(t,\ d) = \sum_{p} X_{\text{Wgrass}}(t,\ d,\ p) + X_{\text{Wlivestk}}(t,\ d) + X_{\text{Wothagri}}(t,\ d) \tag{4-37}$$

4.3.4 生态需水模块

（1）河道流量：

$$X_{\text{instream}}(t,\ d) = R_{\text{instream}} \cdot X_{\text{average}}(t,\ d) \tag{4-38}$$

（2）湿地湖泊需水：

$$X_{\text{pwet}}(t,\ d) = R_{\text{wetland}} \cdot A_{\text{wetland}}(t,\ d) \tag{4-39}$$

（3）生态需水：

$$X_{\text{ecosys}}(t,\ d) = X_{\text{instream}}(t,\ d) + X_{\text{wetland}}(t,\ d) \tag{4-40}$$

4.3.5 水环境模块

（1）污水处理方程：

$$X_{\text{Wwaste}}(t,\ d) = X_{\text{Windu}}(t,\ d) \cdot P_{\text{Wwindu}}(t) + X_{\text{Wserv}}(t,\ d) \cdot P_{\text{Wwserv}}(t) + X_{\text{Wpopu}}(t,\ d) \cdot P_{\text{Wwpopu}}(t) \tag{4-41}$$

$$X_{\text{Wwtreated}}(t,\ d) = X_{\text{Wwaste}}(t,\ d) \cdot P_{\text{Wwteated}}(t) \tag{4-42}$$

（2）COD、氨氮排放量方程：

$$X_{\mathrm{COD}}(t, d)=\left(\sum_{s} P_{\mathrm{CODrate}}(t, s) \cdot X(t, d, s)+P_{\mathrm{PCOD}}(t, d) \cdot X_{\mathrm{Popcity}}(t, d)\right) \cdot P_{\mathrm{TCOD}}(t) \tag{4-43}$$

$$X_{\mathrm{NH}}(t, d)=\left(\sum_{s} P_{\mathrm{NHrate}}(t, s) \cdot X(t, d, s)+P_{\mathrm{PNH}}(t, d) \cdot X_{\mathrm{Popcity}}(t, d)\right) \cdot P_{\mathrm{TNH}}(t) \tag{4-44}$$

4.3.6　水资源子系统约束方程

（1）用水方程：

$$\text{生活}\ X_{\mathrm{opu}}(t, d)=P_{\mathrm{Wpopcity}}(t, d) \cdot X_{\mathrm{Popcity}}(t, d)+P_{\mathrm{Wpopvil}}(t, d) \cdot X_{\mathrm{Popvil}}(t, d) \tag{4-45}$$

$$\text{农业}\ X_{\mathrm{agri}}(t, d)=X_{\mathrm{Wcrops}}(t, d)+X_{\mathrm{Wtrees}}(t, d)+X_{\mathrm{Wpasture}}(t, d) \tag{4-46}$$

$$\text{工业}\ X_{\mathrm{Windu}}(t, d)=\sum_{s_1} X(t, d, s_1) \cdot P_{\mathrm{Windu}}(t, s_1) \tag{4-47}$$

$$\text{服务业}\ X_{\mathrm{Wserv}}(t, d)=\sum_{s_2} X(t, d, s_2) \cdot P_{\mathrm{Wserv}}(t, s_2) \tag{4-48}$$

（2）各行业总用水方程：

$$X_{\mathrm{Wtotal}}(t, d)=X_{\mathrm{Wpopu}}(t, d)+X_{\mathrm{Wserv}}(t, d)+X_{\mathrm{Windu}}(t, d)+X_{\mathrm{Wagri}}(t, d) \tag{4-49}$$

（3）水平衡约束：

$$X_{\mathrm{Wtotal}}(t, d)+X_{\mathrm{ecosys}}(t, d) \leqslant P_{\mathrm{wresource}}(t, d)+X_{\mathrm{Wwtreated}}(t, d) \tag{4-50}$$

4.3.7　土地资源约束方程

（1）可耕种面积增长约束：

$$X_{\mathrm{Atotal}}(t, d) \geqslant P_{\mathrm{Atotallo}}(t, d) \cdot X_{\mathrm{Atotal}}(t-1, d) \tag{4-51}$$

$$X_{\mathrm{Atotal}}(t, d) \leqslant P_{\mathrm{Atotalup}}(t, d) \cdot X_{\mathrm{Atotal}}(t-1, d) \tag{4-52}$$

（2）可开垦灌溉面积约束：

$$X_{\mathrm{Atotal}}(t, d) \leqslant P_{\mathrm{Amax}} \tag{4-53}$$

（3）总灌溉面积约束：

$$\sum_{p_1} X_{\mathrm{Agrass}}(t, d, p_1)+\sum_{f_1} X_{\mathrm{Aforest}}(t, d, f_1)+\sum_{c} A_{\mathrm{acorp}}(t, d, c) \leqslant X_{\mathrm{Atotal}}(t, d) \tag{4-54}$$

4.3.8　水工程投资方程

（1）开源：

$$X_{\mathrm{Build1}}(t, d)=\sum_{j} P_{\cos \mathrm{t1}}(d, j) \cdot X_{\mathrm{IO}}(t, j)-\sum_{j} P_{\cos \mathrm{t1}}(d, j) \cdot X_{\mathrm{IO}}(t-1, j) \tag{4-55}$$

（2）节水：

$$X_{\mathrm{Build3}}(t, d)=P_{\mathrm{Wsave}}(t) \cdot\left(X_{\mathrm{Asave}}(t, d)-X_{\mathrm{Asave}}(t-1, d)\right) \tag{4-56}$$

（3）污水处理：

$$X_{\mathrm{Build2}}(t,\ d)=P_{\mathrm{Wwprice}}(t)\cdot(P_{\mathrm{Wwteated}}(t)\cdot X_{\mathrm{Wwaste}}(t,\ d)-P_{\mathrm{Wwteated}}(t-1)\cdot X_{\mathrm{Wwaste}}(t-1,\ d)) \tag{4-57}$$

（4）总水投资：

$$X_{\mathrm{Waterinv}}(t,\ d)=X_{\mathrm{Build1}}(t,\ d)+X_{\mathrm{Build2}}(t,\ d)+X_{\mathrm{Build3}}(t,\ d) \tag{4-58}$$

式中，$\boldsymbol{A}$ 为投入产出系数矩阵；$\boldsymbol{I}$ 为单位矩阵；s 为分部门；t 为时间，代表各水平年；d 为地区分区；c 为各种作物，如粮食、油料、棉花、蔬菜等；f 为各种林业，如人工种植林，天然林等；$f1$ 为各种人工林；p 为各种草场，如人工灌溉草场、天然草场等；$p1$ 为各种人工草场；P_{Acropup}，P_{Acroplo} 为各种作物种植面积增长率上、下限；$P_{\mathrm{Aforestlo}}$，$P_{\mathrm{Aforestup}}$ 为各种林业面积增长上、下限；P_{Agrasslo}，P_{Agrassup} 为各种草场面积增长上、下限；P_{Alpha0}，P_{Alpha1} 为本时段、上时段固定资产的资金生成系数；P_{Amax} 为可开垦灌溉面积；$P_{\mathrm{Aprice(t)}}$ 为单位开荒成本；P_{Atotallo}，P_{Atotalup} 为耕地面积增长率下限；P_{NHrate} 为各行业亿元产值的 NH 排放率；P_{CODrate} 为各行业亿元产值的 COD 排放率；P_{Cita} 为各行业固定资产产出率；P_{cost} 为按地区分摊的工程投资；P_{Cropagn} 为复播系数；P_{Delta} 为进出口差额占总产出的最大比例；P_{Disprate} 为固定资产折旧率；$P_{\mathrm{Finalfixed}}$ 为固定资产形成的最终总系数；P_{GDP} 为附加值率；P_{Home} 为居民消费系数；P_{Importlo}，P_{Importup}，P_{Exportlo}，P_{Exportup} 分别为进出口的允许上、下限系数；P_{Investup}，P_{Investlo} 为来自 GDP 的投资率系数上、下限；P_{Livestk} 为单位面积草场可养活的牲畜头数；P_{Mcrop} 为各种作物单价；P_{Mforest} 为各种林业单价；P_{Mlivestk} 为单位标准牲畜单价；P_{PNH} 为单位城镇居民 NH 排放量；P_{PCOD} 为单位城镇居民 COD 排放量；P_{Social} 为社会消费系数；P_{Stock} 为流动资金的投资系数；P_{TNH} 为相应污水处理率的 NH 残留率；P_{TCOD} 为相应污水处理率的 COD 残留率。；P_{Wcrop} 为各种作物灌溉定额；P_{Wforest} 为各种林业单位耗水；P_{Wgrass} 为各种草场单位耗水；P_{Windu} 为工业各行业万元产值用水定额；P_{Wlivestk} 为标准牲畜用水定额；P_{Wothagri} 为副渔业万元产值用水定额；P_{Wpopcity} 为城市居民生活用水定额；P_{Wpopvil} 为农村居民生活用水定额；$P_{\mathrm{wresource}}$ 为水资源总量；P_{Wsave} 为单位节水灌溉面积投资；P_{Wserv} 为服务业各行业万元产值用水定额；P_{Wusecoef} 为水资源的净利用率；P_{Wwindu} 为工业污水排出率；P_{Wwpopu} 为生活污水排出率；P_{Wwprice} 为新增单位污水处理能力投资；P_{Wwserv} 为服务业污水排出率；P_{Wwteated} 为污水处理率；P_{Ycrop} 为各种作物单产；X_{Acrop} 为各种作物种植面积；X_{Acrops} 为种植业总产值；X_{Acrops} 为种植业总面积；X_{Acrops} 为种植业总耗水；X_{Aforest} 为各种林业面积；X_{Agrass} 为各种草场面积；X_{Asave} 为节水灌溉面积；X_{Atotal} 为耕地面积；X_{Atrees} 为林业总面积；X_{build1} 为水利工程投资；X_{Build2} 为开荒投资；X_{build2} 为污水工程投；X_{Deltafix} 为本时段固定资产增量；X_{Export} 为部门出口；$X_{\mathrm{Fixinvest}}$ 为固定资产形成资金；X_{Home} 为居民消费；X_{Import} 为部门进口；X_{IO} 为 0/1 变量，代表工程上或不上；X_{Livestk} 为人工饲养的标准牲畜头数；X_{Mcrop} 为各种作物总产值；X_{Mforest} 为各种林业产值；X_{Mtrees} 为林业总产值；X_{Popcity} 为城市人口；X_{Popvil} 为农村人口；$X_{\mathrm{Sfixasset}}$ 为各行业固定资产存量；X_{Social} 为社会消费；X_{Stock} 为流动资金；X_{Wagri} 为农业总用水量；X_{Waterinv} 为水工程投资；X_{Wcrop} 为各种作物用水量；X_{Wforest} 为各种林业总耗水；X_{Wgrass} 为各种草场总耗水；X_{Windu} 为工业用水总量；X_{Wlivestk} 为牲畜用水总量；X_{Wothagri} 为副渔业用水总量；X_{Wpasture} 为牧副渔业总用水量；X_{Wpopu} 为生活用水总量；X_{Wserv} 为服务业用水总量；X_{Wtotal} 为各行业总用

水量；X_{Wtrees}为林业总耗水；$X_{Wwtreated}$为污水处理量；$X_{Wwtreated}$为污水排出总量；X_{Ycrop}为各种作物总产量；$X_{instream}$为河道内最小流量；$X_{average}$为河道内平均流量；X_{pwet}为湿地湖泊需水；$A_{wetland}$为湿地湖泊面积；X_{ecosys}为生态需水（河道内+湿地湖泊）。

4.4 长序列供需模拟模块

4.4.1 模型原理

长序列模拟技术是在基于宏观经济的区域水资源规划的基础上，对备选方案的进一步仿真分析。其基本原理是水量平衡，在此不再赘述。

模拟模型采用基本单元均衡分析，其基本水量平衡单元为流域三级区套省。对于以流域三级区套省为均衡小区的基本单元，其水资源被概化来源于两个途径：本区自产水资源及入境水资源。自产水资源来自于降水产流形成的地表水和降水入渗补给的地下水，由系统的水循环分析模型得出；入境水资源来源于本区以外的所有入流，包括优先调入的水量、掩后调入的水量、弃水或泄洪进入的水量、过境地表水对本区地下水的补给，地下水侧向补给等。

模型中的水资源利用关系如图4-4所示。

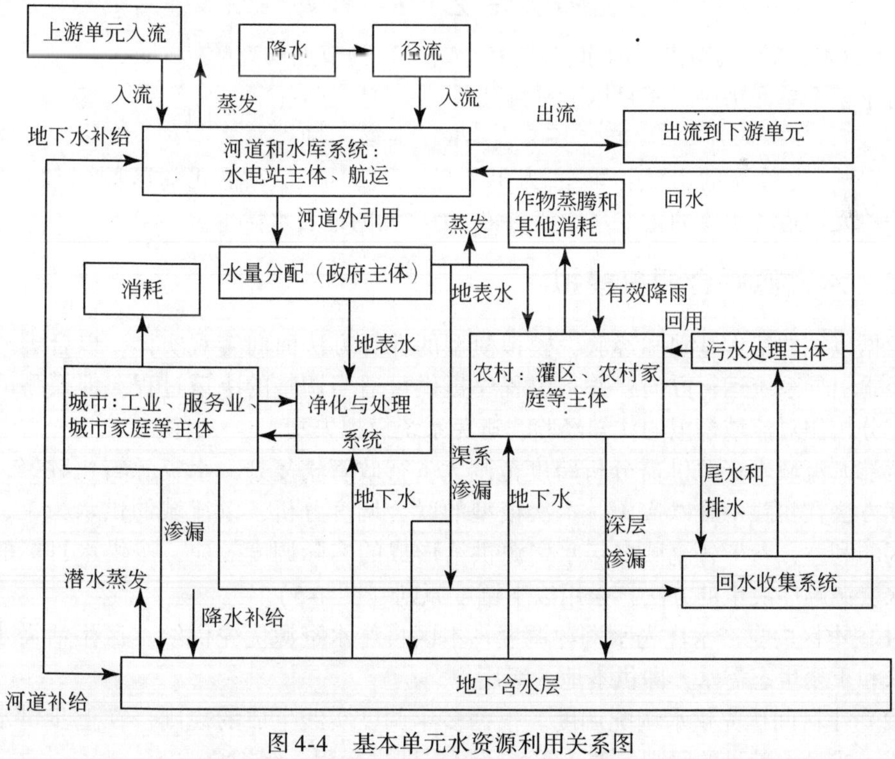

图4-4 基本单元水资源利用关系图

模型中的主要平衡关系可以描述为

（1）水库：

$$VE(M+1,\ N)=VE(M,\ N)+I(M,\ N)-O(M,\ N)-SP(M,\ N)-LK(M,\ N) \tag{4-59}$$

式中，VE（M，N）为水库节点 N 第 M 月的蓄水量；I（M，N）为水库入流量；O（M,N）为水库出流量；SP（M，N）为水库的各种供水量；LK（M，N）为水库的渗漏损失量。

地下水库：

$$GVE(M+1,\ N)=GVE(M,\ N)+GSA(M,\ N)+GSP(M,\ N)+GSR(M,\ N)-EG(M,\ N)-GSP(M,\ N) \tag{4-60}$$

式中，GVE（M，N）为地下水库节点 N 第 M 月的蓄水量；GSA（M，N），GSP（M，N），GSR（M，N）分别为灌溉补给、降雨补给和河渠补给；EG（M，N）为潜水蒸发；GSP（M，N）为地下水开采量。

（2）河道引退水节点：

$$O(M,N)=I(M,N)+R(M,N)-SP(M,N) \tag{4-61}$$

式中，O（M，N）为节点出流量；I（M，N）为节点入流量；R（M，N）为节点的退水；SP（M，N）为引水量。

（3）汇流节点：

$$O(M,\ N)=\sum_{J} I(M,\ N,\ J) \tag{4-62}$$

式中，O（M，N）为节点出流量；I（M，N，J）为节点入流量。

对于整个单元来讲，满足以下平衡关系：

$$W_{outflow}=W_{inflow}+W_{runoff}-W_{stroe}-W_{use} \tag{4-63}$$

式中，$W_{outflow}$为单元的出流；W_{inflow}为单元的入流；W_{runoff}为单元的区间天然径流量；W_{store}为单元河道和水库的蓄变量增值；W_{use}为单元的地表水耗水量。

4.4.2 水资源联合调度模拟

根据以往的工作基础和经验，模拟模型的计算方法面向客观实体，以合理过程和实际经验引导系统运行方向，并且由程序提供可适当调整的决策过程。但模型的建立需要充分挖掘对流域模拟的认知经验，避免系统模拟失真。

黄淮海流域水资源供需分析跨度范围大，行政管辖复杂，水资源转化频繁，优化的调度方法在实践中难以实施。本次模型的联合调度分析，以流域的供水为主，兼顾各子区的利益，参考各流域多年水资源供给形成的实际调度效应，按供水目标的重要性和水资源顺序决策的方法，采用以下调度原则（图4-5）。

（1）本区内自产水优先水资源调度。本区自产水资源优先供给本区生活需水、工业需水和重要生态需水，即供本地一级用户。

（2）小区间优先供水调配调度。根据多年调度实践生成的规则，在上步供水后的水资源，按最大满足的原则，调入需水子区，即供远程一级用户。

（3）小区内混和水优先水资源调度。本区自产水及调入的水继续供给本区生活需水、工业需水及重要生态需水的缺额部分。本步调度后仍出现的供水缺额，将被视为

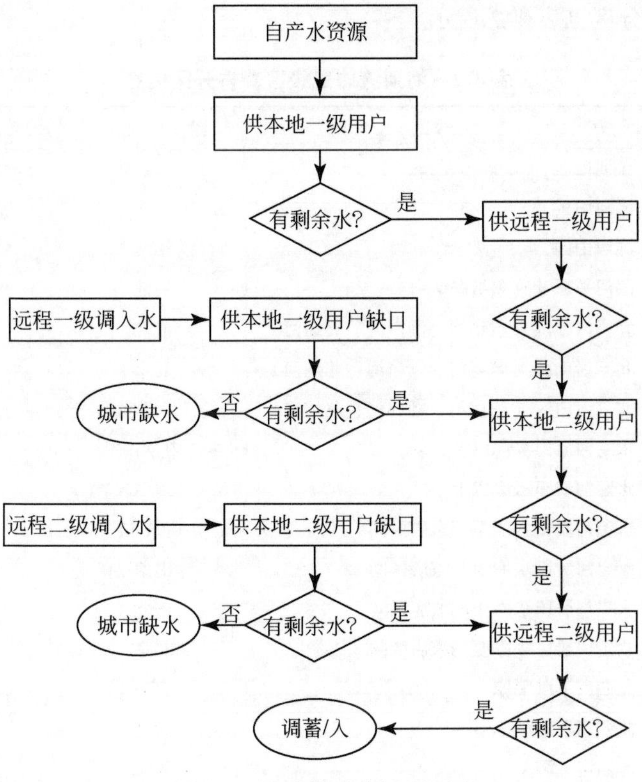

图 4-5　流域供需分析流程图

城市缺水。

（4）小区内混和水拖后水资源调度。本区剩余的自产水及调入的水供给本区，即供本区二级用户。

（5）小区间拖后供水调配调度。在留出本小区必要的下时段水资源量的前提下，将本区的富裕水资源，按需求调入下游子区，即供远程二级用户。

（6）小区内最终供需平衡。拖后调入的水资源及本区水资源继续供给本区农业需水、一般生态需水及其他需水，此步后仍产生的供水缺额将被视为农村缺水，剩余的水量且无水库调蓄的部分，被视为入海水。

本书采用 1956 ~ 2000 年共 45 年降水系列分析得出的同步水文系列，除流域自产水资源外，模拟还根据工程及调度规划，计入跨流域调水工程及污水处理回用量。对各备选规划方案用该 45 年长系列进行模拟分析后进行统计评价，这样既可得到各规划断面年的评价指标，也可得到从现时到未来的动态发展过程，形成连续的水资源模拟分析。本模型计算时段为 1 年，将来水、需水、调蓄、调水等均按年内总量处理。

4.4.3　黄淮海流域基本单元概化

1）海河流域

对于海河流域，模型的基本单元按照三级区套省进行划分，以全国水资源综合规划的三级分区划分为标准，海河流域三级区共 15 个，则三级区套省基本单元共 35 个。

模型的海河流域分区见表4-2所示。

表4-2 海河流域三级区套省分区信息

单元编码	三级区	省（自治区）	所属二级区
C010100NM	滦河山区	内蒙古	滦河及冀东沿海
C010100LN	滦河山区	辽宁	滦河及冀东沿海
C010100HB	滦河山区	河北	滦河及冀东沿海
C010200HB	滦河平原及冀东沿海诸河	河北	滦河及冀东沿海
C020100HB	北三河山区（蓟运河、潮白河、北运河）	河北	海河北系
C020100BJ	北三河山区（蓟运河、潮白河、北运河）	北京	海河北系
C020100TJ	北三河山区（蓟运河、潮白河、北运河）	天津	海河北系
C020200NM	永定河册田水库以上	内蒙古	海河北系
C020200SX	永定河册田水库以上	山西	海河北系
C020300NM	永定河册田水库至三家店区间	内蒙古	海河北系
C020300SX	永定河册田水库至三家店区间	山西	海河北系
C020300HB	永定河册田水库至三家店区间	河北	海河北系
C020300BJ	永定河册田水库至三家店区间	北京	海河北系
C020400BJ	北四河下游平原	北京	海河北系
C020400HB	北四河下游平原	河北	海河北系
C020400TJ	北四河下游平原	天津	海河北系
C030100SX	大清河山区	山西	海河南系
C030100HB	大清河山区	河北	海河南系
C030100BJ	大清河山区	北京	海河南系
C030200BJ	大清河淀西平原	北京	海河南系
C030200HB	大清河淀西平原	河北	海河南系
C030300HB	大清河淀东平原	河北	海河南系
C030300TJ	大清河淀东平原	天津	海河南系
C030400SX	子牙河山区	山西	海河南系
C030400HB	子牙河山区	河北	海河南系
C030500HB	子牙河平原	河北	海河南系
C030600SX	漳卫河山区	山西	海河南系
C030600HN	漳卫河山区	河南	海河南系
C030600HB	漳卫河山区	河北	海河南系
C030700HN	漳卫河平原	河南	海河南系
C030700HB	漳卫河平原	河北	海河南系
C030800HB	黑龙港及运东平原	河北	海河南系
C040100HN	徒骇马颊河	河南	徒骇马颊河
C040100HB	徒骇马颊河	河北	徒骇马颊河
C040100SD	徒骇马颊河	山东	徒骇马颊河

2）黄河流域

对于黄河流域，模型的基本单元按照三级区套省进行划分，以全国水资源综合规划的三级分区划分为标准，黄河流域三级区共 29 个，则三级区套省基本单元共 55 个，对于下游流域的引黄用水区，分别纳入河南和山东的干流取水区。模型的流域分区见表 4-3 所示。

表 4-3　黄河流域三级区套省分区信息

单元编码	三级区	省（自治区）	所属二级区	是否干流取水
D010100QH	河源至玛曲	青海	龙羊峡以上	Y
D010100SC	河源至玛曲	四川	龙羊峡以上	Y
D010100GS	河源至玛曲	甘肃	龙羊峡以上	Y
D010200GS	玛曲至龙羊峡	甘肃	龙羊峡以上	Y
D010200QH	玛曲至龙羊峡	青海	龙羊峡以上	Y
D020100QH	大通河享堂以上	青海	龙羊峡至兰州	N
D020100GS	大通河享堂以上	甘肃	龙羊峡至兰州	N
D020200QH	湟水	青海	龙羊峡至兰州	N
D020200GS	湟水	甘肃	龙羊峡至兰州	N
D020300QH	大夏河与洮河	青海	龙羊峡至兰州	N
D020300GS	大夏河与洮河	甘肃	龙羊峡至兰州	N
D020400QH	龙羊峡至兰州干流区	青海	龙羊峡至兰州	Y
D020400GS	龙羊峡至兰州干流区	甘肃	龙羊峡至兰州	Y
D030100GS	兰州至下河沿	甘肃	兰州至河口镇	Y
D030100NX	兰州至下河沿	宁夏	兰州至河口镇	Y
D030200GS	清水河、苦水河	甘肃	兰州至河口镇	N
D030200NX	清水河、苦水河	宁夏	兰州至河口镇	N
D030300NX	下河沿至石嘴山	宁夏	兰州至河口镇	Y
D030300NM	下河沿至石嘴山	内蒙古	兰州至河口镇	Y
D030400NM	石嘴山至河口镇北岸	内蒙古	兰州至河口镇	Y
D030500NM	石嘴山至河口镇南岸	内蒙古	兰州至河口镇	Y
D040100NM	河口镇至龙门左岸	内蒙古	河口镇至龙门	Y
D040100SX	河口镇至龙门左岸	山西	河口镇至龙门	Y
D040200NM	吴堡以上右岸	内蒙古	河口镇至龙门	N
D040200SH	吴堡以上右岸	陕西	河口镇至龙门	N
D040300NM	吴堡以下右岸	内蒙古	河口镇至龙门	N
D040300SH	吴堡以下右岸	陕西	河口镇至龙门	N
D050100SX	汾河	山西	龙门至三门峡	N
D050200GS	北洛河状头以上	甘肃	龙门至三门峡	N

续表

单元编码	三级区	省（自治区）	所属二级区	是否干流取水
D050200SH	北洛河三状头以上	陕西	龙门至三门峡	N
D050300NX	泾河张家山以上	宁夏	龙门至三门峡	N
D050300GS	泾河张家山以上	甘肃	龙门至三门峡	N
D050300SH	泾河张家山以上	陕西	龙门至三门峡	N
D050400NX	渭河宝鸡峡以上	宁夏	龙门至三门峡	N
D050400GS	渭河宝鸡峡以上	甘肃	龙门至三门峡	N
D050400SH	渭河宝鸡峡以上	陕西	龙门至三门峡	N
D050500SH	渭河宝鸡峡至咸阳	陕西	龙门至三门峡	N
D050600SH	咸阳至潼关	陕西	龙门至三门峡	N
D050700SX	龙门至三门峡干流区间	山西	龙门至三门峡	Y
D050700SH	龙门至三门峡干流区间	陕西	龙门至三门峡	Y
D050700HN	龙门至三门峡干流区间	河南	龙门至三门峡	Y
D060100SX	三门峡至小浪底区间	山西	三门峡至花园口	Y
D060100HN	三门峡至小浪底区间	河南	三门峡至花园口	Y
D060200SX	沁丹河	山西	三门峡至花园口	N
D060200HN	沁丹河	河南	三门峡至花园口	N
D060300SH	伊洛河	陕西	三门峡至花园口	N
D060300HN	伊洛河	河南	三门峡至花园口	N
D060400HN	小浪底至花园口区间干流区间	河南	三门峡至花园口	Y
D070100HN	金堤河天然文岩渠	河南	花园口以下	N
D070200SD	黄汶区	山东	花园口以下	N
D070300HN	花园口以下干流区	河南	花园口以下	Y
D070300SD	花园口以下干流区	山东	花园口以下	Y
D080100NM	内流区	内蒙古	内流区	N
D080100SH	内流区	陕西	内流区	N
D080100NX	内流区	宁夏	内流区	N

3）淮河区

对于淮河流域，模型的基本单元按照三级区套省进行划分，以全国水资源综合规划的三级分区划分为标准，淮河区三级区共15个，则三级区套省基本单元共29个。模型的流域分区见表4-4所示。

表 4-4　淮河区三级区套省分区信息

单元编码	三级区	省（自治区）	所属二级区
E010100HN	王家坝以上北岸	河南	淮河上游区（王家坝以上）
E010100AH	王家坝以上北岸	安徽	淮河上游区（王家坝以上）
E010200HB	王家坝以上南岸	湖北	淮河上游区（王家坝以上）
E010200HN	王家坝以上南岸	河南	淮河上游区（王家坝以上）
E020100HN	王蚌区间北岸	河南	淮河中游区（王家坝至洪泽湖出口）
E020100AH	王蚌区间北岸	安徽	淮河中游区（王家坝至洪泽湖出口）
E020200HN	王蚌区间南岸	河南	淮河中游区（王家坝至洪泽湖出口）
E020200AH	王蚌区间南岸	安徽	淮河中游区（王家坝至洪泽湖出口）
E020300HN	蚌洪区间北岸	河南	淮河中游区（王家坝至洪泽湖出口）
E020300AH	蚌洪区间北岸	安徽	淮河中游区（王家坝至洪泽湖出口）
E020300JS	蚌洪区间北岸	江苏	淮河中游区（王家坝至洪泽湖出口）
E020400AH	蚌洪区间南岸	安徽	淮河中游区（王家坝至洪泽湖出口）
E020400JS	蚌洪区间南岸	江苏	淮河中游区（王家坝至洪泽湖出口）
E030100AH	高天区	安徽	淮河下游区（洪泽湖出口以下）
E030100JS	高天区	江苏	淮河下游区（洪泽湖出口以下）
E030200JS	里下河区	江苏	淮河下游区（洪泽湖出口以下）
E040100SD	湖东区	山东	沂沭泗河区
E040200SD	湖西区	山东	沂沭泗河区
E040200HN	湖西区	河南	沂沭泗河区
E040200AH	湖西区	安徽	沂沭泗河区
E040200JS	湖西区	江苏	沂沭泗河区
E040300SD	中运河区	山东	沂沭泗河区
E040300JS	中运河区	江苏	沂沭泗河区
E040400SD	沂沭河区	山东	沂沭泗河区
E040400JS	沂沭河区	江苏	沂沭泗河区
E040500SD	日赣区	山东	沂沭泗河区
E040500JS	日赣区	江苏	沂沭泗河区
E050100SD	小清河区	山东	山东半岛沿海诸河区
E050200SD	胶东诸河区	山东	山东半岛沿海诸河区

4）黄淮海流域单元网络图

根据黄淮海流域的单元划分，考虑南水北调工程的水系连通作用，本研究的黄淮海泛流域的单元网络概化图见图 4-6，具体的单元划分如图 4-7 所示。

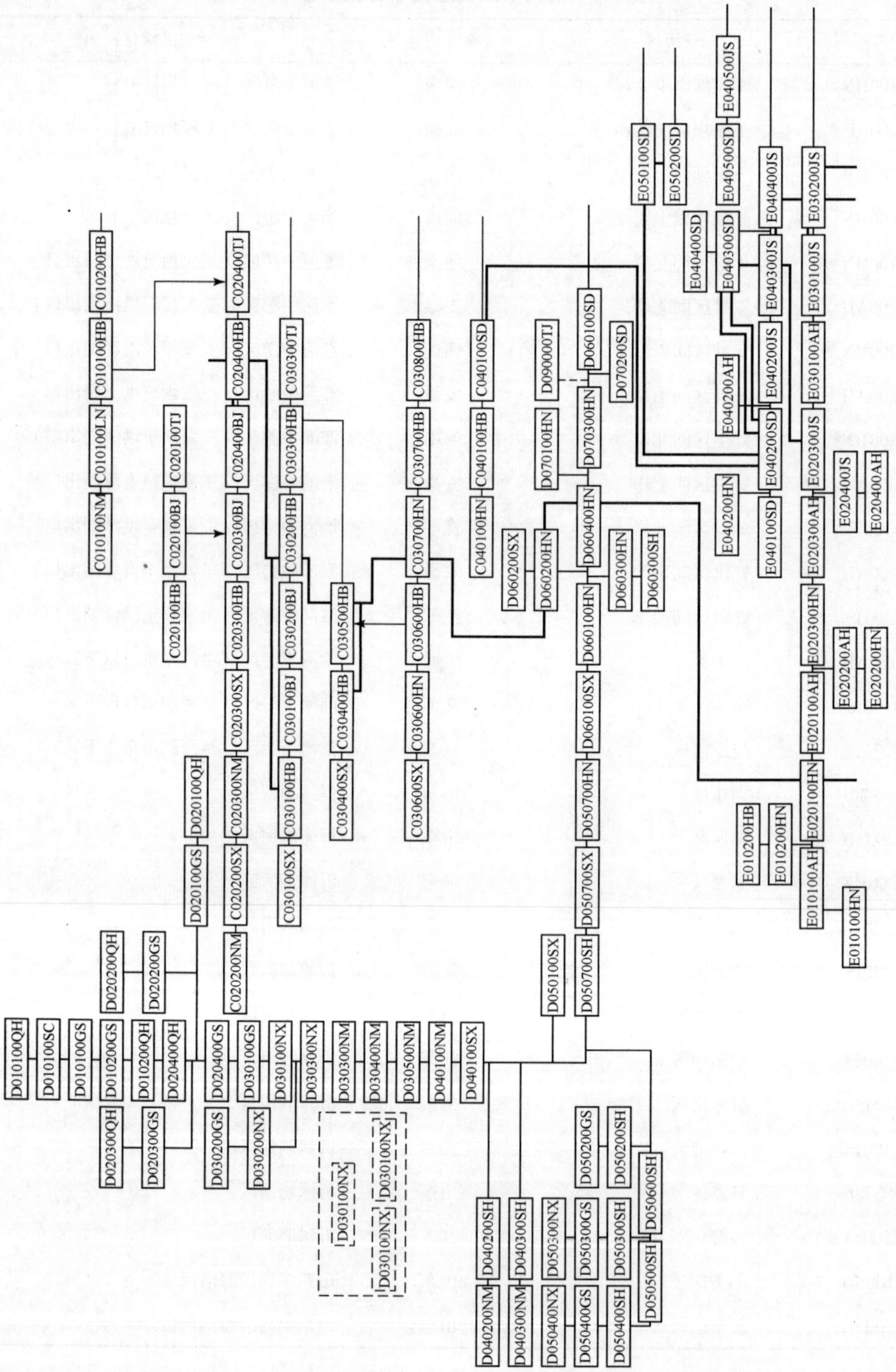

图 4-6 黄淮海泛流域单元网络概化图

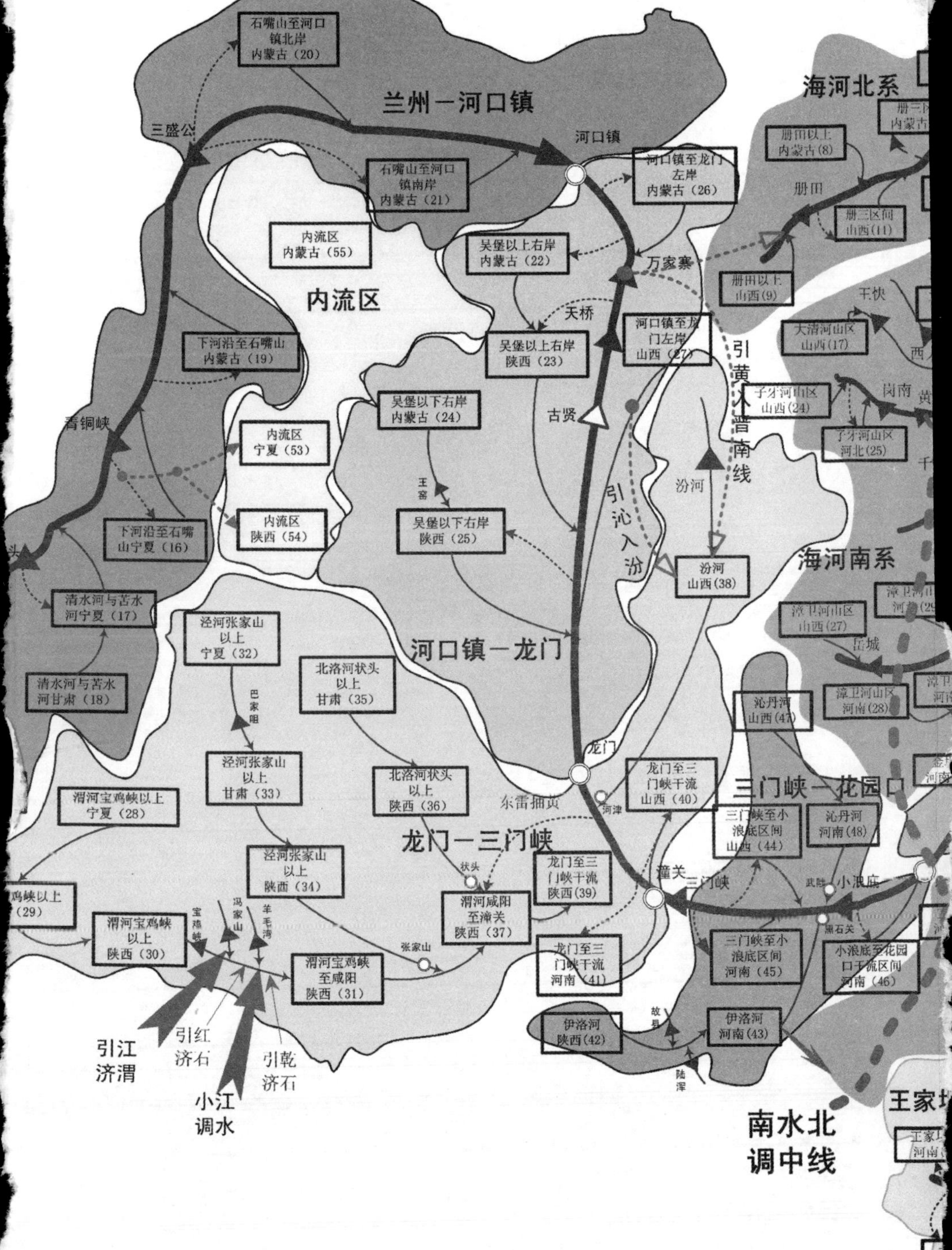

图 4-7　黄淮海泛流域单元划分

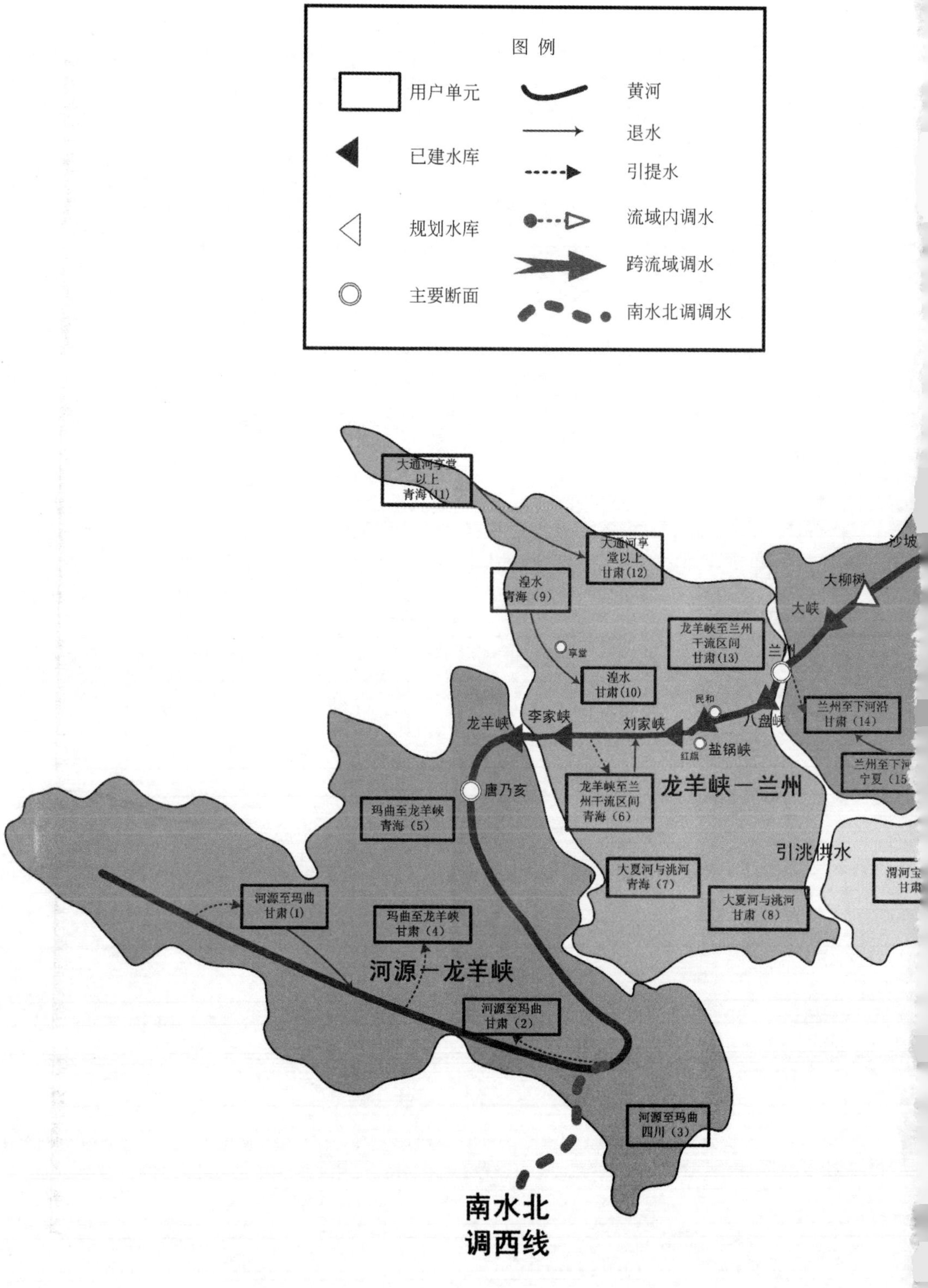

图 例
用户单元
已建水库
规划水库
主要断面
黄河
退水
引提水
流域内调水
跨流域调水
南水北调调水
大通河享堂以上 青海(11)
大通河享堂以上 甘肃(12)
湟水 青海(9)
享堂
湟水 甘肃(10)
龙羊峡至兰州干流区间 甘肃(13)
沙坡
大柳树
大峡
兰州
民和
八盘峡
兰州至下河沿 甘肃(14)
龙羊峡
李家峡
刘家峡
盐锅峡
红旗
唐乃亥
龙羊峡至兰州干流区间 青海(6)
龙羊峡一兰州
玛曲至龙羊峡 青海(5)
引洮供水
大夏河与洮河 青海(7)
大夏河与洮河 甘肃(8)
河源至玛曲 甘肃(1)
玛曲至龙羊峡 甘肃(4)
河源一龙羊峡
河源至玛曲 甘肃(2)
河源至玛曲 四川(3)
南水北调西线

滦河及冀东沿海
滦河山区 内蒙古(1)
滦河山区 河北(3)
滦河山区 辽宁(2)
潘家口
大黑汀
桃林河
洋河
引滦入津
于桥
密云
北三河山区 北京(6)
北三河山区 天津(7)
北四河 北京(14)
北四河 河北(15)
北四河 天津(16)
官厅
大清河山区 北京(17)
大清河山区 河北(18)
淀西平原 北京(20)
淀西平原 河北(21)
淀东平原 天津(23)
淀东平原 河北(22)
白洋淀
北大港
子牙河平原 河北(26)
黑龙港 河北(32)
徒骇马颊河
利津
山东引黄
河北引黄
河北天津引黄
花园口以下干流区间 山东(52)
徒马河 山东(53)
徒马河 河北(34)
徒马河 河南(33)
漳卫河平原 河北(31)
小清河区 山东(28)
胶东诸河区 山东(29)
山东半岛沿海诸河区
东平湖
大汶河 山东(51)
花园口以下
沂沭泗河区
日赣区 山东(26)
日赣区 江苏(27)
湖东区 山东(17)
花园口以下干流区间 河南(49)
沂沭河区 山东(24)
沂沭河区 江苏(25)
湖西区 山东(18)
湖西区 河南(19)
湖西区 安徽(20)
湖西区 江苏(21)
南四湖
中运河区 山东(22)
中运河区 江苏(23)
骆马湖
洪泽湖以下
王蚌北 安徽(6)
王蚌南 河南(7)
王蚌南 安徽(8)
昭平台
白龟山
蚌洪北 河南(9)
蚌洪北 安徽(10)
蚌洪北 江苏(11)
蚌洪南 安徽(12)
蚌洪南 江苏(13)
洪泽湖
里下河区 江苏(16)
高邮湖
高天区 安徽(14)
高天区 江苏(15)
王家坝北 安徽(2)
王家坝南 河南(4)
王家坝-洪泽湖
南水北调东线

4.5 目标模块

系统调控目标的选择是随不同时期社会特点和决策者们偏好变化的。对于水资源及相关问题规划，应考虑流域内各方面因素，体现可持续发展方针，综合反映经济社会、环境生态与水资源系统的结构及相互关系。因此模型选择经济持续发展、社会治安稳定、环境无污染、生态良好和供水安全五个方面的目标，选取规划期内全流域人均指标累积值为目标，具体为以下四个目标。

经济目标：GDP 最大

$$J_{\mathrm{GDP}} = \max\{\sum_t \sum_d X_{\mathrm{PGDP}}(t, d)\} \tag{4-64}$$

环境目标：污染物排放量最小

$$J_{\mathrm{ENV}} = \min\{\sum_t \sum_d [X_{\mathrm{PCOD}}(t, d) + X_{\mathrm{PNH}}(t, d)]\} \tag{4-65}$$

生态目标：适宜生态满足最大

$$J_{\mathrm{ECO}} = \max\{\sum_t \sum_d X_{\mathrm{PECO}}(t, d)/X_{\mathrm{PEOBJ}}(t, d)\} \tag{4-66}$$

社会目标：最大缺水程度最小

$$J_{\mathrm{SCO}} = \min\{\sum_t \sum_d \max X_{\mathrm{WSHT}}(t, d)\} \tag{4-67}$$

经济指标选用 GDP，因其是一项全面反映经济活动水平的国际通用指标，且资料比较齐全，数据来源可靠，有较好的统计数据支持；环境指标选用 COD 和氨氮排放，因其是具有普遍意义的水质指标，且易于测量及估算环境投资；适宜生态满足程度是生态保护的关键性指标；长系列缺水量反映了供需平衡的水文风险，是衡量系统供水可靠性的重要指标，最大缺水量最小体现社会公平原则，即使得各个区域的缺水水平尽量接近。

由约束和目标组成的宏观经济水资源及环境系统，包含了四个调控目标以及与此相关的下层局部决策变量集，包括经济决策变量（各行业产值、固定资产投资、固定资产存量、固定资产增量、各行业进出口量等）、农业决策变量（各种作物灌溉面积、产量产值等）、环境决策变量（污水排放量、COD 和 NH_3 排放量、污水处理程度等）、生态决策变量（湿地面积、生态用水等）和水资源决策变量（各行各业需水量、生态用水量、供需平衡等）。这些目标和决策因子之间存在着相互作用与影响，既相互矛盾又相互促进，既相互牵制又相互竞争。这些作用与影响同水资源紧密相连，构成了以水资源为中心的矛盾统一体。

4.6 整体模型的特点

4.6.1 整体模型特点

在理论方法上，面向人类-自然耦合的水资源系统分析要求对流域系统进行跨学科、多过程的整体分析。对于本书重点关注的黄淮海流域水资源中长期规划与管理战略问题，涉及图4-1中的多个重要过程及其整体耦合，其中一些过程的模拟技术已经相当成熟，如长系列水文模拟等，但另外一些过程的模拟以及多过程的整合则需要在模型方法上进行完善和发展。本次模型开发中重点发展的关键技术方法包括以下四方面。

1）流域水资源–环境经济投入产出分析技术

自20世纪50年代列昂惕夫提出投入产出分析技术以来，由于其在投入与产出核算、产业间联动机制分析等方面的独特优势，已被广泛地应用于宏观经济研究、资源环境等众多领域。采用投入产出分析，可深刻明晰各产业间的联系与相互作用机制、资源利用效率与效应等，对辅助产业发展规划制定、水资源合理配置等宏观问题具有重要参考价值。

本书对纯经济投入产出分析技术进行了拓展，将国民经济各产业的水资源利用量与消耗量、国民经济各产业污废水排放量及污染物质产生量纳入投入产出表核算体系，构建了水资源–环境经济投入产出表，提出了水资源投入产出模型及水质投入产出模型，并结合黄淮海流域进行了应用研究。流域投入产出表、流域水资源投入产出模型、流域水质投入产出模型等是本项目基础性研究成果，在此基础上拓展分析黄淮海水资源与国民经济协调发展诸多问题。

2）水量与水质联合调配技术

本书中，在考虑黄淮海流域水资源总量紧缺的同时，充分考虑流域水体纳污能力有限的特点，将宏观经济水资源需求总量控制及污染物入河总量控制作为强制性约束，在基本用水单元水量确保其供用耗排平衡，在流域系统的整体模拟中，从下游至上游进行入河污染物的逐级控制计算，从而保证未来各水平年流域入河污染物始终在流域水体纳污能力之内，实现对各用水单元水污染控制工程（如污水处理规模）的配置，同时也使水污染治理成本与宏观经济扩大再生产过程紧密联结起来。

3）多目标、群决策技术

水资源与环境经济协调发展涉及经济、社会、生态、环境等多个目标之间的协调和权衡，同时，水资源量在社会经济、生态环境等系统的配置以及各区域、各行业的分配涉及不同群体的利益，因而，必须要进行合理科学的决策。本书要回答的问题是典型的多目标分析问题。多目标群决策模型以各目标协调、综合满意度（或效用值）最大为目标，充分考虑不同部门对部门目标的偏好，应用满意度函数，将人口模型、宏观经济模型、需水模型、水污染负荷排放及调控、水资源供需分析、水资源配置模型等有机整合起来，采用切比雪夫算法的交互式多目标决策方法，优选最适宜的发展模式确保黄河流域水资源–环境经济协调发展。

4）整体模型建模与求解技术

模型的整体耦合及其求解技术是面向CHN的水资源系统多过程模拟模型系统的核心和关键，是人类系统和自然系统动态耦合的基础。水资源是联结经济社会发展与生态环境健康的纽带，有限的水资源量在社会经济与生态环境间、社会经济各产业间等诸多方面存在着竞争关系；水资源的开发利用、水环境的综合治理、生态环境保护与建设等方面均需要大量投资，从而和国民经济发展投资产生了竞争关系；水资源作为重要的生产要素，其空间配置对不同地区、不同产业、不同用水户的生存和发展有着决定性影响，水量的配置即是利益的分配。由此可以看出，水资源在各系统、各部门、各行业、各区域间呈现紧密的“此涨彼消”的制约和关联特征，因此必须从整体角度，以水资源为基本约束，考虑社会经济各行业间的关联-约束机制，对流域水资源进行优化配置，实现综合目标效益最大化。

4.6.2　模型中的动态交互反馈机制

水资源是联结经济社会发展与生态环境健康的纽带，有限的水资源量在社会经济与生态环境间、社会经济各产业间等诸多方面存在着竞争关系；水资源的开发利用、水环境的综合治理、生态环境保护与建设等方面均需要大量投资，从而和国民经济发展投资产生了竞争关系；水资源作为重要的生产要素，其空间配置对不同地区、不同产业、不同用水户的生存和发展有着决定性影响，水量的配置即是利益的分配。由此可以看出，水资源在各系统、各部门、各行业、各区域间呈现紧密的“此涨彼消”的制约和关联特征，因此必须从整体角度，以水资源为基本约束，考虑社会经济各行业间的关联-约束机制，对流域水资源进行优化配置，实现综合目标效益最大化。

将社会经济、水资源和生态系统整合成一个系统中进行研究，有两种思路（或方法），即组合模型方法和整体模型方法。组合模型中的各部分只是松散的连接，即只是通过结果数据的传输实现连接，每个子模型都可以非常复杂，但是各部分之间由于是松散的连接而导致整体分析十分困难。水资源-社会经济-生态环境巨系统过于庞大且十分复杂，动态耦合定量研究各系统之间的协调发展关系，需要将所有模型（模块）紧密地整合到一个统一的大模型中来，进行整体分析。整体模型的关键问题在于建立各部分本质的、动态的连接，进而实现经济社会系统、水资源系统及生态环境系统的整体分析。

在本书采用的整体模型中，动态考虑了经济社会系统、水资源系统和生态环境系统的关系。经济发展既能造成环境污染，也能促进环境治理；既可能引起生态环境恶化，也可以增加环境保护投入；既增加了各行各业的需水，也为发展供水提供经济基础。水资源作为区域经济发展的短板，成为各目标竞争的关键自然资源。各子系统对资金和水资源的竞争，使整个系统朝着有利于自己利益的方向发展。为了长久地保持系统协调、均衡地发展，资金和资源在子系统中的分配比例必须随着系统的发展，做合理的调整，因此，要求模型应具有动态的机制将各个模块特别是水资源和宏观经济模块紧密地联系在一起。从模型构建方程等可以看出，整体模型具有以下七方面主要联系机制。

1）扩大再生产机制、积累与消费关系

扩大再生产机制是水资源承载力分析模型的一个主要约束机制。按照马克思的政治经济学理论，扩大再生产就是资本—生产—商品—利润—资本的循环产生过程，即把上一个生产过程的一部分利润转化成资本，进行新的扩大再生产过程，而多少利润用于转化资本，多少用于消费则是积累与消费的关系，积累与消费的比例是控制扩大再生产规模的主要因素。考虑水资源约束条件，如何安排积累与消费的关系，使扩大再生产过程顺利进行，是水资源规划研究必须面对的问题之一。

2）产品的调入、调出关系

在现代社会里一个地区没有必要完全靠自己的能力去生产自己所需要的产品，可以通过商品贸易活动调整地区间生产能力的不足。调整产业结构，发展节水型经济的一个重要方面是调整调入调出结构，处理调入调出关系的原则是基本维持调入调出的平衡，因为一个国家或地区长期保持贸易顺差或贸易逆差都是不正常的。

3）投入—产出约束关系

投入—产出关系可以研究一个地区各经济部门产出及需求之间的平衡关系，描述经济结构和生产条件之间的关系，揭示生产过程中各部门的变化过程以及部门与部门之间的相互依存、相互制约的关系。

4）水污染与治理及污水回用的关系

经济要发展，就不可避免地有污水排放，不仅造成环境污染问题，而且还导致新鲜水源不能被利用，加剧水资源危机。为了控制这种恶性循环，就要将工业污水在排入河道之前进行治理及回用，不仅控制了污染问题，还可以为工业和农业提供水源，提高水的重复利用效率，既有环境效益，又有经济效应。当然这就需要治理投资，因此它对于扩大再生产来说是一项限制因素。

5）农业生产结构的合理调整

农业是第一用水大户，农业生产结构的合理调整对于提高用水效率、维护良好的生态环境、进而提高水资源承载能力具有决定性作用。农业生产结构包括两个层次，第一层为农、林、牧、副、渔的结构，第二层为种植业内各种作物的种植结构，包括粮食、油粮、棉花、蔬菜、瓜果等作物的种植比例。

6）水平衡约束

工业、农业要发展，动物、植物要生存，人类还要维持日常生活，这都需要水。生活用水涉及千家万户，工业用水则是国民经济发展的基石，因而它们对供水水质和保证率的要求比较高；农业用水一般都是灌溉用水，对水质和保证率的要求相对较弱。以上所有用水都必须满足水量供需平衡这个基本物理规律的约束。

7）水库调度规则与水资源利用过程的关系

在模型中，不同的水库调度规则会导致不同的水资源利用过程，而水资源利用在时间和空间上的变化，将在很大程度上对国民经济的发展产生影响。

除上述主要约束关系之外，还可以增加政策、市场、传统等方面的约束，如政府的粮食政策、当地生活的消费特性等。在模型中这些方面的约束方程都可以通过上、下限来控制。

第5章 南水北调水资源综合配置决策支持平台建设

5.1 平台的总体设计

5.1.1 概述

随着流域水资源研究的定量化程度不断提高，对基础信息的输入需求日益加大。长期的地面观测工作积累了大量的现势的、历史的观测数据，同时现代对地观测系统源源不断地提供多时相、多波段、多角度的空间数据，这些空间数据的多源性（多语义性、多时空性、获取手段多源性、存储格式多源性）给数据存储、管理和分析工作带来了巨大挑战。因此自20世纪90年代以来，人们在加强流域水资源演化物理过程描述的同时，开始致力于模型的“前期处理”（如输入数据的预处理、参数准备等）和“后期处理”（模型结果的统计、数值化、可视化等），从而形成了“前期处理—模型运算—后期处理”的整体研究结构（图5-1）。

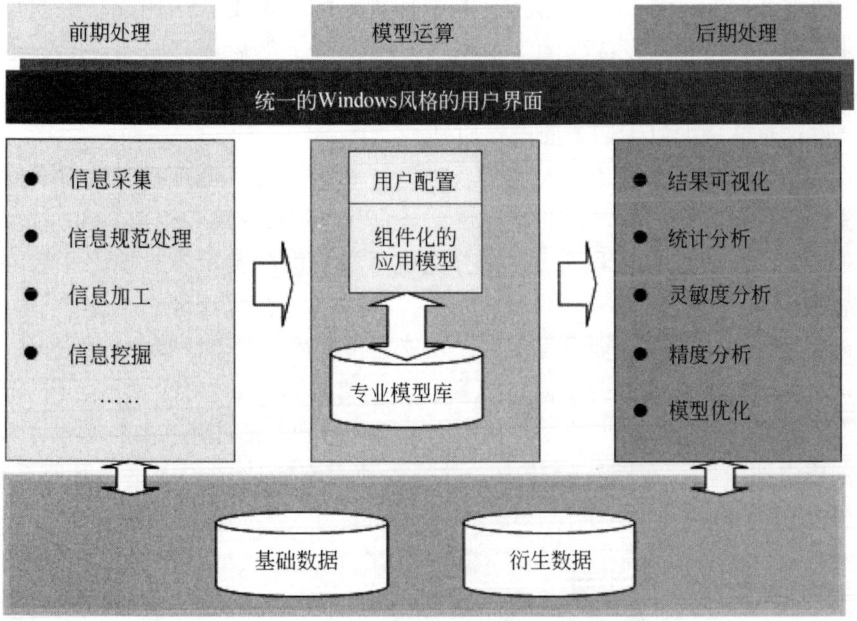

图5-1 流域水资源综合配置的任务与流程

由于GIS具有强大的空间数据管理和分析功能，已逐渐成为水文数据处理和分析的首选工具。多数情况下，GIS 与水文水资源模型之间通过手工传递数据的形式相结合。常用的 GIS 软件侧重于通用功能的实现，往往结构庞杂且功能繁多，但是难以按照需要流程化地进行处理，同时缺乏一些水资源领域特殊的处理功能，因此不能完全满足流域水资源研究的需要。为此综合 GIS 与水资源模型各自的优势，构建集成化信息平台，成为水资源研究的主要组成部分。

本书研发的“南水北调水资源综合配置决策支持平台”是“南水北调水资源综合配置技术研究”课题的重要组成部分和应用实现，是发挥南水北调水资源综合配置技术研究成果的具体应用。南水北调水资源综合配置决策支持平台包含数据输入与管理、模型运行管理、模型输出三个业务子系统，以及图层编辑、系统配置两个辅助子系统，其主要的成果以专题图、报表和专题数据产品的形式体现。

空间信息系统集成可以分为两个层次：一个是空间信息之间相互关系的概念层次集成，侧重于地理信息的空间分析；另一个是不同数据和模型之间组织和管理的技术层次集成。本次研发的南水北调水资源综合配置决策支持平台，以水资源综合配置决策支持的业务需求为指导，采用面向对象分析方法（OOA），使用 Rational Rose 或 Microsoft Visio 等计算机辅助软件工程工具（CASE）；采用面向对象的软件设计方法（OOD），遵守统一建模语言（UML）的标准规范。平台开发过程中采用传统的软件开发生命周期的方法，采用自顶向下、逐步求精的结构化的软件设计方法。平台在上述多个层面对数据、功能、模型等多个专题进行集成，为跨流域的水资源综合配置提供了有效的支持环境。

平台的建设采用统筹规划与逐步完善的策略：首先进行平台的整体规划，然后确定系统的研究开发的思路和总体框架。在总体规划的基础上，采用逐步完善的方法进行设计和开发：先设计开发成熟的、迫切需要的部分，然后逐步进行整合，逐步使系统覆盖面更广泛，形成完整的流域空间信息的基础平台。

平台设计总体遵循以下四方面设计原则。

（1）先进性原则。采用面向对象的软件设计理念，以“地理空间数据仓库”的大框架组织海量空间数据；在应用系统的开发上采用“可视化编程语言+ GIS 控件”的组件式开发策略。各项技术的采用，在充分完成系统功能的情况下，确保平台在软件技术上的先进性。

（2）实用性原则。平台要界面友好，功能完善，简单易学，操作方便。

（3）可拓展性原则。平台从信息要素、分类编码到功能模块、数据结构等都是易于扩充的，能够满足系统未来的发展和扩充需要，做到即插即用。

（4）稳定性原则。在系统设计中，进行各种方案的比较和优化，保证系统稳定、可靠。

5.1.2 平台总体结构设计

1. 平台目标功能

在本书研究中，已经初步形成了宏观与微观资源环境科学数据序列，但没有形成一个完善的系列数据生成体系与数字研究环境。本平台充分体现“软件即服务”的理念，旨在为南水北调水资源综合配置提供多层次的信息服务，主要存在三个层次的需求。①输入信息管理需求：对多种来源、多种格式的数据进行统一存储、管理和归一化处理；②信息加工需求：整合 GIS 空间分析、统计分析和数值模拟的方法和工具，形成具有统一规范、功能完善的水资源要素信息提取工具集，并将常用的数据处理工作流程化，提高工作效率；③模型和输出管理需求：包括模型库的建设、模型接口与耦合管理、模型输出结果的可视化与统计分析等。

根据上述需求，平台的建设目标是：实现统计数据、观测数据、试验数据、空间数据一体化管理和分析，为业务人员提供功能全面的数据管理维护工具；对大量的、多源的资源与生态环境数据进行输入、编辑、标准化、输出；引入多种水资源数据分析、处理方法，完成从数据到信息的转化；集成水资源综合配置模型，实现模型的运行与维护，发挥辅助决策作用。计算结果可视化表达是平台的又一重要功能。平台将提供各种专题图、分析报表，为计算结果可视化表达等提供强大的决策支持。

综合以上分析，平台目标功能具体包括以下六个方面：①实现海量多源异构信息的统一管理；②实现流域水资源信息预处理工作的流程化；③实现 GIS 与流域水资源配置模型之间的自动化数据传递；④为用户提供界面友好、功能全面的模型配置、运行、管理环境；⑤为模型结果的输出提供多种表现形式；⑥提供模型调参、精度校验、优化的可视化环境。

2. 系统物理结构

平台的计算机设备部署在中国水利水电科学研究院的业务网内，平台的应用分系统服务器和应用分系统客户端通过千兆光线与交换机连接，实现与数据库服务器和彼此之间的通信。平台的物理组成结构图如图 5-2 所示。

3. 系统组成和功能结构

平台（以下简称 WRS）的系统组成和功能结构主要从系统功能、逻辑实现与系统部署三个方面来陈述。

1）按照系统功能划分

WRS 主要由数据输入与管理、模型运行管理、模型输出三个业务子系统，以及图层编辑、文件（系统配置）两个辅助子系统组成，如图 5-3 所示。

2）按照系统逻辑实现划分

按照系统逻辑实现划分，WRS 模块分为六部分：主框架应用程序（WRSFrame）、功能界面（WRSECAUI）、数据管理逻辑（WRSBussinessL）、模型运行逻辑（WRSBasicL）、图层编辑逻辑（WRSUtilityL）和通信逻辑（WRSCommunicationL）。其中，WRSFrame 是各个子系统的主界面，是系统的入口；WRSECAUI 包括的功能的界面有数据处理界面（WRSClientGisRsUI）、专题图制作界面（ThematicMapMakerUI）、任务管理界面（TaskManageUI）、模型界面（ModleUI），主要实现用户与系统的交互，获取各个功能实现的参数，调用功能逻辑模块，显示功能操作的结果；WRSBussinessL 封装

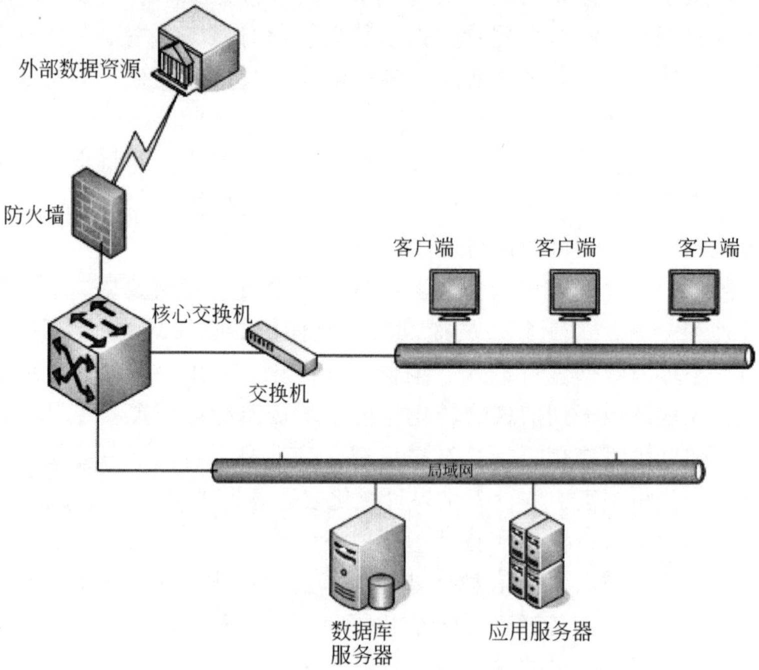

图 5-2　平台的物理结构

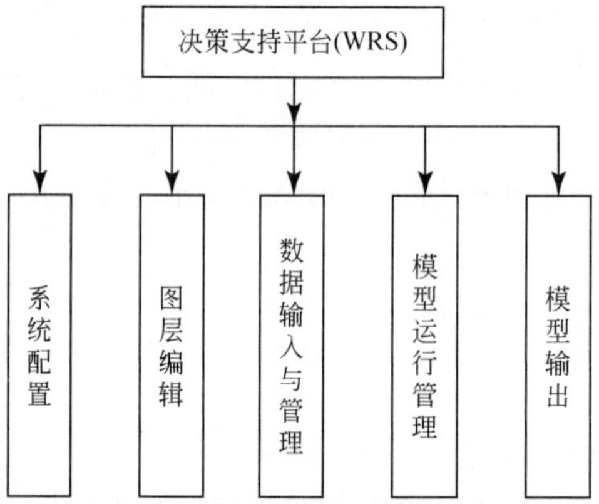

图 5-3　平台的组成图

了所有生态应用业务相关功能的逻辑实现，供功能界面模块调用，它主要包括专题图逻辑（WRSThematicMapMaker）、简报逻辑（WRSMapReport）、专题产品逻辑（WRSThematicProduct）、应用产品逻辑（WRSApplicationProduct）、服务管理逻辑（WRSServiceManagment）、模型库管理逻辑（WRSModelManagment）、任务管理（WRSTaskManagement）；WRSBasicL 定义了栅格和矢量数据结构等基本数据结构和常用的运算函数，供功能界面模块调用，包括图像处理逻辑（WRSGeoProcess）、栅格工具逻辑（WRSRasterTools）、矢量工具逻辑（WRSVectorTools）、日志管理逻辑（ERSLog-Management）、数据管理逻辑（WRSDataManagement）、分类功能逻辑（WRS-

Classification)、公共库逻辑（DVCommonAlgorithms）和核心定义（WRSCore）；ERSCommunicationL 封装平台与其他系统之间的通信接口以及服务器与客户端通信的接口（图 5-4）。

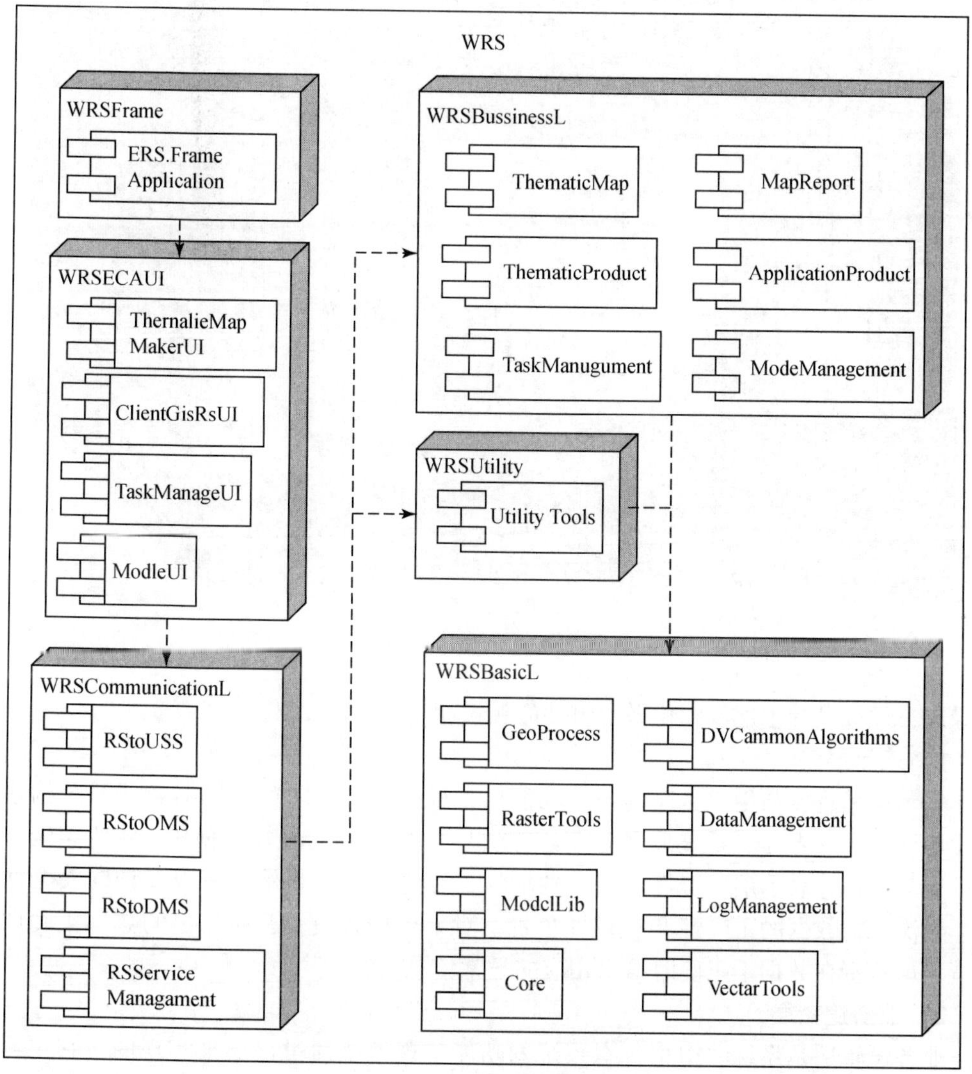

图 5-4　系统模块结构图

4. 系统层次划分

在平台设计原则的指导下，根据平台的数据特征、功能划分及其驱动下的数据流程，将本系统划分为三个部分：基础平台搭建、数据管理、应用模型集成。系统的总体架构和开发策略如图 5-5 所示。

整个平台系统从逻辑上分为表示层、业务逻辑层与数据层来组织。系统软件设计采用分层架构技术，以通用性、稳定性定层次，同一层次以功能划分包，以上层服务

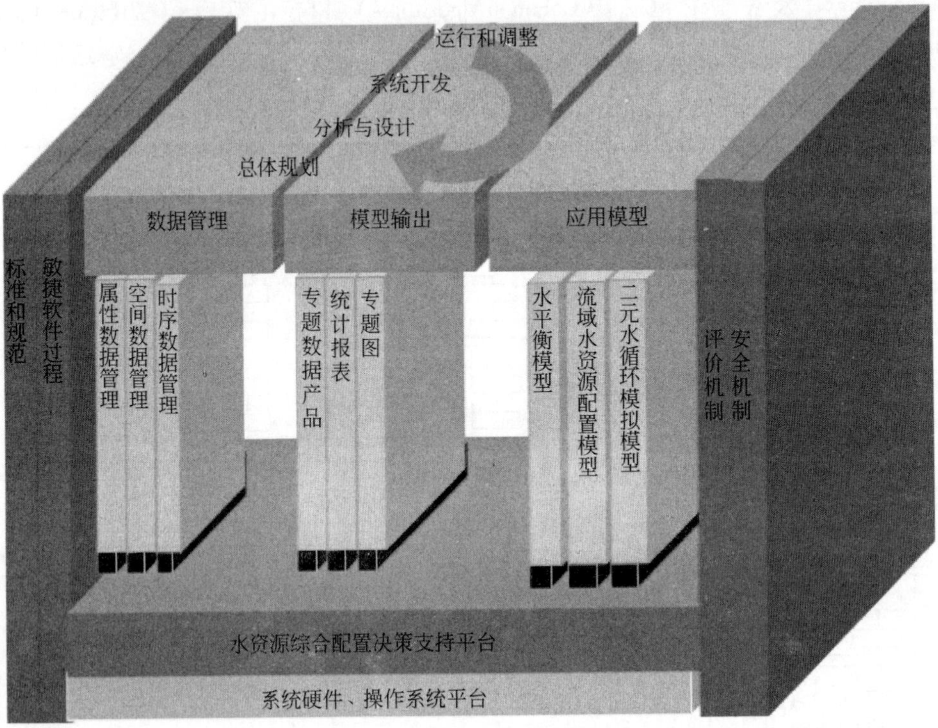

图 5-5　平台总体架构

为导向，逐级设计，逐步细化平台组件的颗粒度。

1）表示层

表示层是直接与用户交互的系统功能层，根据用户需求的不同对各子系统构建和开发不同的交互界面。系统采用窗口交互方式，方便 windows 用户使用。作为系统与用户的交互接口，表示层负责接收用户的输入，并将输出呈现给用户以及访问安全性验证。对流入的数据的正确性和有效性负责，对呈现样式负责，对流出的数据正确性不负责，但负责在数据不正确时给出相应的异常信息。

2）业务逻辑层

业务逻辑层是系统的中枢，本系统的功能实现就是通过该层来实现的，它包含系统的各种事物处理逻辑，包括模型管理、专题产品功能、应用产品功能、业务化功能、产品传输、通信组件、数据处理组件等。

业务逻辑处理是系统运行的关键，它负责处理用户的请求，并把处理结果返回给表示层。它通过数据访问层与数据层进行通信，实现数据的查询、统计、运算等处理。业务逻辑层包括所有的业务规则及所有执行业务规则所需的业务逻辑。

3）数据层

数据层又可细分为数据访问层与数据层，它提供系统正常运行所需要的读取的所有数据以及系统业务运行生成的数据；数据访问层主要是负责数据的访问，可以访问 Oracle 数据库中数据、SDE 数据库中空间数据，以及本地影像文件、文本文档或是 XML 文档等。

系统所需数据支撑都来自数据层。数据层作为系统数据的管理核心，包括基础地理数据、自然背景数据、水资源监测与统计数据、社会经济数据、专题产品数据、应用产品数据、模型与参数数据、系统配置数据、其他相关数据。其中系统配置数据。模型与参数数据设计以 Oracle 数据表形式存放；基础地理数据、背景数据、监测与统计数据、社会经济数据存放在 SDE 库中；专题产品、应用产品数据则以文件的形式存在在系统设定的目录中。

系统这样设计的数据层能够提供全面、有效的数据服务，为系统各功能运行提供数据保障。

5.1.3　平台总体界面设计

1. 设计原则

本系统界面设计遵循以下五个原则：①以用户为中心。设计由用户控制的界面，而不是界面控制用户。②清楚一致的设计。即所有用户界面，包括控件、信息提示、界面配色等都遵循统一标准，做到风格一致。所有具有相同含义的术语保持一致，且易于理解。③拥有良好的直觉特性。以用户所熟悉的现实世界事务的抽象来给用户暗示和隐喻，来帮助用户能迅速学会软件的使用。④较快的响应速度。⑤简单且美观。

2. 设计思路

在对功能需求及用户需求充分理解的基础上，对系统功能及业务流程进行了梳理，形成了总体设计思路，主要包括以下三方面：①以数据为中心，围绕着数据操作对界面进行设计，包括对菜单栏的划分，对工具栏的设置以及主操作界面的布局。突出了数据操作的直观性、便捷性等特点。②以业务为主线，通过读取模型库动态生成模型运行界面，确保不同位置调用的参数、数据及模型保持一致。③任务驱动，界面设计中考虑到系统以任务为驱动的特点，将任务列表放置在主界面中，方便用户直观方便地对系统任务状态进行了解。

3. 界面总体结构

本系统采用通用的空间信息平台的界面风格，兼顾其他管理软件的操作特点，提供用户友好、方便、易于操作的人机交互界面。

本系统主界面从总体上可分为如下六部分，如图 5-6、图 5-7 所示。

（1）菜单栏：分类列出系统功能，提供下拉式的功能选项供用户调用，是本系统的主要功能选择区。

（2）工具栏：提供系统常用工具，用户可以通过拖拽调整工具条的位置。

（3）图层管理区：显示当前加载的图层，可以通过上下移动选择视图区显示的数据。系统在图层管理区提供右键菜单供用户对图层进行基本的操作，如数据加载、图层删除、图例修改、对比度增强等功能。

（4）数据信息栏：动态显示用户在图层管理区点击的图像信息。可以显示包括数据源、坐标系、数据大小、数据范围等信息。

（5）主视图区：系统的主要工作区域，分为数据视图、版式视图和任务管理视图，分布用来显示数据、制作专题图和管理任务信息。用户可以在数据视图下对数据做各操作、处理，在版式视图下生成专题图，在任务管理区对任务进行查看、删除、管理等操作。

（6）状态栏：显示当前系统的各种状态信息，显示鼠标当前位置的坐标信息等。

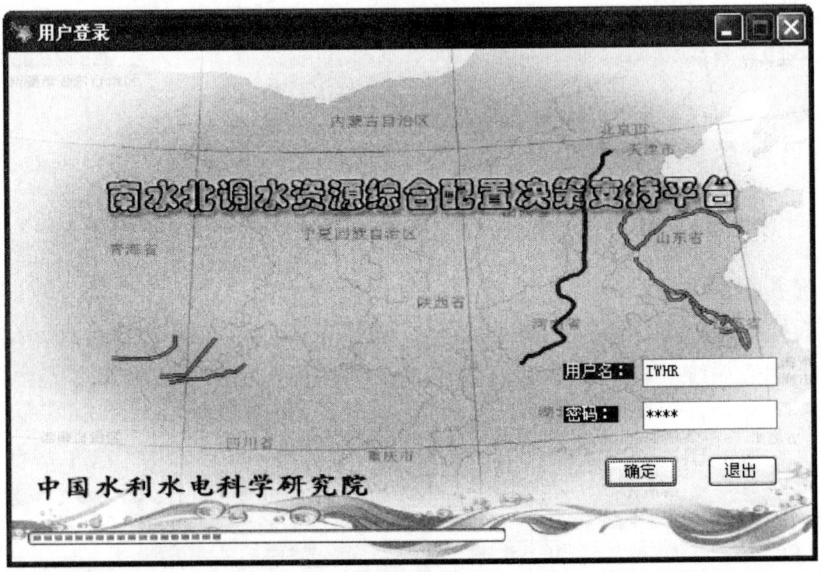

图 5-6　南水北调水资源综合配置决策支持平台的登录界面

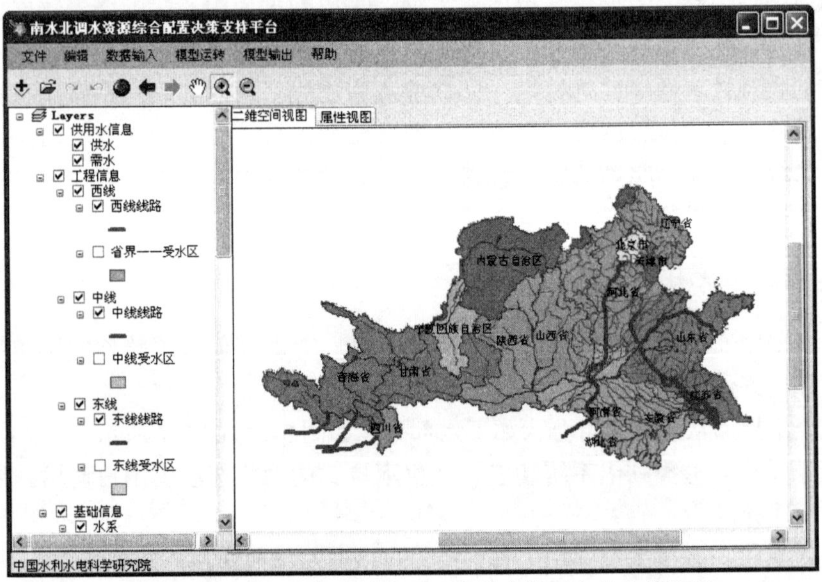

图 5-7　南水北调水资源综合配置决策支持平台的主控界面

4. 界面层次

依据系统逻辑结构将用户界面划分为三个层次，分别是系统主界面层、模型运行界面层和模型成果展示与输出界面层，如图 5-8 所示。

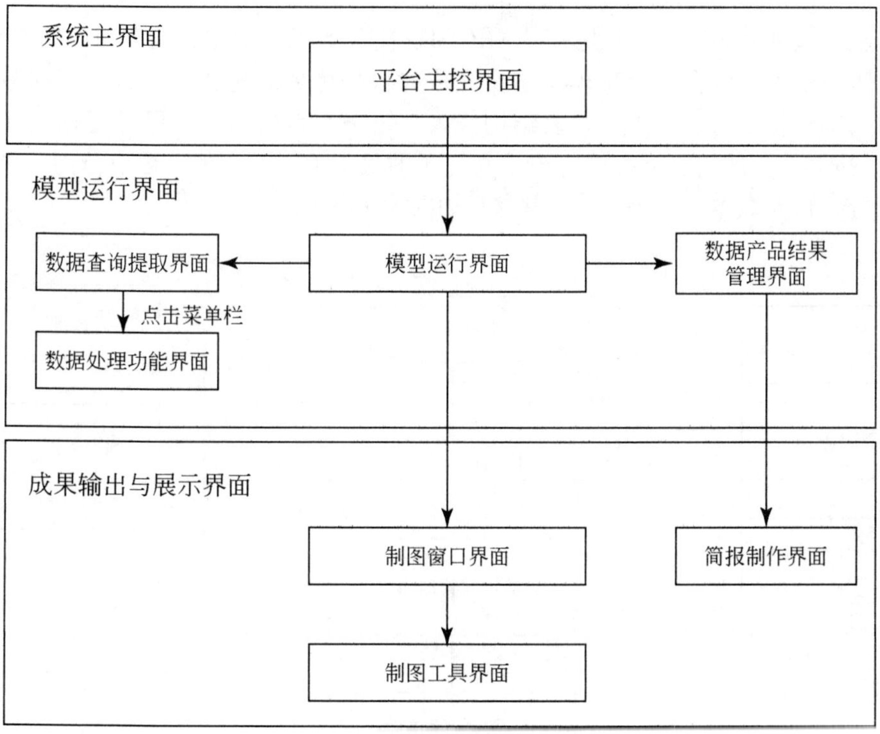

图 5-8　系统界面层次图

其中：

（1）系统主界面层是系统主体结构，为用户提供菜单栏、工具栏、主视图区、图层管理区、鹰眼区、任务管理区、状态栏等，供用户交互。

（2）模型运行界面层是系统核心功能所在，提供数据查询、数据处理、模型管理、模型运行等功能界面，用户可以在此层界面中选择自己感兴趣的业务任务。

（3）成果输出与展示界面层是系统的表现层，用户可以通过此层界面提供的各种交互窗口制作各种专题图和简报产品，提供给相关领导及应用人员查看。

5.2　平台主要功能模块

根据本次决策支持平台建设的需求，平台的主要功能模块包括三个主要模块：数据输入与管理、模型管理与应用、成果输出与展示；同时还设计了二个辅助模块：系统配置、图层管理。

5.2.1　数据管理

数据管理模块面向数据管理、空间信息处理等研究人员，利用空间信息技术，为工作人员提供水资源数据管理和编辑的工作平台，使用户可以高效、便捷地获取所需的资料，并通过各种分类条件查询、统计空间数据和属性数据，给用户以清晰的数据信息。

模块与数据库的接口主要是通过 ARC SDE 空间数据库引擎，与空间数据库和影像数据库进行通讯。数据库管理模块主要完成对数据库的管理工作，包括新建数据库、删除数据库、新建表、删除表、表结构修改、按属性表的指定字段进行排序（升序、降序）、按属性表的指定字段进行统计（记录的最大值、最小值、数值范围、平均值、均方根等）以及数据入库等功能。其接口如图 5-9 所示。

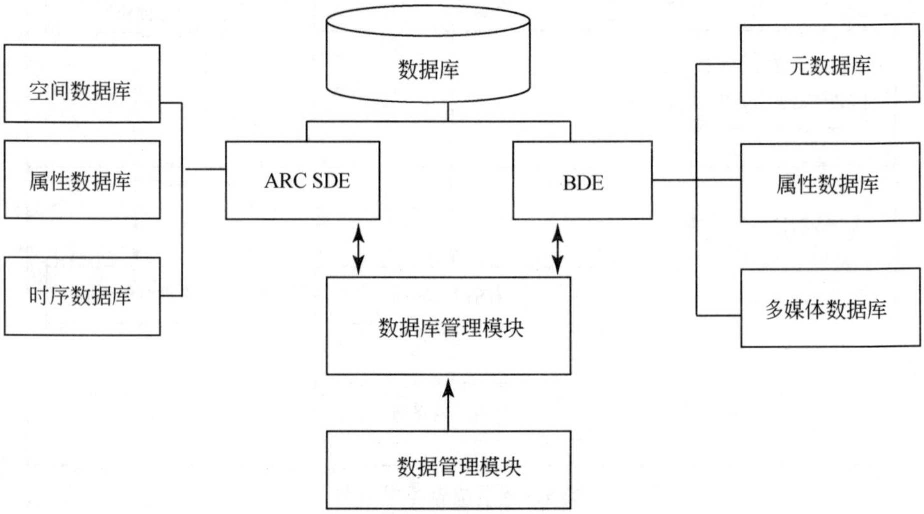

图 5-9　数据库管理模块接口与功能示意

数据库管理模块包括数据输入输出、数据编辑、数据质量检查、数据显示浏览、数据查询、安全管理等功能。

数据库中的数据主要有以下三种类型：

(1) 属性数据。如站点观测数据（气象、水文）、社会经济要素、用水统计数据等。

(2) 空间数据。有基础空间数据和专题空间数据等；按照存储结构又可以分为栅格数据（如遥感影像）、矢量数据（如行政区界线等）。

(3) 时间序列数据。研究水资源演化所需的长时间序列的历史数据和现时数据。数据管理模块实现空间/非空间数据的一体化管理（如空间、属性数据的双向查询），并通过数据积累，对时序数据进行管理和维护。

5.2.2　模型管理与应用

1. 模型库技术架构

根据平台应用的具体需求，针对数据处理的多样复杂性和水资源配置建模的可持续扩展性，研究开放的、可扩展的及代码重用的模型库架构以及在模型库基础上构建的系统开发架构。模型管理实现各子模型之间通过数据交换、参数传递实现对复杂的交互过程的模拟。本研究建立了应用模型库，在模型库管理系统的支持下，为用户提供便捷的模型服务，模型库系统软件实现采用组件构模的思想，各个模型都由一个组件来独立实现，每个组件都提供标准模型接口（包括数据接口和指令接口），所有组件联合起来共同实现整个模型库系统的功能。将模型构件看成应用程序的子程序，以宿主语言的标准调用。使模型库系统模块化，以便每个模型能被容易地使用和管理（包括查询、增加、删除、修改等），可使用户以嵌入方式建模，使内存和系统资源的使用率大大提高，具体的功能包括：①已有经典模型的查询、应用；②已有经验/半经验模型的修正；③新的应用模型的创建和应用；④所有模型的维护（增加、删除、修改）。模型库系统的基本框架如图 5-10 所示。

模型库管理子系统主要包括模型接口、模型的运行管理与模型的存储管理以及编辑、编译环境等四个部分。

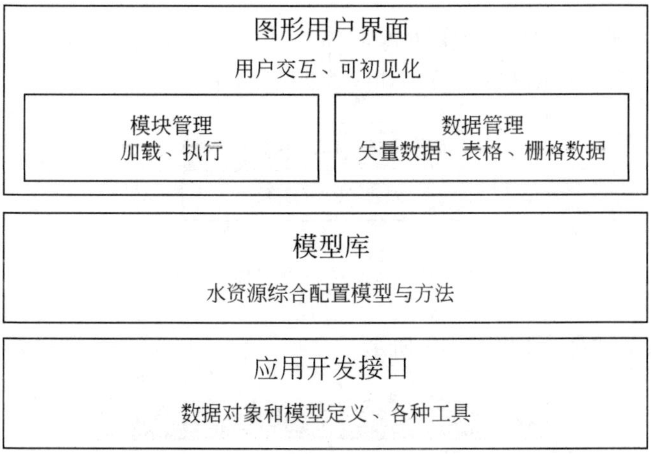

图 5-10　模型库系统的基本框架

2. 模型库技术特点

（1）本平台开发的模型库的技术特点在于：①松耦合方式管理生态环境仿真模型。②模块具体实现采用黑箱方式——通过动态链接库 DLL 形式包装。③统一的模块通信标准——提供模块识别标志、内嵌模型信息、模型描述、模型参数描述、模型处理过程断面消息等标准接口。模型封装在模块，模块可驻入多个模型。模型的主要接口包括模块基本描述和模型枚举器。

（2）模型库数据标准及软件接口协议。

①创建了模型通用协议。

模型通用协议采用标准 C++构建动态链接库接口协议标准。

模型类型标准：制定了四类模型类型，包括 MODULE_ TYPE_ Base、MODULE_ TYPE_ Interactive、MODULE_ TYPE_ Grid 和 MODULE_ TYPE_ Grid_ Interactive 等。

模型基类和标准接口：构建了封装模型基本接口的 CModule 模型基类。CModule 的基本接口集包括模型基本信息接口、模型参数接口和模型运算接口。其中模型参数接口包括参数的枚举、修改设置及帮助信息等子接口。

模块识别和自动加载接口标准：模型的宿主为单一动态链接库，一个动态链接库可同时驻留多个模型。系统定制了标准的模型识别和自动加载接口。

②建立了模型库自动加载环境。

制定了模型库自动加载标准接口，包括 MLB_ Initialize ( )、MLB_ Get_ Interface ( ) 以及 Get_ API_ Version ( )。

模型库自动加载过程由三步组成。首先，获取模型库目录下所有的动态链接库；其次，获取 MLB_ Initialize ( ) 接口，检测该动态链接库是否为标准模块；最后，如果检测通过，则调用 MLB_ Get_ Interface ( ) 进行模型的初始化。其中 MLB_ Get_ Interface ( ) 将自动调用模块的 Create_ Module 和 Get_ Info 接口。

3. 模型运行

本平台模型运行分为以下三个步骤。

(1) 从主菜单上选择模型运转，如图 5-11 所示：

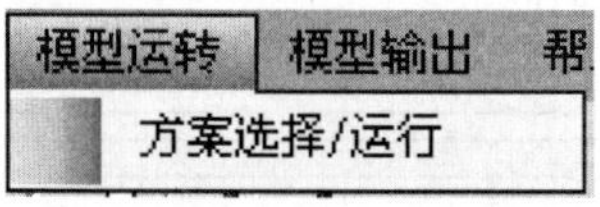

图 5-11　平台主菜单上选择模型运转示意

(2) 进行方案选择，如图 5-12 所示：

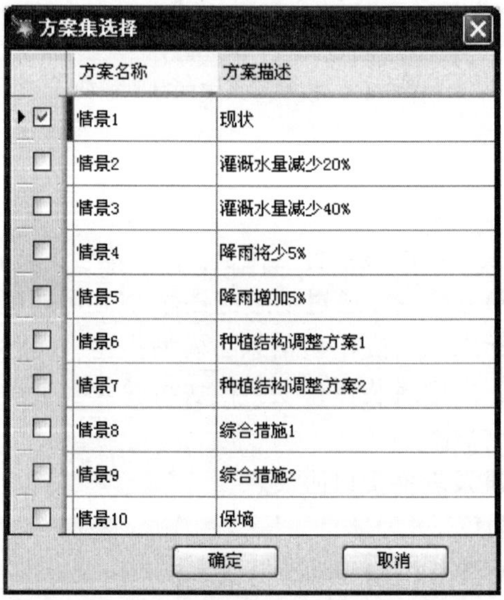

图 5-12　模型运转方案选择界面示意

(3) 开始运行，如图 5-13 所示：

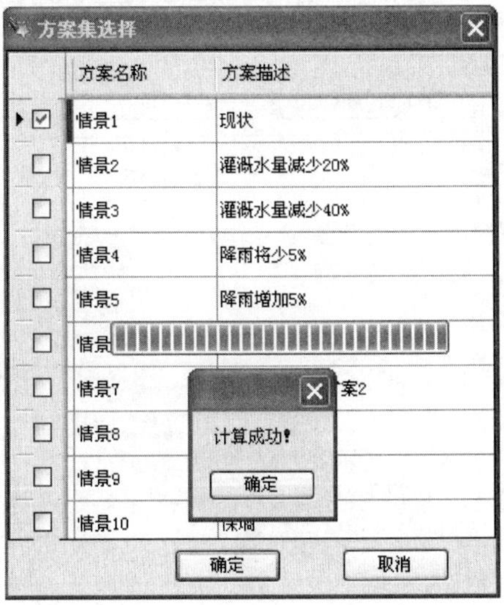

图 5-13　模型运行中界面示意

4. 模型运行结果

(1) 供水结果输出，如图 5-14 ~ 图 5-16 所示：

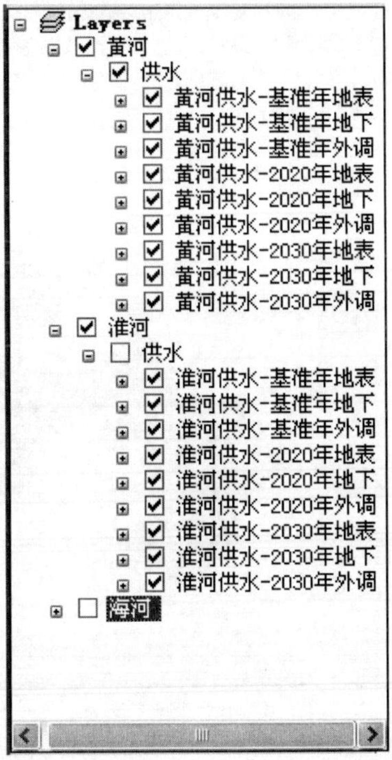

图 5-14　模型运行计算供水结果输出界面示意

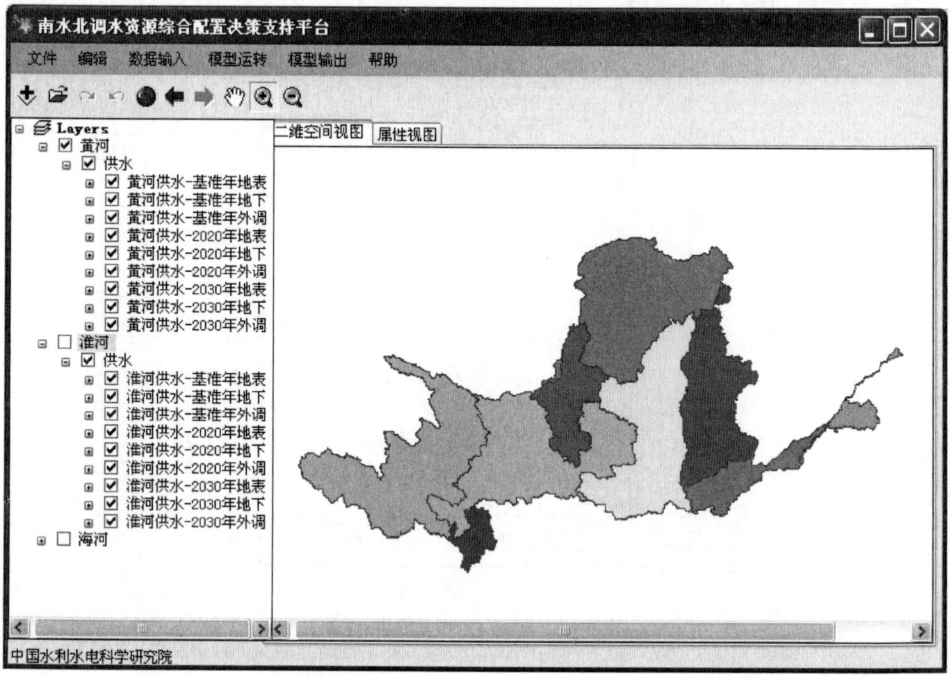

图 5-15 模型运行计算黄河供水结果的二维空间展示界面示意

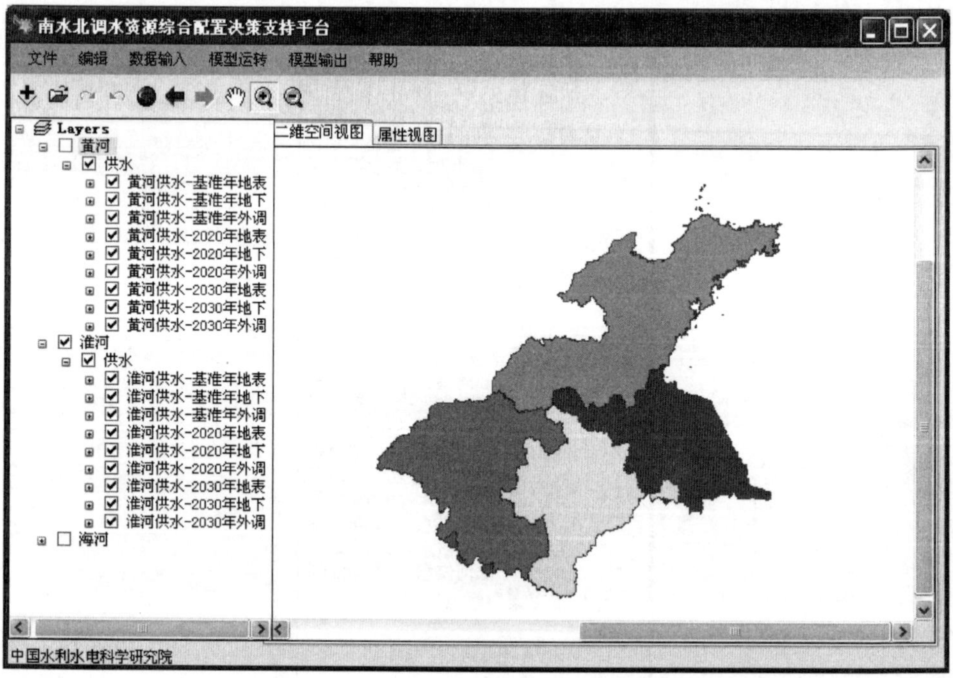

图 5-16 模型运行计算淮河供水结果的二维空间展示界面示意

属性表输出，如图 5-17 所示：

图 5-17　模型运行计算供水结果的属性展示界面示意

（2）需水结果输出，如图 5-18 ~ 图 5-20 所示：

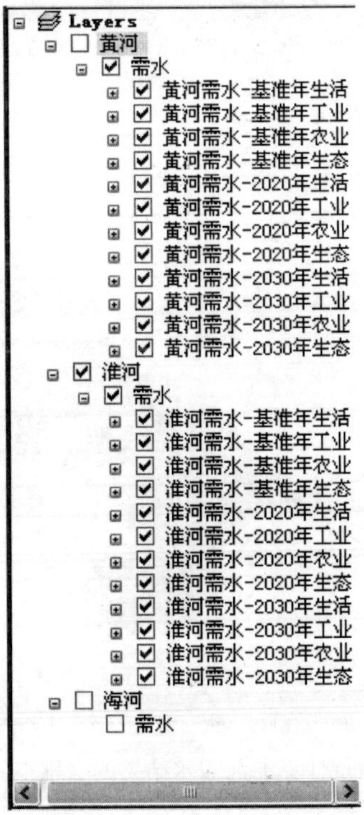

图 5-18　模型运行计算需水结果输出界面示意

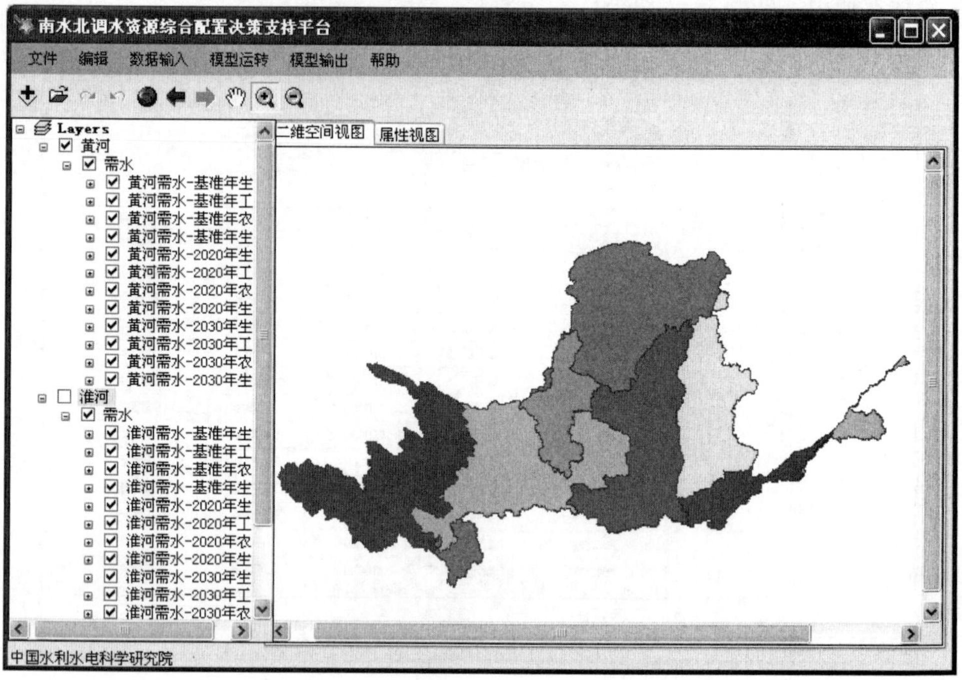

图 5-19　模型运行计算黄河需水结果的二维空间展示界面示意

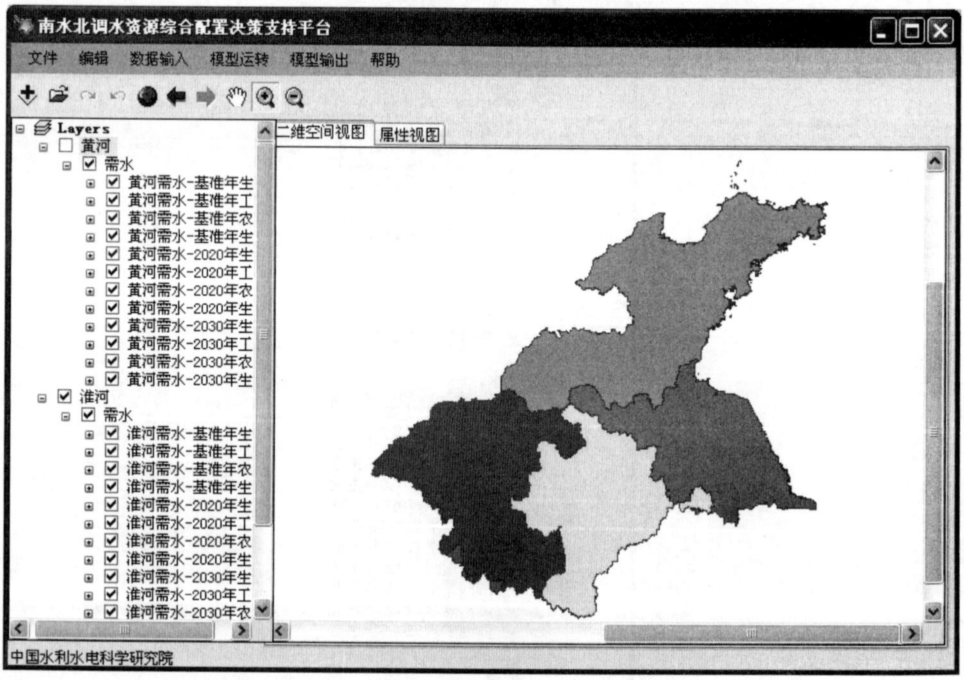

图 5-20　模型运行计算淮河需水结果的二维空间展示界面示意

属性表输出，如图 5-21 所示：

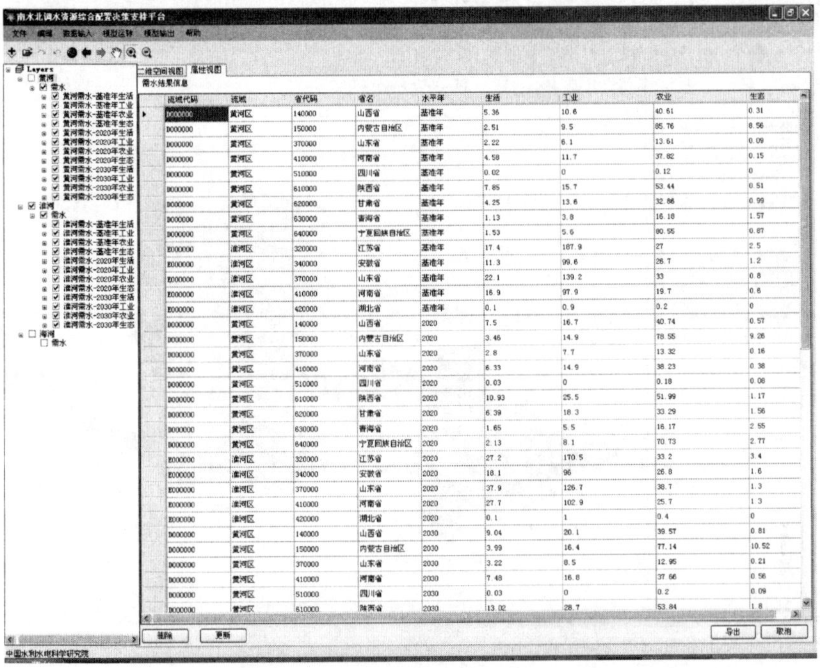

图 5-21　模型运行计算需水结果的属性展示界面示意

（3）缺水结果输出，如图 5-22 ~ 图 5-24 所示：

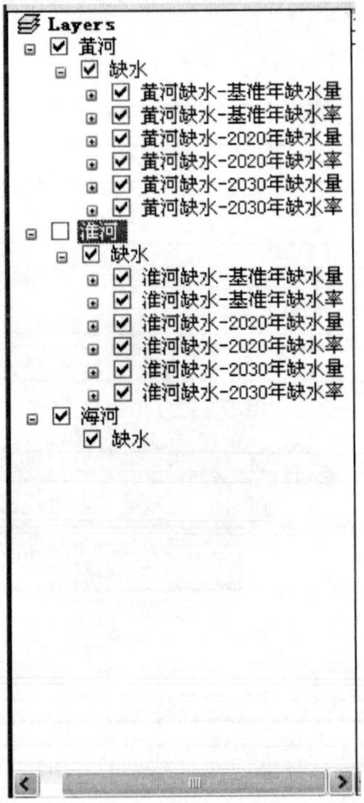

图 5-22　模型运行计算缺水结果输出界面示意

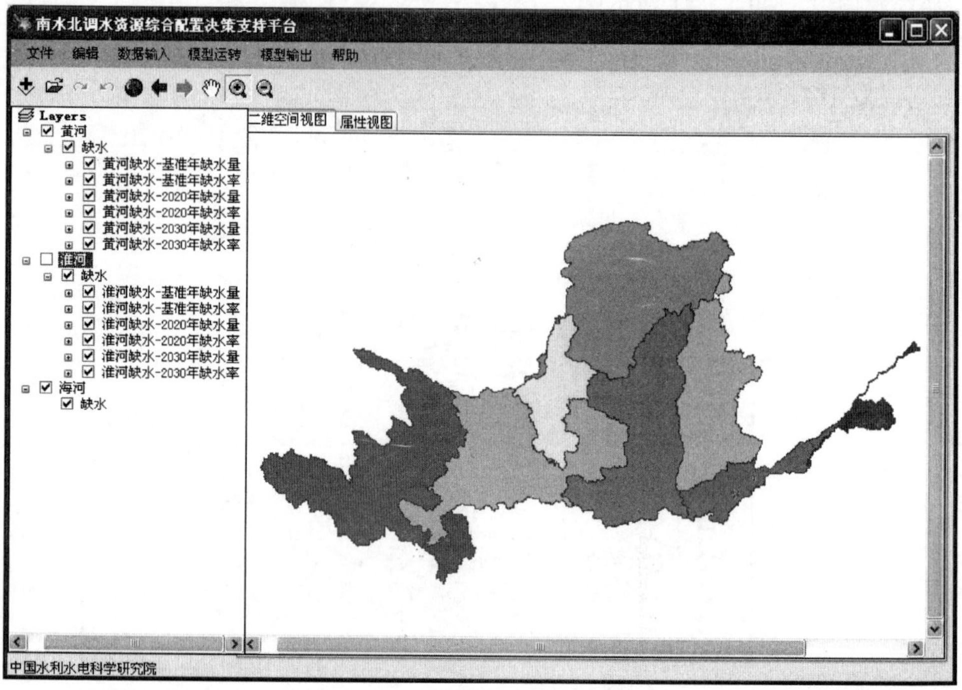

图 5-23　模型运行计算黄河缺水结果的二维空间展示界面示意

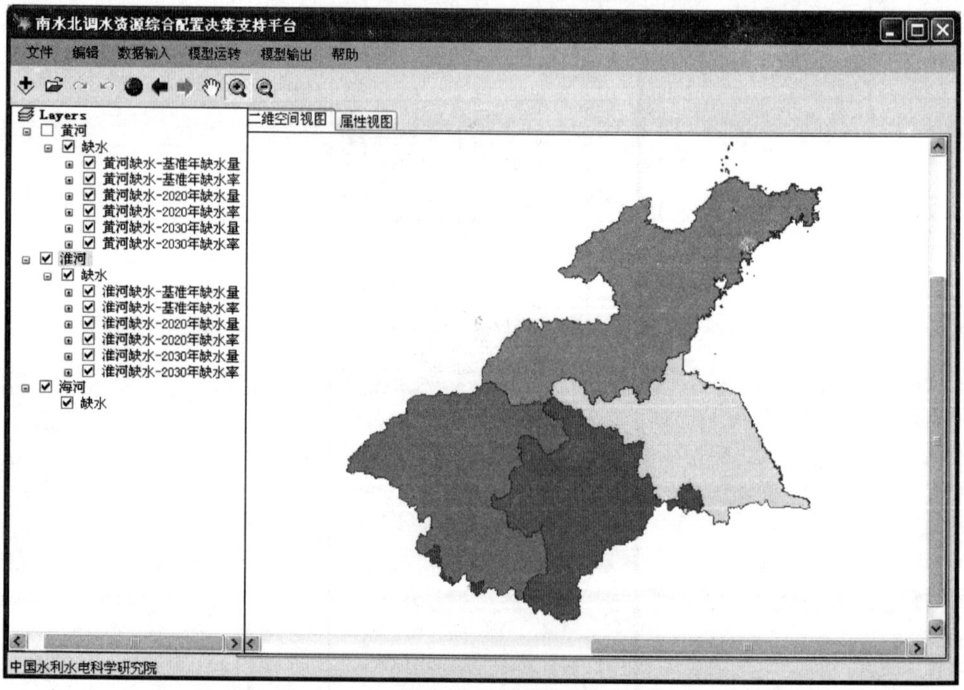

图 5-24　模型运行计算淮河缺水结果的二维空间展示界面示意

缺水属性表，如图 5-25 所示：

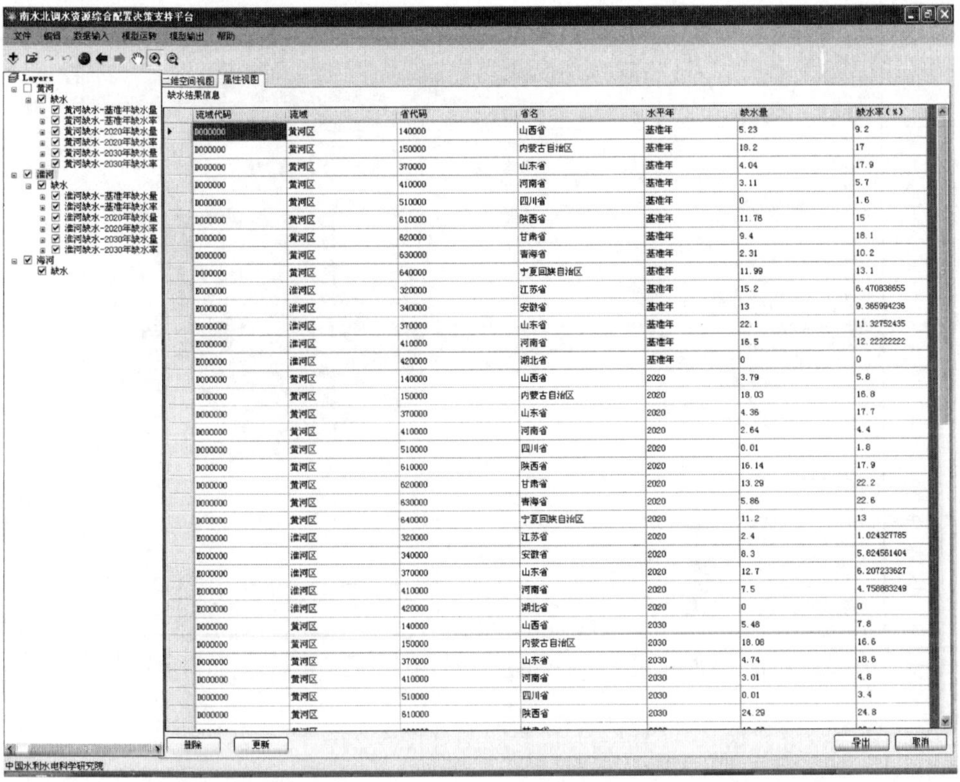

流域代码	流域	省代码	省名	水平年	缺水量	缺水率（%）
D000000	黄河区	140000	山西省	基准年	5.23	9.2
D000000	黄河区	150000	内蒙古自治区	基准年	18.2	17
D000000	黄河区	370000	山东省	基准年	4.04	17.9
D000000	黄河区	410000	河南省	基准年	3.11	5.7
D000000	黄河区	510000	四川省	基准年	0	1.6
D000000	黄河区	610000	陕西省	基准年	11.78	15
D000000	黄河区	620000	甘肃省	基准年	9.4	18.1
D000000	黄河区	630000	青海省	基准年	2.31	10.2
D000000	黄河区	640000	宁夏回族自治区	基准年	11.99	13.1
E000000	淮河区	320000	江苏省	基准年	15.2	6.470838655
E000000	淮河区	340000	安徽省	基准年	13	9.365994236
E000000	淮河区	370000	山东省	基准年	22.1	11.32752435
E000000	淮河区	410000	河南省	基准年	16.5	12.22222222
E000000	淮河区	420000	湖北省	基准年	0	0
D000000	黄河区	140000	山西省	2020	3.79	5.8
D000000	黄河区	150000	内蒙古自治区	2020	18.03	16.8
D000000	黄河区	370000	山东省	2020	4.36	17.7
D000000	黄河区	410000	河南省	2020	2.64	4.4
D000000	黄河区	510000	四川省	2020	0.01	1.8
D000000	黄河区	610000	陕西省	2020	16.14	17.9
D000000	黄河区	620000	甘肃省	2020	13.29	22.2
D000000	黄河区	630000	青海省	2020	5.86	22.6
D000000	黄河区	640000	宁夏回族自治区	2020	11.2	13
E000000	淮河区	320000	江苏省	2020	2.4	1.024327785
E000000	淮河区	340000	安徽省	2020	8.3	5.824561404
E000000	淮河区	370000	山东省	2020	12.7	6.207233627
E000000	淮河区	410000	河南省	2020	7.5	4.758883249
E000000	淮河区	420000	湖北省	2020	0	0
D000000	黄河区	140000	山西省	2030	5.48	7.8
D000000	黄河区	150000	内蒙古自治区	2030	18.08	16.6
D000000	黄河区	370000	山东省	2030	4.74	18.6
D000000	黄河区	410000	河南省	2030	3.01	4.8
D000000	黄河区	510000	四川省	2030	0.01	3.4
D000000	黄河区	610000	陕西省	2030	24.29	24.8

图 5-25　模型运行计算缺水结果的属性展示界面示意

5.2.3　成果输出与展示

平台输出的信息有两类，一类是地理基础数据；另外一类是模拟、分析、处理、监测或仿真出来的结果，即分析后结果的展示。平台将用户查询的结果或是数据分析的结果以图形的方式加以表达，在计算机屏幕上显示或通过绘图仪输出，即实现地理数据的可视化。平台提供的可视化表达包括数据和成果显示，如空间数据缩放、漫游、增强等基本功能，以及多层数据的叠加等，主要有以下两种方式。

1）统计图表

将数据转换为相关的统计图表，如柱状图、圆饼图、折线图等，可以直观地获得数据的变化、波动、比例方面的信息。

2）专题图

在普通图的基础上，着重反映某一种或几种自然或社会经济要素的地理分布，或强调要素某一方面特征的地图，如土地利用图、面降雨量分布图、地表地下水资源量图等，对这些专题进行分级显示、年际比较、矢量叠加、标记注释等。

以下是本平台输出的三种主要专题图类型。

（1）自然背景数据——土地利用数据专题图（图 5-26）。

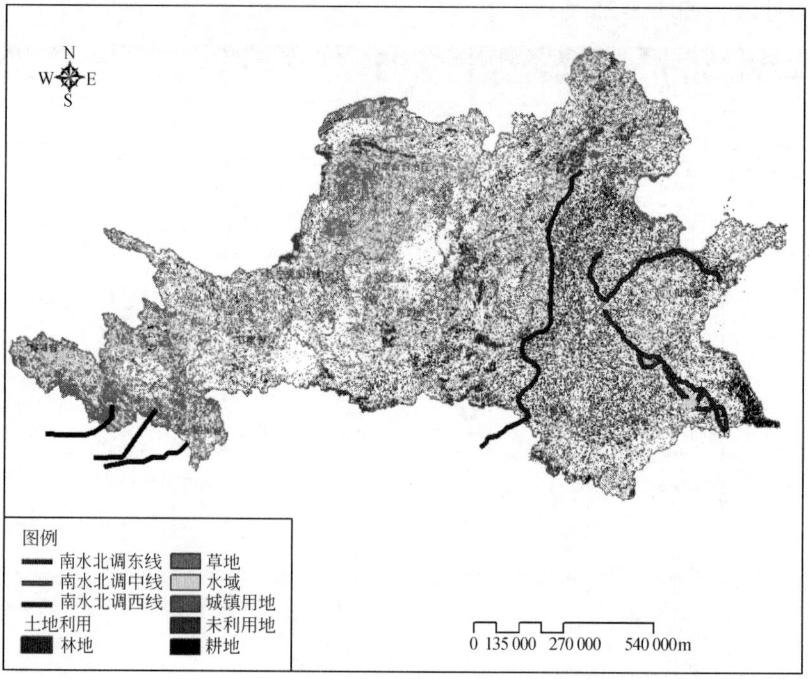

图 5-26　黄淮海流域土地利用专题图（基于 2005 年 1∶10 万数据）

（2）社会经济数据——GDP、人口专题图（图 5-27、图 5-28）。

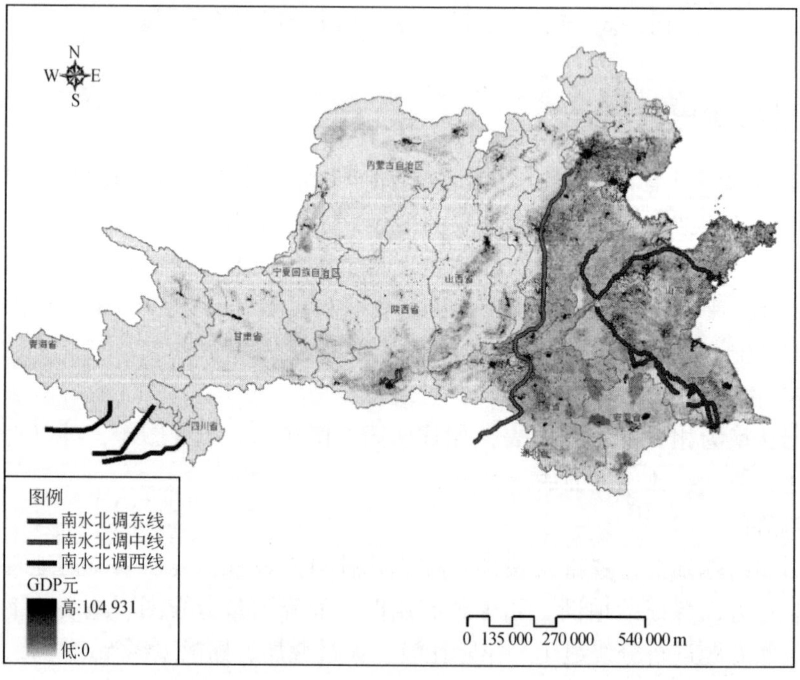

图 5-27　黄淮海流域 GDP 专题图（基于 2008 年 1km 栅格数据）

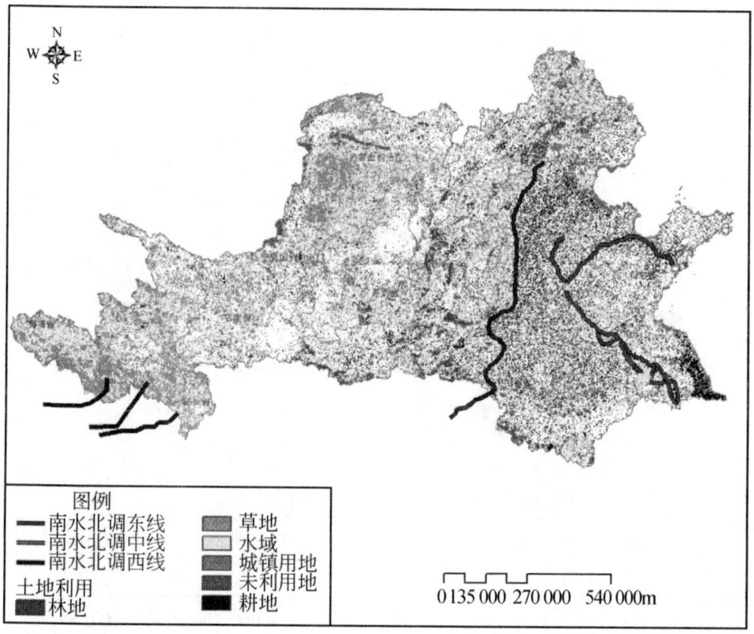

图 5-28 黄淮海流域人口空间分布专题图（基于 2008 年 1km 栅格数据）

（3）水资源配置模型输出结果专题图展示，如图 5-29 ~ 图 5-31 所示：

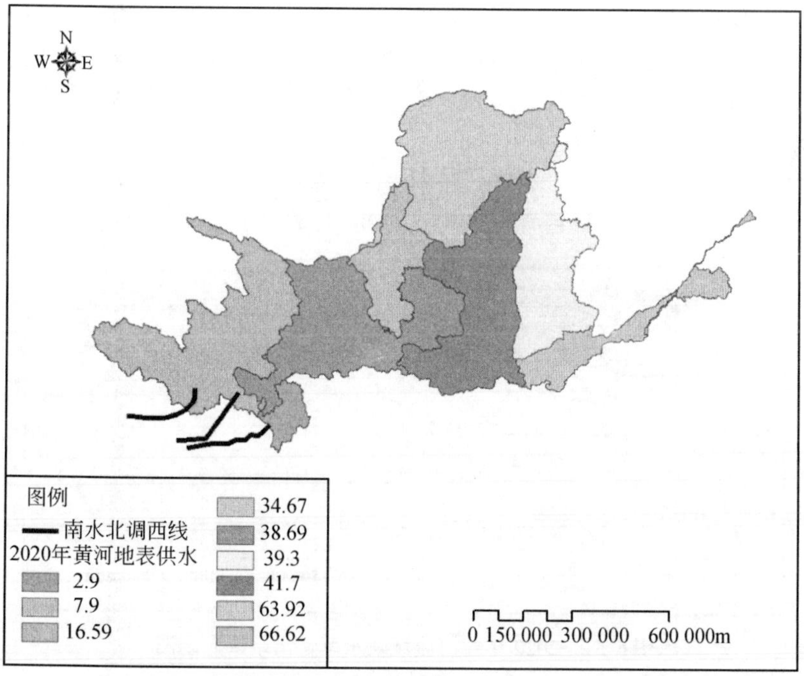

图 5-29 2020 年黄河流域地表供水输出结果专题图（单位：亿 m^3）

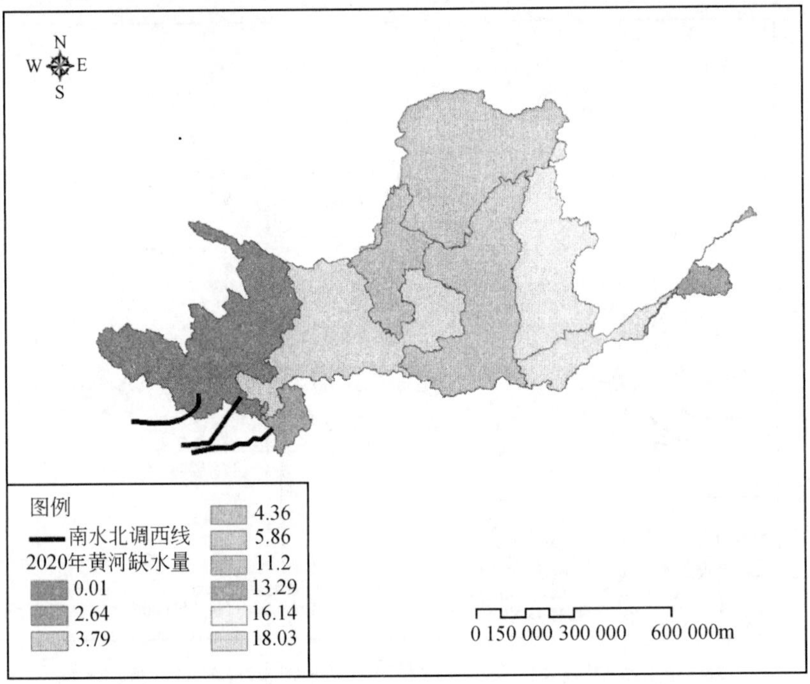

图 5-30 2020 年黄河流域缺水量输出结果专题图（单位：亿 m^3）

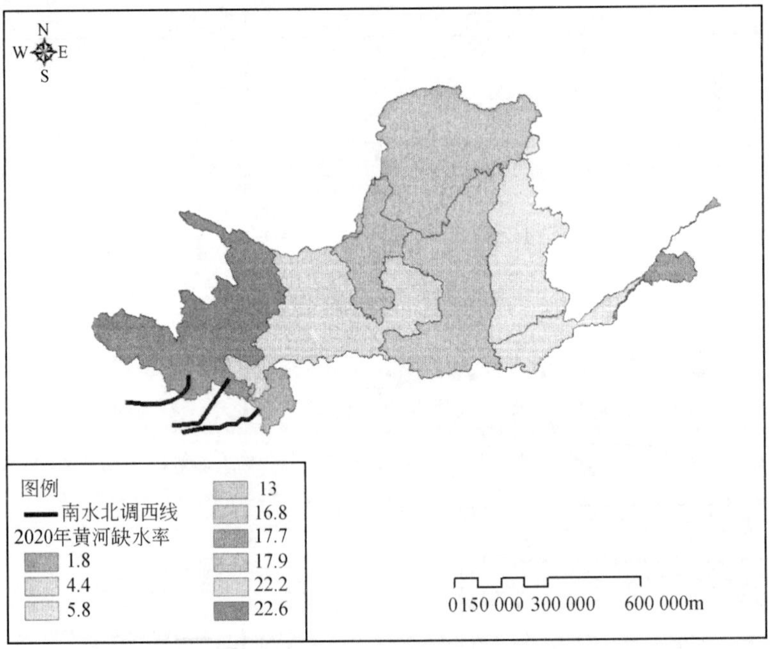

图 5-31 2020 年黄河流域缺水率输出结果专题图

5.3　系统安全设计

系统安全管理的具体内容包括：原始信息源的保管与备份，信息源使用交接的审批权限，防止数据流失的纪律与管理措施等；作业期间阶段性数据在运行系统主服务器、局域网中的安全保证，防火墙的建造与管理，数据使用权限，以及阶段性成果数据的定期批量备份制度等；最终成果数据产品的知识产权保护及相应的处罚措施等。对本平台而言，数据管理权限主要划分为三种：数据浏览、查询；数据维护（定义、增、删、改）；数据处理日志的管理。安全技术层面采取的主要措施见表 5-1。平台从技术及管理两方面入手，确保数据安全，保证提供数据共享服务的同时，保障流域水循环研究过程的连续性及形成成果的安全性。

表 5-1　平台安全风险及对策

应用	安全风险	安全对策
数据库	硬件损坏	建立良好的数据冗余备份系统
	数据被篡改、删除、替换	建立统一的网络资源访问控制规则； 建立完善的网络监测和审计机制； 建立良好的冗余备份系统
	服务响应缓慢或拒绝服务	实时入侵检测、系统监控，及时发现入侵事件，阻断攻击通道
	信息泄露	对内部网络信息资源进行严格的密级划分； 建立统一的用户授权机制； 建立统一的高强度的网络传输加密通道和网络数据包的加密机制

第6章　黄淮海流域水资源配置边界与情景设置

6.1 水 平 年

本章研究采用的基准年为2008年；近期规划水平年为2015年，中期规划水平年为2020年；远期规划水平年为2030年。

6.2 边界条件

6.2.1 人口发展与城市化率

1. 海河流域人口发展与城市化率

海河流域是我国人口居住比较集中的地区之一，基准年总人口为1.39亿人，占全国总人口的10.4%。全流域平均人口密度为427人/km^2。

根据《海河流域水资源综合规划成果》，海河流域对外流域人口仍有较强的吸引力。今后一个时期，流域仍将处在城市化快速进程中，城镇规模的扩大和大量农村人口向城镇转移是未来发展的趋势。根据各省（自治区、直辖市）有关部门预测，2015年总人口达到1.47亿，城镇化率为55%，2020年总人口达到1.51亿，城镇化率为59%，2030年达到1.58亿，城镇化率为66%。海河流域总人口和城镇化率边界设定见表6-1。

表6-1　海河流域总人口与城镇化率设定

省级行政区	基准年				2015年				2020年				2030年			
	总人口/万	城镇人口/万	农村人口/万	城镇化率/%	总人口/万	城镇人口/万	农村人口/万	城镇化率/%	总人口/万	城镇人口/万	农村人口/万	城镇化率/%	总人口/万	城镇人口/万	农村人口/万	城镇化率/%
北京	1633	1380	253	85	1717	1503	214	88	1800	1600	200	89	2000	1820	180	91
天津	1115	851	264	76	1255	1067	188	85	1350	1185	165	88	1550	1400	150	90
河北	6989	2928	4061	42	7348	3291	4057	45	7483	3634	3849	49	7570	4345	3225	57
山西	1225	555	670	45	1310	693	617	53	1357	773	584	57	1408	901	507	64
河南	1251	549	702	44	1366	722	644	53	1426	811	615	57	1513	966	547	64
山东	1560	416	1144	27	1591	689	902	43	1604	809	795	50	1611	976	635	61
内蒙古	73	29	44	40	74	38	36	51	75	41	35	54	78	45	33	58
辽宁	24	3	21	13	23	4	19	17	22	4	18	18	22	4	18	18
流域合计	13 870	6711	7159	48	14 684	8007	6677	55	15 117	8857	6260	59	15 752	10 456	5295	66

2. 黄河流域人口发展与城市化率

黄河流域大部分省（自治区）位于中西部地区，少数民族集中，人口增长较快。2008 年总人口达到 1. 14 亿。参考《黄河水资源综合规划》，2015 年总人口达到 1. 21 亿，城镇化率 46%，2020 年总人口达到 1. 27 亿，城镇化率 50%，2030 年达到 1. 31 亿，城镇化率 59%。详见表 6-2。

表 6-2　黄河流域总人口与城镇化率设定

地区	基准年				2015 年				2020 年				2030 年			
	总人口/万	城镇人口/万	农村人口/万	城镇化率/%	总人口/万	城镇人口/万	农村人口/万	城镇化率/%	总人口/万	城镇人口/万	农村人口/万	城镇化率/%	总人口/万	城镇人口/万	农村人口/万	城镇化率/%
青海	451	168	283	37	486	228	257	47	509	269	240	53	532	325	207	61
四川	9	2	7	22	9	3	7	27	10	3	7	28	10	3	7	35
甘肃	1877	558	1319	30	1954	709	1245	36	2041	843	1198	41	2097	1029	1069	49
宁夏	618	278	340	45	661	326	335	49	699	370	329	53	759	455	304	60
内蒙古	851	465	386	55	906	547	358	60	942	602	340	64	964	670	294	69
陕西	2890	1308	1582	45	3066	1568	1498	51	3212	1798	1414	56	3333	2134	1199	64
山西	2232	904	1328	41	2400	1039	1361	43	2532	1136	1396	45	2638	1425	1213	54
河南	1711	514	1197	30	1818	716	1102	39	1890	851	1039	45	1931	1081	850	56
山东	803	391	412	49	815	458	357	56	823	502	321	61	830	583	248	70
黄河流域	11 442	4588	6854	40	12 115	5594	6521	46	12 658	6374	6285	50	13 094	7704	5390	59

3. 淮河区人口发展与城市化率

2008 年淮河区总人口为 2. 10 亿，占全国总人口的 15% 左右；其中城镇人口 0. 89 亿，占全国城镇人口的 13%，城镇化率 42%，低于全国水平。参考《淮河流域综合规划》，2015 年总人口达到 2. 15 亿，城镇化率 47%，2020 年总人口达到 2. 23 亿，城镇化率 53%，2030 年达到 2. 30 亿，城镇化率 61%。详见表 6-3 所示。

表 6-3　淮河区总人口与城镇化率设定

地区	基准年				2015 年				2020 年				2030 年			
	总人口/万	城镇人口/万	农村人口/万	城镇化率/%	总人口/万	城镇人口/万	农村人口/万	城镇化率/%	总人口/万	城镇人口/万	农村人口/万	城镇化率/%	总人口/万	城镇人口/万	农村人口/万	城镇化率/%
河南	5915	2116	3799	36	6019	2375	3644	39	6290	2889	3401	46	6599	3650	2948	55
安徽	3658	1285	2373	35	3726	1492	2233	40	3831	1778	2053	46	3987	2199	1788	55
江苏	4318	1776	2542	41	4451	2151	2300	48	4717	2529	2188	54	4986	3033	1953	61
山东	7134	3671	3463	51	7278	4169	3108	57	7407	4546	2860	61	7407	5185	2222	70
湖北	25	6	19	24	26	7	20	25	27	7	20	25	29	8	20	29
淮河区	21 038	8853	12 185	42	21 500	10 194	11 306	47	22 272	11 749	10 522	53	23 008	14 075	8931	61

6.2.2 经济发展

1. 海河流域经济发展

海河流域具有地理、资源、交通、科技、骨干城市群五大优势，是我国经济较为发达、蕴藏着巨大发展潜力的地区。根据流域内各地发展改革部门预测，本次设定为快速增长情景，即到2015年，流域GDP达到6.1万亿元，2020年，流域GDP总量可超过9万亿元，2030年达到17万亿元，期间复合增长率6.7%（表6-4）。

表6-4 海河流域经济发展（GDP）设定 （单位：亿元）

地区	基准年	2015年	2020年	2030年
北京	10 488	15 498	23 443	44 384
天津	6 354	10 283	15 568	28 619
河北	14 732	21 710	32 313	60 357
山西	2 176	3 088	4 656	8 857
河南	2 799	3 685	5 128	8 878
山东	3 684	6 474	9 824	17 986
内蒙古	114	136	194	346
辽宁	24	30	45	86
合计	40 371	60 905	91 171	169 513

2. 黄河流域经济发展

黄河流域基准年的2.10万亿元，人均GDP为18 581元。考虑到黄河流域目前经济水平较低，与东部差距较大，但具有矿产、能源等优势。根据相关研究和流域内各省区市发展改革部门预测，本次设定为快速增长情景：预计到2015年，流域GDP达到2.77万亿元，2020年达到4.10万亿元，2030年达到7.68万亿元，期间复合增长率为7.4%（表6-5）。

表6-5 黄河流域经济发展（GDP）设定 （单位：亿元）

地区	基准年	2015年	2020年	2030年
青海	426	639	939	1 747
四川	9	14	20	37
甘肃	1671	2731	4011	7455
宁夏	900	1152	1684	3104
内蒙古	3833	4395	6543	12 430
陕西	4634	6438	9679	18 683
山西	3093	4390	6451	11 996
河南	3911	4666	6824	12 596
山东	2518	3238.5	4800	8792
合计	20 995	27 663	40 951	76 840

3. 淮河区经济发展

淮河区 2008 年 GDP 总量为 3. 32 万亿元，约占全国的 13%，人均 GDP 约为 1. 29 万元，低于全国人均 GDP1. 53 万元水平，属于我国经济欠发达地区。淮河区经济发展极不平衡，山东半岛为经济发达地区，河南、安徽两省为经济的低谷区。根据流域各省社会经济发展战略规划，结合国家发改委宏观经济研究院提出的“全国国民经济发展研究专题成果”，本次设定为快速发展情景：预计到 2015 年 GDP 达到 49 677 亿元；2020 年达到 70 730 亿元，2030 年达到 132 511 亿元，2008 ~ 2030 年年均增长率为 7. 0%（表 6-6）。

表 6-6　淮河区经济发展（GDP）设定　（单位：亿元）

地区	基准年	2015 年	2020 年	2030 年
河南	6610	10 491	15 100	28 612
安徽	3441	4863	6868	12 411
江苏	6283	8878	12 137	21 422
山东	16 884	25 414	36 588	69 995
湖北	19	30	38	70
合计	33 237	49 677	70 730	132 511

6. 2. 3　灌溉面积

1. 海河流域灌溉面积

海河流域粮食生产（特别是小麦）在全国占有重要地位。根据农业部门预测，海河流域平原区未来仍将是我国主要粮食生产基地之一。以流域粮食产量在全国所占份额不下降为控制目标，根据各地预测，到 2030 年，海河流域有效灌溉面积约为 1. 12 亿亩，基本维持基准年规模，如表 6-7 所示。

表 6-7　海河流域灌溉面积设定　（单位：万亩）

地区	农田有效灌溉面积				林牧灌溉面积			
	基准年	2015 年	2020 年	2030 年	基准年	2015 年	2020 年	2030 年
北京	346	340	333	313	104	128	134	134
天津	524	518	515	510	42	51	55	60
河北	6696	6587	6561	6561	594	583	610	704
山西	665	691	699	705	18	23	26	30
河南	915	971	989	1004	34	423	48	56
山东	1929	1969	1986	2011	196	178	174	174
内蒙	132	86	75	75	1	1	1	1
辽宁	16	16	16	16	5	5	5	5
合计	11 223	11 178	11 174	11 195	994	1014	1053	1 164

2. 黄河流域灌溉面积

根据《黄河流域综合规划》，2008 年黄河流域农田有效灌溉面积为 7764.6 万亩，根据黄河流域大型灌区续建与节水改造以及新建灌溉工程等，预计 2015 年达到 8140 万亩，2020 年达到 8383 万亩，2030 年达到 8697 万亩，新增农田有效灌溉面积 932 万亩。2008 年黄河流域林牧灌溉面积为 790 万亩，根据林牧发展思路，预计到 2015 年达到 882 万亩，2020 年和 2030 年分别发展为 958 万亩和 1183 万亩，详见表 6-8。

表 6-8　黄河流域灌溉面积设定　　（单位：万亩）

地区	农田有效灌溉面积				林牧灌溉面积			
	基准年	2015 年	2020 年	2030 年	基准年	2015 年	2020 年	2030 年
青海	273	303	327	348	40	61	79	122
四川	0.4	0.4	0.4	0.4	0.0	4.5	8.2	11.7
甘肃	763	800	830	830	53	62	70	82
宁夏	669	683	694	798	113	128	141	206
内蒙古	1559	1608	1649	1694	317	341	361	415
陕西	1653	1715	1765	1847	157	161	165	195
山西	1230	1310	1375	1395	28	35	41	47
河南	1115	1180	1233	1272	41	46	51	59
山东	502	505	508	512	41	43	44	46
合计	7765	8104	8383	8697	790	882	958	1183

3. 淮河区灌溉面积

淮河区 2008 年农田有效灌溉面积为 16 246 万亩，预测 2015 年达到 16 516 万亩，2020 年、2030 年农田有效灌溉面积分别为 16 737 万亩、17 064 万亩。2008 年淮河区林牧灌溉面积为 680.4 万亩，根据林牧发展思路，预计 2015 年达到 757 万亩，2020 年和 2030 年分别发展为 820 万亩和 849 万亩，详见表 6-9。

表 6-9　淮河区灌溉面积设定　　（单位：万亩）

地区	农田有效灌溉面积				林牧灌溉面积			
	基准年	2015 年	2020 年	2030 年	基准年	2015 年	2020 年	2030 年
河南	4534	4709	4852	5064	20	27	32	37
安徽	2930	3008	3071	3166	131	131	131	131
江苏	3854	3787	3733	3652	83	92	99	101
山东	4913	4996	5064	5164	446	507	557	580
湖北	15.00	16	17	18	0.40	0.43	0.45	0.50
合计	16 246	16 516	16 737	17 064	680	757	819	849

6.2.4　节水力度

1. 海河流域节水力度

海河流域水资源短缺，人均水资源占有量仅为全国平均的 1/8，早在 20 世纪 80 年代初期就开展了节水工作，整体节水水平已经处于较高水平。全流域人均用水量基准年为 294m^3，相当于全国平均的 67%；全流域万元 GDP 用水量基准年为 113m^3，万元 GDP 用水量为全国平均的 49%。基准年全流域城镇生活用水定额为 95L/d，相当于全国平均的 80%，全流域城镇生活节水器具普及率达到 60%，城镇供水管网漏损率平均为 17%，略低于全国平均的 20%。基准年全流域万元工业增加值用水量为 40m^3，相当于全国平均的 30%。工业用水重复利用率平均为 81%，高出全国平均 19 个百分点。基准年全流域农田有效灌溉面积为 1.12 亿亩，综合灌溉定额为 224m^3/亩。达到工程节水标准的节水灌溉面积为 5715 万亩，节水灌溉率达到 50%。在节水灌溉面积中渠道防渗面积为 1172 万亩，管道输水面积为 3406 万亩，喷灌及微灌面积为 726 万亩。全流域灌溉水利用系数平均达到 0.64，远高于全国平均的 0.47。

本次规划设定为强化节水模式。参考《海河流域水资源规划》，强化节水模式为以下两个方面。2020 年节水控制性指标为城市供水管网漏失率不超过 12%，生活节水器具普及率达到 90% 以上；万元工业增加值用水量降低到 23m^3 以下；工业用水重复利用率达到 87%；新增节水灌溉面积 3000 万亩，节水灌溉率达到 79% 以上，灌溉水利用系数由 0.64 提高到 0.73 左右。2030 年节水控制性指标为城市供水管网漏失率不超过 10%，其中 30 万人以下的城市不超过 8%，生活节水器具达到全面普及；万元工业增加值用水量降低到 14m^3 以下；工业用水重复利用率达到 90%；比 2020 年新增节水灌溉面积 1000 万亩，节水灌溉率达到 85% 以上，灌溉水利用系数提高到 0.75。强化节水模式海河流域各省区节水指标见表 6-10 所示。

表 6-10　强化节水模式海河流域各省（自治区、直辖市）节水指标

指标	水平年	北京	天津	河北	山西	河南	山东	内蒙古	辽宁	流域平均
节水器具普及率/%	2015	98	98	90	90	85	85	85	95	90
	2020	100	100	95	95	90	90	90	100	95
	2030	100	100	100	100	100	95	95	100	99
自来水管网漏失率/%	2015	13	11	10	10	10	10	10	13	12
	2020	12	10	9	9	9	9	9	12	11
	2030	11	10	8	8	8	9	8	10	9
工业用水重复利用率/%	2015	90	88	82	82	78	82	82	76	85
	2020	93	90	85	86	82	85	86	80	87
	2030	94	92	88	88	86	88	88	85	90
灌溉水利用系数	2015	0.76	0.76	0.74	0.63	0.65	0.61	0.55	0.63	0.68
	2020	0.79	0.77	0.76	0.66	0.68	0.64	0.58	0.65	0.73
	2030	0.79	0.78	0.79	0.7	0.69	0.65	0.69	0.67	0.75

续表

指标	水平年	北京	天津	河北	山西	河南	山东	内蒙古	辽宁	流域平均
节水灌溉率/%	2015	95	95	80	65	80	50	35	90	74
	2020	100	100	85	75	83	55	37	98	79
	2030	100	100	99	97	88	63	58	100	86
节水灌溉面积/万亩	2015	320	530	5000	400	780	900	20	7	7957
	2020	333	530	5550	480	816	1029	24. 6	8. 4	8771
	2030	313	530	5948	722	918	1210	31	10	9682

2. 黄河流域节水力度

2008 年黄河流域工业用水量为 69. 7 亿 m^3，万元工业增加值用水定额为 104. 2m^3，重复利用率为 61. 3%。与其他北方河流如海河和淮河相比，黄河流域工业现状用水定额分别高出 115. 4% 和 33. 3%，重复利用率偏低 23. 6% 和 4. 9%。2008 年黄河流域农田实灌定额 420m^3/亩，分别高出淮河 130 m^3、海河 165m^3 和辽河 31m^3；灌溉水利用系数为 0. 49，比海河流域的 0. 64 和淮河区的 0. 50 都低。2008 年黄河流域城镇生活（包括居民生活、建筑业、第三产业、生态环境）用水量为 23. 6 亿 m^3，人均用水定额 189L/（人·d），供水管网漏失率为 17. 9%，节水器具普及率为 51. 7%。

本次规划设定为强化节水模式。强化节水模式为：2020 年农业节水工程措施达到 6293 万亩，工业重复利用率达到 74. 6%，节水器具普及率达到 72. 7%，城市管网漏失率达到 12. 9%；2030 年农业节水工程措施达到 7760 万亩，工业重复利用率达到 87. 7%，节水器具普及率达到 80. 1%，城市管网漏失率达到 10. 9 %。详细见表 6-11 所示。

表 6-11　强化节水模式黄河流域各省（自治区）节水指标

地区	水平年	节水灌溉面积/万亩	工业重复利用率/%	节水器具普及率/%	城市管网漏失率/%
青海	2015	132	64	54	13
	2020	187	70	71	12
	2030	252	88	88	11
四川	2015	0	69	39	16
	2020	0	73	56	13
	2030	0	85	77	11
甘肃	2015	476	55	53	15
	2020	594	65	60	13
	2030	711	80	67	11
宁夏	2015	337	63	40	18
	2020	466	70	57	15
	2030	642	85	74	12

续表

地区	水平年	节水灌溉面积/万亩	工业重复利用率/%	节水器具普及率/%	城市管网漏失率/%
内蒙古	2015	914	66	67	14
	2020	1159	74	79	12
	2030	1457	88	81	11
陕西	2015	1145	67	71	16
	2020	1387	74	81	13
	2030	1683	89	87	10
山西	2015	1000	81	62	14
	2020	1155	85	73	12
	2030	1316	92	83	11
河南	2015	666	77	61	15
	2020	942	82	68	13
	2030	1204	90	76	11
山东	2015	318	76	65	17
	2020	404	82	74	13
	2030	494	91	81	11
合计	2015	4985	68	62	15
	2020	6293	75	73	13
	2030	7760	88	80	11

3. 淮河区节水力度

淮河区 2008 年单位 GDP 用水量为 224m^3/万元，工业用水重复利用率为 62%，农田灌溉亩均用水量为 290m^3/万亩，农业灌溉水利用系数为 0.50，城镇供水管网综合漏失率为 17%。淮河区将全面推进节水型社会建设，对全社会用水实行总量控制和定额管理，促进产业结构的调整和升级，提高水资源的利用效率和效益，实现农业用水总量基本不增长、经济社会发展用水总量缓慢增长。

水资源利用效率和效益明显提高，淮河区万元 GDP 用水量年均降低 5% 以上，2020 年降到 105m^3/万元以下，2030 年降到 58m^3/万元以下。2020 年农业灌溉水利用系数从 0.50 提高到 0.57，节水灌溉面积增加 2000 万亩，2030 年达到 0.60，节水灌溉面积增加 3500 万亩，农业灌溉用水实现基本不增长。工业综合用水重复利用率从 2008 年的 62% 提高到 2015 年的 68%，2020 年提高到 73%，2030 年提高至 79%。城市供水管网漏失率从 2008 年的 17% 下降至 2015 年的 14%，节水器具普及率达到 62%；2020 年城市供水管网漏失率下降至 12%，节水器具普及率达到 73%；2030 年城市供水管网漏失率下降至 9%，节水器具普及率达到 80%（表 6-12）。

表 6-12　强化节水模式下淮河区不同水平年节水指标

地区	水平年	节水灌溉面积/万亩	工业重复利用率/%	节水器具普及率/%	城市管网漏失率/%
河南	2015	1814	75	63	15
	2020	1995	80	75	13
	2030	2394	85	85	9
安徽	2015	1172	60	55	13
	2020	1289	68	70	11
	2030	1547	75	80	9
江苏	2015	1542	65	65	14
	2020	1696	70	80	12
	2030	2035	75	90	9
山东	2015	1965	75	65	13
	2020	2162	80	75	11
	2030	2594	85	85	9
湖北	2015	6	66	60	15
	2020	7	70	70	13
	2030	8	73	80	9
合计	2015	6498	68	62	14
	2020	7148	73	73	12
	2030	8578	79	80	9

6.2.5　河道外生态环境

1. 海河流域河道外生态环境

海河流域河道外生态环境包括绿地灌溉、城市河湖补水和环境卫生三部分。预计到 2015 年，城镇环境需水量为 8.7 亿 m^3，农村生态环境需水量为 2.8 亿 m^3，合计为 11.5 亿 m^3。到 2020 年，城镇环境需水量为 10.1 亿 m^3，农村生态环境需水量为 3.5 亿 m^3，合计为 13.6 亿 m^3。到 2030 年，海河流域城镇绿地面积达 1496km^2，城镇河湖面积 276km^2，城镇面积 4600km^2，城镇环境需水量 12.7 亿 m^3。农村生态环境需水量为 3.5 亿 m^3。海河流域 2030 年城乡生态环境总需水量为 16.2 亿 m^3。海河流域城乡生态环境用水设定见表 6-13。

表 6-13　海河流域河道外生态环境用水量设定　　（单位：亿 m^3）

地区	水平年	城市环境	农村生态	合计
北京	2015	3.8	0.0	3.6
	2020	4.4	0.0	4.4
	2030	5.3	0.0	5.3

续表

地区	水平年	城市环境	农村生态	合计
天津	2015	1.9	1.4	2.3
	2020	2.3	1.8	4.1
	2030	2.6	1.8	4.4
河北	2015	1.6	1.4	2.4
	2020	2.0	1.7	3.6
	2030	2.7	1.7	4.4
山西	2015	0.6	0.0	0.5
	2020	0.8	0.0	0.8
	2030	1.1	0.0	1.1
河南	2015	0.4	0.0	0.6
	2020	0.4	0.0	0.4
	2030	0.6	0.0	0.6
山东	2015	0.4	0.0	0.7
	2020	0.3	0.0	0.3
	2030	0.4	0.0	0.4
内蒙古	2015	0.0	0.0	0.0
	2020	0.0	0.0	0.0
	2030	0.0	0.0	0.0
辽宁	2015	0.0	0.0	0.0
	2020	0.0	0.0	0.0
	2030	0.0	0.0	0.0
合计	2015	8.7	2.8	11.5
	2020	10.1	3.5	13.6
	2030	12.7	3.5	16.2

2. 黄河流域河道外生态环境

黄河流域河道外生态环境包括城镇生态环境和农村生态环境两部分，其中城镇生态环境指标包括城镇绿化、河湖补水和环境卫生等；农村生态环境指标主要包括人工湖泊和湿地补水、人工生态林草建设、人工地下水回补三部分。

参考《黄河流域综合规划》，黄河流域河道外生态环境需水量包括城镇生态环境需水量和农村生态需水量。城镇生态环境需水量包括城镇绿化、河湖补水和环境卫生三个方面；农村生态需水包括湖泊沼泽湿地补水、防护林和草场灌溉需水、地下水人工回补需水三个方面。2015 年、2020 年和 2030 年黄河流域河道外生态环境需水量分别为 15.8 亿 m^3、18.5 亿 m^3 和 24.7 亿 m^3，详见表 6-14。

表 6-14　黄河流域河道外生态环境用水量设定　　（单位：亿 m^3）

地区	2015 年	2020 年	2030 年
青海	2.1	2.6	3.6
四川	0.0	0.1	0.1
甘肃	1.3	1.6	1.8
宁夏	1.8	2.8	5.2
内蒙古	8.9	9.3	10.5
陕西	0.8	1.2	1.8
山西	0.4	0.6	0.8
河南	0.3	0.4	0.6
山东	0.1	0.2	0.2
合计	15.8	18.5	24.7

3. 淮河区河道外生态环境

河道外生态环境需水量，是指保护、修复或建设某区域的生态环境需要人工补充的绿化、环境卫生需水量和为维持一定水面湖泊、沼泽、湿地补水量。根据《淮河流域综合规划》分析，淮河区河道外生态需水 2015 年、2020 年和 2030 年分别为 6.4 亿 m^3、7.6 亿 m^3 和 9.3 亿 m^3，详见表 6-15。

表 6-15　淮河区河道外生态环境用水量设定　　（单位：亿 m^3）

地区	2015 年	2020 年	2030 年
河南	1.0	1.3	1.9
安徽	1.4	1.6	1.9
江苏	3.0	3.4	3.9
山东	1.1	1.3	1.6
湖北	0.0	0.0	0.0
合计	6.4	7.6	9.3

6.2.6　河道内生态环境

1. 海河流域河道内生态环境

海河流域 20 世纪 50 年代年均入海水量为 241 亿 m^3，80 年代只有 22 亿 m^3，1980～2005 年平均入海水量约 35 亿 m^3，2001～2007 年平均入海水量为 16.76 亿 m^3。

根据国家基础性战略研究项目《海河流域水循环演变机理与水资源高效利用》报告分析，维持海河流域主要河口泥沙冲淤动态平衡的多年平均最小入海水量为 75 亿 m^3，适宜量为 121 亿 m^3；维持主要河口水生生物（鱼类）栖息地盐度平衡的多年平均最小入海水量为 18 亿 m^3，适宜入海水量为 50 亿 m^3。

根据《海河流域水资源规划》评估，平原 24 个河段最小生态水量为 28.11 亿 m^3，最小生态水量所对应的耗损量约为 14 亿 m^3。扣除与河流连通的湿地蒸发渗漏损失 3.64 亿 m^3，并考虑沿海地区直流入海河流现状入海水量 1.83 亿 m^3 后，平原规划河流最小入海水量为 18.19 亿 m^3。河流、湿地不重复生态水量设定为 35.07 亿 m^3。

表 6-16　海河流域平原河流生态水量设定　　（单位：亿 m^3）

序号	河系	河流名称	规划河段	最小生态水量	自然耗损量	入海水量	沿海诸河入海水量
1	滦河	滦河	大黑汀水库—河口	4.21	1.2	4.21	0.32
2	滦河	陡河	陡河水库—河口	1.02	0.28	1.02	
3	北三河	蓟运河	九王庄—新防潮闸	0.95	0.26	0.85	1.3
4	北三河	潮白河	苏庄—宁车沽	2.08	1.0	1.52	
5	北三河	北运河	通县—子北汇流口	1.53	0.8	1.00	
6	永定河	永定河	卢沟桥—屈家店	0.72	0.72	—	
7	永定河	永定新河	屈家店—河口	0.68	0.2	0.68	
8	大清河	白沟河	东茨村—新盖房	0.68	0.68	1.24	—
9	大清河	南拒马河	张坊—新盖房	0.35	0.35		
10	大清河	潴龙河	北郭村—白洋淀	0.50	0.5		
11	大清河	唐河	西大洋—白洋淀	0.68	0.68		
12	大清河	独流减河	进洪闸—防潮闸	1.24	0.5		
13	海河	海河干流	子北汇流口—海河闸	0.6	0.2	0.6	
14	子牙河	滹沱河	黄壁庄水库—献县	1	1.0	—	0.21
15	子牙河	滏阳河	京广铁路桥—献县	0.73	0.73	—	
16	子牙河	子牙河	献县—第六堡	0.96	0.6	0.96	
17	漳卫河	漳河	铁路桥—徐万仓	0.32	0.32	1.2	—
18	漳卫河	卫河	合河—徐万仓	3.25	1.12		
19	漳卫河	卫运河	徐万仓—四女寺	2.07	1.06		
20	漳卫河	漳卫新河	四女寺—辛集闸	1.2	0.4	—	
21	漳卫河	南运河	四女寺—第六堡	0.26	0.16		
22	徒骇马颊河	徒骇河	毕屯—坝上挡水闸	1.90	1.0	1.90	—
23	徒骇马颊河	马颊河	沙王庄—大道王闸	0.82	0.6	0.82	
24	徒骇马颊河	德惠新河	王凤楼闸—白鹤观闸	0.36	0.26	0.36	
合计				28.11	14.62	16.36	1.83

表 6-17　海河流域平原主要湿地规划生态水量

序号	湿地名称	生态水面 /km^2	年蒸发量 /亿 m^3	年降水量 /亿 m^3	年渗漏量 /亿 m^3	规划生态水量/亿 m^3	一次性补水量/亿 m^3
1	青甸洼	5	491	227	358	622	622
2	黄庄洼	95	8410	4418	6139	10 131	9302
3	七里海	85	8500	3930	6205	10 775	7363

续表

序号	湿地名称	生态水面/km²	年蒸发量/亿 m³	年降水量/亿 m³	年渗漏量/亿 m³	规划生态水量/亿 m³	一次性补水量/亿 m³
4	大黄堡洼	95	8410	4418	6139	10 131	9302
5	白洋淀	122	13 400	5343	2400	10 457	12 200
6	团泊洼	60	6045	3095	3020	5970	5500
7	北大港	177	19 536	7633	9724	21 627	17 760
8	永年洼	11	1200	442	400	1158	1200
9	衡水湖	55	6000	2212	1300	5087	5500
10	大浪淀	49	5400	2105	1000	4295	4900
11	南大港	55	6100	2362	1000	4738	5500
12	恩县洼	17	1870	680	382	1572	1572
13	良相坡	10	1200	400	300	1100	1500
合计		836	86 562	37 265	38 367	87 663	82 221

2. 黄河流域河道内生态环境

对于黄河流域，河道内需水量包括输沙水量、维持中水河槽水量和生态需水量。对黄河水资源配置起关键作用的主要是干流的利津、河口镇和支流的渭河华县三个断面。

根据《黄河流域综合规划》分析，黄河下游河道多年平均输沙用水量利津断面应在 220 亿 m³ 左右，其中汛期在 170 亿 m³ 左右；考虑国民经济发展对黄河水资源的需求和黄河水资源的供需形势，黄河下游年平均输沙用水量不宜少于 200 亿 m³，其中汛期不宜少于 150 亿 m³，利津断面非汛期生态环境需水量宜在 50 亿 m³ 左右。

在满足防凌要求和生态环境要求的情况下，河口镇断面非汛期生态需水量为 77 亿 m³,考虑到生态环境和中下游用水要求，最小流量为 250m³/s。渭河下游（华县断面）以汛期和非汛期 6 月份输沙水量、11 月至次年 5 月河道内生态环境需水量作为河道内生态环境需水量低限要求，2015 年、2020 年和 2030 年水平分别为 57. 7 亿 m³、56. 0 亿 m³ 和 54. 5 亿 m³，11 月至次年 5 月最小流量为 20m³/s。

3. 淮河区河道内生态环境

根据《淮河流域水资源综合规划》分析，淮河区各节点最小生态需水量为天然径流量的 10% ~20%。淮河区河湖最小生态总需水量为 120 亿 m³，占天然径流量的 17. 8%。淮河水系最小生态总需水量为 97. 8 亿 m³，占天然径流量 21. 6%；沂沭泗水系和山东半岛最小生态总需水量都占天然径流量 10%，分别为 14. 3 亿 m³ 和 8. 2 亿 m³。淮河区河道内生态需水量计算结果见表 6-18。

表 6-18　淮河区河道内生态需水量

河流、水系	节点	天然径流/（亿 m³/a）	生态基流/（万 m³/月）	生态环境下泄水量	
				/(亿 m³/a)	占天然比例/%
淮河	息县	42. 9	2145	6. 86	16
淮河	王家坝	101. 8	4243	16. 29	16

续表

河流、水系	节点	天然径流 /（亿 m³/a）	生态基流 /（万 m³/月）	生态环境下泄水量	
				/(亿 m³/a)	占天然比例/%
淮河	蚌埠	304.9	12 705	45.74	15
淮河	中渡	367.1	18 355	55.06	15
洪河	班台	27.6	689	4.13	15
史河	蒋家集	31.6	2631	5.68	18
淠河	横排头	33.9	2826	6.78	20
池河	明光	8.6	214	1.20	14
颍河	周口	38.0	1585	4.56	12
颍河	阜阳	52.3	1307	6.27	12
涡河	蒙城	13.2	331	1.32	10
淮河水系	控制区	367.1		55.06	15
	引江			30	
	其他	85.0		12.75	15
沂河	临沂	26.1	653	2.61	10
沭河	大官庄	11.7	291	1.17	10
沂沭泗水系	控制区	37.8		3.78	10
	其他	104.8		10.48	10
小清河	出口	11.46	287	1.14	10
大沽河	南村	4.68	117	0.47	10
潍　河	峡山水库	6.86	157	0.69	10
山东半岛	控制区	23.0		2.30	10
	其他	59.2		5.92	10
淮河流域		594.7		112.1	18.8
淮河区		676.9		120.3	17.8

6.2.7　当地水资源条件

1. 海河流域当地水资源条件

海河流域 1956～2000 年平均地表水资源量为 216 亿 m³，其中山区 164 亿 m³，占 75.9%，平原52 亿 m³，占 24.1%。1956～1979 年平均浅层地下水资源量为 268 亿 m³，1980～2000 年平均浅层地下水资源量为 235 亿 m³。扣除重复量，海河流域 1956～2000 年平均水资源总量为 370 亿 m³（表 6-19）。

表 6-19　海河流域水资源量

二级区/行政区		北京	天津	河北	山西	河南	山东	内蒙古	辽宁	流域合计
年水资源总量均值	亿 m³	37.3	15.7	197	48.6	27.9	37.1	4.7	2.1	370.4
	mm	222	132	115	82	182	120	38	125	116

海河流域共有地下微咸水（2g/L<M≤3g/L）17.7 亿 m^3，主要分布在平原区的中东部。2007 年微咸水利用量为 2.7 亿 m^3，规划 2020 年和 2030 年微咸水利用量分别达到 7.8 亿 m^3 和 8.6 亿 m^3。

根据各地有关规划成果，2020 年和 2030 年可供配置的海水直接利用折淡水量及海水淡化量分别为 3.4 亿 m^3 和 3.8 亿 m^3，其中，海水直接利用折淡水量分别为 2.49 亿 m^3 和 2.77 亿 m^3，海水淡化量分别为 0.93 亿 m^3 和 1.03 亿 m^3。

由于水资源极度短缺，海河流域地下水存在严重的超采，地下水多年平均超采量约为 65 亿 m^3。根据《海河流域水资源综合规划》，到 2020 年，平原地下水超采量控制在 40 亿 m^3 以下；2030 年，平原地下水总体实现采补平衡。

2. 黄河流域当地水资源条件

1956～2000 年黄河流域多年平均分区水资源总量为 719.4 亿 m^3，其中分区地表水资源量为 607.2 亿 m^3，分区地表水与地下水之间不重复计算量为 112.2 亿 m^3。从地区分布来看，黄河流域分区水资源总量主要分布于龙羊峡以上、龙羊峡至兰州及龙门至三门峡等二级区，这三个二级区水资源量分别占黄河流域分区水资源总量的 29.1%、18.7% 和 22.3%。黄河流域二级区及省（自治区）水资源总量分布情况见表 6-20。

表 6-20 黄河流域水资源总量组成

二级区 省（自治区）	面积 /万 km^2	降水总量 /亿 m^3	地表水资源量 /亿 m^3	山丘区地下水资源量/亿 m^3	山丘区地下水、地表水重复量/亿 m^3	平原区地下水资源量/亿 m^3	平原区地下水、地表水重复量/亿 m^3	水资源总量 /亿 m^3	产水模数 /(万 m^3/km^2)
龙羊峡以上	13.13	628	208.8	80.4	80.2	0.6	0.3	209.3	15.9
龙羊峡至兰州	9.11	436	132.8	54.9	53.6	0.5	0.2	134.4	14.8
兰州至河口镇	16.36	428	17.7	16.0	4.7	11.8	0.5	40.4	2.5
河口镇至龙门	11.13	482	44.1	20.0	14.0	17.4	4.8	62.8	5.6
龙门至三门峡	19.11	1033	123.7	52.8	42.5	29.4	3.1	160.3	8.4
三门峡至花园口	4.17	275	55.1	31.1	26.2	3.3	0.2	63.1	15.1
花园口以下	2.26	146	22.5	12.6	7.1	10.1	0.2	37.9	16.8
内流区	4.23	115	2.6	0.2	0.1	8.6	0.0	11.4	2.7
青海	15.23	668	206.8	88.4	87.4	1.1	0.5	208.5	13.7
四川	1.70	119	47.5	12.8	12.8	0.0	0.0	47.5	27.9
甘肃	14.32	667	122.1	44.9	42.5	0.5	0.3	124.7	8.7
宁夏	5.14	148	9.5	3.9	3.6	1.1	0.4	10.5	2.0
内蒙古	15.10	408	20.9	16.4	5.1	24.5	0.5	56.2	3.7
陕西	13.33	705	90.7	29.6	27.2	30.6	7.1	116.6	8.7
山西	9.71	506	49.5	39.9	26.0	10.2	0.1	73.5	7.6
河南	3.62	229	43.6	19.5	16.4	12.0	0.2	58.5	16.2
山东	1.36	94	16.7	12.6	7.1	1.7	0.2	23.6	17.4
黄河流域	79.50	3544	607.2	266.2	226.4	81.7	9.3	719.4	9.0

黄河流域平原区（矿化度≤2g/L）的多年平均浅层地下水资源量为154.6亿m^3，可开采量为119.4亿m^3。黄河流域地下水现状供水量为137.2亿m^3，从黄河流域地下水开采情况分析，部分地区浅层地下水已经超采，部分地区尚存在一定的开采潜力。

黄河流域地下水开采规划，在现状基础上退减深层地下水开采量及浅层地下水超采24.0亿m^3，基准年规划开采量为113.2亿m^3，到2030年，新增浅层地下水开采12.1亿m^3，浅层地下水开采量达到125.3亿m^3，其中平原区浅层地下水开采量为92.1亿m^3，山丘区浅层地下水开采量维持在33.2亿m^3。

集雨利用可为干旱山区群众提供最基本的生存和发展的用水保障，据现状调查，黄河流域集雨工程有225万处，利用雨水资源0.78亿m^3。

在黄河流域的一些地区，微咸水的分布较广，可利用的数量也较大，微咸水的合理开发利用对缓解某些地区水资源紧缺状况有一定的作用。据现状调查，黄河流域可利用微咸水1.27亿m^3，基准年规划利用0.93亿m^3。

3. 淮河区当地水资源条件

淮河区1956～2000年多年平均水资源总量为911亿m^3，其中地表水资源量为677亿m^3，占水资源总量的74%，地下水资源量扣除与地表水资源量的重复水量为234亿m^3，占水资源总量的26%。淮河流域水资源总量为794亿m^3，山东半岛为117亿m^3（表6-21）。

表6-21　淮河区水资源总量

分区		降水量/亿m^3	地表水资源量/亿m^3	浅层地下水		水资源总量/亿m^3	不同频率水资源总量（亿m^3）				产水系数
				资源量/亿m^3	不重复量/亿m^3		20%	50%	75%	95%	
二级区	淮河上游	309	103	44.7	18.3	121	167	111	77	41.4	0.39
	淮河中游	1112	267	168	104	371	486	351	263	165	0.33
	淮河下游	310	82.4	25.8	9.3	91.8	134	84.9	52.3	15.4	0.3
	沂沭泗河	622	143	99.9	68.2	211	277	200	150	93.7	0.34
	山东半岛	414	82.1	58.9	34.9	117	158	109	78.6	45.8	0.28
淮河流域	湖北省	15.8	5.5	1.1	0	5.5	7.76	4.96	3.28	1.63	0.35
	河南省	728	178	117	67.8	246	325	232	172	105	0.34
	安徽省	628	176	89.4	50.4	226	295	215	162	103	0.36
	江苏省	600	151	69.4	42.4	193	274	173	113	54.8	0.32
	山东省	381	84.7	61.2	39.1	124	167	116	83.1	48.4	0.32
	小计	2353	595	338	199	794	1042	752	564	353	0.34
淮河区		2767	677	397	234	911	1176	870	667	436	0.33

结合水源条件和用户状况，设定2020年增加污水处理回用、雨水集蓄、微咸水等其他水源供水20.9亿m^3，2030年达到24.0亿m^3。

6.2.8 跨流域调水

1. 海河流域跨流域调水

现有引黄工程包括鲁北引黄、豫北引黄、引黄济冀等。根据黄河水利委员会制定的黄河水量配置方案，海河流域可引黄水量为52.4亿m^3（从黄河引水口计），其中，河南省7.5亿m^3，山东省33.1亿m^3，河北省6.2亿m^3（进入河北省5亿m^3），山西省5.6亿m^3。进入省界可供海河流域水资源配置的黄河水量为51.2亿m^3。

由于黄河地表径流的变化，《黄河流域水资源综合规划》中对黄河配置水量进行了调整，按同比例折减的原则，在南水北调东线、中线工程生效前，河北、天津配置水量为18.44亿m^3；南水北调东线、中线工程生效后，河北引黄配置水量为6.2亿m^3，天津未配置引黄水量，但在必要时，根据河北、天津的缺水情况和黄河来水情况，可以向河北、天津应急供水。

根据《南水北调工程总体规划》，中线一期工程分配给海河流域分水口门水量62.4亿m^3，二期工程累计86.2亿m^3。各省（直辖市）分配水量见表6-22。根据《南水北调工程总体规划》，东线一期工程向山东鲁北地区供水4.8亿m^3；二期工程供水范围扩大至河北、天津，水量达到16.8亿m^3；三期工程供水量达到31.3亿m^3。东线一期工程计划在2013年前通水。考虑到南水北调东线工程目前实施的进度比原计划有所滞后的实际情况，本次将东线二期工程生效时间调整到2020年。各省（直辖市）分配水量见表6-22。

表6-22 海河流域长江水分配水量 （单位：亿m^3）

省级行政区	2015年			2020年			2030年		
	中线一期	东线一期	小计	中线一期	东线二期	小计	中线二期	东线三期	小计
北京	10.5	0	10.5	10.5	0	10.5	14.9	0	14.9
天津	8.6	0	8.6	8.6	5	13.6	8.6	10	18.6
河北	30.4	0	30.4	30.4	7	37.4	42.3	10	52.3
山西	0	0	0	0	0	0	0	0	0
河南	12.9	0	12.9	12.9	0	12.9	20.4	0	20.4
山东	0	4.8	4.8	0	4.8	4.8	0	11.3	11.3
流域合计	62.4	4.8	67.2	62.4	16.8	79.2	86.2	31.3	117.5
过黄河	71.4	5.0	76.4	71.4	20.8	92.2	98.2	37.7	135.9

综上所述，海河流域2015年外调水总分配水量118.4亿m^3，其中长江水67.2亿m^3，黄河水51.2亿m^3；2020年外调水总分配水量130.4亿m^3，其中长江水79.2亿m^3，黄河水51.2亿m^3；2030年外调水总分配水量168.7亿m^3，其中长江水117.5亿m^3，黄河水51.2亿m^3。海河流域各规划水平年外调水分配水量见表6-23。

表 6-23　海河流域各规划水平年外调水分配水量　　（单位：亿 m^3）

水平年	长江水			黄河水	合计
	中线	东线	小计		
2015	62.4	4.8	67.2	51.2	118.4
2020	62.4	16.8	79.2	51.2	130.4
2030	86.2	31.3	117.5	51.2	168.7

2. 黄河流域跨流域调水

根据黄河勘测设计公司提供的南水北调西线一期工程受水区规划，在调水规模为 80 亿 m^3 情况下，各省区及河道内用水量水量配置方案见表 6-24 和表 6-25。

表 6-24　西线一期工程工程调入水量配置方案　　（单位：亿 m^3）

河道内外	部门或省（自治区）		配置水量		
			计划 1	计划 2	计划 3
河道外	部门	重点城市	24.3	24.3	24.3
		能源基地	17.9	17.9	17.9
		黑山峡生态灌区	0.9	3.9	8.9
		石羊河	2	4	4
		小计	45	50	55
	省（自治区）	青海	5	5	5
		甘肃	10	12	12
		宁夏	9.6	11.6	15.3
		内蒙古	14.2	14.7	15.2
		陕西	4.2	4.7	5.5
		山西	2	2	2
		小计	45	50	55
河道内			35	30	25
合计		80	80	80	

引汉济渭工程调水量考虑 2020 年 10 亿 m^3、2030 年 15 亿 m^3 的调水量如表 6-25 所示。

表 6-25　引汉济渭+西线调水工程各省区水量配置方案　　（单位：亿 m^3）

配水方案	年份	青海	甘肃	宁夏	内蒙古	陕西	山西	河南	山东	河道外小计	河道内	合计
计划 1	2020					10	0	0	0	53	35	88
	2030	5	8	9.6	14.2	19.2	2	0	0	58	35	93

续表

配水方案	年份	青海	甘肃	宁夏	内蒙古	陕西	山西	河南	山东	河道外小计	河道内	合计
计划2	2020					14.7	2	0	0	56	30	86
	2030	5	8	11.6	14.7	19.7	2	0	0	61	30	91
计划3	2020	5	8	15.3	15.2	15.5	2	0	0	61	25	86
	2030	5	8	15.3	15.2	20.5	2	0	0	66	25	91

注：石羊河配水不在黄河流域内，故黄河流域内的甘肃省外调水量配置水量为8亿m^3

由于模型采用逐月调度的方法对流域的来水、用水、耗水的月过程进行模拟，所以南水北调一期工程、引汉济渭工程的逐月来水过程也是模型的重要边界条件之一（表6-26），即在当地水资源的来水总量相同的条件下，不同的来水过程将产生不同的影响后果。本次采用了黄河水利水电勘测设计公司提供的南水北调一期工程的逐月来水过程作为模型的输入，一期调水新增黄河水资源总量80亿m^3，其逐月的流量过程见表6-27。

表6-26　引汉济渭调水工程推荐的逐月来水过程　　（单位：亿m^3）

引水总量	1月	2月	3月	4月	5月	6月	7月	8月	9月	10月	11月	12月
10亿m^3	0.5912	0.4140	0.6129	0.8630	0.8776	0.7398	1.0628	1.0037	1.0269	1.0293	1.0143	0.7643
15亿m^3	0.8478	0.6011	0.8878	1.2710	1.3220	1.1141	1.6468	1.5453	1.6116	1.5836	1.4806	1.0883

表6-27　南水北调一期工程推荐的逐月来水过程　　（单位：亿m^3）

月份	6月	7月	8月	9月	10月	11月	12月	1月	2月	3月	4月	5月
平均流量	321.4	325.2	316	318	309.6	262.4	242.4	234	224.6	212.8	0	277.4

3. 淮河区跨流域调水

基准年淮河区多年平均跨流域调入水量为97.7亿m^3（不含里下河冲淤保港引江水量30亿m^3），淮南山丘区花山水库及淠史杭灌区调出水量为1.6亿m^3。调入淮河区水量水源地主要为长江流域，其次为黄河流域，淮河区调出水量进入长江流域。

2015年，规划实施南水北调东线工程一期、南水北调中线工程一期、引江济淮工程一期，淮河区多年平均跨流域调入水量为156.4亿m^3，调出淮河区水量为1.6亿m^3。

2020年，规划实施南水北调东线工程二期，淮河区多年平均跨流域调入水量为156.4亿m^3，调出淮河区水量为1.6亿m^3。

2030年，规划实施南水北调东线工程三期、南水北调中线工程二期、引江济淮工程二期，淮河区多年平均跨流域调入水量为187.8亿m^3，调出淮河区水量为1.6亿m^3。淮河区跨流域调水量配置见表6-28。

表 6-28　淮河区跨流域调水量配置　　（单位：亿 m^3）

分区		基准年				2015 年				2020 年				2030 年			
		引江	引黄	合计	调出	引江	引黄	合计	调出	引江	引黄	合计	调出	引江	引黄	合计	调出
二级区	淮河上游				0.8				0.8				0.8				0.8
	淮河中游		11.5	11.5	0.8	26.4	11.9	38.3	0.8	26.4	11.9	38.3	0.8	42.5	12.6	55.1	0.8
	淮河下游	44.1		44.1		57.5		57.5		57.5		57.5		56.5		56.5	
	沂沭泗河	15.5	15.5	31		26.3	12.5	38.8		26.3	12.5	38.8		36.2	11.7	48	
	山东半岛		11.1	11.1		9.5	12.3	21.8		9.5	12.3	21.8		13	15.1	28.2	
淮河流域	湖北				0.8				0.8				0.8				0.8
	河南		13.2	13.2		12.3	13.2	25.5		12.3	13.2	25.5		21.4	13.9	35.2	
	安徽				0.8	7.3		7.3	0.8	7.3		7.3	0.8	12.8		12.8	0.8
	江苏	59.6		59.6		88.4		88.4		88.4		88.4		90.9		90.9	
	山东		13.8	13.8		2.1	11.2	13.3		2.1	11.2	13.3		10.3	10.4	20.7	
	小计	59.6	27	86.6	1.6	110.2	24.4	134.6	1.6	110.2	24.4	134.6	1.6	135.3	24.3	159.6	1.6
淮河区		59.6	38.1	97.7	1.6	119.6	36.7	156.4	1.6	119.6	36.7	156.4	1.6	148.4	39.4	187.8	1.6

6.3　情景设计

根据上述边界条件，为分析南水北调东线二期、西线一期工程影响，以及黄淮海流域在不同情况下的流域间水资源配置方案，设定以下四种情景方案。

情景 0（F0）：无调水工程情景。设定无调水工程实施，分析现状供水能力和预测需水水平下流域的缺水量和地下水超采量，把握流域水资源配置中存在的问题，作为其他情景比较的基础。

情景 1（F1）：东线一期+中线一期。东线一期工程和中线一期已实施，在 2015 年之前实现通水。本方案可以用来分析比较这两个工程通水后，黄淮海流域的水资源供需情况、海河流域地下水超采情况、流域间的水资源配置方案。

情景 2（F2）：东线一期+东线二期+中线一期。东线二期主要向河北和天津供水，本研究设定为 2020 年之前通水，本方案以海河流域为重点研究对象，对比方案 F1，用来分析比较东线二期工程队海河流域水资源供需平衡以及地下水超采的影响。

情景 3（F3）：东线一、二、三期+中线一、二期+西线一期工程：东线三期和中线二期设定为 2030 年通水，本方案用来分析在所有南水北调工程按照现有计划实施通水后，黄淮海流域的水资源供需平衡情况、生态环境恢复与维持情况以及流域间的水资源配置情况。

第7章　黄淮海流域水资源配置方案

采用整体模型对设定的情景方案进行模拟和优化分析，可以得到黄淮海流域在各种情景下的水资源供需平衡情景及其分布。各配置方案对应的经济发展速度、用水定额以及需水量，详见表7-1～表7-9。本章主要对各方案的水资源供需情势进行定量对比，以确定南水北调工程按照规划实施后，流域间以及流域内部各行政区的水资源配置。

7.1　情景0（F0）：基准情景方案

情景0设定为无调水工程情景，用来分析现状供水能力和预测需水水平下流域的缺水量和地下水超采量，把握流域水资源配置中存在的问题，作为其他情景比较的对比基准。

在此情景下，随着流域社会经济的进一步发展，河道外需水量逐年增多，增量主要集中在城市用水和工业用水。而流域的供水能力却不能得到大幅提高，即便是保持目前大量超采地下水的措施，流域水资源紧缺程度也会日益增加。各流域的水资源需求及供给情况见表7-1～表7-3所示。总体来看：

海河流域基准年供需缺口为106.1亿m^3，2015年缺口扩大到106.13亿m^3，2020年缺口扩大到108.81亿m^3，2030年缺口为125.09亿m^3。

黄河流域基准年供需缺口为66.01亿m^3，2015年缺口扩大到71.83亿m^3，2020年缺口扩大到74.98亿m^3，2030年缺口为104.33亿m^3。

淮河区基准年供需缺口为66.80亿m^3，2015年缺口扩大到89.90亿m^3，2020年缺口扩大到89.70亿m^3，2030年缺口为106.30亿m^3。

黄淮海流域基准年供需缺口为238.91亿m^3，2015年缺口扩大到267.86亿m^3，2020年缺口扩大到273.49亿m^3，2030年缺口为335.72亿m^3。

在基准情景下，黄河、淮河、海河各流域以及总和的供需关系如图7-1、图7-2所示。

如果是此情景方案，即在规划期中无任何调水工程，那么日渐扩大的供需缺口将会体现在进一步超采地下水、严重挤占河道内生态用水量、社会经济需水得不到满足，给流域的可持续发展带来严重的后果。

以海河流域的地下水利用情况为例：平原区1995～2007年平均浅层地下水资源量141亿m^3，平均年开采量172亿m^3，浅层地下水开发利用率为122%。除徒骇马颊河外，其他3个二级区均处于超采状态，其中海河南系浅层地下水开发利用率达到了149%。平原浅层地下水总体上处于严重超采状态。另外，平原地区还开采了深层承压水，平均每年约 39 亿 m^3。

表 7-1　情景 0 黄河流域供需分析汇总

地区	水平年	总需水量/亿 m^3	可供水量/亿 m^3					缺水量/亿 m^3	缺水率/%
			地表水	地下水	引江	其他	合计		
青海	基准年	23.36	17.05	3.24	0.00	0.03	20.32	3.04	13.01
	2015	25.58	16.74	3.25	0.00	0.14	20.14	5.44	21.27
	2020	26.72	16.59	3.26	0.00	0.20	20.05	6.67	24.96
	2030	28.55	16.77	3.27	0.00	0.40	20.44	8.11	28.41
四川	基准年	0.22	0.15	0.01	0.00	0.00	0.16	0.06	27.27
	2015	0.33	0.24	0.02	0.00	0.00	0.26	0.07	21.21
	2020	0.38	0.29	0.02	0.00	0.00	0.31	0.07	18.42
	2030	0.42	0.33	0.02	0.00	0.00	0.35	0.07	16.67
甘肃	基准年	52.13	36.55	5.66	0.00	0.35	42.56	9.57	18.36
	2015	57.41	37.98	5.67	0.00	1.65	45.29	12.11	21.09
	2020	60.06	38.69	5.67	0.00	2.30	46.66	13.40	22.31
	2030	62.71	34.31	5.68	0.00	3.56	43.55	19.16	30.55
宁夏	基准年	88.93	72.88	5.68	0.00	0.69	79.25	9.68	10.88
	2015	86.08	68.71	7.01	0.00	0.82	76.54	9.54	11.08
	2020	84.66	66.62	7.68	0.00	0.89	75.19	9.47	11.19
	2030	89.88	59.88	7.68	0.00	1.34	68.90	20.98	23.34
内蒙古	基准年	110.02	71.99	16.88	0.00	0.03	88.90	21.12	19.20
	2015	109.38	66.61	21.47	0.00	0.96	89.03	20.35	18.60
	2020	109.27	63.92	23.76	0.00	1.42	89.10	20.17	18.46
	2030	110.80	63.45	25.08	0.00	2.24	90.77	20.03	18.08
陕西	基准年	77.72	38.24	27.56	0.00	0.60	66.40	11.32	14.57
	2015	85.89	40.55	28.43	0.00	2.59	71.57	14.32	16.67
	2020	89.98	41.70	28.87	0.00	3.59	74.16	15.82	17.58
	2030	97.83	38.60	29.51	0.00	5.68	73.79	24.04	24.57
山西	基准年	57.01	30.88	21.08	0.00	0.00	51.96	5.05	8.86
	2015	62.80	36.49	21.10	0.00	1.10	58.69	4.11	6.54
	2020	65.70	39.30	21.11	0.00	1.65	62.06	3.64	5.54
	2030	69.73	40.31	21.06	0.00	3.02	64.39	5.34	7.66
河南	基准年	54.31	30.22	21.50	0.00	0.02	51.74	2.57	4.73
	2015	58.08	33.19	21.68	0.00	1.05	55.92	2.16	3.72
	2020	59.97	34.67	21.77	0.00	1.57	58.01	1.96	3.27
	2030	62.65	35.92	21.55	0.00	2.78	60.25	2.40	3.83
山东	基准年	22.06	6.86	11.60	0.00	0.00	18.46	3.60	16.32
	2015	23.37	7.55	11.57	0.00	0.53	19.65	3.72	15.92
	2020	24.03	7.90	11.55	0.00	0.80	20.25	3.78	15.73
	2030	24.93	7.96	11.44	0.00	1.33	20.73	4.20	16.85

续表

地区	水平年	总需水量/亿 m³	可供水量/亿 m³					缺水量/亿 m³	缺水率/%
			地表水	地下水	引江	其他	合计		
黄河流域	基准年	485.76	304.82	113.21	0.00	1.72	419.75	66.01	13.59
	2015	508.94	308.06	120.20	0.00	8.85	437.11	71.83	14.11
	2020	520.77	309.68	123.69	0.00	12.42	445.79	74.98	14.40
	2030	547.50	297.53	125.29	0.00	20.35	443.17	104.33	19.06

表 7-2 情景 0 海河流域供需分析汇总

地区	水平年	总需水量/亿 m³	可供水量/亿 m³						缺水量/亿 m³	缺水率/%
			地表水	地下水	引黄	引江	其他	合计		
北京	基准年	41.83	6.80	23.84	0.00	0.00	4.95	35.59	6.24	14.92
	2015	43.49	6.67	20.80	0.00	0.00	4.98	32.45	11.04	25.39
	2020	47.69	10.60	20.80	0.00	0.00	5.20	36.60	11.09	23.25
	2030	52.54	11.20	21.00	0.00	0.00	5.90	38.10	14.44	27.48
天津	基准年	27.69	16.70	4.50	0.00	0.00	0.10	21.30	6.39	23.08
	2015	36.07	16.70	4.50	0.00	0.00	3.42	24.62	11.45	31.74
	2020	40.45	16.70	4.50	0.00	0.00	6.90	28.10	12.35	30.53
	2030	44.05	17.40	4.50	0.00	0.00	7.60	29.50	14.55	33.03
河北	基准年	241.64	72.60	94.73	0.47	0.00	2.81	170.61	71.03	29.39
	2015	236.43	72.60	94.73	0.47	0.00	7.98	175.78	60.65	25.65
	2020	244.43	72.60	95.90	0.47	0.00	13.70	182.67	61.76	25.27
	2030	249.34	72.40	95.10	0.47	0.00	16.20	184.17	65.17	26.14%
山西	基准年	23.78	8.23	11.80	0.00	0.00	1.67	21.70	2.08	8.75
	2015	28.27	13.60	11.80	0.00	0.00	2.14	27.54	0.73	2.58
	2020	31.71	13.60	11.80	2.70	0.00	2.50	30.60	1.11	3.50
	2030	35.12	13.70	11.80	4.50	0.00	3.30	33.30	1.82	5.18
河南	基准年	40.93	8.00	15.38	5.70	0.00	0.02	29.10	11.83	28.90
	2015	44.40	8.00	15.38	5.70	0.00	1.03	30.11	14.29	32.18
	2020	46.93	8.00	14.90	5.70	0.00	2.10	30.70	16.23	34.58
	2030	49.41	6.90	15.38	5.70	0.00	2.40	30.38	19.03	38.51
山东	基准年	77.44	6.20	24.50	37.67	0.00	0.81	69.18	8.26	10.67
	2015	78.17	6.20	24.50	37.67	0.00	2.04	70.41	7.76	9.93
	2020	79.69	6.20	25.40	37.67	0.00	4.40	73.67	6.02	7.55
	2030	80.39	4.50	23.20	37.67	0.00	5.20	70.57	9.82	12.22

续表

地区	水平年	总需水量/亿 m³	可供水量/亿 m³						缺水量/亿 m³	缺水率/%
			地表水	地下水	引黄	引江	其他	合计		
内蒙古	基准年	2.84	1.00	1.65	0.00	0.00	0.00	2.65	0.19	6.69
	2015	3.00	1.00	1.65	0.00	0.00	0.22	2.87	0.13	4.33
	2020	3.12	1.00	1.65	0.00	0.00	0.30	2.95	0.17	5.45
	2030	3.36	1.10	1.65	0.00	0.00	0.40	3.15	0.21	6.25
辽宁	基准年	0.28	0.06	0.14	0.00	0.00	0.00	0.20	0.08	28.57
	2015	0.38	0.15	0.14	0.00	0.00	0.00	0.29	0.09	23.68
	2020	0.42	0.20	0.14	0.00	0.00	0.00	0.34	0.08	19.05
	2030	0.49	0.30	0.14	0.00	0.00	0.00	0.44	0.05	10.20
海河流域	基准年	456.43	119.59	176.54	43.84	0.00	10.36	350.33	106.10	23.25
	2015	470.20	124.92	173.50	43.84	0.00	21.80	364.06	106.13	22.57
	2020	494.44	128.90	175.09	46.54	0.00	35.10	385.63	108.81	22.01
	2030	514.70	127.50	172.77	48.34	0.00	41.00	389.61	125.09	24.30

表 7-3　情景 0 淮河区供需分析汇总

地区	水平年	总需水量/亿 m³	可供水量/亿 m³						缺水量/亿 m³	缺水率/%
			地表水	地下水	引黄	引江	其他	合计		
安徽	基准年	138.80	102.80	23.10	0.00	0.00	0.00	125.90	12.90	9.29
	2015	143.45	100.20	22.75	0.00	0.00	1.50	124.45	19.00	13.25
	2020	142.50	100.40	23.00	0.00	0.00	3.40	126.80	15.70	11.02
	2030	143.10	101.80	23.50	0.00	0.00	3.50	128.80	14.30	9.99
河南	基准年	135.10	49.80	55.50	13.20	0.00	0.00	118.50	16.60	12.29
	2015	152.30	67.55	54.00	13.20	0.00	0.00	134.75	17.55	11.52
	2020	157.60	67.60	53.50	13.20	0.00	3.60	137.90	19.70	12.50
	2030	168.20	67.70	59.30	13.20	0.00	3.90	144.10	24.10	14.33
江苏	基准年	234.80	151.20	8.90	0.00	59.60	0.00	219.70	15.10	6.43
	2015	232.75	137.70	4.00	0.00	59.60	4.05	205.35	27.40	11.77
	2020	234.30	137.70	3.10	0.00	59.60	2.70	203.10	31.20	13.32
	2030	237.40	137.70	1.30	0.00	59.60	0.00	198.60	38.80	16.34
湖北	基准年	1.20	1.10	0.00	0.00	0.00	0.00	1.10	0.10	8.33
	2015	1.40	1.30	0.00	0.00	0.00	0.00	1.30	0.10	7.14
	2020	1.50	1.40	0.00	0.00	0.00	0.00	1.40	0.10	6.67
	2030	1.60	1.50	0.00	0.00	0.00	0.00	1.50	0.10	6.25
山东	基准年	195.10	75.30	72.40	24.90	0.00	0.40	173.00	22.10	11.33
	2015	201.20	75.00	71.25	24.90	0.00	4.20	175.35	25.85	12.85
	2020	204.60	76.40	69.00	24.90	0.00	11.30	181.60	23.00	11.24
	2030	211.40	76.40	64.50	24.90	0.00	16.60	182.40	29.00	13.72
淮河区	基准年	705.00	380.20	159.90	38.10	59.60	0.40	638.20	66.80	9.48
	2015	731.10	381.75	152.00	38.10	59.60	9.75	641.20	89.90	12.30
	2020	740.50	383.50	148.60	38.10	59.60	21.00	650.80	89.70	12.11
	2030	761.70	385.10	148.60	38.10	59.60	24.00	655.40	106.30	13.96%

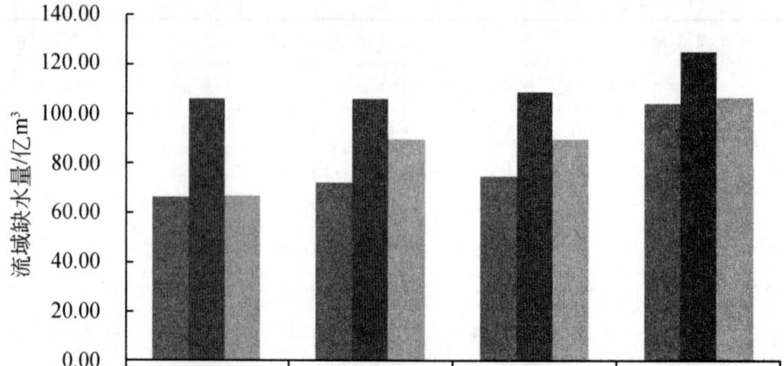

	基准年	2015年	2020年	2030年
■黄河流域	66.01	71.83	74.98	104.33
■海河流域	106.10	106.13	108.81	125.09
■淮河区	66.80	89.90	89.70	106.30

图 7-1　情景 0 黄淮海流域缺水量变化

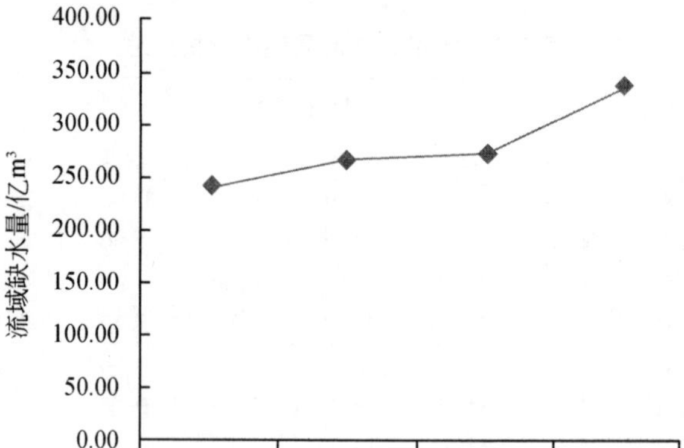

基准年	2015年	2020年	2030年
238.91	267.86	273.49	335.72

图 7-2　情景 0 黄淮海流域总缺水量变化

7.2　情景 1（F1）：2015 年推荐配置方案

情景 1 设定为实施东线一期和中线一期，在 2015 年之前实现通水。本方案可以用来分析比较这两个工程通水后，黄淮海流域的水资源供需情况、海河流域地下水超采情况以及流域间的水资源配置方案，为 2015 年推荐方案。

此情景方案中，增加了 2015 年的东线一期和中线一期调水工程。东线一期工程主要向海河流域鲁北地区供水 4.8 亿 m^3，中线一期工程分配给海河流域分水口门水量 62.4 亿 m^3；规划实施东线工程一期、中线工程一期、引江济淮工程一期，淮河区多年平均跨流域调入水量为 156.4 亿 m^3，相比于基准年的 97.7 亿 m^3，新增供水 59.7 亿 m^3。各流域的水资源需求及供给情况见表 7-4、表 7-5 和表 7-6 所示。其中：

表 7-4　情景 1 黄河流域供需分析汇总

地区	水平年	总需水量/亿 m^3	可供水量/亿 m^3					缺水量/亿 m^3	缺水率/%
			地表水	地下水	引江	其他	合计		
青海	基准年	23.36	17.05	3.24	0.00	0.03	20.32	3.04	13.01
	2015	25.58	16.74	3.25	0.00	0.14	20.14	5.44	21.27
	2020	26.72	16.59	3.26	0.00	0.20	20.05	6.67	24.96
	2030	28.55	16.77	3.27	0.00	0.40	20.44	8.11	28.41
四川	基准年	0.22	0.15	0.01	0.00	0.00	0.16	0.06	27.27
	2015	0.33	0.24	0.02	0.00	0.00	0.26	0.07	21.21
	2020	0.38	0.29	0.02	0.00	0.00	0.31	0.07	18.42
	2030	0.42	0.33	0.02	0.00	0.00	0.35	0.07	16.67
甘肃	基准年	52.13	36.55	5.66	0.00	0.35	42.56	9.57	18.36
	2015	57.41	37.98	5.67	0.00	1.65	45.29	12.11	21.09
	2020	60.06	38.69	5.67	0.00	2.30	46.66	13.40	22.31
	2030	62.71	34.31	5.68	0.00	3.56	43.55	19.16	30.55
宁夏	基准年	88.93	72.88	5.68	0.00	0.69	79.25	9.68	10.88
	2015	86.08	68.71	7.01	0.00	0.82	76.54	9.54	11.08
	2020	84.66	66.62	7.68	0.00	0.89	75.19	9.47	11.19
	2030	89.88	59.88	7.68	0.00	1.34	68.90	20.98	23.34
内蒙古	基准年	110.02	71.99	16.88	0.00	0.03	88.90	21.12	19.20
	2015	109.38	66.61	21.47	0.00	0.96	89.03	20.35	18.60
	2020	109.27	63.92	23.76	0.00	1.42	89.10	20.17	18.46
	2030	110.80	63.45	25.08	0.00	2.24	90.77	20.03	18.08
陕西	基准年	77.72	38.24	27.56	0.00	0.60	66.40	11.32	14.57
	2015	85.89	40.55	28.43	0.00	2.59	71.57	14.32	16.67
	2020	89.98	41.70	28.87	0.00	3.59	74.16	15.82	17.58
	2030	97.83	38.60	29.51	0.00	5.68	73.79	24.04	24.57
山西	基准年	57.01	30.88	21.08	0.00	0.00	51.96	5.05	8.86
	2015	62.80	36.49	21.10	0.00	1.10	58.69	4.11	6.54
	2020	65.70	39.30	21.11	0.00	1.65	62.06	3.64	5.54
	2030	69.73	40.31	21.06	0.00	3.02	64.39	5.34	7.66
河南	基准年	54.31	30.22	21.50	0.00	0.02	51.74	2.57	4.73
	2015	58.08	33.19	21.68	0.00	1.05	55.92	2.16	3.72
	2020	59.97	34.67	21.77	0.00	1.57	58.01	1.96	3.27
	2030	62.65	35.92	21.55	0.00	2.78	60.25	2.40	3.83
山东	基准年	22.06	6.86	11.60	0.00	0.00	18.46	3.60	16.32
	2015	23.37	7.55	11.57	0.00	0.53	19.65	3.72	15.92
	2020	24.03	7.90	11.55	0.00	0.80	20.25	3.78	15.73
	2030	24.93	7.96	11.44	0.00	1.33	20.73	4.20	16.85

续表

地区	水平年	总需水量/亿 m^3	可供水量/亿 m^3					缺水量/亿 m^3	缺水率/%
			地表水	地下水	引江	其他	合计		
黄河流域	基准年	485.76	304.82	113.21	0.00	1.72	419.75	66.01	13.59
	2015	508.94	308.06	120.20	0.00	8.85	437.11	71.83	14.11
	2020	520.77	309.68	123.69	0.00	12.42	445.79	74.98	14.40
	2030	547.50	297.53	125.29	0.00	20.35	443.17	104.33	19.06

表 7-5　情景 1 海河流域供需分析汇总

地区	水平年	总需水量/亿 m^3	供水量/亿 m^3						缺水量/亿 m^3	缺水率/%
			地表水	地下水	引黄	引江	其他	合计		
北京	基准年	41.83	6.80	23.84	0.00	0.00	4.95	35.59	6.24	14.92
	2015	43.49	6.67	20.80	0.00	10.50	4.98	42.95	0.54	1.24
	2020	47.69	10.60	20.80	0.00	10.50	5.20	47.10	0.59	1.24
	2030	52.54	11.20	21.00	0.00	10.50	5.90	48.60	3.94	7.50
天津	基准年	27.69	16.70	4.50	0.00	0.00	0.10	21.30	6.39	23.08
	2015	36.07	16.70	4.50	0.00	8.60	3.42	33.22	2.85	7.90
	2020	40.45	16.70	4.50	0.00	8.60	6.90	36.70	3.75	9.27
	2030	44.05	17.40	4.50	0.00	8.60	7.60	38.10	5.95	13.51
河北	基准年	241.64	72.60	94.73	0.47	0.00	2.81	170.61	71.03	29.39
	2015	236.43	72.60	94.73	0.47	30.40	7.98	206.18	30.25	12.79
	2020	244.43	72.60	95.90	0.47	30.40	13.70	213.07	31.36	12.83
	2030	249.34	72.40	95.10	0.47	30.40	16.20	214.57	34.77	13.94
山西	基准年	23.78	8.23	11.80	0.00	0.00	1.67	21.70	2.08	8.75
	2015	28.27	13.60	11.80	0.00	0.00	2.14	27.54	0.73	2.58
	2020	31.71	13.60	11.80	2.70	0.00	2.50	30.60	1.11	3.50
	2030	35.12	13.70	11.80	4.50	0.00	3.30	33.30	1.82	5.18
河南	基准年	40.93	8.00	15.38	5.70	0.00	0.02	29.10	11.83	28.90
	2015	44.40	8.00	15.38	5.70	12.90	1.03	43.01	1.39	3.13
	2020	46.93	8.00	14.90	5.70	12.90	2.10	43.60	3.33	7.10
	2030	49.41	6.90	15.38	5.70	12.90	2.40	43.28	6.13	12.41
山东	基准年	77.44	6.20	24.50	37.67	0.00	0.81	69.18	8.26	10.67
	2015	78.17	6.20	24.50	37.67	4.80	2.04	75.21	2.96	3.79
	2020	79.69	6.20	25.40	37.67	4.80	4.40	78.47	1.22	1.53
	2030	80.39	4.50	23.20	37.67	4.80	5.20	75.37	5.02	6.24
内蒙古	基准年	2.84	1.00	1.65	0.00	0.00	0.00	2.65	0.19	6.69
	2015	3.00	1.00	1.65	0.00	0.00	0.22	2.87	0.13	4.33
	2020	3.12	1.00	1.65	0.00	0.00	0.30	2.95	0.17	5.45
	2030	3.36	1.10	1.65	0.00	0.00	0.40	3.15	0.21	6.25

续表

地区	水平年	总需水量/亿 m^3	供水量/亿 m^3						缺水量/亿 m^3	缺水率/%
			地表水	地下水	引黄	引江	其他	合计		
辽宁	基准年	0.28	0.06	0.14	0.00	0.00	0.00	0.20	0.08	28.57
	2015	0.38	0.15	0.14	0.00	0.00	0.00	0.29	0.09	23.68
	2020	0.42	0.20	0.14	0.00	0.00	0.00	0.34	0.08	19.05
	2030	0.49	0.30	0.14	0.00	0.00	0.00	0.44	0.05	10.20
海河流域	基准年	456.43	119.59	176.54	43.84	0.00	10.36	350.33	106.10	23.25
	2015	470.20	124.92	173.50	43.84	67.20	21.80	431.26	38.93	8.28
	2020	494.44	128.90	175.09	46.54	67.20	35.10	452.83	41.61	8.42
	2030	514.70	127.50	172.77	48.34	67.20	41.00	456.81	57.89	11.25

表7-6 情景1淮河区供需分析汇总

地区	水平年	总需水量/亿 m^3	可供水量/亿 m^3						缺水量/亿 m^3	缺水率/%
			地表水	地下水	引黄	引江	其他	合计		
安徽	基准年	138.80	102.80	23.10	0.00	0.00	0.00	125.90	12.90	9.29
	2015	143.45	100.20	22.75	0.00	7.30	1.50	131.75	11.70	8.16
	2020	142.50	100.40	23.00	0.00	7.30	3.40	134.10	8.40	5.89
	2030	143.10	101.80	23.50	0.00	7.30	3.50	136.10	7.00	4.89
河南	基准年	135.10	49.80	55.50	13.20	0.00	0.00	118.50	16.60	12.29
	2015	152.30	67.55	54.00	13.20	12.30	0.00	147.05	5.25	3.45
	2020	157.60	67.60	53.50	13.20	12.30	3.60	150.20	7.40	4.70
	2030	168.20	67.70	59.30	13.20	12.30	3.90	156.40	11.80	7.02
江苏	基准年	234.80	151.20	8.90	0.00	59.60	0.00	219.70	15.10	6.43
	2015	232.75	137.70	4.00	0.00	88.40	0.00	230.10	2.65	1.14
	2020	234.30	137.70	3.10	0.00	88.40	2.70	231.90	2.40	1.02
	2030	237.40	137.70	1.30	0.00	88.40	4.00	231.40	6.00	2.53
湖北	基准年	1.20	1.10	0.00	0.00	0.00	0.00	1.10	0.10	8.33
	2015	1.40	1.30	0.00	0.00	0.00	0.00	1.30	0.10	7.14
	2020	1.50	1.40	0.00	0.00	0.00	0.00	1.40	0.10	6.67
	2030	1.60	1.50	0.00	0.00	0.00	0.00	1.50	0.10	6.2%
山东	基准年	195.10	75.30	72.40	24.90	0.00	0.40	173.00	22.10	11.33
	2015	201.20	75.00	71.25	23.50	11.60	4.20	185.55	15.65	7.78
	2020	204.60	76.40	69.00	23.50	11.60	11.30	191.80	12.80	6.26
	2030	211.40	76.40	64.50	23.50	11.60	16.60	192.60	18.80	8.89
淮河区	基准年	705.00	380.20	159.90	38.10	59.60	0.40	638.20	66.80	9.48
	2015	731.10	381.75	152.00	36.70	119.60	5.70	695.75	35.35	4.84
	2020	740.50	383.50	148.60	36.70	119.60	21.00	709.40	31.10	4.20
	2030	761.70	385.10	148.60	36.70	119.60	28.00	718.00	43.70	5.74

海河流域2015年供需缺口为38.93亿m^3，2020年缺口为41.61亿m^3，2030年缺口为57.89亿m^3。东中线一期工程对黄河流域无影响，因此黄河流域供需与基准方案（F0）相同。

淮河区2015年供需缺口为35.35亿m^3，2020年缺口为31.10亿m^3，2030年缺口为43.70亿m^3。

黄淮海流域基准年供需缺口为238.91亿m^3，2015年缺口为146.11亿m^3，2020年缺口为147.69亿m^3，2030年缺口为205.92亿m^3。

在情景1条件下下，黄河、淮河、海河各流域以及总和的供需关系如图7-3和图7-4所示。

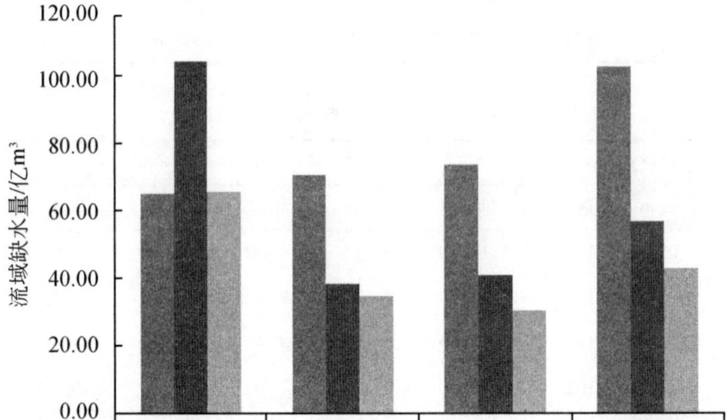

	基准年	2015年	2020年	2030年
黄河流域	66.01	71.83	74.98	104.33
海河流域	106.10	38.93	41.61	57.89
淮河区	66.80	35.35	31.10	43.70

图7-3　情景1黄淮海流域缺水量变化

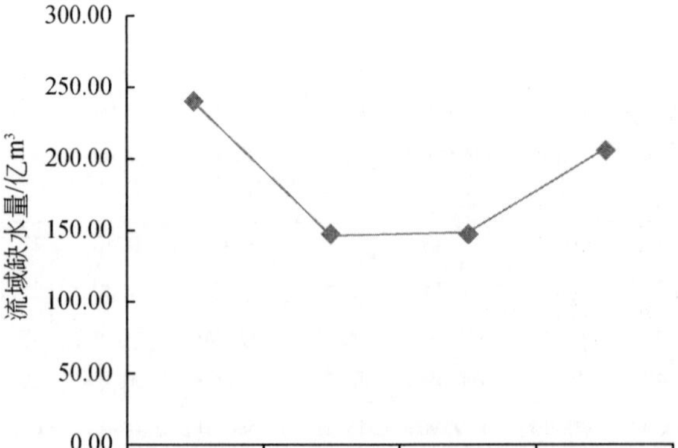

基准年	2015年	2020年	2030年
238.91	146.11	147.69	205.92

图7-4　情景1黄淮海流域总缺水量变化

在东线一期和中线一期通水后，对于缓解 2015 年及之后的海河流域和淮河区的缺水压力，具有非常显著的效果。

7.3　情景 2（F2）：2020 年推荐配置方案

情景 2 设定为南水北调东线一期、东线二期和中线一期通水。东线二期主要向河北和天津供水，2020 年之前通水，本方案以海河流域为重点研究对象，对比方案 F1，用来分析比较东线二期工程队海河流域水资源供需平衡以及地下水超采的影响，为 2020 年推荐方案。

按照南水北调工程总体规划，东线二期工程供水范围扩大至河北、天津，水量达到 16.8 亿 m^3，与情景 1 相比，在已有的东中线一期工程基础上，2020 年及之后的海河流域缺水压力得到进一步的缓解。各流域的水资源需求及供给情况见表 7-7、表 7-8 和表 7-9 所示。其中：

海河流域 2020 年供需缺口为 31.28 亿 m^3，2030 年供需缺口为 45.89 亿 m^3。

黄河流域 2020 年引汉济渭工程调水量可达 10 亿 m^3，这样，2020 年及之后的黄河流域供需缺口也可得到一定程度的减小。

淮河区 2020 年供需缺口为 31.10 亿 m^3，2030 年供需缺口为 43.70 亿 m^3。

黄淮海流域基准年供需缺口为 238.91 亿 m^3，2015 年缺口为 146.11 亿 m^3，2020 年缺口为 126.36 亿 m^3，2030 年缺口为 179.82 亿 m^3。

在情景 2 条件下，黄河、淮河、海河各流域以及总和的供需关系如图 7-5 和图 7-6 所示。

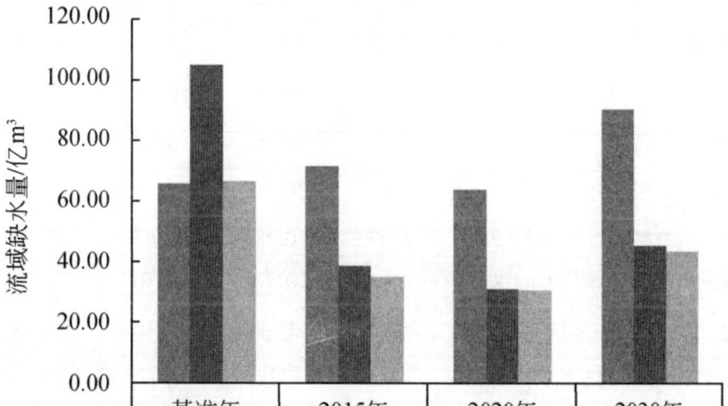

	基准年	2015年	2020年	2030年
黄河流域	66.01	71.83	63.98	90.23
海河流域	106.10	38.93	31.28	45.89
淮河区	66.80	35.35	31.10	43.70

图 7-5　情景 2 黄淮海流域缺水量变化

可以看出，东线二期工程通水后，海河流域的水资源供需得到了一定程度的缓解，而黄河流域引汉济渭工程的实施，效果也十分明显。

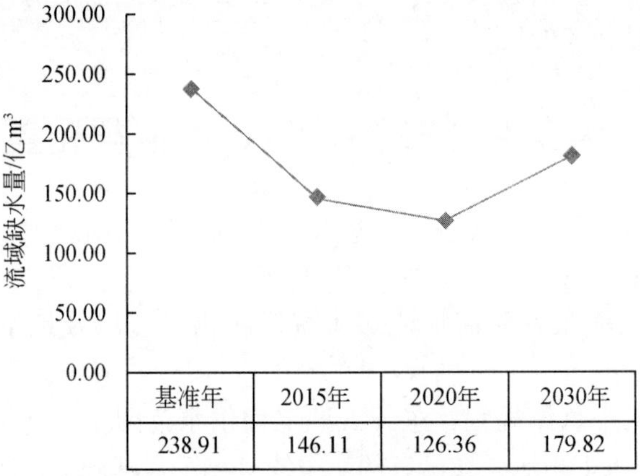

图 7-6　情景 2 黄淮海流域总缺水量变化

表 7-7　情景 2 黄河流域供需分析汇总

地区	水平年	总需水量/亿 m³	可供水量/亿 m³					缺水量/亿 m³	缺水率/%
			地表水	地下水	引江	其他	合计		
青海	基准年	23.36	17.05	3.24	0.00	0.03	20.32	3.04	13.01
	2015	25.58	16.74	3.25	0.00	0.14	20.14	5.44	21.27
	2020	26.72	16.59	3.26	0.00	0.20	20.05	6.67	24.96
	2030	28.55	16.77	3.27	0.00	0.40	20.44	8.11	28.41
四川	基准年	0.22	0.15	0.01	0.00	0.00	0.16	0.06	27.27
	2015	0.33	0.24	0.02	0.00	0.00	0.26	0.07	21.21
	2020	0.38	0.29	0.02	0.00	0.00	0.31	0.07	18.42
	2030	0.42	0.33	0.02	0.00	0.00	0.35	0.07	16.67
甘肃	基准年	52.13	36.55	5.66	0.00	0.35	42.56	9.57	18.36
	2015	57.41	37.98	5.67	0.00	1.65	45.29	12.11	21.09
	2020	60.06	38.69	5.67	0.00	2.30	46.66	13.40	22.31
	2030	62.71	34.31	5.68	0.00	3.56	43.55	19.16	30.55
宁夏	基准年	88.93	72.88	5.68	0.00	0.69	79.25	9.68	10.88
	2015	86.08	68.71	7.01	0.00	0.82	76.54	9.54	11.08
	2020	84.66	66.62	7.68	0.00	0.89	75.19	9.47	11.19
	2030	89.88	59.88	7.68	0.00	1.34	68.90	20.98	23.34
内蒙古	基准年	110.02	71.99	16.88	0.00	0.03	88.90	21.12	19.20
	2015	109.38	66.61	21.47	0.00	0.96	89.03	20.35	18.60
	2020	109.27	63.92	23.76	0.00	1.42	89.10	20.17	18.46
	2030	110.80	63.45	25.08	0.00	2.24	90.77	20.03	18.08

续表

地区	水平年	总需水量/亿 m³	可供水量/亿 m³					缺水量/亿 m³	缺水率/%
			地表水	地下水	引江	其他	合计		
陕西	基准年	77.72	38.24	27.56	0.00	0.60	66.40	11.32	14.57
	2015	85.89	40.55	28.43	0.00	2.59	71.57	14.32	16.67
	2020	89.98	52.70	28.87	0.00	3.59	85.16	4.82	5.36
	2030	97.83	52.70	29.51	0.00	5.68	87.89	9.94	10.16
山西	基准年	57.01	30.88	21.08	0.00	0.00	51.96	5.05	8.86
	2015	62.80	36.49	21.10	0.00	1.10	58.69	4.11	6.54
	2020	65.70	39.30	21.11	0.00	1.65	62.06	3.64	5.54
	2030	69.73	40.31	21.06	0.00	3.02	64.39	5.34	7.66
河南	基准年	54.31	30.22	21.50	0.00	0.02	51.74	2.57	4.73
	2015	58.08	33.19	21.68	0.00	1.05	55.92	2.16	3.72
	2020	59.97	34.67	21.77	0.00	1.57	58.01	1.96	3.27
	2030	62.65	35.92	21.55	0.00	2.78	60.25	2.40	3.83
山东	基准年	22.06	6.86	11.60	0.00	0.00	18.46	3.60	16.32
	2015	23.37	7.55	11.57	0.00	0.53	19.65	3.72	15.92
	2020	24.03	7.90	11.55	0.00	0.80	20.25	3.78	15.73
	2030	24.93	7.96	11.44	0.00	1.33	20.73	4.20	16.85
黄河流域	基准年	485.76	304.82	113.21	0.00	1.72	419.75	66.01	13.59
	2015	508.94	308.06	120.20	0.00	8.85	437.11	71.83	14.11
	2020	520.77	320.68	123.69	0.00	12.42	456.79	63.98	12.29
	2030	547.50	311.63	125.29	0.00	20.35	457.27	90.23	16.48

表 7-8　情景 2 海河流域供需分析汇总

地区	水平年	总需水量/亿 m³	可供水量/亿 m³						缺水量/亿 m³	缺水率/%
			地表水	地下水	引黄	引江	其他	合计		
北京	基准年	41.83	6.80	23.84	0.00	0.00	4.95	35.59	6.24	14.92
	2015	43.49	6.67	20.80	0.00	10.50	4.98	42.95	0.54	1.24
	2020	47.69	10.60	20.80	0.00	10.50	5.20	47.10	0.59	1.24
	2030	52.54	11.20	21.00	0.00	10.50	5.90	48.60	3.94	7.50
天津	基准年	27.69	16.70	4.50	0.00	0.00	0.10	21.30	6.39	23.08
	2015	36.07	16.70	4.50	0.00	8.60	3.42	33.22	2.85	7.90
	2020	40.45	16.70	2.83	0.00	13.60	6.90	40.03	0.42	1.04
	2030	44.05	17.40	4.50	0.00	13.60	7.60	43.10	0.95	2.16
河北	基准年	241.64	72.60	94.73	0.47	0.00	2.81	170.61	71.03	29.39
	2015	236.43	72.60	94.73	0.47	30.40	7.98	206.18	30.25	12.79
	2020	244.43	72.60	95.90	0.47	37.40	13.70	220.07	24.36	9.97
	2030	249.34	72.40	95.10	0.47	37.40	16.20	221.57	27.77	11.14

续表

地区	水平年	总需水量/亿 m^3	可供水量/亿 m^3						缺水量/亿 m^3	缺水率/%
			地表水	地下水	引黄	引江	其他	合计		
山西	基准年	23.78	8.23	11.80	0.00	0.00	1.67	21.70	2.08	8.75
	2015	28.27	13.60	11.80	0.00	0.00	2.14	27.54	0.73	2.58
	2020	31.71	13.60	11.80	2.70	0.00	2.50	30.60	1.11	3.50
	2030	35.12	13.70	11.80	4.50	0.00	3.30	33.30	1.82	5.18
河南	基准年	40.93	8.00	15.38	5.70	0.00	0.02	29.10	11.83	28.90
	2015	44.40	8.00	15.38	5.70	12.90	1.03	43.01	1.39	3.13
	2020	46.93	8.00	14.90	5.70	12.90	2.10	43.60	3.33	7.10
	2030	49.41	6.90	15.38	5.70	12.90	2.40	43.28	6.13	12.41
山东	基准年	77.44	6.20	24.50	37.67	0.00	0.81	69.18	8.26	10.67
	2015	78.17	6.20	24.50	37.67	4.80	2.04	75.21	2.96	3.79
	2020	79.69	6.20	25.40	37.67	4.80	4.40	78.47	1.22	1.53
	2030	80.39	4.50	23.20	37.67	4.80	5.20	75.37	5.02	6.24
内蒙古	基准年	2.84	1.00	1.65	0.00	0.00	0.00	2.65	0.19	6.69
	2015	3.00	1.00	1.65	0.00	0.00	0.22	2.87	0.13	4.33
	2020	3.12	1.00	1.65	0.00	0.00	0.30	2.95	0.17	5.45
	2030	3.36	1.10	1.65	0.00	0.00	0.40	3.15	0.21	6.25
辽宁	基准年	0.28	0.06	0.14	0.00	0.00	0.00	0.20	0.08	28.57
	2015	0.38	0.15	0.14	0.00	0.00	0.00	0.29	0.09	23.68
	2020	0.42	0.20	0.14	0.00	0.00	0.00	0.34	0.08	19.05
	2030	0.49	0.30	0.14	0.00	0.00	0.00	0.44	0.05	10.20
海河流域	基准年	456.43	119.59	176.54	43.84	0.00	10.36	350.33	106.10	23.25
	2015	470.20	124.92	173.50	43.84	67.20	21.80	431.26	38.93	8.28
	2020	494.44	128.90	173.42	46.54	79.20	35.10	463.16	31.28	6.33
	2030	514.70	127.50	172.77	48.34	79.20	41.00	468.81	45.89	8.92%

表 7-9　情景 2 淮河区供需分析汇总

地区	水平年	总需水量/亿 m^3	可供水量/亿 m^3						缺水量/亿 m^3	缺水率/%
			地表水	地下水	引黄	引江	其他	合计		
安徽	基准年	138.80	102.80	23.10	0.00	0.00	0.00	125.90	12.90	9.29
	2015	143.45	100.20	22.75	0.00	7.30	1.50	131.75	11.70	8.16
	2020	142.50	100.40	23.00	0.00	7.30	3.40	134.10	8.40	5.89
	2030	143.10	101.80	23.50	0.00	7.30	3.50	136.10	7.00	4.89
河南	基准年	135.10	49.80	55.50	13.20	0.00	0.00	118.50	16.60	12.29
	2015	152.30	67.55	54.00	13.20	12.30	0.00	147.05	5.25	3.45
	2020	157.60	67.60	53.50	13.20	12.30	3.60	150.20	7.40	4.70
	2030	168.20	67.70	59.30	13.20	12.30	3.90	156.40	11.80	7.02

续表

地区	水平年	总需水量/亿 m^3	可供水量/亿 m^3						缺水量/亿 m^3	缺水率/%
			地表水	地下水	引黄	引江	其他	合计		
江苏	基准年	234.80	151.20	8.90	0.00	59.60	0.00	219.70	15.10	6.43
	2015	232.75	137.70	4.00	0.00	88.40	0.00	230.10	2.65	1.14
	2020	234.30	137.70	3.10	0.00	88.40	2.70	231.90	2.40	1.02
	2030	237.40	137.70	1.30	0.00	88.40	4.00	231.40	6.00	2.53
湖北	基准年	1.20	1.10	0.00	0.00	0.00	0.00	1.10	0.10	8.33
	2015	1.40	1.30	0.00	0.00	0.00	0.00	1.30	0.10	7.14
	2020	1.50	1.40	0.00	0.00	0.00	0.00	1.40	0.10	6.67
	2030	1.60	1.50	0.00	0.00	0.00	0.00	1.50	0.10	6.25
山东	基准年	195.10	75.30	72.40	24.90	0.00	0.40	173.00	22.10	11.33
	2015	201.20	75.00	71.25	23.50	11.60	4.20	185.55	15.65	7.78
	2020	204.60	76.40	69.00	23.50	11.60	11.30	191.80	12.80	6.26
	2030	211.40	76.40	64.50	23.50	11.60	16.60	192.60	18.80	8.89
淮河区	基准年	705.00	380.20	159.90	38.10	59.60	0.40	638.20	66.80	9.48
	2015	731.10	381.75	152.00	36.70	119.60	5.70	695.75	35.35	4.84
	2020	740.50	383.50	148.60	36.70	119.60	21.00	709.40	31.10	4.20
	2030	761.70	385.10	148.60	36.70	119.60	28.00	718.00	43.70	5.74

7.4　情景3（F3）：2030年推荐配置方案

情景3设定为东线一、二、三期，中线一、二期和西线一期工程全部通水，其中东线三期和中线二期设定为2030年通水，本方案用来分析在所有南水北调工程按照现有计划实施通水后，黄淮海流域的水资源供需平衡情况、生态环境恢复与维持情况以及流域间的水资源配置情况，为2030年推荐方案。

此方案是在情景2的基础上，将东线三期和中线二期调水量一并在2030年生效。中线二期是在中线一期的基础上，加大了对海河流域分配的水量，由2020年之前的增加为86.2亿 m^3；东线三期在东线二期基础上，对海河的供水量由增加为31.3亿 m^3，同时淮河区的调入水量也增加至187.8亿 m^3。各流域的水资源需求及供给情况如表7-10、表7-11和表7-12所示。其中：

2020年海河流域缺口为15.47亿 m^3，淮河区缺口为12.2亿 m^3。

西线一期工程通水之后，新增黄河水资源总量80亿 m^3，其中55亿 m^3 可分配至河道外用水，受水区选择在青海、甘肃、宁夏、内蒙古、陕西等上中游省份。这部分水大大缓解了黄河流域中上游的缺水压力，此外，黄河流域的引汉济渭工程调水量在2030年预计可达15亿m^3。即便如此，黄河流域2030年供需缺口依然有35.23亿m^3。

黄淮海流域基准年供需缺口为238.91亿m^3，2015年缺口为146.11亿m^3，2020年缺口为126.36亿m^3，2030年缺口为62.90亿m^3。

在情景3条件下，黄河、淮河、海河各流域以及总和的供需关系如图7-7和图7-8所示。

由配置结果可以看出，在2030年所有规划调水工程实施后，黄淮海流域的水资源供需情势得到了很大程度的缓解，但多年平均条件下依然存在一定程度的缺水，其中尤以黄河流域最为严重（约为35亿m^3），仍需要从供给和需求两个方面，改善水资源供需形势。

表7-10 情景3黄河流域供需分析汇总

地区	水平年	总需水量/亿m^3	可供水量/亿m^3					缺水量/亿m^3	缺水率/%
			地表水	地下水	引江	其他	合计		
青海	基准年	23.36	17.05	3.24	0.00	0.03	20.32	3.04	13.01
	2015	25.58	16.74	3.25	0.00	0.14	20.14	5.44	21.27
	2020	26.72	16.59	3.26	0.00	0.20	20.05	6.67	24.96
	2030	28.55	16.77	3.27	5.00	0.40	25.44	3.11	10.89
四川	基准年	0.22	0.15	0.01	0.00	0.00	0.16	0.06	27.27
	2015	0.33	0.24	0.02	0.00	0.00	0.26	0.07	21.21%
	2020	0.38	0.29	0.02	0.00	0.00	0.31	0.07	18.42
	2030	0.42	0.33	0.02	0.00	0.00	0.35	0.07	16.67
甘肃	基准年	52.13	36.55	5.66	0.00	0.35	42.56	9.57	18.36
	2015	57.41	37.98	5.67	0.00	1.65	45.29	12.11	21.09
	2020	60.06	38.69	5.67	0.00	2.30	46.66	13.40	22.31
	2030	62.71	34.31	5.68	12.00	3.56	55.55	7.16	11.42
宁夏	基准年	88.93	72.88	5.68	0.00	0.69	79.25	9.68	10.88
	2015	86.08	68.71	7.01	0.00	0.82	76.54	9.54	11.08
	2020	84.66	66.62	7.68	0.00	0.89	75.19	9.47	11.19
	2030	89.88	59.88	7.68	15.30	1.34	84.20	5.68	6.32%
内蒙古	基准年	110.02	71.99	16.88	0.00	0.03	88.90	21.12	19.20
	2015	109.38	66.61	21.47	0.00	0.96	89.03	20.35	18.60
	2020	109.27	63.92	23.76	0.00	1.42	89.10	20.17	18.46
	2030	110.80	63.45	25.08	15.20	2.24	105.97	4.83	4.36
陕西	基准年	77.72	38.24	27.56	0.00	0.60	66.40	11.32	14.57
	2015	85.89	40.55	28.43	0.00	2.59	71.57	14.32	16.67
	2020	89.98	52.70	28.87	0.00	3.59	85.16	4.82	5.36
	2030	97.83	52.70	29.51	5.50	5.68	93.39	4.44	4.54

续表

地区	水平年	总需水量/亿 m^3	可供水量/亿 m^3					缺水量/亿 m^3	缺水率/%
			地表水	地下水	引江	其他	合计		
山西	基准年	57.01	30.88	21.08	0.00	0.00	51.96	5.05	8.86
	2015	62.80	36.49	21.10	0.00	1.10	58.69	4.11	6.54
	2020	65.70	39.30	21.11	0.00	1.65	62.06	3.64	5.54
	2030	69.73	40.31	21.06	2.00	3.02	66.39	3.34	4.79
河南	基准年	54.31	30.22	21.50	0.00	0.02	51.74	2.57	4.73
	2015	58.08	33.19	21.68	0.00	1.05	55.92	2.16	3.72
	2020	59.97	34.67	21.77	0.00	1.57	58.01	1.96	3.27
	2030	62.65	35.92	21.55	0.00	2.78	60.25	2.40	3.83
山东	基准年	22.06	6.86	11.60	0.00	0.00	18.46	3.60	16.32
	2015	23.37	7.55	11.57	0.00	0.53	19.65	3.72	15.92
	2020	24.03	7.90	11.55	0.00	0.80	20.25	3.78	15.73
	2030	24.93	7.96	11.44	0.00	1.33	20.73	4.20	16.85
黄河流域	基准年	485.76	304.82	113.21	0.00	1.72	419.75	66.01	13.59
	2015	508.94	308.06	120.20	0.00	8.85	437.11	71.83	14.11
	2020	520.77	320.68	123.69	0.00	12.42	456.79	63.98	12.29
	2030	547.50	311.63	125.29	55.00	20.35	512.27	35.23	6.43

表 7-11　情景 3 海河流域供需分析汇总

地区	水平年	总需水量/亿 m^3	可供水量/亿 m^3						缺水量/亿 m^3	缺水率/%
			地表水	地下水	引黄	引江	其他	合计		
北京	基准年	41.83	6.80	23.84	0.00	0.00	4.95	35.59	6.24	14.92
	2015	43.49	6.67	20.80	0.00	10.50	4.98	42.95	0.54	1.24
	2020	47.69	10.60	20.80	0.00	10.50	5.20	47.10	0.59	1.24
	2030	52.54	11.20	20.12	0.00	14.90	5.90	52.12	0.42	0.80
天津	基准年	27.69	16.70	4.50	0.00	0.00	0.10	21.30	6.39	23.08
	2015	36.07	16.70	4.50	0.00	8.60	3.42	33.22	2.85	7.90
	2020	40.45	16.70	2.83	0.00	13.60	6.90	40.03	0.42	1.04
	2030	44.05	16.46	2.02	0.00	18.60	6.90	43.98	0.07	0.16
河北	基准年	241.64	72.60	94.73	0.47	0.00	2.81	170.61	71.03	29.39
	2015	236.43	72.60	94.73	0.47	30.40	7.98	206.18	30.25	12.79
	2020	244.43	72.60	95.90	0.47	37.40	13.70	220.07	24.36	9.97
	2030	249.34	72.40	95.10	0.47	52.30	16.20	236.47	12.87	5.16
山西	基准年	23.78	8.23	11.80	0.00	0.00	1.67	21.70	2.08	8.75
	2015	28.27	13.60	11.80	0.00	0.00	2.14	27.54	0.73	2.58
	2020	31.71	13.60	11.80	2.70	0.00	2.50	30.60	1.11	3.50
	2030	35.12	13.70	11.80	4.50	0.00	3.30	33.30	1.82	5.18

续表

地区	水平年	总需水量/亿 m^3	可供水量/亿 m^3						缺水量/亿 m^3	缺水率/%
			地表水	地下水	引黄	引江	其他	合计		
河南	基准年	40.93	8.00	15.38	5.70	0.00	0.02	29.10	11.83	28.90
	2015	44.40	8.00	15.38	5.70	12.90	1.03	43.01	1.39	3.13
	2020	46.93	8.00	14.90	5.70	12.90	2.10	43.60	3.33	7.10
	2030	49.41	6.90	14.00	5.70	20.40	2.40	49.40	0.01	0.02
山东	基准年	77.44	6.20	24.50	37.67	0.00	0.81	69.18	8.26	10.67
	2015	78.17	6.20	24.50	37.67	4.80	2.04	75.21	2.96	3.79
	2020	79.69	6.20	25.40	37.67	4.80	4.40	78.47	1.22	1.53
	2030	80.39	4.50	21.70	37.67	11.30	5.20	80.37	0.02	0.02
内蒙古	基准年	2.84	1.00	1.65	0.00	0.00	0.00	2.65	0.19	6.69
	2015	3.00	1.00	1.65	0.00	0.00	0.22	2.87	0.13	4.33
	2020	3.12	1.00	1.65	0.00	0.00	0.30	2.95	0.17	5.45
	2030	3.36	1.10	1.65	0.00	0.00	0.40	3.15	0.21	6.25
辽宁	基准年	0.28	0.06	0.14	0.00	0.00	0.00	0.20	0.08	28.57
	2015	0.38	0.15	0.14	0.00	0.00	0.00	0.29	0.09	23.68
	2020	0.42	0.20	0.14	0.00	0.00	0.00	0.34	0.08	19.05
	2030	0.49	0.30	0.14	0.00	0.00	0.00	0.44	0.05	10.20
海河流域	基准年	456.43	119.59	176.54	43.84	0.00	10.36	350.33	106.10	23.25
	2015	470.20	124.92	173.50	43.84	67.20	21.80	431.26	38.93	8.28
	2020	494.44	128.90	173.42	46.54	79.20	35.10	463.16	31.28	6.33
	2030	514.70	126.56	166.53	48.34	117.50	40.30	499.23	15.47	3.01

表 7-12　情景 3 淮河区供需分析汇总

地区	水平年	总需水量/亿 m^3	可供水量/亿 m^3						缺水量/亿 m^3	缺水率/%
			地表水	地下水	引黄	引江	其他	合计		
安徽	基准年	138.80	102.80	23.10	0.00	0.00	0.00	125.90	12.90	9.29
	2015	143.45	100.20	22.75	0.00	7.30	1.50	131.75	11.70	8.16
	2020	142.50	100.40	23.00	0.00	7.30	3.40	134.10	8.40	5.89
	2030	143.10	101.80	23.50	0.00	12.80	3.50	141.60	1.50	1.05
河南	基准年	135.10	49.80	55.50	13.20	0.00	0.00	118.50	16.60	12.29
	2015	152.30	67.55	54.00	13.20	12.30	0.00	147.05	5.25	3.45
	2020	157.60	67.60	53.50	13.20	12.30	3.60	150.20	7.40	4.70
	2030	168.20	67.70	59.30	13.90	21.40	3.90	166.20	2.00	1.19

续表

地区	水平年	总需水量/亿 m³	可供水量/亿 m³						缺水量/亿 m³	缺水率/%
			地表水	地下水	引黄	引江	其他	合计		
江苏	基准年	234.80	151.20	8.90	0.00	59.60	0.00	219.70	15.10	6.43
	2015	232.75	137.70	4.00	0.00	88.40	0.00	230.10	2.65	1.14
	2020	234.30	137.70	3.10	0.00	88.40	2.70	231.90	2.40	1.02
	2030	237.40	137.70	1.30	0.00	90.90	4.00	233.90	3.50	1.47
湖北	基准年	1.20	1.10	0.00	0.00	0.00	0.00	1.10	0.10	8.33
	2015	1.40	1.30	0.00	0.00	0.00	0.00	1.30	0.10	7.14
	2020	1.50	1.40	0.00	0.00	0.00	0.00	1.40	0.10	6.67%
	2030	1.60	1.50	0.00	0.00	0.00	0.00	1.50	0.10	6.25
山东	基准年	195.10	75.30	72.40	24.90	0.00	0.40	173.00	22.10	11.33
	2015	201.20	75.00	71.25	23.50	11.60	4.20	185.55	15.65	7.78
	2020	204.60	76.40	69.00	23.50	11.60	11.30	191.80	12.80	6.26
	2030	211.40	76.40	64.50	25.50	23.30	16.60	206.30	5.10	2.41
淮河区	基准年	705.00	380.20	159.90	38.10	59.60	0.40	638.20	66.80	9.48
	2015	731.10	381.75	152.00	36.70	119.60	5.70	695.75	35.35	4.84
	2020	740.50	383.50	148.60	36.70	119.60	21.00	709.40	31.10	4.20
	2030	761.70	385.10	148.60	39.40	148.40	28.00	749.50	12.20	1.60

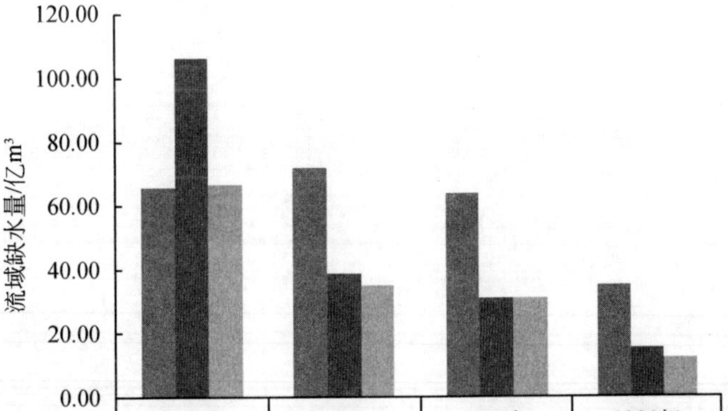

	基准年	2015年	2020年	2030年
黄河流域	66.01	71.83	63.98	35.23
海河流域	106.10	38.93	31.28	15.47
淮河区	66.80	35.35	31.10	12.20

图7-7 情景3 黄淮海流域缺水量变化

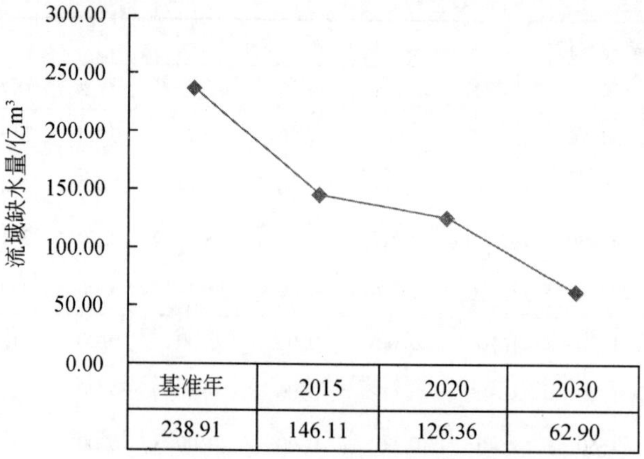

图 7-8　情景 3 黄淮海流域总缺水量变化

第8章　南水北调东中线受水区水资源合理配置研究

南水北调中线、东线地跨北京、天津、河北、山东、河南、湖北、安徽和江苏八省（直辖市），是我国人口密集、经济发达的地区之一，由于人口增长和经济发展，地区内水量日益减少，有限的水资源已不能满足工农业和城市建设迅速发展的需求，水资源供需矛盾十分突出。南水北调工程是一项关系到我国经济、社会和生态协调发展的重大工程，是缓解我国北方水资源严重短缺、优化水资源配置、改善生态环境的重大战略性基础设施，对于促进我国北方地区的经济发展、环境改善和社会稳定具有十分重要的意义。

南水北调东线、中线工程建成后，如何在各大流域之间进行科学、合理、高效、便捷的水资源综合配置，充分发挥经济效益、社会效益和生态环境效益，以确保工程建设目标实现，是南水北调工程水资源运行规划与管理中面临的重大课题，也是决定南水北调工程成败的关键问题。

8.1　东中线二期供水范围

根据国务院批准的《南水北调工程总体规划》和南水北调（东线、中线）一期工程项目设计报告等有关成果，南水北调东线、中线工程受水区涉及北京、天津两个直辖市和河北、河南、山东、江苏、湖北和安徽6省。南水北调东线、中线受水区是我国经济社会发达且发展较快、水资源开发利用程度很高、缺水制约经济社会发展最为严重的地区。

南水北调东线工程供水范围是淮河、海河流域缺水最严重的地区，也是我国缺水最严重的地区。南水北调东线工程是解决这些地区缺水的有效途径。其中，南水北调东线供水区分布有淮河、海河、黄河流域的25座地市级以上城市，包括天津、济南、青岛、徐州等特大城市和大城市，以及沧州、衡水、聊城、德州、滨州、烟台、威海、淄博、潍坊、东营、枣庄、济宁、菏泽、泰安、扬州、淮安、宿迁、连云港、蚌埠、淮北、宿州等大中城市。

南水北调中线供水区分布有淮河、海河、黄河流域的19座地市级以上城市，包括北京、天津、邯郸、邢台、石家庄、保定、衡水、廊坊、南阳、平顶山、漯河、周口、许昌、郑州、焦作、新乡、鹤壁、安阳、濮阳等大中城市。这些城市都存在不同程度的缺水，多数以开采深层地下水和挤占农业水源补充城市供水。

8.2 东中线二期供水必要性

南水北调东线、中线工程供水范围均属水资源短缺地区，由于气候和自然条件不同，各地区缺水程度和缺水性质不同。

海河水系地表水已高度开发，地下水又严重超采，仅仅依靠当地水资源解决缺水问题已无潜力。北京市现由密云、官厅两大水库供水，天津市主要依靠潘家口水库供水。近年来，通过大力采取工农业节水措施和大量超采地下水，暂时缓解了缺水的紧张状况。但是遇到连续枯水年和特枯水年，仍将发生缺水，并且随着城市用水增长和水库来水衰减，未来在平水年也将发生缺水。

河北平原山前区由山区水库及当地地下水供水，水资源条件相对较好，但河北经济发展集中于该区，保定、石家庄、邢台和邯郸已经发生大面积地下水水位下降，缺水危机已经越来越严重。东部平原衡水、沧州地区水资源缺乏，长期超采地下水，造成大面积地面沉降和各类氟病蔓延。引黄入卫工程实施后，虽然得到一些水源补给，但缺水问题依然很严重。

山东省胶东地区各城市供水普遍紧张，莱州湾一带由于地下水超采，引起了海水入侵的严重后果，引黄补水得到一些改善，但仍需增加新水源补充。

淮河沂沭泗地区，虽然江苏江水北调工程不断扩大，但枯水年和灌溉高峰季节供水能力仍然不足，南四湖地区受旱机会比较多，遇干旱年份不仅农业减产，而且威胁工业用水，农业与航运争水矛盾及苏鲁边界争水矛盾日益尖锐。

在积极采取节水措施和相继建设引滦、引黄和引江等供水工程下，虽然缓解了受水地区的水资源不足问题，但总体上没有扭转严重缺水的局面。例如，山东省沿黄河区域及山东半岛水资源不足问题主要依靠引黄供水，年均引黄水量达75亿m^3；河北省年均引黄水量为5亿m^3，但黄河引水保证率受到限制，也不能满足发展要求，日益严重的断流现象和泥沙淤积问题，又使引黄供水受到威胁，必须考虑补充新水源。

由黄淮海流域整体配置结果可知，在长系列多年平均条件下，基准年情景（F0）设定为无调水工程情景，用来分析现状供水能力和预测需水水平下流域的缺水量和地下水超采量。在此情景下，随着流域社会经济的进一步发展，河道外需水量逐年增多，增量主要集中在城市用水和工业用水。而流域的供水能力却不能得到大幅提高，即便是保持目前大量超采地下水的措施，流域水资源紧缺程度也会日益增加。其中，海河流域基准年供需缺口为106.1亿m^3，2020年缺口扩大到106亿m^3，2030年缺口为125.09亿m^3；黄河流域基准年供需缺口为66.01亿m^3，2015年缺口扩大到71.83亿m^3，2020年缺口扩大到74.98亿m^3，2030年缺口为104.33亿m^3；淮河区基准年供需缺口为66.8亿m^3，2015年缺口扩大到83.6亿m^3，2020年缺口扩大到81.7亿m^3，2030年缺口为100亿m^3。黄淮海流域基准年供需缺口为229.5亿m^3，2015年缺口扩大到260.74亿m^3，2020年缺口扩大到269.87亿m^3，2030年缺口为330.7亿m^3。

在基准情景的基础上，设定了东线一期和中线一期通水的2015年推荐情景方案（F1），对于缓解2015年及之后的海河流域和淮河流域的缺水压力，具有非常显著的效果。其中，海河流域 2015 年供需缺口为 31.8 亿 m^3，2020 年缺口为 41.5 亿 m^3，2030 年缺口为 57.9 亿 m^3；淮河区 2015 年供需缺口为 31.3 亿 m^3，2020 年缺口为 31.1 亿 m^3，2030 年缺口为 47.7 亿 m^3；但是，黄河流域缺水状况没有得到改变。黄淮海流域基准年供需缺口为 229.5 亿 m^3，2015 年缺口为 134.93 亿 m^3，2020 年缺口为 147.58 亿 m^3，2030 年缺口为 209.93 亿 m^3，见表 8-1 所示。因此，在进一步节约用水，合理利用现有水资源的基础上，建设南水北调东线、中线工程二期是十分必要和迫切的。

表 8-1　不同情景下各水平年黄淮海流域缺水量　　（单位：亿 m^3）

缺水流域	基准年未调水情景				2015 年东线、中线一期调水情景		
	基准年	2015	2020	2030	2015	2020	2030
黄河流域	66.01	71.83	74.98	104.33	71.83	74.98	104.33
海河流域	106.10	106.13	108.81	125.09	31.80	41.50	57.90
淮河区	66.80	89.90	89.70	106.30	31.30	31.10	47.70
合计	238.91	267.86	273.49	335.72	134.93	147.58	209.93

8.2.1　东线二期供水必要性

1. 东线二期受水区水资源开发利用情况

东线工程跨越长江、淮河、黄河、海河四大水系，供水范围内各地区自然环境和社会经济发展水平不同，水资源利用情况亦有不同。东线一期工程主要满足黄河以南片和山东半岛缺水需求，但黄河以北地区还存在较大的水资源短缺问题。

黄河以北供水区地处海河流域下游。随着经济社会的发展和用水的日趋紧张，本区水源由地表水为主逐步转为以地下水为主。20 世纪 80 年代初华北大旱，北京市城区供水受到威胁，1981 年国务院决定密云水库专供北京，不再向天津、河北送水，当年和第二年天津就不得不采取引黄救急措施。1983 年引滦济津工程通水后，滦河潘家口水库成为天津市的主要供水水源。1998 ~ 2000 年，滦河出现连续枯水年，动用潘家口水库死库容后仍不能满足供水，2000 年不得已实施引黄济津应急工程。自 80 年代以来，沧州、衡水、德州等地的用水，一直靠掠夺性开采地下水来维持。1994 年引黄济冀工程通水后，衡水和沧州供水矛盾有所缓解。尽管如此，近年来水资源短缺的矛盾日益影响到东线二期供水区经济社会的发展。

东线受水区 2008 年社会经济缺水量为 60.92 亿 m^3，其中，超采地下水 25.2 亿 m^3。随着经济社会的发展，未来的经济社会缺水量会更大，面临的生态环境问题将更加严重。

2. 缺水对经济社会和生态环境的影响

1）城镇生活用水紧张，水质难以保证

黄河以北供水区城镇生活用水普遍不足，每遇干旱年定时、定量供水和排队等水的现象十分严重。例如，2000 年出现的严重干旱，天津市在采取减少城市供水量、限制用水和节水等一系列措施下，仍不得不采取紧急引黄措施补水。德州、沧州、衡水、天津市的静海和大港地区，由于河道干涸，城镇生活用水主要靠抽取井深为300～500m的深层地下水，不仅难以保障供给，而且水中的氟含量偏高，儿童氟斑牙、成年人氟骨症多有发生。更为严重的是近些年有不少地方地下水遭受污染，造成人畜饮水困难，严重影响人民群众健康。

2）缺水制约工业发展

遇干旱年份，工矿企业供水没有保障，甚至被迫实行限产、停产，严重制约了工业发展并造成了巨大的经济损失。例如，20世纪80年代以来，天津、沧州等大中城市曾多次发生水荒，造成部分电厂、工厂停产，曾多次引黄救急。沧州市新建的第二水源地，原来预计水位每年下降3～5m，但仅1989年一年就下降了13m。

3）缺水是农业低产的根本原因

缺水是造成黑龙港运东平原区农业低产的根本原因。根据近年来分区统计资料，徒骇马颊河流域耕地平均产量为479kg/亩，黑龙港运东仅278kg/亩，相差近一倍。

3. 过度开发引起的水环境影响仍将持续

1）地下水严重超采

徐州以北地区地下水大量开采后，均发生程度不同的地下水位下降，甚至造成地面沉降。以海河平原最为严重，除聊城和德州市南部常年引黄灌区外，其余地区已全部超采，其中严重超采区面积约2.3万km^2。由于深层地下水开采范围不断扩展，地面沉降范围逐步扩大，沧州沉降区的最大累计沉降为2089mm（始于1975年）；天津沉降区最大累计沉降3040mm（始于1959年）。山东莱州湾地区由于地下水超采，造成海水入侵地下水的面积达2000km^2。尽管东中线一期调水对局部受水区有一定程度的缓解，但是由于长期累积的过度超采地下水，仍需要更多的水源补充。

2）河湖健康水量不足，入海水量仍不能满足需求

东中线一期通水一定程度上有利于缓解河道断流、湖淀干涸的局面，但是，历史上形成的许多渔苇之地已变成荒滩或耕地，大量湿地消失，生物多样性遭到破坏，在一期调水规模的支撑下难以满足生态环境系统修复的需求。而且，入海水量还需要加大，这也要求加大调水规模，促进河口和海洋生态系统的修复。

3）水质保障不足，污水大量被引用

随着经济建设的高速发展，人口不断增加，特别是城市人口急剧膨胀，大量未经处理的污水，直接或间接地排入河道；农业大量施用化肥、农药造成面源污染。靠近城市的河流绝大多数已成为纳污河，不仅破坏了水源，而且污染了环境。根据水质评价分析，淮河和海河流域有70%的河道现状水质均属于Ⅳ类以上水质，尤其是邻近城市的平原中下游河道，水体污染最严重，而且还存在未经处理的污水大量被农田灌溉引用。污水渗入地下或用于农灌，对地下水和农产品造成污染，并对人体健康造成潜在的威胁。

4. 南水北调东线工程建设的必要性和紧迫性

东线二期供水范围水资源开发利用普遍面临地表水过度开发、地下水严重超采、水质污染、环境恶化的严峻局面。现状缺水已很严重，被迫以牺牲环境为代价，维持城市和工农业发展对水的需求，甚至牺牲农业用水保证城市生活和工业用水，经济、社会、环境的正常运行和维持已经受到水资源短缺的严重制约，现有水资源更无法支撑可持续发展的要求。并且，随着东线一期工程受水区范围内经济社会的发展，对水资源的需求增加。因此，无论从扩大供水范围，还是扩大供水规模方面来讲，东线二期工程对经济社会发展与生态环境保护都是非常必要和迫切的。

8.2.2 中线二期供水必要性

1. 中线二期供水区的水资源状况

中线工程供水区（即水资源供需平衡分析范围），分属北京、天津、河北、河南、湖北五省（直辖市），总面积约为 15.5 万 km^2。据统计，供水区内耕地有 12 632 万亩；总人口约为 10 681 万，其中农业人口约 8078 万。

供水区主要包括黄淮海平原中西部及唐白河平原。区内除少量孤山岗丘外，地势平坦，人口密集，土地利用率高。南北向有京广、京九、焦枝等铁路干线通过，东西向有京津、石德、陇海、平顶山至周口等铁路干线以及若干铁路支线，公路四通八达密集成网，内外交通都很方便。

中线供水区工农业生产在我国占有重要地位，西部沿京广铁路有首都北京、省会石家庄和郑州三大城市，还有南阳、平顶山、许昌、焦作、新乡、鹤壁、安阳、邯郸、邢台、保定等中等城市，东北部有直辖市天津市和廊坊、衡水、沧州等，大中城市共 20 座。区内煤炭及石油资源丰富，工业基础较好，是我国粮棉生产基地。由于地势平坦，光热资源充足，农业生产还有很大潜力。受水区 2008 年工农业总产值约为 20 317 亿元（2000 不变价），是我国政治、经济、文化中心，唯水资源不足已成为社会、经济发展的制约条件，亟待解决。

华北平原又称黄淮海平原，北京、天津两大城市皆在该平原内，也可称京津华北平原。其地理位置优越，地势平坦，光热资源充足，土地和矿产资源丰富。该区总面积占全国总面积的 3%，而耕地面积却占全国耕地总面积的 18%；国内生产总值、工农业总产值均占全国总量的 10% 以上，是我国政治、经济、文化的中心，但水资源极其短缺，人均占有水量、亩均占有水量仅为全国均值的 16% 和 14%。

2. 中线二期调水的必要性与紧迫性

根据 1996 年第三届国际自然资源会议的建议：以人均水资源量和水资源利用率两项指标划分水资源丰欠程度，人均水资源量 500 ~ 1000m^3 为紧缺，少于 500m^3 为贫乏；水资源利用率 25% ~50% 为紧缺，超过 50% 为贫乏。按照这两项指标评价，海河流域人均水资源量为 343m^3，水资源利用率为 81%，属于水资源贫乏地区；黄河流域及淮河区人均水资源量分别为 705m^3 和 500m^3，水资源利用率均大于 50%，也属于水资源紧缺或贫乏地区。

20 世纪 80 年代以前，华北平原仅仅出现过局部地区短期的供水困难，80 年代以后，随着经济的发展，需水量急剧增长，上游用水量也迅速增长，导致平原地区水源枯竭、水质恶化、环境干化，城乡供水出现全面紧张的态势，水荒频频发生，经济社会发展受到了水资源短缺的制约，生态环境遭受了严重破坏。大部分河道成为季节性河道，或常年无水；地下水严重超采，地面下沉；水域稀释自净能力降低，水污染越来越严重。根据F1配置方案结果，2015年东中线一期供水实施后，水资源缺水以及相关的一系列问题都得到了一定程度的缓解，但还不能支撑经济社会用水的高保证率和整个生态环境系统的修复目标要求。因此，对于京津华北平原人口密集和经济高速发展的地区，需要在控制地下水超采、减缓生态环境恶化的基础上，增加水源以保障水资源与经济社会发展相适应，从而促进经济社会又好又快地发展。

（1）供水区内20座大中城市，绝大多数都严重缺水，生活和生产用水紧张。随着现代化城市建设和人民生活水平的提高，城市生活、公共设施和环境用水要求将越来越高。另外，城市化建设带来的人口增加也将增加用水的需求，加剧城市用水的供需矛盾。

（2）农业仍难以得到正常的灌溉。根据配置结果可知，农业仍是缺水大户。在受水区没有得到充足的新增水源之前，农业仍面临灌溉保证率不足的问题。

（3）拟建的一些火电厂、化纤厂、碱厂等项目因缺水而不能获批，或者一些城市急需建设的自来水厂因水源不落实而难以建设。例如，北京市急需筹建新水厂，但无水源，密云水库已无能为力。

（4）长期超采地下水形成的漏斗，在一段时间内仍然存在。北京、天津、河北、山东等省市长期超采地下水，水位急剧下降，储量大幅度减少，形成了大面积地下水漏斗区。北京市1961～1992年累计超采地下水40亿m^3，城区形成1000km^2漏斗区。河北省1980～1990年平均超采地下水30亿m^3，造成大面积地下水位下降。地下水储量减少更加剧了水资源供需矛盾，水位下降产生地面沉降，使建筑物、堤防发生裂缝。北京东郊地面下沉100mm以上的面积有260km^2，最大下沉达619mm。天津市区地面沉降1500mm以上面积达125 km^2，其中沉降2500mm以上面积有2.5km^2。著名的白洋淀20世纪50年代以来已干淀13年，1983～1987年连续5年干涸，给淀区经济和生态、环境造成极大的影响与破坏。现其虽蓄上了水，但仍面临干淀的危险。

综上所述，中线工程受水区水资源短缺与社会经济发展、环境保护之间的矛盾已很突出。为缓解水资源的供需矛盾，供水区虽采取加强节约用水管理、限制高耗水工业发展、地下水回灌、污水利用以及建设水利工程和加强水资源的调配等一系列措施，并取得了一定成效，但矛盾依然存在。为根本缓解这一地区的水资源供需矛盾，必须扩大外流域调水规模。南水北调中线近期引汉工程，从已建的汉江丹江口水库引水，该水库水质好，水量可靠，地理条件优越，既能沿黄淮海平原西部边缘自南向北自流输水，又能自西向东自流供水，覆盖面大，而且只要输水总干渠建成，便能利用平原上众多的自然河流及已建的灌溉渠道供水发挥效益，配套工程比较省。远景还可以从长江干流引水，后备水源充足。因此，建设中线二期工程，是根本缓解供水区水资源供需矛盾的理想方案，能够缓解这一地区的严重缺水状况，促进社会、经济、生态与环境的发展，是一项十分必要而紧迫的任务。

8.3　东中线工程受水区供需平衡分析

8.3.1　东中线工程泛流域供需平衡分析

东中线调水工程的受水区涉及黄河、淮河和海河三大流域区。在南水北调东中线工程实施的条件下，可以根据泛流域受水区供需平衡结果科学调整现状黄河向淮河、海河大规模输水配置格局；可以通过流域间的水资源统一配置扩大南水北调供水范围，尤其是间接受水区范围，从而提高南水北调工程效益。

2020 年，黄河流域多年平均、75% 降水频率和 95% 降水频率下的需水总量分别为 520.77 亿 m^3、531.65 亿 m^3 和 572.40 亿 m^3；海河流域多年平均、75% 降水频率和 95% 降水频率下的需水总量分别为 494.44 亿 m^3、534.40 亿 m^3 和 548.60 亿 m^3；淮河区多年平均、75% 降水频率和 95% 降水频率下的需水总量分别为 740.50 亿 m^3、773.50 亿 m^3 和 819.20 亿 m^3。

在东中线一期工程实施的前提下，考虑引江和不引江两种方案进行供需平衡分析，其缺水量如表 8-2 所示。

表 8-2　不同降水频率下 2020 年黄淮海三大流域缺水量　（单位：亿 m^3）

流域＼频率	不考虑引江缺水量			考虑引江缺水量		
	多年平均	75%	95%	多年平均	75%	95%
黄河流域	63.98	109.38	188.89	33.25	60.79	104.63
海河流域	110.48	135.06	171.36	31.28	55.86	92.16
淮河区	150.70	184.90	238.70	31.10	65.30	119.10
合计	325.16	429.34	598.95	95.63	181.95	315.89

注：引江水量包括了东线实施以前的江水北调水量

由表 8-2 可知，实施东中线一期工程后，黄淮海三大流域的缺水形势得到极大程度的缓解，实现了泛流域间的水资源综合配置。这不仅缓解了东中线一期工程直接受水区的缺水状况，还扩大了间接受水区范围。例如，通过为直接受水区供水，直接受水区中原来依赖黄河供水的水量置换出来，供给黄河流域其他非直接受水区。因此，南水北调东中线工程对于整个黄淮海流域的供需平衡有着举足轻重的作用。

2020 年，不考虑引江条件下，黄河流域多年平均、75% 降水频率和 95% 降水频率下的缺水率分别为 12%、21% 和 33%；海河流域多年平均、75% 降水频率和 95% 降水频率下的需水总量分别为 22%、25% 和 31%；淮河区多年平均、75% 降水频率和 95% 降水频率下的需水总量分别为 20%、24% 和 29%。

2020 年，考虑引江条件下，黄河流域多年平均、75% 降水频率和 95% 降水频率下的缺水率分别为 6%、11% 和 18%；海河流域多年平均、75% 降水频率和 95% 降水频率下的需水总量分别为 6%、10% 和 17%；淮河区多年平均、75% 降水频率和 95% 降水频率下的需水总量分别为4%、8%和15%。

根据缺水量和缺水率分析可知，尽管南水北调东中线一期工程对流域缺水有很大的缓解作用，但是其缺水率仍然较大，还不能满足人们日益增长的用水需求，需要建设相应的二期工程。

8.3.2 东线工程二期供需平衡分析

1. 发展指标及用水定额

根据《南水北调工程论证报告》和黄淮海流域水资源综合配置结果，设定黄河以南和黄河以北、胶东片区未来的发展指标与用水定额如下。

1）黄河以南和黄河以北两片

这两片主要包括9个方面的指标，分别是：①在人口增长率方面，根据受水区各地计生委提出的人口控制目标，拟定2011～2020人口增长率为4‰，其中城市人口增长率为40‰，县镇为30‰；②在工业增长率方面，根据各地发改委预测，2011～2020增长率为6%～8%；③在火力发电装机规模方面，根据电力部门提供的资料，到2020年受水区火电装机容量为3758万KW；④在原煤产量方面，根据煤炭部门分析，到2020年受水区原煤产量为8920万t；⑤在灌溉面积方面，根据受水区各地水资源条件，现状水利化程度，灌溉发展潜力及当地水利发展规划等综合分析拟定，到2020年灌溉面积分别为11 400万亩；⑥在灌溉定额方面，根据作物类型确定；⑦在一般工业用水定额方面，考虑技术进步、节水和产业结构调整，结合弹性系数、工业用水增长率及人均工业用水量等参数分析，并进行了黄河南、黄河北的协调，选用2020年的工业用水定额为20～35m^3/万元，乡镇企业分别为5～11m^3/万元；⑧在火电厂用水定额方面，根据调查资料的比较分析，2000年以来采用30～40m^3/kW；⑨在生活用水定额方面，随着城乡生活水平的提高，城市环境用水比例将显著提高，县镇和农村居民用水量也逐步提高。参考以往规划成果及有关城市水源规划，地市级2020年用水定额为250L/(人·d)，县镇为200L/(人·d)，农村生活用水定额为120L/(人·d)。

2）胶东片

胶东片主要包括5个方面的指标，分别是：①在工业产值增加率方面，2011～2020年为5%；②在人口自然增长率方面，2011～2020年为7‰；③在灌溉面积方面，2020年胶东半岛灌溉面积约为1497万亩，变化不大；④在工业用水量计算方面，2011～2020年需水弹性系数（工业用水增长率与产值增长率之比）为0.28；⑤在生活用水定额方面，2020年地市级用水定额为220L/(人·d)，县镇为160L/(人·d)，济南、青岛用水定额为240L/(人·d)。

2. 需水量预测

社会经济发展需要足够的水，水的有效供给又保障和促进经济社会发展。因此，区域经济社会发展必须与供水能力相适应。南水北调受水区水资源不足，必须在保证重点、统筹兼顾的原则下，区分对待不同分区、不同行业用水需求，坚持科学用水，合理拟定各用水部门的用水定额，大力实施节约用水，以水资源的可持续利用保证经济社会的可持续发展。考虑到农田灌溉需水与来水丰枯程度关系密切，规划中以典型年计算进行农业需水量预测。其他各部门用水受气象因素影响很小，故不同来水年份的需水量均取一致。

需水预测按照行政分区进行，根据各生产部门不同的用水特性和发展趋势，确定不同的定额量纲，然后按预测增长规模和单位用水定额进行预测。人口生活需水定额量纲为 L/（人·d）；火电、煤炭和石油工业采用的定额量纲分别是 m^3/万 kW 和 m^3/t；其他工业、建筑业和第三产业需水定额量纲为 m^3/万元工业增加值；农业灌溉定额量纲为 m^3/亩。

根据上述发展指标和用水定额推算出各片 2020 年多年平均、75% 和 95% 来水频率下的各受水省份的需水量，如表 8-3 所示。

表 8-3　不同来水频率下东线受水区需水量计算　　（单位：亿 m^3）

调水分期	省份	地市	多年平均	75%	95%
一期受水区	江苏	扬州市	26.52	27.08	28.53
		淮安市	36.48	37.26	39.25
		宿迁市	26.18	26.74	28.17
		连云港市	27.06	27.63	29.11
		徐州市	44.26	45.21	47.63
	安徽	蚌埠市	14.64	16.38	17.13
		淮北市	5.45	6.10	6.38
		宿州市	14.17	15.86	16.59
	山东	济南市	22.84	23.47	24.52
		青岛市	13.35	13.72	14.34
		聊城市	20.79	21.36	22.32
		德州市	28.18	28.96	30.26
		滨州市	27.02	27.77	29.01
		烟台市	14.20	14.59	15.24
		威海市	4.28	4.39	4.59
		淄博市	17.83	18.33	19.14
		潍坊市	28.40	29.18	30.49
		东营市	20.80	21.37	22.33
		枣庄市	10.77	11.06	11.56
		济宁市	34.79	35.75	37.35
		菏泽市	23.33	23.98	25.05
二期受水区	河北	沧州市	17.35	18.75	19.25
		衡水市	19.45	21.02	21.58
	天津	天津市(未分区)	40.45	43.72	44.88
	合计		538.57	559.71	584.70

3. 供需平衡分析

根据《南水北调工程论证报告》和《南水北调东线工程一期可行性研究报告》，东线工程的受水区范围分布如图 8-1 所示。

根据南水北调东线工程受水区需水量预测结果和可供水量预测分析结果可以计算得出各片 2020 年多年平均、75% 和 95% 来水频率下的各受水城市的缺水水量，如表 8-4 所示。

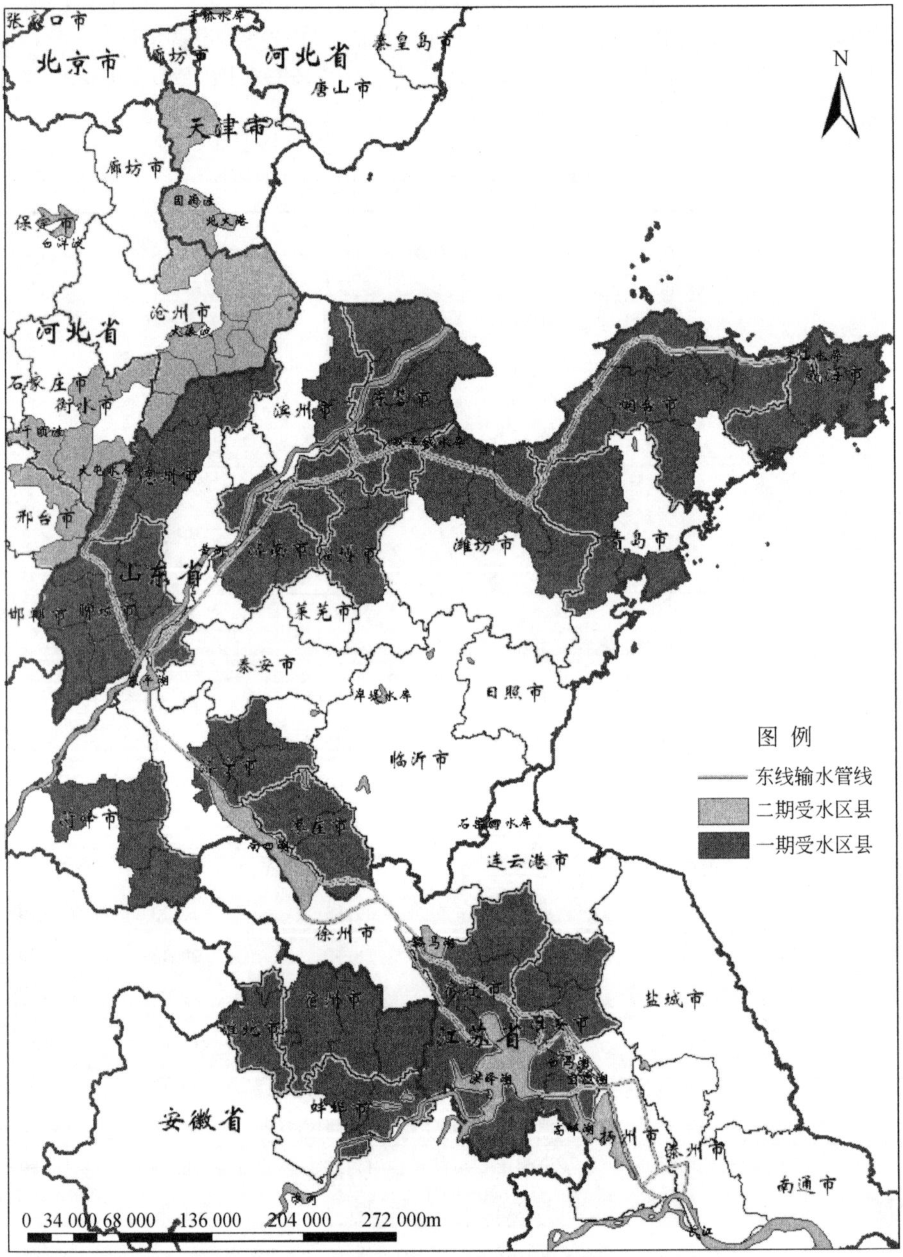

图 8-1　南水北调东线工程受水区范围分布图

表 8-4　不同来水频率下东线受水区缺水量计算　　（单位：亿 m^3）

调水分期	省份	地市	多年平均	75%	95%
一期受水区	江苏省	扬州市	0.20	1.29	3.29
		淮安市	0.28	1.78	4.53
		宿迁市	0.20	1.27	3.25
		连云港市	0.21	1.32	3.36
		徐州市	0.34	2.15	5.50
	安徽省	蚌埠市	1.85	4.37	5.07
		淮北市	0.69	1.63	1.89
		宿州市	1.79	4.23	4.91
	山东省	济南市	0.56	0.85	1.64
		青岛市	0.33	0.50	0.96
		聊城市	0.51	0.78	1.49
		德州市	0.70	1.05	2.03
		滨州市	0.67	1.01	1.94
		烟台市	0.35	0.53	1.02
		威海市	0.11	0.16	0.31
		淄博市	0.44	0.67	1.28
		潍坊市	0.70	1.06	2.04
		东营市	0.51	0.78	1.50
		枣庄市	0.27	0.40	0.77
		济宁市	0.86	1.30	2.50
		菏泽市	0.58	0.87	1.68
二期受水区	河北省	沧州市	8.51	12.41	19.20
		衡水市	9.53	13.92	21.52
	天津市	天津市（未分区）	0.31	2.10	4.73
	合　计		30.48	56.44	96.43

由上述可知，尽管在东线一期工程通水的条件下，东线受水区在 75% 降水频率下，仍存在较大的缺口，缺水率达到 10.5%。尤其是东线二期新增受水区范围河北省的沧州市和衡水市缺水达到了 26.33 亿 m^3；天津由于受到南水北调中线一期工程的影响在二期调水时缺水较少，但在 75% 或 95% 来水频率下仍有较大的缺口。因此，2020 年东线工程二期增加调水规模和扩大供水范围是紧急而迫切的。

8.3.3　中线工程二期供需平衡分析

根据《南水北调工程论证报告》和《南水北调中线工程一期可行性研究报告》，中线工程的受水区范围分布如图 8-2 所示。

中线受水区在新中国成立以来，进行了大规模的水利建设。这些水利设施在抗御

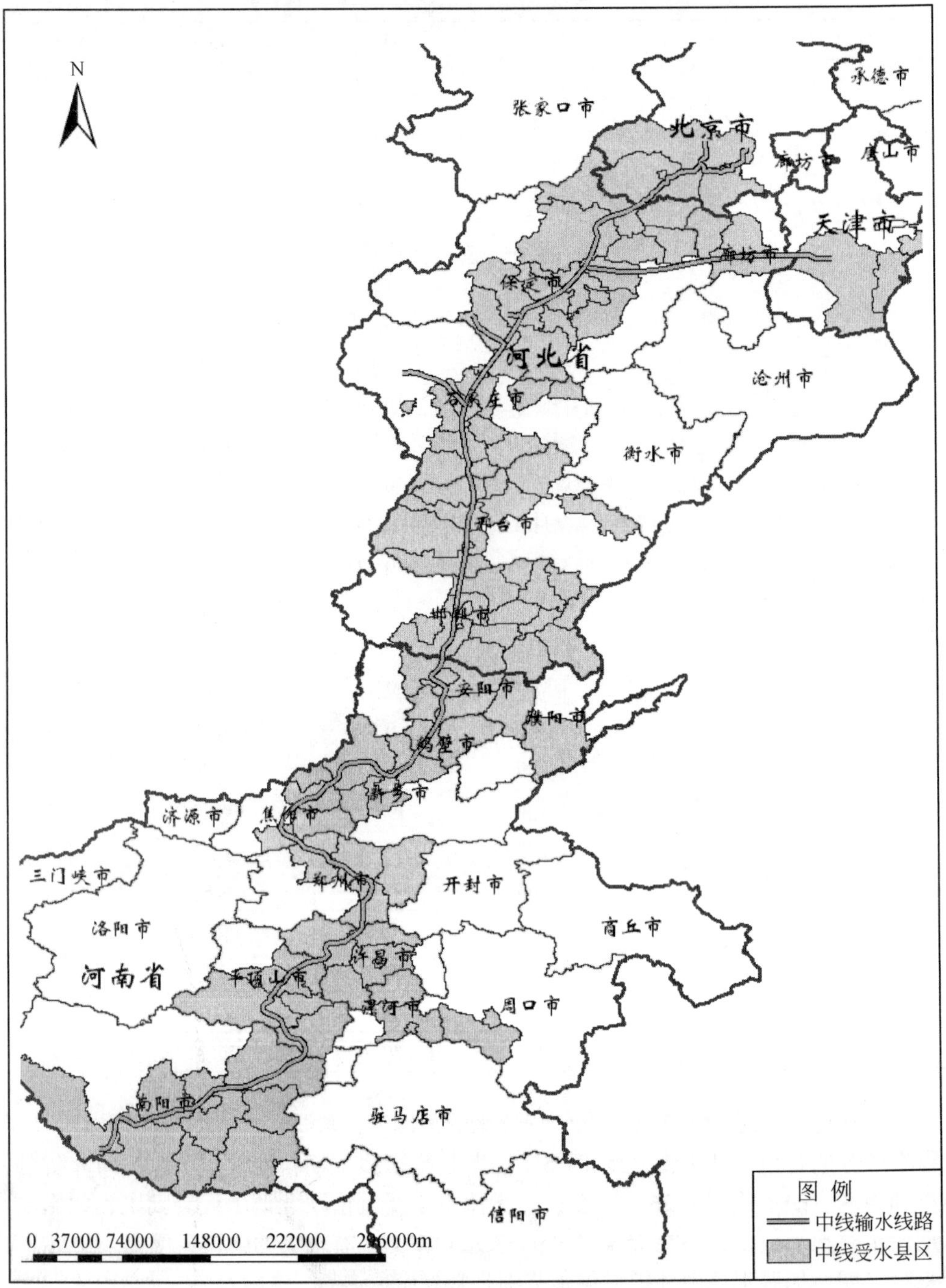

图 8-2 南水北调中线受水区范围分布图

洪涝灾害和解决工农业和生活用水方面，发挥了巨大作用，促进了这一地区社会与经济的发展。但是，20 世纪 70 年代后期以来，随着经济、城市的迅速发展，用水量增加，入境水量减少，水资源供需矛盾日益突出。根据前述水资源供需平衡分析，这一地区目前已经缺水，如不解决，缺口将日益扩大。由于缺水，这一地区已经出现了一系列社会、经济与环境问题，并日趋严重。

1. 受水区水资源及可供水量

1）水资源

受水区范围内的当地水资源总量约为 258 亿 m^3，不含地表水和地下水重复计算部分为 71 亿 m^3。其中，多年平均地表径流量约为 147 亿 m^3，地区分布上由南向北递减；年际和年内变化大，尤其北方水少的地区变化更大，主要集中在汛期。一些河流有的年份全年径流由几场甚至一两场暴雨产生，利用困难。多年平均地下水资源量约为 182 亿 m^3。

入境水量为汉江、淮河、海河三大水系从供水区上游进入供水区的径流量，多年平均约 154 亿 m^3（引黄灌区未划入中线供水范围，故未包括黄河水量）。

供水区的水资源量，随着上游工农业用水增加、入境水量减少以及当地地下水的超采，有日益减少的趋势。太行山山前地带过去水资源条件相对较好，地下水较丰富，为城市建设和工农业生产发展提供了条件。但是，随着社会和经济的发展，这一地带的水资源条件发生了很大的变化。

A. 上游山西能源重化工基地建设发展，当地用水增加，进入海河平原的水量逐年衰减，年均进入河北的水量 20 世纪 50 年代约 100 亿 m^3，60 年代约 70 亿 m^3，70 年代约 52 亿 m^3，80 年代已降至 26 亿 m^3，减少 63%。北京的官厅、密云两大水库年均来水量也由 60～70 年代的 15 亿～20 亿 m^3 降为 80 年代的 10 亿 m^3，减少约 50%。

B. 当地用水剧增，地表水不足，被迫大量超采地下水。河北省 1980～1990 年，全省平原区年均超采地下水达 30 亿 m^3。地下水开采集中在山前平原区和山间盆地平原区，10 年间，累计超采浅层地下淡水 220 亿 m^3。每年还开采深层地下水 18 亿 m^3；北京市 1961～1992 年累计超采地下水 44 亿 m^3。

现在北京西部和河北省太行山山前地带含水层已呈疏干和半疏干状态，加上入境水量锐减，过去有利于社会与经济发展的良好水资源条件已不复存在。

2）可供水量

供水区及其相邻地区已兴建大型水库 28 座，总库容 217 亿 m^3，兴利库容 90 亿 m^3，还有数以百计的中小型水库、大量的机井和引提水工程。根据长系列资料分析，现有工程可供水量（包括部分从黄河的引水量，下同）一般年份（相当于保证率 50%）为 278 亿 m^3，中等干旱年（相当于保证率 75%）为 248 亿 m^3。随着供水区各水系尤其是海河流域上游工农业的发展，上游用水量增加，将减少入境水及其可供水量；另外，还可以兴建部分供水工程。

2. 需水量预测

根据国民经济发展规划测算各水平年需水量。预测受水区 2020 年的未知因素较多，只能对国民经济的发展趋势进行粗略估算，预计总人口 13 149 万人，工业总产值 31 022 亿元。在充分考虑了节水条件下，一般工业的用水定额 2000 年为 50～200 m^3/

万元，2020 年仅 25 ~ 100 m^3/万元；农业用水定额，除湖北省引丹灌区略高外，一般约 190 ~ 260 m^3/亩。

在以上基础上，分区、分片计算中线供水区在 2020 年多年平均来水频率下需水量为 377.20 亿 m^3，75% 来水频率下需水量为 403.76 亿 m^3，95% 来水频率下需水量为 422.53 亿 m^3，计算结果见表 8-5 所示。

表 8-5　不同来水频率下中线受水区缺水量计算　　（单位：亿 m^3）

地区	地市	多年平均	75%	95%
河北	邯郸市	24.96	26.98	27.70
	邢台市	21.94	23.71	24.34
	石家庄市	39.65	42.86	43.99
	保定市	40.94	44.25	45.43
	廊坊市	12.15	13.13	13.48
河南	南阳市	1.87	1.97	2.12
	平顶山市	12.39	13.07	14.08
	漯河市	6.44	6.79	7.32
	许昌市	9.42	9.93	10.70
	郑州市	26.46	27.91	30.07
	焦作市	8.39	8.85	9.54
	新乡市	32.58	34.35	37.02
	鹤壁市	8.88	9.37	10.10
	濮阳市	19.41	20.47	22.06
	安阳市	23.57	24.86	26.79
天津	天津市（未分区）	40.45	43.72	44.88
北京	北京市	47.69	51.54	52.91
合计		377.20	403.76	422.53

3. 供需平衡分析

水资源供需计算是根据国民经济发展规划，充分考虑节水和进一步利用当地水资源条件下进行的。分区分片计算结果：2020 年，一般年份缺水达 373 亿 m^3，中等干旱年缺水 493 亿 m^3。由于供水区地域辽阔，可用一般年或保证率 50% 年份反映总缺水量，75% 年时分区测算，一般不会出现分区同频率。

根据南水北调中线受水区需水量预测结果和可供水量预测分析结果，可以计算得出各片 2020 年多年平均、75% 和 95% 来水频率下的各受水城市的缺水水量，见表 8-6 所示。

表 8-6　中线供水区 2020 年水量供需平衡表　　　　（单位：亿 m^3）

地区	地市	多年平均	75%	95%
河北	邯郸市	4.35	6.36	9.83
	邢台市	3.83	5.59	8.64
	石家庄市	6.92	10.10	15.61
	保定市	7.14	10.43	16.12
	廊坊市	2.12	3.09	4.78
河南	南阳市	0.04	0.07	0.11
	平顶山市	0.28	0.49	0.73
	漯河市	0.14	0.26	0.38
	许昌市	0.21	0.37	0.55
	郑州市	0.59	1.05	1.55
	焦作市	0.19	0.33	0.49
	新乡市	0.73	1.29	1.91
	鹤壁市	0.20	0.35	0.52
	濮阳市	0.43	0.77	1.14
	安阳市	0.53	0.94	1.38
天津	天津市（未分区）	0.59	2.80	6.14
北京	北京	0.42	2.84	6.39
合计		28.70	47.13	76.26

按前述划分的中线供水区，尽管中线一期工程的实施使得 2020 年的缺水矛盾得到了极大的缓和，但是仍然不能从根本上解决问题。在 75% 降水频率下的缺水量达到了 47.13 亿 m^3，缺水率为 11.7%，仍不能满足供水安全保障的要求。因此，还需要进一步扩大供水规模和供水范围。

8.4　东线工程二期关键参数分析

根据黄淮海流域水资源配置结果分析，东线一期工程受水区需要扩大供水规模，黄河以北受水区急需东线工程二期保障供水，要求东线工程二期在 2020 年之前实现供水。

8.4.1　东线工程二期供水目标

工程的供水目标是在 2030 年补充天津、河北、山东、江苏、安徽、山东半岛等输水沿线城市生活环境和工业用水，并适当兼顾农业和其他用水，各部门设计供水保证率如表 8-7 所示。

（1）城市用水。天津市及调水沿线和山东半岛的大中城市的城市用水和重要电厂、煤矿用水是主要供水目标，在城市用水中考虑改善城市环境（绿化、河、湖）用水。

（2）航运用水。提高济宁—扬州段京杭运河航运用水保证率。

（3）农村用水。江苏省现有江水北调工程供水区和安徽省洪泽湖用水区的农村生活、农村工业、农业灌溉用水。

（4）在满足上述供水目标的前提下，利用工程供水能力，在需要时，向北方供给农业和生态环境用水。

表 8-7　各部门供水设计保证率表

<table>
<tr><td colspan="3">供水部门</td><td>供水保证率/%</td></tr>
<tr><td colspan="3">生活、工业、航运</td><td>97</td></tr>
<tr><td rowspan="3">农业灌溉</td><td rowspan="2">水田</td><td>淮河以南</td><td>95</td></tr>
<tr><td>淮河以北</td><td>75</td></tr>
<tr><td>旱作</td><td>下级湖以南</td><td>75</td></tr>
</table>

8.4.2　东线工程二期调水规模

近年来，供水范围内社会经济情况发生了很大变化，供水目标也由以农业供水为主转为城市供水为主。因此，根据本次黄淮海流域水资源配置结果和南水北调东中线水资源配置结果建议未来水平年东线二期工程的调水规模。

根据供需平衡分析结果，第二期工程的抽江水量需在一期的基础上增加 56.44 亿 m^3。其中，穿黄水量 34.95 亿 m^3；山东半岛水量 21.49 亿 m^3。

根据配置结果和受水区供需平衡分析，按选定的工程规模对典型年进行供需平衡计算，可以满足规划供水目标。生活、工业、城市生态环境及航运用水的供水保证率可以达到97%，农业用水比现状有所改善和提高，洪泽湖以南水田用水基本可以满足，其他各区供水保证率在85%左右，符合设计供水保证率。

8.4.3　东线工程二期调水时机

东线工程可以根据北方缺水形势和国家经济承受能力分期实施，逐步扩大工程效益。根据前述对黄淮海东部平原缺水形势的分析预测、南水北调东中线受水区水资源配置结果和以往规划论证成果，认为南水北调东线工程二期需要在一期工程抽江 119.60 亿 m^3 的基础上增加抽江 56.44 亿 m^3 调水规模，并且调水二期工程要在2020 年之前生效才能有效保障和促进受水区经济社会快速发展的需要。

南水北调东线二期工程实施后，沿线受水区这些城市的供水不足问题可以逐步得到解决，生态环境可以逐步得到恢复。

8.5　中线工程二期关键参数分析

中线一期与二期工程规划的受水区范围完全一致，根据黄淮海流域水资源配置结果分析，一期工程运行后，基本能保障近期受水区中长期经济社会发展需要。但是，在 2020 年仍会出现 47.13 亿 m^3 的缺口，因此，中线二期也需在 2020 年之前实现供水。

8.5.1　中线工程二期水源工程

1. 水源方案的比较分析

丹江口水库可调水量除与上游来水量有关外，还与大坝是否加高、水源区规划水平年、汉江中下游工程措施、总干渠的输水能力等密切相关。根据《南水北调工程论证报告》和《南水北调中线工程一期可行性研究报告》，近期建成引江济汉工程，才能满足受水区的需调水量要求，为此研究比较了三个方案。

一是研究了从三峡库区大宁河、香溪河、龙潭溪引水，经丹江口水库北调的方案。各方案水源部分的投资均为丹江口水库大坝加高投资的 2 ~ 5 倍。由于要提水，成本水价较丹江口水库大坝加高的水价高 9 倍左右。考虑到丹江口水库大坝加高调水量近期可达到 97 亿 m^3，完全可以满足 2010 年城市缺水 78 亿 m^3 的需求，与从长江干流调水的方案相比，投资小、工程简单、工期短、运行费低，故推荐中线近期工程仍从汉江引水。对后期丹江口水库调水量可达 140 亿 m^3，将根据受水区需调水量要求，再研究远景从长江干流增加调水量的方案。

二是对丹江口水库大坝加高与不加高调水的方案进行了比较。加高大坝调水，最小调节库容达到 98 亿 m^3，对近期调水量可以进行完全调节，基本做到“按需供水”；不加高大坝调水，调出的水量小，到达用户的年净供水量约 65 亿 m^3，与净需调水量 78 亿 m^3 的差距较大，而且 95% 保证率的净供水量不足 30 亿 m^3，调水过程极不平稳，难以满足城市供水要求。

大坝加高增加了发电水头，使因调水而损失的电量得到一定的补偿。例如，不加高大坝调水，减少电量约 10 亿 kW・h，加高大坝调水减少的发电量约 5 亿 kW・h，较好地兼顾了水源区的发电收益。

大坝加高后，将居住在 157m 高程附近的大量移民外迁安置（157 ~ 161m 高程间的移民数约占 157 ~ 170m 高程间总移民数的 45%），一方面可显著减轻人类活动对水库水质的影响，使水库水质满足城市供水标准更有保障；另一方面可大大改善库区的环境容量，加快库区群众脱贫的步伐。

加高大坝后，水库的蓄洪能力大大提高，可以使汉江中下游再遇 1935 年洪水时不分洪，为分蓄滞洪区 80 余万亩耕地、近 80 万人口提供了长治久安的发展条件。若仍维持目前的防洪方案，蓄滞洪区安全建设需要的投资和需要搬迁的人口，将超过丹江口水库大坝加高的投资和移民。

根据各方案可调水量比较结果可知，近期加高大坝与水库优化调度方案的调水量可以达到 97.1 亿 m^3，扣除输水损失后能满足 2015 年受水区的需水要求。后期（即 2020 年）调水的诸方案中，可以通过降低个别枯水年的调水量，提高多年平均调水量，则年均调水量可达 140 亿 m^3，与当地水联用，能满足受水区城市的用水要求。

根据综合比较结果，推荐大坝按规划的最终规模加高。无论从改善汉江中下游河道生态环境还是从提高供水保证率方面分析，均必须修建引江济汉工程。

2. 二期可调水量分析

汉江流域地表水资源总量为566亿m^3，现状总耗水量为39亿m^3。其中，丹江口水库大坝以上，地表水资源量为388亿m^3，预计2015年上游耗水量约23亿m^3，中下游需水库下泄补充162亿m^3，在剩余的203亿m^3水中规划调走78亿～80亿m^3。

因此，将丹江口水库加高后，汉江中下游及受水区作为一个整体进行供水调度及调节计算，在近期可调水97.1亿m^3的基础上，在2020年增加可调水量约40亿m^3。

8.5.2 中线工程二期调蓄运用

1. 调蓄运用模型设计

将系统概化成由丹江口水库、汉江中下游用户、清泉沟引丹灌区、受水区调蓄水库、用水片（按分水口和相对独立的供水渠系划分）组成的供水网络系统，绘制节点网络图。

汉江中下游概化为一个片；丹江口水库上游地区用水已从水库入流中扣除；受水区共分63个用水片，其中河南31片、河北30片、北京与天津各1片，典型的用水片内有生活、工业和其他需水；水源由北调水源、充蓄调节水库、补偿调节水库和地下水组成。例如，平顶山市用水片，除北调水源供水外，还由昭平台水库（补偿调节水库）、白龟山水库（充蓄调节水库）、地下水供水。

根据受水区概化节点网络图和供水原则，建立数学模型，进行模拟计算，计算时段为旬。计算目标为各用户供水达到规划要求的保证率（生活95%以上，工业90%以上）。

2. 调节计算结果与分析

1）调节计算方案

选择丹江口水库大坝加高总干渠分期建设类中的两个方案进行调节计算，条件如下：① 汉江中下游建兴隆枢纽和引江济汉工程、对部分闸站进行改建、整治局部航道，总干渠渠首设计流量350m^3/s，可调水量97.1亿m^3；② 汉江中下游工程同上，渠首设计流量630m^3/s，可调水量约137亿m^3。

根据南水北调总体布局，天津市由中线和东线工程共同供水，中线工程近期与后期分配给天津的毛水量（陶岔）均为10亿m^3。调蓄计算中，未考虑与东线工程供水进行联合调度。

2）计算结果分析

（1）近期与后期北调水量。经联合调度计算，两方案汉江中下游供水的时段保证率为95%左右，供水满足程度在97%以上。各方案北调水直接供用户的水量占调出水量的98%以上，充蓄当地调节水库的水量仅占调出水量的2%左右，表明利用丹江口水库的调蓄作用可以满足按需调度的要求，可避免调出的水进入受水区后又被弃掉。

（2）后期调水方案。在前期调水的基础上，75%降水频率下受水区2020年净缺水

47.12 亿 m^3。一般生活供水时段保证率只能达到 85% 以上，工业供水时段保证率一般在 81% 以上；各城市供水满足程度在 85% 以上。在《汉江丹江口水库可调水量研究》报告中，研究了本方案如略减少枯水年调水量，则多年平均可调水量可达 130 亿 m^3，因此，进一步优化水资源调度方式，供水量和供水的保证程度可以提高。

（3）枯水年供水分析。以加高大坝近期方案为例，1981 年北方为枯水年，但北调水量达 114.2 亿 m^3，与其他水源共同供水，使受水区的供水满足程度达 89%。在总净供水量 131.4 亿 m^3 中，北调水占 70%，当地地表水占 15%，地下水占 15%，该年以中线工程调水为主要的供水水源。以上分析表明，中线工程二期调水与当地水源可以丰枯互补，保证供水，确保连续遇枯水年时仍能达到一定的保证率。

（4）瀑河在线监测水库。根据配置结果和受水区供需平衡分析，新建瀑河水库上库调节库容 2.1 亿 m^3。对瀑河水库充蓄北调水 0.22 亿 ~ 0.33 亿 m^3，返回总干渠的净水量为 0.3 亿 m^3 左右。因丹江口水库调节能力强，且各时段按需调度，故需当地水库调蓄的水量小。从瀑河水库历年调蓄运用情况分析，该水库经常处于满蓄状态，有利于作为事故备用水库。如果中线工程发生意外中断供水，瀑河水库的库蓄水大约可保证北京、天津中心城区约一个月的供水。为保证北京、天津供水，宜将瀑河水库按在线水库要求建设。

3. 主要结论

（1）丹江口水库加坝后的调蓄作用显著，在满足汉江中下游防洪和用水条件下，利用渠道集控的快速响应效果，结合引江济汉工程，可按照北方需要实时调整供水量，满足中线二期调水水源要求。

（2）水资源联合调度方式和调蓄运用原则，统筹考虑了中线工程调水、当地地表水、地下水，并合理发挥了当地水利设施的调蓄作用。中线调水与当地水资源可以丰枯互补，充分发挥各种水源的效益，且各种水源共同供水的保证率较高。尤其是遇枯水年，这种多水源共同供水的效益更加明显。

（3）新建的瀑河水库上库，作为在线水库对供水调度较有利。在总干渠输水中断检修时，可保持向北京、天津供水不中断。

（4）为优化配置并合理使用水资源，保障用水部门的用水，有必要在用水政策上采取一定的措施，如均衡水价，使中线工程调水与当地水源协调。

8.5.3　中线工程二期调水规模与时机

近年来，供水范围内社会经济情况发生了很大变化，供水目标也由以农业供水为主转为城市供水为主。因此，根据本次黄淮海流域水资源配置结果和受水区供需平衡分析结果确定未来水平年中线二期工程的调水规模。根据供需平衡分析结果，第二期工程的抽江水量需在一期的基础上增加 47.13 亿 m^3。

根据配置结果和受水区供需平衡分析，按选定的工程规模对典型年进行供需平衡计算，可以满足规划供水目标。生活、工业、城市生态环境及航运用水的供水保证率可以达到目标要求，农业用水比现状有所改善和提高，洪泽湖以南水田用水基本可以满足，其他各区供水保证率也满足设计供水保证率要求。

中线工程可以根据北方缺水形势和国家经济承受能力分期实施，逐步扩大工程效益。根据前述对黄淮海东部平原缺水形势的分析预测、南水北调东中线受水区水资源配置结果和以往规划论证成果，认为南水北调东线工程二期需要在一期工程抽江 79.20 亿 m^3 的基础上增加抽江 47.13 亿 m^3 调水规模，并且调水二期工程要在 2020 年之前生效才能有效保障和促进受水区经济社会快速发展的需要。

南水北调中线二期工程实施后，沿线受水区这些城市的供水不足问题可以逐步得到解决，生态环境可以得到逐步恢复与改善。

第9章　基于南水北调东中线的天津市水资源合理配置格局研究

9.1　天津市水资源及其开发利用现状

9.1.1　水资源基本情况

天津市在海河流域一级区中分属海河北系和海河南系两个二级区，其中海河北系片分属北三河山区、北四河下游平原两个三级区，海河南系片属大清河淀东平原三级区。

1. 多年平均水资源情况

根据《天津市水资源调查评价》（2004）成果，天津市1956～2000年多年平均降水量为574.9mm，平均年水资源总量为15.70亿m^3，折成面平均产水深为132.0mm，其中多年平均地表水资源量为10.65亿m^3，多年平均地下水资源量为5.9亿m^3，重复计算量为1.01亿m^3。频率分析计算成果，50%、75%、95%频率年降水量分别为563.4mm、459.9mm和344.9mm。50%、75%、95%频率的水资源总量分别为14.27亿m^3、9.6亿m^3、4.93亿m^3。50%、75%、95%频率的地表径流量分别为9.32亿m^3、5.79亿m^3、2.54亿m^3。多年平均地表水入境水量为61.3亿m^3，出境水量为48.06亿m^3。具体见表9-1、表9-2。

表9-1　天津市不同频率水资源量

全市	均值	50%	75%	95%
降水量/mm	574.9	563.4	459.9	344.9
地表径流量/亿m^3	10.65	9.32	5.79	2.54
地下水资源量/亿m^3	5.05	4.95	3.81	2.93
水资源总量/亿m^3	15.70	14.27	9.6	4.93

表9-2　天津市地表水出入境水量统计表

		全市合计	海河北系	海河南系
入境	水量/亿m^3	61.3	29.93	31.38
	占全市比例/%	100.0	48.8	51.2

续表

		全市合计	海河北系	海河南系
出境	水量/亿 m^3	48.06	21.07	26.98
	占全市比例/%	100.0	43.8	56.2

2. 基准年水资源情况

天津市近年降水量和水资源量变化见图 9-1 和图 9-2。2008 年全市平均降水量为 640.7mm，比多年平均值偏多 11.5%，属于偏丰年份。全市水资源总量为 18.30 亿 m^3，其中地表水资源量为 13.61 亿 m^3；地下水资源量为 5.91 亿 m^3。地表水与地下水资源重复计算量为 1.22 亿 m^3。2008 年入境水量为 16.85 亿 m^3，出境水量为 16.57 亿 m^3。

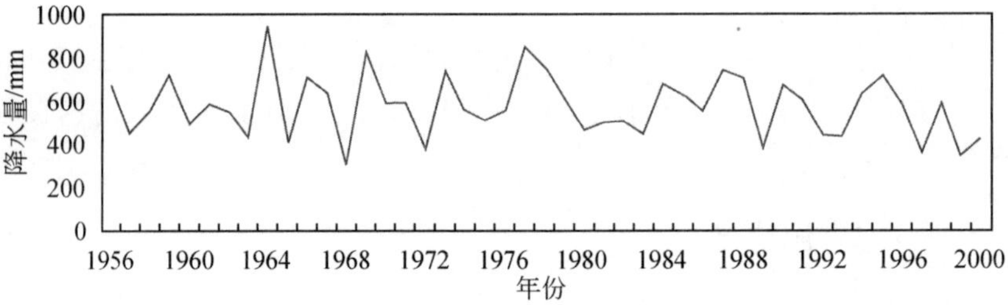

图 9-1　天津市近年降水变化图

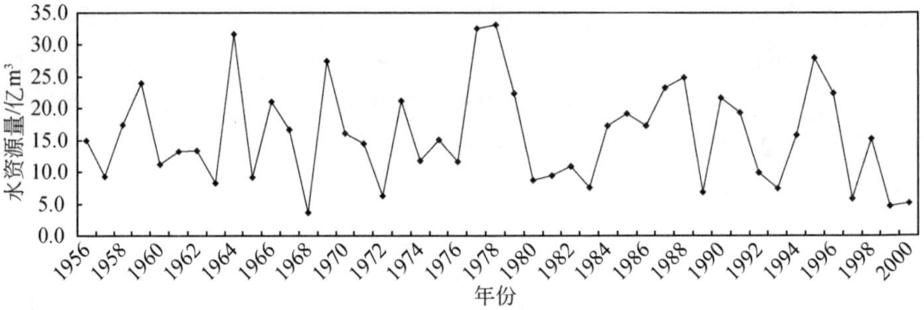

图 9-2　天津市近年水资源量变化图

9.1.2　供用水情况

1. 供水情况

2008 年全市总供用水量 22.33 亿 m^3，比上年偏少 1.04 亿 m^3。其中地表水源供水量 15.96 亿 m^3，包含引滦水量 6.14 亿 m^3；地下水源供水量 6.25 亿 m^3；深度处理的再生水回用量 0.08 亿 m^3；海水淡化量 0.04 亿 m^3。

在地表水供水中，蓄水工程供水 5.69 亿 m^3，引水工程供水 8.28 亿 m^3，提水工程供水 1.99 亿 m^3；地下水供水中，浅层地下水 1.54 亿 m^3，深层地下水 3.71 亿 m^3。

2008年天津市分区供水量如图9-3。

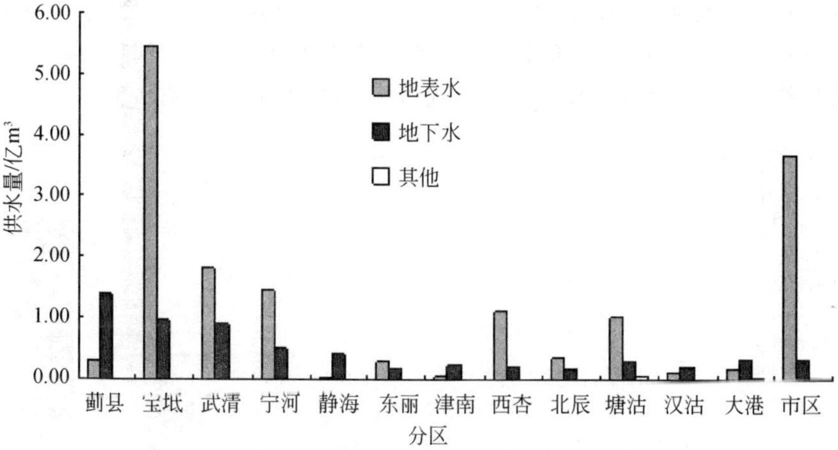

图9-3 天津市分区供水情况

2. 用水情况

2008年全市总用水量22.33亿m³，其中生产用水18.57亿m³，生活用水3.11亿m³，生态用水0.65亿m³，其用水组成见图9-4。

生产用水中，第一产业实现增加值122.58亿元；第二产业增加值3821.07亿元；第三产业增加值2410.73亿元。第一产业用水13.21亿m³，第二产业用水4.02亿m³，第三产业用水1.34亿m³。生活用水中，年末全市常住人口1176万人。城市人口796万人，农村人口380万人，城镇居民用水2.01亿m³，农村居民用水1.10亿m³。

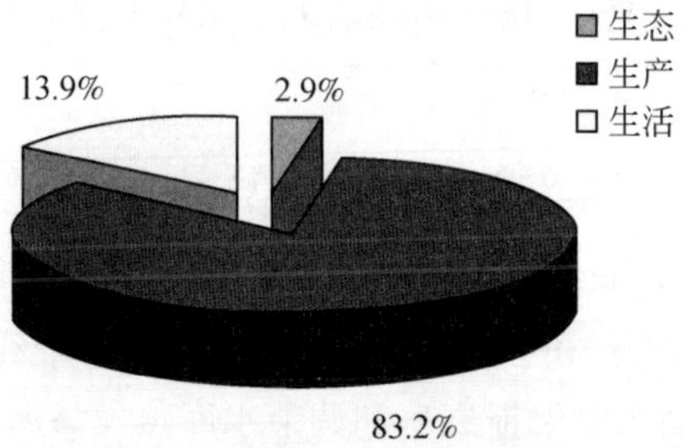

图9-4 2008天津市用水组成图

在综合用水水平方面，2008年全市人均年用水量为189 m³/人，人均生活日用水量为112L/（人·日），万元增加值用水量47.1 m³/万元，亩均灌溉用水量为249 m³/亩，农业灌溉水利用系数达到0.61，比全国平均农业灌溉水利用系数高0.11。

9.1.3 水资源承载状态分析

1. 基准年天津市水资源承载状况

天津市多年水资源总量为15.7亿m³，多年年供水量为22.1亿m³，水资源属于过度开发。其多年人均水资源占有量大约只有160 m³，是海河流域平均的3/5，中国平均的1/15，世界平均的1/60。

根据《引滦工程管理问题报告的通知》(国办发〔1983〕44号)，潘大水库引滦水多年平均（1956～1996年）入天津水厂净水量为7.25亿m^3，天津市目前多年人均水资源占有量约为232 m^3，比引滦前人均水资源量增加了45%（图9-5）。

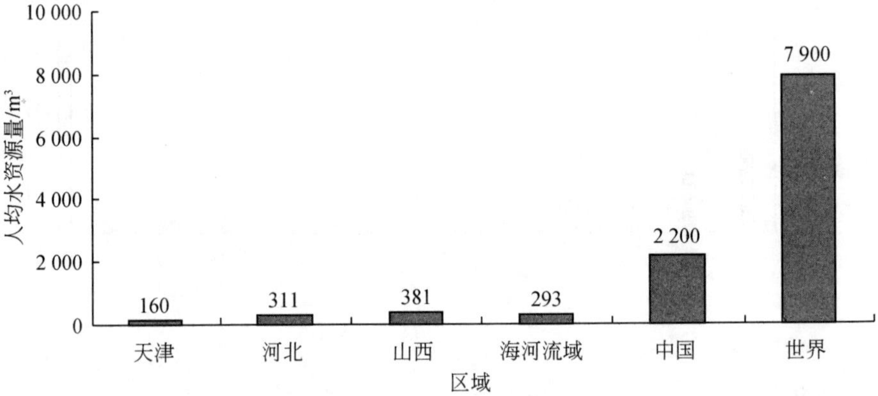

图9-5　天津市基准年人均水资源量

天津市基准年水资源状态具体包括以下三方面。

(1) 河湖严重萎缩。天津市主要河流1980～2000年年平均河干天数达320天，全市湿地面积约65万亩，较20世纪20年代减少了80%以上。

(2) 入海水量急剧衰减。海河在天津素有九河入海的壮观，在20世纪60年代入海水量可达150亿m^3左右，而目前由于大规模用水造成了零入海量的严峻形势；

(3) 地下水深度超采。全市2000年以来地下水年开采量约7亿m^3。深层年超采量约4亿m^3，全市各区县深层水普遍超采严重。

2. 未来情势下天津市水资源承载状况

到2015年，根据《南水北调工程总体规划》，中线一期工程丹江口水库陶岔渠首多年平均分配给天津市水量为10.2亿m^3，总干线和天津干线输水损失率为15%。天津干线末端以下至水厂，输水管渠损失率和调节水库蒸发渗漏损失率合计6%，入水厂净水量多年平均为8.16亿m^3。

天津市南水北调中线通水后，天津市多年水资源总量可达到31.11亿m^3，天津市2015年多年人均水资源占有量可达到316 m^3，比现状2008年人均水资源量增加36%，略高于海河流域平均水平的293 m^3，具体如图9-6。

根据《南水北调东线（东平湖—天津）工程规划》，南水北调东线和中线工程可共同为天津市供水。2020年东线工程按九宣闸收水量5.0亿m^3考虑，扣除输水管渠损失、水库蒸发渗漏损失等情况，入水厂净水量多年平均为3.0亿m^3。到2020年，南水北调东线二期工程通水后，天津市多年水资源总量可达到34.11亿m^3，天津市2020年多年人均水资源占有量可达到346 m^3，比2008年人均水资源量增加49%，高于海河流域平均水平的293m^3。

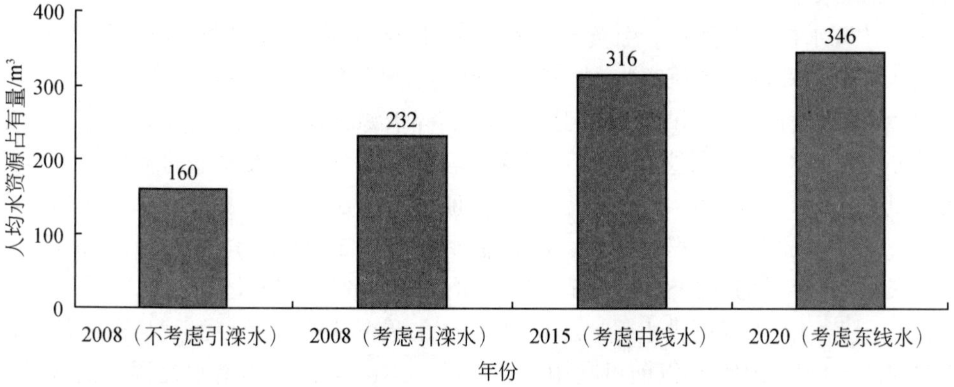

图 9-6　天津市不同情势下人均水资源占有量

9.2　南水北调通水前后天津市水资源供需格局研究

9.2.1　水资源供水分析

1. 地表水

1）当地地表水

根据 1955 ~2000 年系列资料分析，参见《天津市水资源调查评价》报告，天津市辖区内产生的地表径流量多年平均值为 10.65 亿 m^3，天然 50%、75%、95% 频率的地表径流量分别为 9.32 亿 m^3、5.79 亿 m^3、2.54 亿 m^3，50%、75%、95% 的全市本地地表水可利用量分别为 3.62 亿 m^3、2.27 亿 m^3 和 0.21 亿 m^3。

2）入境水

通过对各水资源区入境水量系列分析，海河南系大清河淀东平原区各河系 50% 频率的入境水量为 0m^3，从分析水资源量的角度考虑，不对其可利用量作进一步分析。本次在对海河北系各河道入境控制站 1970 ~2000 年径流量系列进行频率分析的基础上，进一步求得各河道多年平均及 50%、75%、95% 频率的入境水资源可供水量。成果见表 9-3 所示。

表 9-3　天津市河道入境水可供水量频率分析成果　　（单位：亿 m^3）

频率	州河	泃河		还乡河	潮白新河	青龙湾河	北运河	龙凤河	合计
		山区	平原						
50%	1.25	0.21	0.88	0.12	0.71	1.07	0.71	0.21	5.16
75%	0.62	0.11	0.83	0.02	0.55	0.92	0.59	0.17	3.81
95%	0	0.06	0.31	0	0.14	0.15	0.13	0.03	0.82

注：州河入境水可供水量中不包括通过于桥水库调蓄后供城市水量

3）外调水

全市外调水包括引滦水、引黄水、南水北调中线水和南水北调东线水等 4 种水源，参照《天津市水资源配置研究》，外调水源可供水量具体情况包括以下四方面。

（1）引滦入津工程可供水量。引滦入津工程水源为滦河上的潘家口水库。根据国务院国办发［1983］44 号文件规定，引滦潘家口水库分配给天津市的水量（大黑汀分水闸计量），75% 保证率为 10 亿 m^3，95% 保证率为 6.6 亿 m^3，扣除输水损失后入市区净水量（引滦水源保护工程完工后，减少输水损失 0.26 亿 m^3）分别为 7.76 亿 m^3 和 5.21 亿 m^3，多年平均（1956～1996 年）入水厂净水量为 7.25 亿 m^3。

（2）引黄济津工程可供水量。2010 年南水北调东线通水后，引黄与东线使用同一条输水线路。因此 2010 年以前可利用引黄水量，2010 年以后用南水北调东线水量。引黄作为特殊情况时的应急供水或相机补水水源。

（3）南水北调中线工程可供水量。根据《南水北调工程总体规划》，中线一期工程丹江口水库陶岔渠首多年平均分配给天津市水量为 10.2 亿 m^3，总干线和天津干线输水损失率 15%。天津干线末端以下至水厂，输水管渠损失率和调节水库蒸发渗漏损失率合计 6%，入水厂净水量多年平均 8.16 亿 m^3。根据《天津市南水北调（中线）与引滦联合运用调节计算分析报告》，南水北调中线、引滦组合供水量系列（1956～1996 年系列），多年平均可调水量为 15.41 亿 m^3，50% 保证率为 15.23 亿 m^3，75% 保证率为 14.83 亿 m^3，95% 保证率为 13.14 亿 m^3。

（4）南水北调东线工程可供水量。根据《南水北调东线（东平湖—天津）工程规划》，南水北调东线和中线工程可共同为天津市供水。考虑到东线工程向天津供水量正在落实中，因此 2010 年东线工程暂不考虑可供水量。2020 年东线工程按九宣闸收水量 5.0 亿 m^3 考虑，扣除输水管渠损失、水库蒸发渗漏损失等情况，入水厂净水量多年平均为 3.0 亿 m^3。

2. 地下水

根据《天津市地下水研究》，全市地下水资源量为 7.34 亿 m^3，其中矿化度<2g/L 的浅层淡水为 4.16 亿 m^3，岩溶水为 1.3 亿 m^3，深层承压淡水为 1.88 亿 m^3。

根据南水北调供水原则，南水北调净供水里首先替代直接受水区内超采区地下水开采量，压缩城市生活及城区和非城区的工业地下水开采量；同时，将城市挤占农村的地表水退还给农村地区，以及污水处理回用等增加的水量作为替代水源，用于农村地区的地下水超采治理。参考“南北北调天津市地下水压采方案”以及“南水北调（中、东线）受水区地下水总体压采方案”，考虑天津浅层不超采，本次地下水压采为天津市深层水，其压采目标包括以下三方面。

近期压采目标：到 2015 年，深层地下水开采总量为 1.69 亿 m^3，遏制地下水漏斗的扩展速度，城市周边地下水超采得到控制。

中期压采目标：到 2020 年，深层地下水开采总量为 0.89 亿 m^3，减少一般超采区地下水开采量，地下水资源储备和抗旱能力明显提高。

远期压采目标：到 2030 年，进一步进行控制，只保留 0.6 亿 m^3 的深层地下水开采量作为天津市农村生活用水量。实现深层地下水的采补平衡，逐步恢复生态环境的健康和地下水系统的良性循环。各目标水平年地下水控制方案见表 9-4。

表 9-4　深层地下水控制方案　（单位：万 m^3/年）

基准年开采量	2015 年开采量	2020 年开采量	2030 年开采量
3.71	1.69	0.89	0.6

3. 再生水

根据《天津市中心城区再生水资源利用规划》，结合项目专题《天津市再生水回用农业研究》，2015 年再生水处理能力可达到 8.78 亿 m^3，2020 年再生水处理能力可达到 10.66 亿 m^3，2030 年再生水处理能力可达到 14.69 亿 m^3。

4. 海水

按照“十一五”规划，2015 年海水淡化量为 1.54 亿 m^3，2020 年海水淡化量为 1.93 亿 m^3，2030 年海水淡化量为 2.44 亿 m^3。

5. 微咸水

根据《天津市咸水资源开发利用规划》提出的天津市咸水资源储存量、可开采量、浅层咸水可动用储存量，结合项目专题《地下水研究》，确定天津市微咸水利用量仅为西青区的 1000 万 m^3。天津市微咸水利用的对象为农业。

6. 雨水

根据天津市集雨工程的经验，集雨水窖工程有效缓解了山区农村生产、生活缺水的燃眉之急，改善了当地生态环境，促进了区域农村经济发展。集雨工程主要分布在蓟县山区，预计 2015 年、2020 年和 2030 年雨水利用量分别将达到 1000 万 m^3、1515 万 m^3 和 1800 万 m^3，并集中在年内 4 月和 10 月两次利用。不同水平年天津市水资源情况见表 9-5。

表 9-5　不同水平年天津市水资源量汇总　（单位：亿 m^3）

水资源	基准年			2015 年			2020 年		
	50%	75%	95%	50%	75%	95%	50%	75%	95%
当地地表水	6.92	4.53	1.55	6.92	4.53	1.55	6.92	4.53	1.55
浅层地下水	1.54	1.54	1.54	1.54	1.54	1.54	1.54	1.54	1.54
深层地下水	3.71	3.71	3.71	1.69	1.69	1.69	0.89	0.89	0.89
入境水	5.16	3.81	0.82	5.16	3.81	0.82	5.16	3.81	0.82
引滦水	7.25	7.76	5.21	7.25	7.76	5.21	7.25	7.76	5.21

续表

水资源	基准年			2015 年			2020 年		
	50%	75%	95%	50%	75%	95%	50%	75%	95%
引黄	0.00	0.00	2.39	0.00	0.00	2.39	0.00	0.00	2.39
中线	0.00	0.00	0.00	8.16	7.07	5.54	8.16	7.07	5.54
东线	0.00	0.00	0.00	0.00	0.00	0.00	3.00	3.00	3.00
再生水		4.55			8.78			10.66	
海水淡化		0.04			1.54			1.93	
微咸水		0.10			0.10			0.10	
雨水		0.05			0.10			0.15	
总计	29.82	26.09	19.96	41.74	36.92	29.26	46.26	41.44	33.78

9.2.2 水资源需求分析

需水预测按全国水资源综合规划中的“新口径”预测，即划分为生活、生产、生态环境三类。根据对天津城市生活用水的调查研究，并与国内外条件相近的城市比较分析，考虑到今后城镇生活用水水平提高，未来不同年份天津市生活需水定额将会有一定的上升。全市第二产业万元增加值用水定额 2008 年为 10.5m^3/万元，2015 年为 8.5m^3/万元，2020 年为 7.5m^3/万元。按照“全国水资源综合规划”的要求，天津市采用非充分灌溉定额，枯、特枯年份灌溉定额在 50% 降水频率下有少许增长。综合社会经济需水和生态环境需水计算结果，50% 降水频率下，2015 年和 2020 年天津市需水量分别为 33.85 亿 m^3 和 36.52 亿 m^3，详见表 9-6。

表 9-6　需水量成果汇总　（单位：亿 m^3）

需水量	基准年			2015 年			2020 年		
	50%	75%	95%	50%	75%	95%	50%	75%	95%
城镇生活		2.01			2.80			3.40	
农村生活		1.10			0.99			0.93	
二产		4.02			4.80			5.50	
三产		1.34			1.69			1.96	
一产	18.18	19.48	21.26	17.96	19.21	20.96	17.75	18.94	20.67
城镇生态	0.65	0.65	0.65	0.98	0.98	0.98	1.46	1.46	1.46
农村生态	4.58	4.63	5.42	4.63	4.68	5.48	5.52	5.58	6.53
总计	31.88	33.23	35.81	33.85	35.14	37.70	36.52	37.77	40.45

9.2.3 水资源系统概化

按照保证行政单元完整性和体现水资源分异规律的原则，结合天津市水资源分区，将全市划分为 15 个规划单元（表 9-7）。

表 9-7　计算单元属性表

单元号	单元名	中文名	乡镇数	面积/km^2
1	MAJX	蓟县山区	12	727.00
2	PAJX	蓟县平原	16	863.00
3	PABD	宝坻	22	1510.00
4	PANH	宁河	18	1431.00
5	PAHG	汉沽	5	442.00
6	PAWQ	武清	30	1574.00
7	PABC	北辰	3	160.00
8	PBBC	北辰	9	319.00
9	PBXQ	西青	10	564.00
10	PBCQ	城区	6	168.00
11	PBJN	津南	8	389.00
12	PBDL	东丽	13	479.00
13	PBTG	塘沽	17	758.00
14	PBDG	大港	12	1056.00
15	PBJH	静海	18	1480.00

在人工水循环侧支方面，鉴于天津市水资源系统的复杂性，本次研究采用了多水源（地表水、地下水、海水、再生水等）、多工程（蓄水工程、引水工程、提水工程、污水处理工程等）、多水传输系统（包括地表水传输系统、弃水污水传输系统、地下水的侧渗补给与排泄关系等）的系统网络描述法。该方法使水资源系统中的各种水源、水量在各处的调蓄情况及来去关系都能够得到客观、清晰的描述。本次规划经过对天津市水资源系统的分析后，得到天津市水资源系统网络图（图 9-7）。

9.2.4　方案设置及配置规则

在设置方案时，应考虑以下三个方面的基本内容，首先是以现状为基础，包括现状的用水结构和用水水平、供水结构和工程布局、现状生态格局等；其次要参照各种规划，包括区域社会经济发展、生态环境保护、产业结构调整、水利工程及节水治污等方面的规划；再者要充分考虑外调水因子、地下水因子、非常规供水因子、节水因子、生态因子和环境因子。

根据天津市水资源现状，结合不同水平年的相关规划，本次综合规划与管理的方案设置从供水、用水及约束控制方面分类进行考虑。

1）供水因素

天津市目前基本形成城镇供水以引滦和开采地下水为主，农村供水以开采当地地下水、引用部分地表水为主的供水系统，同时在特殊干旱年以引黄济津作为城市应急供水水源（图 9-7）。

除此之外，天津市未来水平年可利用的外调水还包括南水北调中线工程供水和南

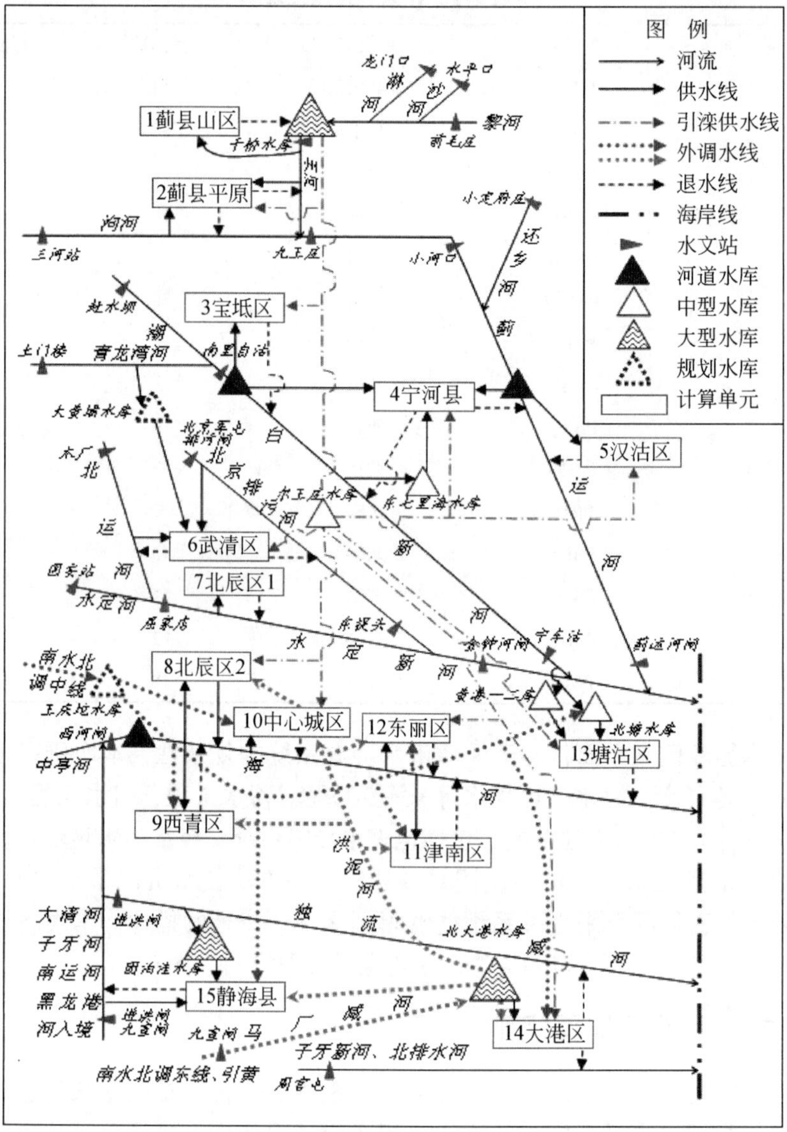

图 9-7 天津市水资源系统网络图

水北调东线工程供水两种水源。根据《南水北调工程总体规划》，2015 年天津市可以收到中线一期工程供水。在 2020 年则将南水北调中线水全部利用作为供水因子的一项。根据《南水北调东线（东平湖—天津）工程规划》，考虑到东线工程向天津供水量正在落实中，因此2015 年东线工程暂不考虑可供水量，到2020 年考虑东线二期工程供水。作为供水因子的地下水，在 2015 年和 2020 年分别根据项目的要求设定开采控制。

供水因子中的非常规划水，根据天津市的实际情况，本次规划包括再生水、海水淡化、微咸水和雨水四种水源。

2）用水因素

方案用水因子涵盖了一产、二三产及生活方面，具体包括种植结构调整、农业节水措施、二三产及生活节水方面，通过种植结构调整及农业节水程度措施来进行农业用水情景分析，通过二、三产业及生活节水程度来设定不同的情景分析。

3）约束控制因素

在进行方案设置时，如果方案设置不同满足项目最基本的要求，该情景方案的设定则毫无意义，因此在各方案设置时应包含不同水平年的项目要求作为方案的强约束因子。本次将地下水开采控制、河道内生态最小蓄水量、入海水量及污染物排放作为控制因子。

1. 方案设置

将上述因子进行可能的组合，得到规划方案的初始集。进一步考虑合理配置方案的非劣特性，采用人机交互的方式排除初始方案集中代表性不够和明显较差的方案，得到水资源水环境综合规划方案集。其中基准年方案主要是以现状供用水模式为基础，对 2015 规划水平年和 2020 规划水平年分别都得到南水北调中东线供水格局下的配置方案，具体见表 9-8。

表 9-8　基于南水北调中东线天津市水资源配置方案设置

影响因子		基准年	2015 年	2020 年
1. 外调水因子	1.1 引滦引黄水	√	√	√
	1.2 南水北调中线	×	√	√
	1.3 南水北调东线	×	×	√
2. 地下水因子	2.1 地下水超采控制	×	√	√
3. 非常规水因子	3.1 再生水回用	低	中	高
	3.2 海水利用	低	中	高
	3.3 微咸水利用	√	√	√
	3.4 雨水利用	低	中	高
4. 节水因子	4.1 农业节水措施	低	中	高
	4.2 二三产与生活节水	低	中	高
5. 生态因子	5.1 河道内最小蓄水量	×	√	√
	5.2 河道外生态用水	低	中	高

注：“√”表示生效的因子，“×”表示未生效的因子；对于非常规水供水因子高、低分别指高供水水平和低供水水平；对于节水因子高、中、低分别指高节水水平、中节水水平和低节水水平；对于河道外生态因子高、低分别指高用水水平和低用水水平

2. 水资源配置规则

天津市水源极为复杂，包括几乎所有类型的常规和非常规水源，因此水资源合理

配置要实现多种水资源在不同供水对象之间的统一配置和内部调配。

(1) 当地水配置。当地水配置包括当地地表水和当地地下水。由于天津市城市供水水源有外调水、海水和引江水作为保障，因此当地自产地表水资源量全部配给农村。在南水北调工程生效后，天津市将压缩城市深层地下水开采量，地下水主要供农村生活和农业生产。地下水 5.7 亿 m^3 的可供水量当中，供城市地下水资源量为 1.36 亿 m^3，主要是岩溶水以及一部分第四系浅层地下水，供农村地下水为 4.34 亿 m^3。

(2) 外调水配置。由于外调水成本相对较高，因此无论是引滦、引江还是应急引黄，外调水全部供给城市，另外可以结合调蓄作用，适当配置一部分作为城市生态环境用水。

(3) 再生水配置。再生水配置包括三方面，一是对再生水进行深度处理用于城市绿化、河湖环境、市政杂用、生活杂用和工业冷却等方面；二是将符合国家灌溉标准的二级处理的再生水主要用于农业灌溉；三是符合相关水质标准的再生水用于湿地湖泊等生态环境。考虑回用水可能供水范围，结合《天津市中心城区再生水资源利用规划》，拟定 2015 年再生水的利用率为 50%，其中约 80% 用于农业和生态环境，约 20% 用于城市。按此比例，2015 年再生水农业和生态环境再生水配置量为 4.39 亿 m^3，城市配置为 1.76 亿 m^3，2020 年再生水农业和生态配置量为 5.33 亿 m^3，城市配置为 2.13 亿 m^3。

(4) 其他非常规水资源配置。天津市其他非常规水主要包括海水利用和苦咸水利用。①海水利用配置方面，由于海水淡化成本较高，所以海水淡化全部用于城市，根据前面成果，2015 年和 2020 年配水量分别为 1.54 亿 m^3 和 1.93 亿 m^3，淡化海水全部供给城市。海水直接利用包括两部分，一是工业直接用海水，二是渔业养殖利用海水。其中 2015 年和 2020 年全市直接利用海水折淡量为 0.43 亿 m^3 和 0.64 亿 m^3，渔业利用海水量未参与平衡分析。②微咸水利用主要用于农业灌溉，2015 年和 2020 年配水量均为西青区的 0.1 亿 m^3。

9.2.5 水资源供需分析

1. 基准年水资源供需分析

基准年方案的用水模式与基准年基本相同，供水方面考虑扣除现状供水量中不合理的部分，如控制地下水超采、考虑入海水量要求等。基准年方案对应于基准年水资源一次供用平衡。利用天津市水资源水环境综合规划模型进行 1980 ~ 2008 年逐月的长系列调节计算，得到基准年水资源与水环境情况，以下分别从供水结构、用水结构进行分析。

1) 供水结构

现状水平年天津市各种水源的供水量见表 9-9，2008 年全市总供水量 22.33 亿 m^3。其中地表水源供水量 15.96 亿 m^3，包含引滦水量 6.14 亿 m^3；地下水源供水量 6.25 亿 m^3；深度处理的再生水回用量 0.08 亿 m^3；海水淡化量 0.04 亿 m^3。

表9-9　基于南水北调工程的天津市水资源配置结果　　（单位：亿 m^3）

分类	水平年	基准年			2015年			2020年		
	保证率	50%	75%	95%	50%	75%	95%	50%	75%	95%
生活	需水量	3.11	3.11	3.11	3.79	3.79	3.79	4.33	4.33	4.33
	配水量	3.11	3.11	3.11	3.79	3.79	3.79	4.33	4.33	4.33
	缺水量	0.00	0.00	0.00	0.00	0.00	0.00	0.00	0.00	0.00
二、三产	需水量	5.36	5.36	5.36	6.49	6.49	6.49	7.46	7.46	7.46
	配水量	5.36	5.36	5.36	6.49	6.49	6.49	7.46	7.46	7.46
	缺水量	0.00	0.00	0.00	0.00	0.00	0.00	0.00	0.00	0.00
农业	需水量	18.18	19.48	21.26	17.96	19.21	20.96	17.75	18.94	20.67
	配水量	9.67	8.76	4.66	11.62	10.55	6.34	11.52	10.41	6.30
	缺水量	8.51	10.72	16.60	6.34	8.66	14.62	6.22	8.53	14.37
城市生态	需水量	0.65	0.65	0.65	0.98	0.98	0.98	1.46	1.46	1.46
	配水量	0.65	0.65	0.65	0.98	0.98	0.98	1.46	1.46	1.46
	缺水量	0.00	0.00	0.00	0.00	0.00	0.00	0.00	0.00	0.00
农村生态	需水量	4.58	4.63	5.42	4.63	4.68	5.48	5.52	5.58	6.53
	配水量	2.20	1.87	1.08	2.71	2.31	1.50	3.29	2.80	1.83
	缺水量	2.38	2.76	4.35	1.92	2.37	3.98	2.23	2.77	4.70
总需水量		31.88	33.23	35.81	33.85	35.14	37.70	36.52	37.77	40.45
总配水量		20.99	19.75	14.86	25.58	24.11	19.10	28.06	26.47	21.38
总缺水量		10.89	13.48	20.95	8.26	11.03	18.60	8.46	11.30	19.08
总缺水率/%		34	41	58	24	31	49	23	30	47

在地表水供水中，蓄水工程供水5.69亿 m^3，引水工程供水8.28亿 m^3，提水工程供水1.99亿 m^3；在地下水供水中，浅层地下水供水1.54亿 m^3，深层地下水供水3.71亿 m^3。

2）用水结构

2008年全市总用水量22.33亿 m^3，其中生产用水18.57亿 m^3，生活用水3.11亿 m^3，生态用水0.65亿 m^3。

生产用水中，第一产业用水13.21亿 m^3，第二产业用水4.02亿 m^3，第三产业用水1.34亿 m^3。生活用水中，城镇居民用水2.01亿 m^3，农村居民用水1.10亿 m^3。

3）缺水分析

2008年全市总需水量31.88亿 m^3，总供给22.33亿 m^3，缺水率为34%。其中生活需水3.11亿 m^3，供水为3.11亿 m^3，不缺水；二三次需水5.36亿 m^3，供水为5.36亿 m^3，不缺水；农业经济灌溉下需水为18.18亿 m^3，供水为13.21亿 m^3，缺水率为27.3%；城市生态需水0.65亿 m^3，供水0.65亿 m^3，供水得到满足，农村生态需水为4.58亿 m^3，供水为2.2亿 m^3，缺水率为52%。从供需角度可以看出，基准年缺水主要体现农业和农村生态用水上。在水源上可以看出，天津市基准年供水水源类别虽然较多，但总可供水量与生产生活需水量相比之下偏低，导致了天津市深层地下水连续超采，造成了地下水水位连续下降和地下水漏斗的不断扩大。

2. 2015 年水资源供需分析

2015 年考虑方案分别考虑南水北调中线水通水情况，用水方面保持外延式增长。利用天津市水资源水环境综合规划模型进行 1980 ~ 2008 年逐月的长系列调节计算，得到 2015 年南水北调中线水通水情景下的配置方案，以下分别从供水结构、用水结构等对方案进行分析。

1）供水结构

2015 年全市各种水源的供水量见表 9-9，50%、75% 和 95% 频率下全市总供水量分别为 25.58 亿 m^3、24.11 亿 m^3 和 19.10 亿 m^3；其中地表水源供水量分别为 17.14 亿 m^3、13.0 亿 m^3 和 6.8 亿 m^3；地下水源供水量分别为 2.31 亿 m^3、4.99 亿 m^3 和 6.17 亿 m^3；深度处理的再生水回用量为 4.39 亿 m^3；海水淡化量为 1.54 亿 m^3；微咸水供水量为 0.1 亿 m^3；雨水利用量为 0.1 亿 m^3。

在地表水供水中，50%、75% 和 95% 频率下引滦和南水北调中线总供水分别为 5.06 亿 m^3、4.66 亿 m^3 和 4.43 亿 m^3，如果不考虑再生水和海水淡化供工业，引滦和南水北调中线总供水可分别为 8.36 亿 m^3、7.96 亿 m^3 和 7.73 亿 m^3；地下水供水中，深层地下水分别为 1.01 亿 m^3、1.69 亿 m^3 和 2.07 亿 m^3。

2）用水结构

2015 年 50%、75%、95% 频率下全市总用水量分别为 25.58 亿 m^3、24.11 亿 m^3 和 19.10 亿 m^3；其中生产用水分别为 18.11 亿 m^3、17.04 亿 m^3 和 12.83 亿 m^3；生活用水为 3.79 亿 m^3；生态用水 50%、75%、95% 频率下分别为 3.68 亿 m^3、3.29 亿 m^3 和 2.48 亿 m^3。

生产用水中，第一产业 50%、75%、95% 频率下用水 11.62 亿 m^3、10.55 亿 m^3 和 6.34 亿 m^3，第二产业用水 4.8 亿 m^3，第三产业用水 1.69 亿 m^3。生活用水中，城镇居民用水 2.8 亿 m^3，农村居民用水 0.99 亿 m^3。

3）水资源供需平衡分析

2015 年 50%、75%、95% 频率下全市总需水量分别为 33.85 亿 m^3、35.14 亿 m^3 和 37.70 亿 m^3，总供水量分别为 25.58 亿 m^3、24.11 亿 m^3 和 19.10 亿 m^3，缺水率分别为 24%、31% 和 49%。其中生活和二、三产不缺水；农业经济灌溉下缺水率分别为 35%、45% 和 69%；生态缺水率分别为 34%、42% 和 61%。从供需角度可以看出，基准年缺水主要体现农业和农村生态缺水上。在水源上可以看出，天津市 2015 年由于加入南水北调中线水源，深层地下水开采得到了有效控制。

2015 年 50%、75%、95% 频率下引滦和南水北调中线天津市总可利用量为 15.41 亿 m^3、14.83 亿 m^3 和 13.14 亿 m^3。其供用具体如下：①考虑再生水和海水淡化供工业，所有外调水 50%、75%、95% 频率下总供水量为 5.06 亿 m^3、4.66 亿 m^3 和 4.43 亿 m^3；其总剩余水量分别为 10.35 亿 m^3、10.17 亿 m^3 和 8.71 亿 m^3。②不考虑再生水和海水淡化供工业，引滦、引黄和南水北调中线、东线 50%、75%、95% 频率下总供水量为 8.36 亿 m^3、7.96 亿 m^3 和 7.73 亿 m^3，剩余水量分别为 7.05 亿 m^3、6.77 亿 m^3 和 5.41 亿 m^3。③不考虑再生水和海水淡化供工业，也不考虑 95% 年份引黄水量，引滦和南水北调中线、东线 50%、75%、95% 频率下总供水为 8.36 亿 m^3、7.96 亿 m^3 和 7.73 亿 m^3，剩余水量分别为 7.05 亿 m^3、6.77 亿 m^3 和 3.04 亿 m^3。

3. 2020 年水资源供需分析

2020 年考虑方案分别考虑南水北调中线水和东线都通水情况，用水方面保持外延式增长。利用天津市水资源水环境综合规划模型进行 1980～2008 年逐月的长系列调节计算，得到 2020 年南水北调中线水通水情景下的配置方案，以下分别从供水结构、用水结构对方案进行分析。

2020 年全市各种水源的供水量见表 9-9，50%、75% 和 95% 频率下全市总供用水量分别为 28.06 亿 m^3、26.47 亿 m^3 和 21.38 亿 m^3。其中地表水源供水量分别为 18.72 亿 m^3、14.76 亿 m^3 和 8.67 亿 m^3；地下水源供水量分别为 1.83 亿 m^3、4.19 亿 m^3 和 5.19 亿 m^3；深度处理的再生水回用量为 5.33 亿 m^3；海水淡化量为 1.93 亿 m^3；微咸水供水量为 0.1 亿 m^3；雨水利用量为 0.15 亿 m^3。

在地表水供水中，50%、75% 和 95% 频率下引滦和南水北调中东线总供水分别为 6.64 亿 m^3、6.42 亿 m^3 和 6.30 亿 m^3，如果不考虑再生水和海水淡化供工业，引滦和南水北调中线总供水可分别为 12.42 亿 m^3、12.02 亿 m^3 和 11.79 亿 m^3；地下水供水中，深层地下水分别为 0.53 亿 m^3、0.89 亿 m^3 和 1.09 亿 m^3。

1）用水结构

2020 年 50%、75%、95% 频率下全市总用水量分别为 28.06 亿 m^3、26.47 亿 m^3 和 21.38 亿 m^3。其中生产用水分别为 18.98 亿 m^3、17.87 亿 m^3 和 13.76 亿 m^3；生活用水为 4.33 亿 m^3；生态用水 50%、75%、95% 频率下分别为 4.75 亿 m^3、4.26 亿 m^3 和 3.29 亿 m^3。

生产用水中，第一产业 50%、75%、95% 频率下用水 11.52 亿 m^3、10.41 亿 m^3 和 6.30 亿 m^3，第二产业用水 5.5 亿 m^3，第三产业用水 1.96 亿 m^3。生活用水中，城镇居民用水 3.4 亿 m^3，农村居民用水 0.93 亿 m^3。

2）水资源供需平衡分析

2020 年 50%、75%、95% 频率下全市总需水量分别为 36.52 亿 m^3、37.77 亿 m^3 和 40.45 亿 m^3，总供水量分别为 28.06 亿 m^3、26.47 亿 m^3 和 21.38 亿 m^3，缺水率分别为 23%、30% 和 47%。其中生活和二、三产不缺水；农业经济灌溉下缺水率分别为 35%、45% 和 69%；生态缺水率分别为 32%、39% 和 59%。从供需角度可以看出，基准年缺水主要体现农业和农村生态缺水上。在水源上可以看出，天津市 2020 年由于加入南水北调中线、东线水源，深层地下水开采得到了有效控制。

2020 年 50%、75%、95% 频率下引滦、引黄和南水北调中线、东线天津市总可利用量为 18.41 亿 m^3、17.83 亿 m^3 和 16.14 亿 m^3。其供用具体如下：①考虑再生水和海水淡化供工业，所有外调水 50%、75%、95% 频率下总供水为 6.64 亿 m^3、6.42 亿 m^3

和6.30亿m^3；其总剩余水量分别为11.77亿m^3、11.41亿m^3和9.84亿m^3；②不考虑再生水和海水淡化供工业，引滦、引黄和南水北调中线、东线50%、75%、95%频率下总供水为10.7亿m^3、10.48亿m^3和10.36亿m^3，剩余水量分别为7.71亿m^3、7.35亿m^3和5.78亿m^3；③不考虑再生水和海水淡化供工业，也不考虑95%年份引黄水量，引滦和南水北调中线、东线50%、75%、95%频率下总供水为10.7亿m^3、10.48亿m^3和10.36亿m^3，剩余水量分别为7.71亿m^3、7.35亿m^3和3.39亿m^3。

4. 水资源供需综合评价

基于以上配置方案和配置措施，天津市水资源供需量以及平衡结果见表9-8。供需平衡结果表明，在以上配置格局和方案下，全市生活、工业和城市需水均能得到较好满足。根据天津市多种水源的配置结果，2015年50%频率下城市外调水可有7.05亿~10.35亿m^3的余水，特殊干旱95%年份下仍余水3.04亿~8.71亿m^3；2020年50%频率下城市外调水可有7.71亿~11.77亿m^3的余水，特殊干旱95%年份下仍余水3.39亿~9.84亿m^3。虽然农业和生态供水有所增加，但农业和生态缺水问题非常严重。2015年，一般年份分别缺水6.34亿m^3和1.92亿m^3，干旱年份分别缺水8.66亿m^3和2.37亿m^3，特殊干旱年分别缺水14.62亿m^3和3.98亿m^3；2020年，农业和生态一般年份分别缺水6.22亿m^3和2.23亿m^3，干旱年份分别缺水8.53亿m^3和2.77亿m^3，特殊干旱年分别缺水14.37亿m^3和4.7亿m^3。

配置结果表明，在常规的合理配置格局下，天津市未来将会出现“城市和工业用不完、农业和生态不够用”的局面。究其原因，主要是在市场经济规律下，再生水以及外调水、海水淡化水等高成本水源难以直接向农业和生态等支付能力较弱的部门配水，农业和生态的可利用水量没有发生变化。因此，应按照科学发展观的要求，进一步科学调整水资源配置格局，尽量实现城市和农村、经济与生态用水整体安全。

9.3 天津市城市与农村水资源统一配置

针对以上常规合理配置方案存在的问题，本研究在科学发展观的指导下，考虑城市农村水资源统一配置，提出了统筹城市与农村、经济与生态的用水关系的水资源合理配置调整方案，水资源配置方案调整方向包括以下两方面：①统筹城乡用水关系，坚持以城带乡，以工促农，城市和工业应当充分发挥支付能力相对较强、对水质标准要求较高的特点，多使用成本相对较高，但水质较好的外调水和淡化海水，而将再生水多配给生态和农业；②基于区域水资源承载能力，科学确定不同阶段下的河流、湖泊湿地等水生态保护目标。

具体调整措施主要包括以下两方面：①调整城市污水利用的配置比例，考虑用水需求和实际可操作性，将处理后的城市再生水回用于农业和生态比例提高至90%，回用于城市的比例降低到10%；②实施科学的生态需水目标管理，分阶段有重点确定生态保护重点和目标，2015年重点保障七里海、团泊洼和北大港三个湖泊湿地，生态需水量为3.23亿m^3，其余湿地湖泊实行“以丰补欠”，不专门进行人工补水，2020年进一步考虑其他重要湖泊湿地和河道生态需水。

实现以上配置方案，所需配置措施包括地表水空间调配工程、地下水的配置工程、外调水配套工程、再生水利用工程等，见表 9-10。

表 9-10　天津市水资源配置综合措施

项目	措施	具体内容
常规水资源调配	地表水空间调配	北水南调沟通工程
	地表水挖潜工程	黄庄洼、泗村店、大杨、陈嘴中小型水库
	地下水压采及水源替代	南水北调配套工程
	南部地下水挖潜措施	机井与节水灌溉配套设施
	外流域调水配置工程	引江、引滦和应急引黄配套措施
非常规水资源配置措施	再生水回用于城市措施	污水处理工程、输水工程和利用工程
	再生水回用农业措施	污水处理工程、输水工程、调蓄工程和利用工程
	再生水回用生态措施	污水处理工程、输水工程和利用工程
	微咸水灌溉利用措施	微咸水开发工程、配套灌溉设施
	海水利用措施	取水和输水工程、处理工程、利用工程
	雨洪水利用措施	调蓄工程、输水工程和利用工程

通过以上配置方案的调整，将形成当地水主要供农村、外调水和海水主要供城市工业和生活、再生水主要供农业和生态环境的整体合理配置格局。通过以上方案调整，天津市水资源供需平衡结果见表 9-11。

表 9-11　基于南水北调工程的天津市城乡统筹水资源配置结果　（单位：亿 m^3）

分类	水平年	基准年			2015 年			2020 年		
	保证率	50%	75%	95%	50%	75%	95%	50%	75%	95%
生活	需水量	3.11	3.11	3.11	3.79	3.79	3.79	4.33	4.33	4.33
	配水量	3.11	3.11	3.11	3.79	3.79	3.79	4.33	4.33	4.33
	缺水量	0.00	0.00	0.00	0.00	0.00	0.00	0.00	0.00	0.00
二、三产	需水量	5.36	5.36	5.36	6.49	6.49	6.49	7.46	7.46	7.46
	配水量	5.36	5.36	5.36	6.49	6.49	6.49	7.46	7.46	7.46
	缺水量	0.00	0.00	0.00	0.00	0.00	0.00	0.00	0.00	0.00
农业	需水量	18.18	19.48	21.26	17.96	19.21	20.96	17.75	18.94	20.67
	配水量	13.31	12.44	8.30	15.89	14.87	10.60	16.50	15.45	11.26
	缺水量	4.87	7.04	12.97	2.07	4.34	10.36	1.25	3.49	9.41
城市生态	需水量	0.65	0.65	0.65	0.98	0.98	0.98	1.46	1.46	1.46
	配水量	0.65	0.65	0.65	0.98	0.98	0.98	1.46	1.46	1.46
	缺水量	0.00	0.00	0.00	0.00	0.00	0.00	0.00	0.00	0.00

续表

分类	水平年	基准年			2015 年			2020 年		
	保证率	50%	75%	95%	50%	75%	95%	50%	75%	95%
农村生态	需水量	4.58	4.63	5.42	4.63	4.68	5.48	5.52	5.58	6.53
	配水量	3.03	2.66	1.91	3.70	3.26	2.51	4.71	4.16	3.27
	缺水量	1.55	1.98	3.51	0.93	1.42	2.97	0.81	1.42	3.26
总需水量		31.88	33.23	35.81	33.85	35.14	37.70	36.52	37.77	40.45
总配水量		25.46	24.22	19.33	30.85	29.38	24.37	34.46	32.86	27.77
总缺水量		6.43	9.01	16.48	3.00	5.76	13.33	2.06	4.90	12.68
总缺水率/%		20	27	46	9	16	35	6	13	31

基于以上城市农村统一的水资源合理配置，在 2014 年南水北调工程生效情景下，天津市总的缺水情况有明显缓解，正常年份 2015 和 2020 年缺水率由现状的 20% 分别降至 9% 和 6%，一般干旱年份下，缺水率由现状的 27% 降为 2015 年的 16% 和 2020 年的 13%。特殊枯水年现状缺水率达到 46%，2015 和 2020 分别降为 35% 和 31%。

从各行业平衡状况来看，正常年份下，生活和工业用水仍有部分剩余，农业和生态 2015 年分别仍缺水 2.07 亿 m^3 和 0.93 亿 m^3，缺水率分别为 11.5% 和 20.1%，2020 年分别缺水 1.25 亿 m^3 和 0.81 亿 m^3，缺水率分别为 7.0% 和 14.7%；一般干旱年份，2015 年和 2020 年满足生活和工业用水仍有剩余，而农业和生态用水存在一定的缺水，2015 年分别缺水 4.34 亿 m^3 和 1.42 亿 m^3，缺水率分别为 22.6% 和 30.3%，2020 年分别缺水 3.49 亿 m^3 和 1.42 亿 m^3，缺水率分别为 18.4% 和 25.4%。特殊枯水年 2015 年农业和生态缺水率分别为 49.4% 和 59.2%，2020 年农业和生态缺水率分别为 45.5% 和 49.9%。

常规的水资源配置和考虑城乡水资源统一配置方案，不同水平年不同频率下缺水程度比较如图 9-8 所示。

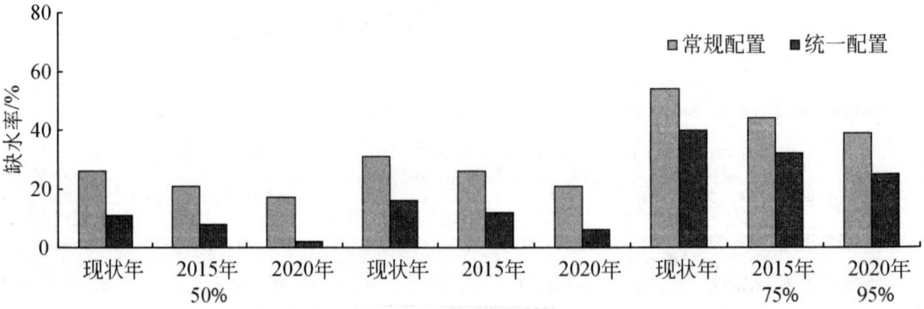

图 9-8　水资源配置方案比较图

以上分析可明显看出，加大城市再生水回用农村，考虑城市和农村水资源统一配置的方案，未来 2015 年和 2020 年各水平年的总体缺水程度比常规水资源合理配置方案都将大大减小。

9.4　天津市再生水回用工程典型案例分析

由于天津市农业及生态水资源严重短缺，以西青区、静海县及津南区为例，农业及生态用水无法保障，农业生态缺水量分别为 0.95 亿 m^3、2.47 亿 m^3 和 0.79 亿 m^3，总缺水量为 4.21 亿 m^3。由于水资源的短缺，农业灌溉不得不引用污水、超采地下水，年均深层承压水超采量分别为 0.21 亿 m^3、0.12 亿 m^3 和 0.23 亿 m^3。

目前距离该区域较近的地方，有纪庄子污水处理厂和咸阳路污水处理厂，有可靠稳定的再生水资源，且再生水水质满足农田灌溉，具备城市再生水回用农村的条件，可有效改善生态，缓解地下水过度超采问题。本研究选取纪庄子再生水回用工程为典型实例，分析城市再生水回用的具体可操作性。

9.4.1　现状再生水资源情况

纪庄子污水处理厂位于天津市河西区紫金山路 2 号，日污水处理规模为 54 万 t；咸阳路污水处理厂位于天津市西青区海泰北道 2 号，日污水处理规模达到 45 万 t。纪庄子污水处理厂、咸阳路污水处理厂位置如图 9-9 所示。

根据天津市环境统计数据，2001 ~2006 年纪庄子污水处理厂污水处理量为 0.89 ~1.03 亿 m^3，年均 0.95 亿 m^3；2006 年咸阳路污水处理厂污水处理量为 0.73 亿 m^3。根据《天津市再生水资源利用总体规划》分析，2010 年纪庄子污水处理厂、咸阳路污水处理厂处理量分别为 1.30 亿 m^3、0.85 亿 m^3，2020 年纪庄子污水处理厂、咸阳路污水处理厂处理量分别为 1.46 亿 m^3、0.95 亿 m^3。扣除处理过程的损耗量（10%）和通过再生水厂及其配套管网回用城市量，2010 年纪庄子污水处理厂、咸阳路污水处理厂出水入河量分别为 0.80 亿 m^3、0.49 亿 m^3，2020 年纪庄子污水处理厂、咸阳路污水处理厂出水入河量分别为 0.77 亿 m^3、0.42 亿 m^3。尽管 2010 年、2020 年纪庄子污水处理厂、咸阳路污水处理厂、污水处理量比现状增大，但由于深度再生水厂扩建工程的实施，二级处理工艺出水量比现状略有减少。据此表明，纪庄子污水处理厂、咸阳路污水处理厂现状和未来都有稳定可供农业及生态利用的再生水资源。纪庄子污水处理厂、咸阳路污水处理厂、再生水资源量见表 9-12。

表 9-12　纪庄子、咸阳路再生水资源量　（单位：亿 m^3）

厂名	水量	2001	2002	2003	2004	2005	2006	年均	2010	2020
纪庄子	污水处理量	0.98	0.95	0.91	0.95	0.89	1.03	0.95	1.30	1.46
	出水入河量	0.88	0.85	0.82	0.85	0.80	0.93	0.86	0.80	0.77
咸阳路	污水处理量	污水处理厂未建成					0.73	0.73	0.85	0.95
	出水入河量						0.66	0.66	0.49	0.42

注：纪庄子再生水深度处理厂现状 5 万 t/d，2010 年达到 10 万 t/d，2020 年达到 15 万 t/d；咸阳路再生水深度处理厂 2010 年达到 11 万 t/d，2020 年达到 16 万 t/d

现状纪庄子污水处理厂、咸阳路污水处理厂的再生水出水水质执行《城镇污水处

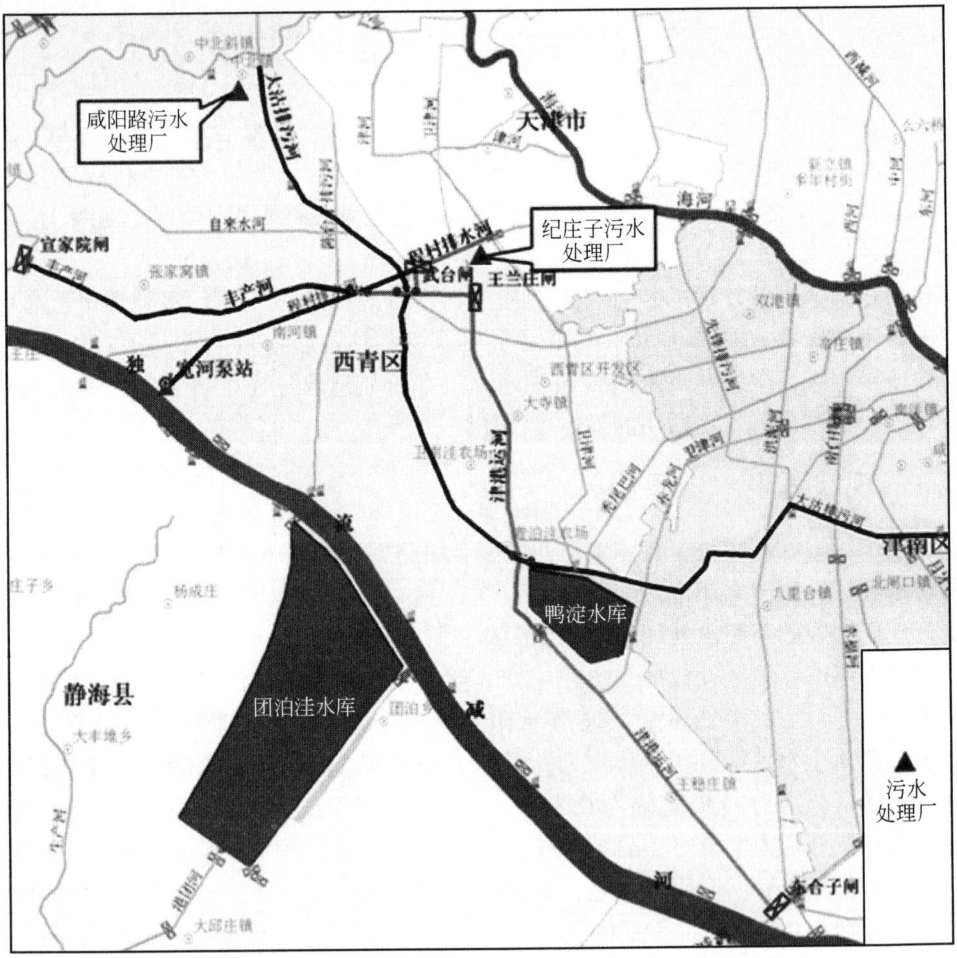

图 9-9　纪庄子污水处理厂、咸阳路污水处理厂位置图

理厂污染物排放标准》（GB 18918–2002）中的二级标准，基本满足水作和旱作农田灌溉水质标准。2010 年，纪庄子污水处理厂、咸阳路污水处理厂完成升级改造后，出水水质将执行一级 B 标准，再生水水质将得到进一步提升。按照《城市再生水农田灌溉水质标准》规定，再生水可用于水作、旱作农田灌溉，建议不用于蔬菜的灌溉。

现状纪庄子污水处理厂的再生水排入程村排水河西行至武台闸后，流向分成三路。一部分再生水沿程村排水河西行，外环河以外河道水体逐渐变为黑色，成为污水，供西青区农灌引用。另一部分再生水经武台闸进入丰产河、津港运河。丰产河津涞公路以西段河道水体逐渐变为黑色，成为污水，津港运河跑水洼泵站以上河道水体表观良好，跑水洼泵站至鸭淀水库段水质情况变化较大，鸭淀水库以下河道水体变为深褐色，经水质化验分析，津港运河自跑水洼泵站开始往下，氯离子和全盐量超过农田灌溉水质标准。其余部分再生水汇入大沽排污河，水体黑臭，成为污水，小部分为津南区农灌引用，大部分直接入海。

现状咸阳路污水处理厂的出水口位于大沽排污河右岸，沿大沽排污河南行至程村排水河交口处，少部分再生水进入程村排水河，供西青区农灌引用，而大部分再生水沿大沽排污河入海。

纪庄子污水处理厂、咸阳路污水处理厂再生水利用缺乏配套工程支持，再生水资源处于无序使用状态，并且二次污染严重，再生水利用退化为污水灌溉。造成上述问题的原因，主要有以下三方面。

1）河道淤堵及底泥污染严重

部分输水河段沿岸堆砌了大量垃圾，淤积严重；由于多年蓄存污水，未进行清淤治理，底泥中蕴涵着有害的污染物质，严重制约着再生水安全、顺畅的输送。

2）节点控制工程的缺失

由于工程老化失修、节点控制工程的缺失，对再生水不能进行有效调控和资源配置，使其未得到充分利用而造成再生水资源浪费。

3）截污管网的建设滞后

纪庄子污水处理厂、咸阳路污水处理厂的再生水输入河道后，由于沿岸的排水口门排放的工业及生活污水没有专门的集污管网，使得周边点源污水直接排入河道，导致再生水二次污染退化为污水，不能满足农灌标准。

纪庄子污水处理厂、咸阳路污水处理厂再生水农业及生态利用工程的实施，通过清淤治理输水河道、修建节点控制工程、完善截污工程，使再生水得以安全、顺畅的输送，提高再生水利用率，缓解由于水资源短缺导致的引污灌溉及超采地下水的局面，改善区域生态环境。

9.4.2 再生水资源配置

按照开发利用再生水资源，构造多水源供水格局，缓解农业、生态水资源短缺问题，实施水资源供需平衡发展战略的要求，依托集中污水处理基础设施再生水资源，作为农业和生态补充水源，发展再生水农业灌区，缓解农业及生态水资源短缺局面，改善区域的水环境。科学、安全利用纪庄子污水处理厂、咸阳路污水处理厂再生水资源，可减少水资源的浪费，缓解水资源短缺的局面。再生水资源配置基本原则包括四方面：①坚持再生水资源规模利用、就近利用原则；②坚持再生水回用农业生态统筹考虑原则；③坚持河道清淤、截污控污、节点控制工程联动建设原则；④依托现有农用二级河道输送再生水，减少工程投资原则。

按照《天津市再生水资源利用总体规划》纪庄子污水处理厂、咸阳路污水处理厂再生水资源配置方案，从纪庄子污水处理厂、咸阳路污水处理厂分别建设一条再生水管线，每天向静海县农业、生态日配置20万m^3。根据就近回用、方便回用的原则，确定近期以西青区再生水回用工程为实施主要对象，共涉及5个镇，根据统计年鉴，2007年回用区共有耕地面积103 632亩，其中旱作物98 151亩，水作物5418亩。主要二级河道有程村排水河、丰产河、津港运河、西大洼排水河、自来水河等5条，河道长度约87 980m，水面面积285.56万m^2，总槽蓄量为520万m^3。

根据天津市地方标准《农业用水定额》（DB12/T195.02—2003）和天津市南部地区水面蒸发渗漏统计资料，示范区内小麦和玉米的灌溉需水量及河道蒸发渗漏量详见

表 9-13。

表 9-13　农作物灌溉定额及河道蒸发深漏量月分配情况

项目	1月	2月	3月	4月	5月	6月	7月	8月	9月	10月	11月	12月	全年
旱作定额 /（m^3/亩）	0	0	40	40	40	40	0	40	0	40	40	0	200
蒸发渗漏量 /mm	30	40	85	129	176	168	129	113	99	68	35	28	1100

根据输水系统和农田灌溉系统具体情况，渠系利用系数采用 0.65；生态环境用水量为相关河道的蒸发渗漏量。当输送再生水至静海县的管线工程完工时，水量平衡结果见表 9-14 所示。

表 9-14　输送再生水至静海县的管线工程完工水量平衡分析

项目		1月	2月	3月	4月	5月	6月	7月	8月	9月	10月	11月	12月	全年
污水处理厂可供水量		1075	1075	1075	1075	1075	1075	1075	1075	1075	1075	1075	1075	12 900
静海县		600	600	600	600	600	600	600	600	600	600	600	600	7200
西青区用水量	农业	0	0	451	438	425	427	0	0	0	456	465	0	2662
	环境	9	11	24	37	50	48	0	0	0	19	10	8	216
	合计	9	11	475	475	475	475	0	0	0	475	475	8	2878
大沽排污河		466	464	0	0	0	0	475	475	475	0	0	467	2822

从水量分析结果可以看出，纪庄子污水处理厂、咸阳路污水处理厂每年可供再生水总量为 12 900 万 m^3，输送至静海县水量为 7200 万 m^3，其中生态用水 3600 万 m^3、农业用水 1800 万 m^3，经调蓄后可灌溉农田 4.9 万亩。可供西青区农业和生态用再生水水量为 2878 万 m^3，其中农业灌溉 2662 万 m^3，经调蓄后可灌溉面积为 6.9 万亩。排入大沽排污河水量为 2822 万 m^3。

9.4.3　工程输水调度运行方案

工程建成后，按照原河道归属单位进行工程管理和运行管理。成立再生水灌区农民用水者协会，协助职能部门做好计划用水和灌区末级输配水工程维护工作，保障工程建成后长期有效运行。

再生水为城市污水处理厂二级处理后的出水，要确保污水处理厂出水水质各项指标满足国家规定的灌溉水质标准，输送过程中加强监管，确保用水安全。在污水处理厂出水口及再生水输水沿线共布置 14 个监测点，当发现再生水水质变化异常时，应及时将不符合标准的再生水及时排出二级河道。农灌期间每 10 天监测一次，非农灌期每月检测一次。

输水调度方案的调度原则为：农业和生态统筹兼顾；针对不同的用水情况，采用不同的输水调度方案；充分利用现有河道的槽蓄能力；当水质不达标时，不用于农业灌溉。按照上述原则，输送再生水至静海县的管线工程完工后，每天固定从纪庄子污水处理厂和咸阳路污水处理厂向静海县输送再生水各 10 万 m^3，年输送再生水 7200 万 m^3，各月份调度方案如下：

1 月，西青区农业用水量几乎为零，且生态需水很少，仅为 9 万 m^3；其余再生水全部排入大沽排污河，本月排入量为 466 万 m^3。

2 月，调度方案和一月相似，西青区再生水用量为 11 万 m^3；其余再生水全部排入大沽排污河，本月排入量为 464 万 m^3。

3 月，西青区农业用水和生态用水量较多，由于作物灌溉周期需求，需使用河道对再生水进行调蓄，需调蓄再生水量为 320 万 m^3。本月为西青区提供再生水 475 万 m^3；排入大沽排污河水量为零。

4 月、5 月、6 月调度运行方案与 3 月相同。

7 月、8 月、9 月为防汛期，为不和防汛排沥发生矛盾，除了每天供静海县的 20 万 m^3 再生水之外，污水处理厂的所有出水均排入大沽排污河，不进入西青河道。

10 月、11 月调度运行方案与三月相同。

12 月，调度方案和一月相似，西青区再生水用量为 8 万 m^3；其余再生水全部排入大沽排污河，本月排入量为 467 万 m^3。

9.4.4　实施效果分析

纪庄子污水处理厂和咸阳路污水处理厂再生水农业及生态利用工程，估算总投资为 7386.53 万元，其中清淤工程投资 5997 万元，节点控制工程投资 1389.5 万元。

通过一级 B 标准出水的再生水水质分别与《农田灌溉水质国家标准》、《城市再生水农田灌溉水质标准》的对比，以及国内外有关再生水灌溉时盐分、重金属、有机物、细菌等对土壤、农作物、地表水、地下水及人体健康等影响的相关研究，得出利用污水处理厂二级处理后达到一级 B 标准的再生水进行农业灌溉（旱作和水作），对农作物、土壤及地下水是比较安全的。

从环境影响来看，再生水回用工程效果包括以下四方面。①修复、改善河道水环境。本工程的实施，西青区可修复改善 5 条河道的生态环境，共计 87.98km，使河道干枯、水体的黑臭问题得到缓解。②改善污灌区农业生态环境。本工程的实施，为部分农业提供安全的再生水资源，可用再生水灌溉农田近 12 万亩，缓解农业及生态水资源短缺的局面，使污灌区农业生态环境得到改善。③减采深层地下水，有效遏制地面沉降。本工程的实施，为西青区及静海县农业灌溉提供了稳定的水源，可有效减少地下水开采量，缓解超采地下水带来的地面沉降等问题。④可节省化肥施用量 25% ~30%，减少面源污染。

9.5　基于合理配置方案的若干结论

基于天津市城市与农村的水资源合理配置研究，得到以下相关结论。

（1）按照南水北调生效后，在常规的合理配置格局下，天津市由于工业和城市可供水规模大于其需水量，未来将会出现“城市和工业用不完，而农业和生态不够用”的局面。从水资源角度来看，外调水规模应配合区域需水增长逐步到位，进一步科学调整水资源配置格局，尽量实现城市和农村、经济与生态用水整体安全。

（2）由于引滦和中东线共同为天津市供水，加上地下水调蓄供水，其供水保证率在95%可以得到保障，并有部分剩余，因此从区域公平的角度，在保留特枯年份引黄补充机制条件下，天津市引滦水量在95%年份可适当调整一些给河北唐山市，使得区域水资源利用更加科学合理。

（3）南水北调生效后，为统筹考虑城市和农村水资源安全，城市供水得到更大程度的满足后，应将城市挤占农村的用水指标归还农村。

（4）基于天津市农业水资源短缺、水环境恶化的局面，单纯依靠有限的常规水资源已不现实，再生水资源是实现农业及生态可持续发展的现实可行的重要途径和宝贵资源。典型区再生水回用农业项目建成后，将为再生水利用农业、生态提供示范，迅速提升再生水利用率，具有良好的社会、经济和生态环境综合效益。

（5）考虑到南水北调东中线、引滦水的影响，从资源配置的角度来看，天津市供水水源较充沛，天津的海水淡化规模及利用量在未来利用应适当考虑控制。

（6）天津市水源复杂，多水源的联合调配是水资源配置的重要内容，应大力加强多水源的统一规划、统一配置、统一调度和统一管理，形成外调水和海水主要供给工业和生活，当地水、再生水和浅层地下水主要供给农业和生态的基本格局。

第 10 章　河北省重度缺水地区水资源合理配置

10.1　河北省水资源主要形势

10.1.1　水资源量

依据 2004 年 11 月《河北省水资源评价》成果，采用 1956 ~ 2000 年资料系列分析，全省多年平均降水总量为 998 亿 m^3（折 532mm），多年平均水资源总量为 205 亿 m^3，其中地表水资源量为 120 亿 m^3，地下水资源量为 123 亿 m^3（矿化度≤2g/L），重复量 38 亿 m^3（表 10-1）。河北省人均水资源量不仅远低于国际公认的人均 500m^3极度缺水标准，而且也接近人均 300m^3的维持人类生存的最低标准。

表 10-1　河北省行政分区水资源总量成果表

行政分区	面积 /km^2	水资源量/亿 m^3			人均水资源量/m^3	
		地表水	地下水	总量	地表水	总量
邯郸	12 047	6.19	11.54	15.53	73	185
邢台	12 456	5.56	10.56	14.61	82	220
石家庄	14 077	9.90	14.76	21.16	105	229
保定	22 112	15.85	21.21	30.28	149	289
衡水	8 815	0.73	5.31	6.81	17	164
沧州	14 056	5.90	6.52	13.45	87	203
廊坊	6 429	2.64	5.02	7.95	75	207
唐山	13 385	14.03	13.50	24.16	204	343
秦皇岛	7 750	13.06	7.36	16.77	475	609
张家口	36 965	11.57	12.74	19.06	272	455
承德	39 601	34.13	14.05	34.91	1 006	1 050
全省	187 693	120.17	122.57	204.69	178	307

按照河北省目前水资源开发利用水平，在现有工程措施保证条件下，全省本地水资源可供水量仅为 167 亿 m^3，其中地表水可供水量 57 亿 m^3，浅层地下水可开采量 99 亿 m^3，在应急情况下深层地下水允许开采量 11 亿 m^3。

10.1.2　水资源时空分布

河北省水资源的时间分布极不均衡。汛期 6 ~ 9 月降水量一般占全年的 70% ~

80%，年降水量的极值比一般在3.0～4.0，且常出现连续丰水年和连续枯水年。如20世纪50年代末与60年代初连续丰水，80年代以来几次连续枯水。

河北省水资源的空间分布不均。年降水量和径流量空间分布总趋势是由太行山、燕山迎风坡多雨区分别向西北和东南两侧递减。水资源的空间分布和土地资源的分布不相匹配。海河南系平原，耕地占全省的55.5%，人口占60.7%，GDP占58.8%，而水资源量仅占29.7%，人均仅189m^3，是水资源供需矛盾最为尖锐的地区。

总之，河北省以不足全国1%的水资源，产出了全国5.9%的GDP，生产了全国5.5%的粮食，承载了全国5.3%的人口。河北省水资源及社会经济指标占全国比重见图10-1。

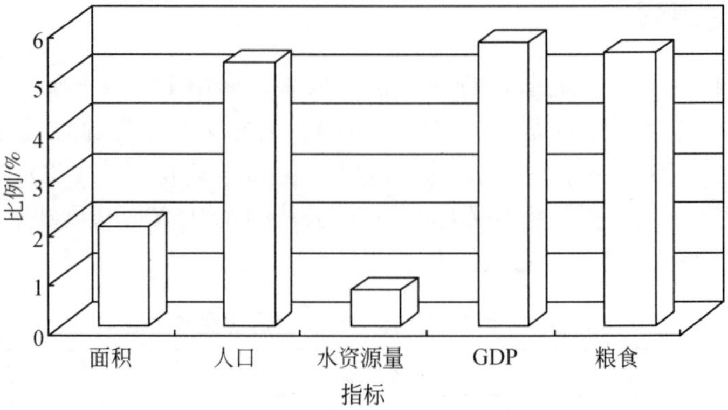

图10-1　河北省水资源及社会经济指标占全国比重

10.1.3　水资源演变情势

1）径流性产水量衰减显著

（1）地表水。山区20世纪50年代、60年代和70年代平均值比（1956～2000年）多年平均值分别偏多83%、8%、4%，80年代和90年代分别偏少34%、10%；平原区50年代与多年平均值基本持平，60年代和70年代分别偏多44%、20%，80年代和90年代偏少41%与22%。表明近20年来，受人类活动与气候的影响地表水资源明显减少。

（2）地下水。1980～2000年系列矿化度小于2g/L的地下水资源量为122.57亿m^3，与1956～1979年系列和1956～1984年系列评价成果相比，总量分别减少23.57亿m^3和27.05亿m^3，减少程度为16.2%与18.1%。

（3）水资源总量。由20世纪50年代的273.0亿m^3，减少到80年代的151.0亿m^3，减少幅度为45.7%；90年代由于出现了几个丰水年份，有所回升，增至190.6亿m^3，但仍比50年代减少30.1%。

2）入境、出境及入海水量锐减

河北省入境水量20世纪50年代为99.8亿m^3，60年代为70.8亿m^3，70年代降至52.2亿m^3，衰减幅度分别为29%、26%。到80年代更减少为27.8亿m^3，衰减幅度达47%。90年代入境水量29.9亿m^3（包括引黄），与80年代基本持平。出境水量50年代平均为 166 亿 m^3，60 年代减为 95.0 亿 m^3，到 70 年代变为 46.2 亿 m^3，80 年代更减为 21.2 亿 m^3，90 年代稍有回升，也只有 28.8 亿 m^3。

随着入境水量的减少和省内河道外取用水量的增加，河北省入海水量衰减显著，20 世纪 50 年代的年平均 86.4 亿 m^3，衰减到 80 年代的 11.0 亿 m^3，衰减幅度达 87%，90 年代入海水量略有增加，平均年入海水量也仅有 24.0 亿 m^3。

河北省入境、出境及入海水量急剧减少的原因主要是上游来水量的减少、当地自产水量的减少和省内取耗水量的增加。

10.1.4　水资源开发利用现状

1）现状供用水量

2008 年河北全省平均降水量为 557.6mm，较多年平均多 25.9mm，属平水年份。

2008 年全省供水总量为 194.8 亿 m^3，其中地表水供水为 37.8 亿 m^3，占 19.4%，地下水开采量为 156.1 亿 m^3（其中浅层地下水开采量为 110.0 亿 m^3，深层地下水开采量为 43.8 亿 m^3，微咸水开发利用量为 2.3 亿 m^3），污水处理回用量为 1.1 亿 m^3。因地下水超采严重，石家庄、保定、邢台、邯郸等城市开始转向从水库引水，逐步加大地表水使用量。引黄水量主要供沧州、衡水等市。

2008 年全省总用水量为 194.8 亿 m^3，其中农田灌溉用水量为 124.2 亿 m^3，工业用水量为 25.2 亿 m^3，城镇公共用水量为 3.0 亿 m^3，居民生活用水量为 16.8 亿 m^3，林牧渔用水量为 12.6 亿 m^3，空间分布上经济较发达的平原区用水远大于山区。

2）现状用水水平分析

20 世纪 80 年代以来河北省供水量总体上呈缓慢增长的趋势，特别是地下水的超采总体上在加剧。地下水年开采量由 1980 年的 137.2 亿 m^3 增加至基准年的 166.9 亿 m^3。全省总用水量也呈缓慢增长的趋势。其中城镇生活用水一直保持增长的势头，年均增长 14%。工业用水由迅速增加转为稳步增加，农村用水总体上缓慢增加，受降水的影响农业灌溉用水在 154 亿～174 亿 m^3 变动。

受水资源条件和节水型社会建设两方面因素的影响，河北省用水定额呈下降趋势，按 2000 年价格水平计算，工业万元增加值综合用水定额从 1980 年的 836m^3 降到 2008 年的 32m^3，农业综合灌溉定额低于 300m^3/亩，单位 GDP 用水量由 1991 年的 1142m^3/万元降为基准年的 119m^3/万元，低于全国基准年 435m^3/万元的用水指标。人均用水量在 280m^3 左右，远低于全国人均用水 446m^3 的水平。

10.1.5　水资源主要形势小结

通过对河北省水资源数量、时空分布、演变情势以及开发利用现状的分析，对河北省水资源主要形势总结如下。

1）水资源严重匮乏，水危机十分突出

河北省属典型的资源型缺水省份，多年平均水资源量为 205 亿 m^3，人均水资源量和耕地亩均水资源量分别为 307m^3 和 211m^3，仅为全国平均值的 1/7 和 1/9，远低于国际极度缺水地区人均水资源占有量 500m^3 的标准。造成河北省严重缺水的根本原因是水资源的极度匮乏和河北省及周边省市用水量的急剧增加。自产地表水大幅度减少，自产地下水资源量衰减，入境水量锐减，入海水量日渐枯竭，这些变化既是造成缺水矛盾加剧的直接原因，又是缺水状况的综合体现。

2）水资源超常规开发，造成生态和社会环境的急剧恶化

20 世纪 80 年代以来，随着河北省经济的迅猛发展，用水量日益增加，无论是地表水还是地下水，都处于超常规开发利用状态。河北省多年平均水资源可利用量为 167 亿 m^3，近年来全省年供水量在 200 亿～220 亿 m^3，年超采地下水 40 亿～60 亿 m^3，并由此引发了含水层疏干、地面沉降、地面裂缝、海水入侵、咸淡水界面下移等一系列环境地质灾害。海河南系地表水消耗利用率高达 90% 左右，远远超过国际上保证河流生态，河川径流利用率应低于 40% 的指标要求。由于河流缺乏水源补充，造成河道断流、湿地萎缩，加上河流稀释自净能力极低，污染程度十分严重，近一半的有水河流丧失了水体功能。

3）缺水问题制约着经济社会发展

在本身严重缺水的情况下，河北省无偿支援京津用水指标 19.6 亿 m^3，造成河北省资源性缺水、污染性缺水和政策性缺水并存。严重缺水使河北省广大的中南部平原地区丰富的土地、光热、矿产资源和区位、交通优势不能充分发挥，许多适宜的建设项目因缺水而不能兴建，农业中低产田占 60%，粮食产量徘徊不前，城市供水保证率不足，城乡人饮问题突出，生态问题严重。河北省在水资源承载能力严重不足的情况下，仍为国家作出了巨大贡献，以不足全国 1% 的水资源，产出了全国 5.7% 的 GDP，生产了 5.9% 的粮食，承载了全国 5.3% 的人口。尽管面临着严重缺水局面，河北省的经济整体上仍取得较快发展，主要是靠严重超采地下水、工业和城市挤占农业用水来维持的，是以牺牲农业、环境和可持续发展为代价的。缺水已经成为影响经济社会发展、生态环境安全和社会政治稳定的重大问题，已成为制约河北省构建和谐社会、实现可持续发展的瓶颈，是当前迫切需要解决的问题。

4）未来水资源情势依然严峻

按照有关研究，未来 30 年，河北省范围内不仅有可能增加干旱灾害发生的概率，而且还可能出现特殊干旱年和连续干旱年。气候干旱一方面减少地表径流量和地下水资源量，另一方面将增加以种植业为主的灌溉需水量，导致水资源供需矛盾的进一步加剧。此外，位于海河流域上游的山西省用水量增长较快，河北省入境水量会明显减少。地表径流量和地下水资源量减少，经济社会发展对水资源的需求进一步加大，导致河北省水资源供需矛盾更加突出。即使南水北调工程如期实施，南水北调中东线工程全部建成生效，其调水量也仅与河北省目前的地下水超采量基本相当，因此，未来河北省水资源情势依然严峻。

10.2 河北省缺水空间分布与重度缺水区分析

10.2.1 缺水空间分布及分析

针对河北省的缺水现状，分别对河北省的农业缺水量、城市生活和工业缺水量、农村生活缺水量以及生态环境缺水量进行了计算。各种缺水量计算理论与方法详见第二章相关内容。

1. 综合缺水分布

运用所研发的缺水空间展布技术，河北省经济社会缺水分布如图 10-2。从图上可以看出，河北省经济社会缺水状况由北向南逐步严重，海河南系平原区缺水最为严重，最突出的是南端的邯郸市，其次为衡水市、沧州市、邢台市等地区。这一地区水资源总量占全省的 29.7%，人均水资源量仅为 189m³，但同时该地区耕地占全省的 55.5%，人口占 60.7%，GDP 占 58.8%，属于严重的资源型短缺地区，水资源已经难以支撑经济社会的可持续发展，必须实施一定规模的外调水。

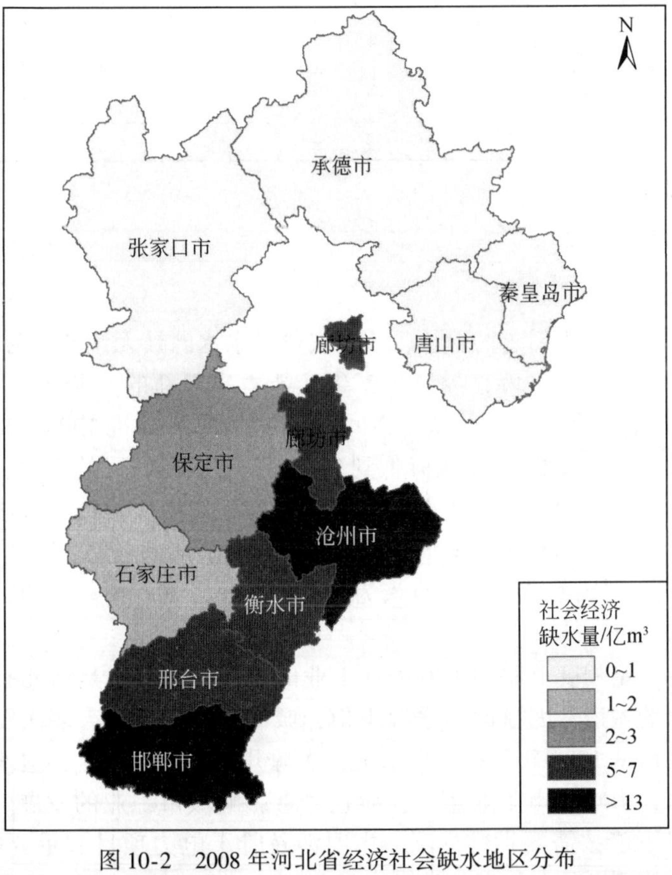

图 10-2　2008 年河北省经济社会缺水地区分布

各地市缺水程度与当地经济结构、水资源条件密切相关（表 10-2）。河北省缺水最严重的邯郸市、沧州市、衡水市以及廊坊市也是省内天然降雨条件最差、人均水资源量最少的四个地市。在全省缺水程度排位居中的保定市，尽管农业有效灌溉面积为全省最大，灌溉用水也占到社会经济用水总量的 72%，但是由于水资源条件稍好，缺水率低于前述四市。秦皇岛市、张家口市、承德市由于人均水资源量相对较大，地理条件不适合开展农业种植，有效灌溉面积少，缺水量位于全省后三位。因此，降雨资源与土地资源的不匹配也是河北省缺水问题突出的一个重要原因。

表 10-2 河北省各市社会经济状况及缺水情况

地区	人均水资源量/m^3	人口比例/%	有效灌溉面积比例/%	GDP 比例/%	缺水率/%	缺水量排名
邯郸	179	13	12	12	45	1
邢台	215	10	11	6	23	5
石家庄	220	14	11	17	6	7
保定	282	16	15	10	8	6
沧州	197	10	11	11	50	2
衡水	161	6	10	4	27	4
廊坊	201	6	6	6	38	3
唐山	333	10	11	20	2	8
秦皇岛	582	4	3	5	6	10
张家口	456	6	6	4	5	9
承德	1 036	5	3	4	5	11
全省平均	299	—	—	—	21	—

2. 缺水的综合影响

1）经济影响

随着工业和城市用水需求的增长，一些农业供水水源被无偿转化为城市供水水源，农业灌溉用水保证率大幅下降，导致粮食生产能力出现新的“望天收”现象，例如，全省 1978 ~ 1998 年，粮食生产由 1687 万 t 增长到 2917 万 t，而 1999 ~ 2007 年，粮食却回落到 2841 万 t，其中 2003 年更是降低到 2388 万 t，农村居民的农业收入不仅没有增加，反而有所减少。这种演变趋势加剧了城乡发展不均衡，导致农村洼地现象日益突出，引起了社会不和谐问题。2008 年，河北省城镇居民家庭人均可支配收入为 13 441. 09元，农村居民家庭人均纯收入为 4795. 46 元，二者相差近两倍，并且这种差距仍呈增大趋势。

缺水问题也一定程度上制约了城市和工业的发展。邯郸市是河北省最早利用地表水供应城市用水的城市，因滏阳河水源不稳，城市供水无保证，多次发生自来水厂停水事件。石家庄市从 1984 年开始出现水荒，水源井供水能力不足，迫使全市实行低压供水。城市缺水，影响城市工业生产，而且严重影响城市工业的发展。由于缺水，很多重点工业项目不能按需要批准立项，主要涉及骨干电力项目和重要的化工、建材、造纸等项目，使能源条件和能源环境较好的河北中南部平原地区长期严重缺电。石家庄市、保定市、邯郸市、邢台市和沧州市是“一五”至“五五”5 个五年计划的重点投资建设地区，县以上工业的发展明显高于其他地区，但“六五”以来，基本未上大中型建设项目，其主要原因是城市缺水。大项目不能上马，不仅影响了投资拉动，而且缺水还通过缺电制约着工业发展。

改革开放以来，河北省经济一直处于快速发展时期，1978 ~ 2007 年全省 GDP 增长率为 10. 4 %，其中 2000 ~ 2007 年仍保持高于 10% 的增长率，这在一定程度上掩盖了河北省缺水的实际状况和负面影响。深入分析这种增长的构成和成本，可以发现这主要是由处于用水竞争金字塔顶端的第二产业、第三产业高速增长带来的，并付出两大代价，一方面是生态环境破坏和资源过度开发，另一方面是农业和农村的发展速度减缓甚至回落。目前，这种牺牲或是转换式发展模式也已经难以维系，缺水已经开始波及金字塔顶端的城市和工业，从而深刻影响和制约着经济社会整个系统的可持续运行。

2）社会影响

河北省农村居民饮水不安全是河北省缺水问题在经济社会层面的突出反映，2008 年全省农村饮水不安全人口仍有 2323 万人，占农村总人口的 43%，其中水质不达标地区人口 1537 万人。水质不达标是河北省农村饮水不安全的主要方面，主要分布在平原和坝上高原，其他不安全问题呈零星分布，以山区为主。饮水安全的问题已经严重影响当地居民的身体健康和生活秩序，甚至成为区域社会不和谐的主要因素。

3）生态与环境影响

依据缺水的梯度理论，在传统的价值观和水资源开发利用模式下，生态和环境是缺水的首要承受主体。河北省生态环境缺水一方面表现在基本的生态环境用水不能得到有效保障，引起的水生态和环境质量整体退化，包括河湖萎缩干涸、湿地大幅度退化、入海水量急剧减少，水生态系统已经濒临崩溃的边缘；另一方面表现在水资源的开发利用已远远超出了水循环系统的再生能力，河北省地表水开发利用率达到 70 % 左右，居全国最高；全省地下水年均超采量 45 亿 m^3，占全国超采量的 20% 左右。生态环境系统的退化和对于经济社会发展的负面影响是不言而喻的，突出表现在区域生物多样性减少、生存环境劣变和社会净福利的降低、生产和经济建设环境的恶化、水资源利用的不可持续等。

10.2.2　河北省重度缺水区水资源形势

通过对河北省各行业缺水及其分布的分析，可见河北省现状处于严重缺水的状态，全省总缺水率达到 21%，而其中缺水最为严重的几个地市分别为邯郸市、邢台市、沧州市、衡水市和廊坊市，缺水率最大的沧州市达到 50%。以上几个缺水最为严重的地市主要位于海河流域南系的黑龙港及运东平原，在下文中统称黑龙港及运东地区，其包含的县级市见表 10-3。考虑到白洋淀对河北省生态环境的重要性，将保定市白洋淀也纳入该区域。

表 10-3　黑龙港及运东地区范围

设区市	邯郸	邢台	衡水	沧州	廊坊	保定
县（市、区）	大名、馆陶、魏县、广平、肥乡、曲周、邱县	临西、广宗、平乡、巨鹿、南宫、新河、清河、宁晋	衡水、冀州、枣强、景县、阜城、武邑、故城	沧州、泊头、沧县、东光、海兴、河间、黄骅、孟村、南皮、青县、任丘、肃宁、献县、盐山、中捷、渤海新区	文安	白洋淀

1. 水资源形势分析

1）区域水资源本底条件差，人均占有量少

黑龙港及运东地区位于海河南系平原，包括邯郸东部、邢台东部、衡水中东部、沧州大部及廊坊局部，共计39个县市（区），行政区面积近3万km^2。区域多年平均水资源总量为20.35亿m^3，其中地表水资源为5.84亿m^3，地下水资源为12.89亿m^3，人均水资源量为160m^3，仅为全省平均值的1/2和全国平均值的1/15，低于人均300m^3的“维持人类生存的最低标准”，是河北省缺水最严重的区域，也是华北地区乃至全国水资源供需矛盾最为尖锐的地区。

2）现状供（用）水量大，依靠深层地下水开采维持区域发展

据2001～2006年河北省水资源公报的统计，黑龙港及运东地区年供（用）水量基本稳定在45亿～47亿m^3，平均年供（用）水量为46亿m^3。在用水量中，城镇生活用水呈现逐年增长趋势，从1.2亿m^3增加到1.6亿m^3；农村生活用水也呈逐年增长趋势，从3.3亿m^3增加到3.7亿m^3；工业用水平稳上升，从3.4亿m^3增加到4.2亿m^3；农田灌溉用水基本维持在34亿～36亿m^3；林牧渔业用水在1.9亿～2.6亿m^3。由于区域严重缺水，生态环境几乎为零。6年平均用水构成为农灌用水占76%，工业与农村生活用水均占8%，林牧渔用水比例为5%，城镇生活用水比例为3%。

在供水量中，受丰枯水年的影响地表供水量在3.5亿～5.5亿m^3，为总供水量的11%；地下水供水量在39.6亿～42.3亿m^3，为总供水量的88%，其中浅层地下水开采量在15.9亿～16.9亿m^3，为总供水量的36%，深层地下水开采量在21.5亿～24.5亿m^3，为总供水量的48%，微咸水开采量逐年增加，从1.1亿m^3增加到2.3亿m^3；其他水源供水量极少，仅在0.44亿m^3左右。在深层地下水利用中，农业灌溉利用深层地下水17.6亿m^3，占深层地下水开采量的78%。

3）地下水漏斗和次生灾害严重

区域内一般年份基本无地表水可以利用，浅层地下水多数为苦咸水，除少量外调水外，只能靠大量开采深层地下水，牺牲环境来维持工农业生产需要。深层地下水位已普遍下降了40～60m，形成了沧州漏斗、青县漏斗、黄骅漏斗、任丘漏斗、冀枣衡漏斗、廊坊漏斗、霸州漏斗等7个深层地下水位降落漏斗。深层地下水的超量开采引发大面积的水位下降使地层的岩土力学平衡遭到破坏，黏性土层开始压密释水，造成地面沉降。位于沧州、青县、大城三个漏斗区的沧州沉降区，面积约9363km^2，中心沉降量已超过2.5m，沉降速率为84.04mm/a；位于冀枣衡漏斗区的衡水沉降区，面积约275km^2，沉降速率为18.50mm/a；位于任丘漏斗区和华北油田区的任丘沉降区，面积1800km^2，沉降速率为24.93mm/a。此外，还有南宫沉降区、霸州沉降区和曲周沉降区等。该区域已成为全国地下水位降落漏斗面积和地面沉降面积最大的地区。深层地下水的严重超采，导致了大量机井报废，造成了地面沉降、咸淡水界面下移等环境危害，而地面沉降还常伴有地裂和局部塌陷，改变了地面形态，破坏了基础设施，严重影响了河渠输水效能，尤其是大大降低了河道排洪、排涝、输水能力，这些灾害在国内都是最为突出的。

4）饮水安全问题突出

区域内浅层地下水多为苦咸水，而深层地下水含氟量严重超标，给当地群众的生活也带来了严重影响。据统计，2007年年底河北省2323万饮水不安全人口中，黑龙港及运东地区为803万人，占全省农村饮水不安全人口的34.6%，其中饮用高氟水和苦咸水的饮水不安全人口全省分别为651万人和347万人，而黑龙港及运东地区分别为438万人和194万人，分别占全省此类饮水不安全人口的67.3%和55.9%，是河北省饮水安全问题最严重的区域（图10-3）。

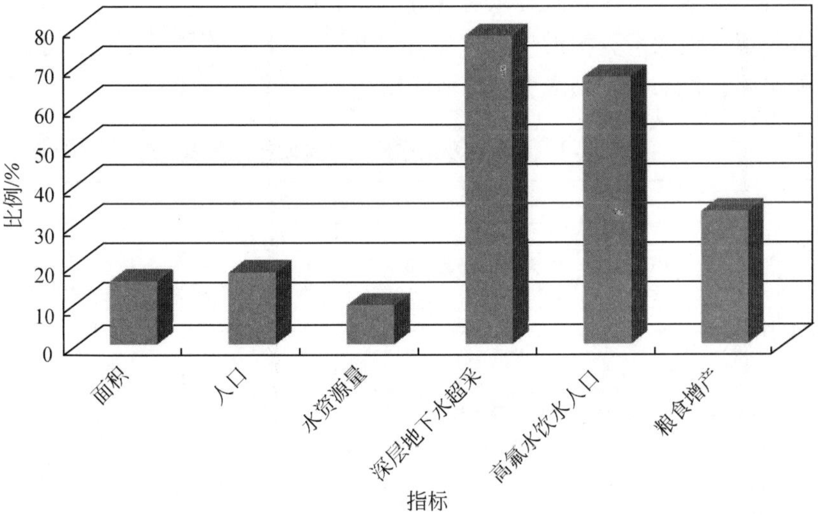

图10-3　黑龙港及运东地区各统计量占河北省比例

5）节水潜力有限

目前，黑龙港及运东地区工业万元增加值综合用水定额为25.3m^3/万元，远低于河北省47.8m^3/万元的平均水平；农业综合灌溉定额为156 m^3/亩，远低于河北省平均定额300m^3/亩；全社会万元GDP用水量为46.6m^3/万元，远低于河北省平均值175m^3/万元；人均用水量245m^3左右，低于河北省平均用水300m^3的水平（图10-4）。说明该区域的节水水平和用水水平比较高，节水潜力有限。

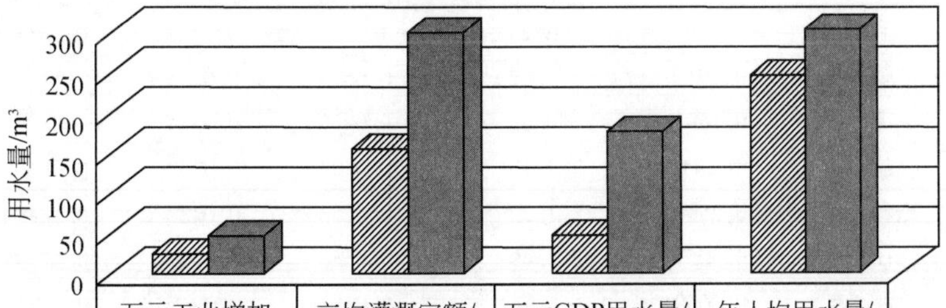

	万元工业增加值用水/(m^3/万元)	亩均灌溉定额/(m^3/亩)	万元GDP用水量/(m^3/万元)	年人均用水量/(m^3/人·a)
黑龙港	25.3	156	46.6	245
河北省	47.8	300	175	300

指标

图10-4　黑龙港及运东地区与河北省用水效率对比图

6）粮食增产任务重，用水需求持续增长

河北省“粮食增产核心区”大部分位于黑龙港及运东地区，根据《河北省新增41亿斤粮食生产能力实施规划》，黑龙港及运东地区2020年需新增粮食产量13亿斤，其中小麦3.7亿斤，玉米9.3亿斤，见表10-4所示。新增粮食生产任务务必进一步加大农业用水需求。虽然在规划中要求进一步加强灌区渠道节水，减小输水损失，但区域属于严重资源型缺水，节水灌溉难以实现资源性节水。

黑龙港及运东地区水资源的极度匮乏还造成生态水量的严重不足，导致白洋淀等湿地大面积萎缩，带来一系列水生态环境问题。

表10-4 黑龙港及运东地区粮食增产任务表 （单位：亿kg）

市（县、区）		粮食增产任务					
		合计	增产任务比/%	小麦		玉米	
				2015年	2020年	2015年	2020年
全省总计		20.5	100	3	5	9.3	15.5
黑龙港及运东地区小计		6.5	32	1.1	1.83	2.8	4.67
邯郸市	大名县	0.38	1.85	0.09	0.15	0.138	0.23
	肥乡县	0.25	1.21	0.042	0.07	0.108	0.18
	馆陶县	0.19	0.92	0.03	0.05	0.084	0.14
	魏　县	0.45	2.19	0.066	0.11	0.204	0.34
	曲周县	0.3	1.46	0.042	0.07	0.138	0.23
衡水市	枣强县	0.23	1.12	0.036	0.06	0.102	0.17
	武邑县	0.24	1.17	0.036	0.06	0.108	0.18
	故城县	0.28	1.36	0.042	0.07	0.126	0.21
	景　县	0.45	2.19	0.066	0.11	0.204	0.34
	阜城县	0.27	1.31	0.036	0.06	0.126	0.21
	冀州市	0.17	0.82	0.024	0.04	0.078	0.13
邢台市	临西县	0.1664	0.81	0.0349	0.0582	0.0649	0.1082
	清河县	0.1553	0.76	0.0322	0.0537	0.061	0.1016
	宁晋县	0.4594	2.24	0.088	0.1462	0.1881	0.3132
沧州市	献　县	0.2919	1.42	0.0573	0.0956	0.1178	0.1963
	肃宁县	0.1691	0.82	0.0309	0.0514	0.0706	0.1177
	盐山县	0.241	1.18	0.0503	0.0839	0.0942	0.1571
	青　县	0.2504	1.22	0.0253	0.0422	0.1249	0.2082
	任丘市	0.3057	1.49	0.0555	0.0926	0.1279	0.2131
	河间市	0.3609	1.76	0.0581	0.0969	0.1584	0.264
	沧　县	0.4395	2.14	0.0753	0.1255	0.1884	0.314
	东光县	0.1598	0.78	0.0328	0.0547	0.0631	0.1051
	泊头市	0.2893	1.41	0.0482	0.0803	0.1254	0.209

2. 水资源安全保障途径分析

1）当地地表水资源

黑龙港及运东地区，总面积约3万km^2，区域多年平均水资源总量为20.35亿m^3，其中地表水资源量为5.84亿m^3，一般年份基本无地表水可以利用。当地地表水消耗利用率高达90%左右，远远超过国际上保证河流生态，河川径流利用率应低于40%的指标要求。而随着海河流域上游的山西省用水量增长较快，区域入境水量会进一步减少。加上黑龙港及运东地区缺少地表水调蓄工程，地表水资源利用更加难以为继。

2）地下水资源

受水区地下水资源为12.89亿m^3，目前已处于过度开发状态，深层地下水位已普遍下降了40~60m，形成了沧州漏斗、青县漏斗、黄骅漏斗、任丘漏斗、冀枣衡漏斗、廊坊漏斗、霸州漏斗等7个深层地下水位降落漏斗，成为全国地下水位降落漏斗面积和地面沉降面积最大的地区。在地下水水质方面，区域内浅层地下水多为苦咸水，深层地下水含氟量严重超标，对区域内人民群众的饮水安全构成了严重影响。

3）海河流域其他地区调水

黑龙港及运东地区位于海河流域下游。随着海河流域经济社会的快速发展，流域内人工取用水量不断增加，加上气候变化影响下海河流域水资源的衰减趋势，已使得海河流域成为我国水资源最为短缺的地区。各地地表水开发利用率已基本接近100%，而且地下水超采严重，流域整体的缺水状态使得从海河流域内部向黑龙港及运东地区调水已没有可能。

4）南水北调工程

根据《河北省南水北调配套工程规划》，黑龙港及运东地区分配的江水为8.3亿m^3，扣除输水损失后的净供水量7.1亿m^3，其中中线一期工程净供水量2.36亿m^3。相较于黑龙港及运东地区目前年26亿m^3的缺水量和22.6亿m^3的深层地下水开采量，南水北调对于该地区水资源紧缺状况的改善能起到一定的作用，但尚不能从根本上解决区域水资源供需不平衡的问题。而且南水北调中线一期工程预计达效期2015年，而东线二期工程目前尚未确定实施时间，对于黑龙港及运东地区亟待解决的水资源短缺问题不能及时缓解。而且，根据规划，南水北调水主要供给工业和城市，对于该地区农业和农村生活的严重缺水所起的作用有限。

5）引黄工程

河北省1993年起开始实施引黄入冀工程，1993~2008年共引水约27亿m^3。引黄工程的实施为缓解黑龙港及运东地区水资源短缺的局面，特别是对于该地区的农业用水的保障，起到了一定的作用。但由于受工程限制，引水时间为冬4月，多年平均引水量不足2亿m^3。为了进一步加大引黄工程的综合效益，需要扩大工程规模。

综上所述，为保证黑龙港及运东地区经济社会的可持续发展，必须另辟蹊径，采取其他方式增加水源，保障区域用水安全。结合区域地理位置和现有工程条件，加大引黄规模是唯一可行的道路，而且黑龙港及运东地区也有较好的引黄条件。

10.3 黑龙港及运东地区水资源供需分析

依据《河北省水资源综合规划》、《河北省南水北调受水区地下水压采方案》等成果，结合黑龙港及运东地区实际，以县级行政区为基本计算单元，在不考虑引黄水量的条件下，进行近期2015年、中期2020年和远期2030年区域水资源供需分析。

10.3.1 可供水量预测

1. 可供水量预测原则

(1) 当地地表水以现有的供水工程为基础，适当考虑加大雨洪资源利用量。

(2) 浅层地下水以采补平衡为原则，按可开采量作为可供水量。

(3) 深层地下水开采不作为可供水量。

(4) 污水处理达标后，可作为农田灌溉、城市河湖等水源。

2. 可供水量预测

1) 当地地表水

综合考虑现有工程的实际运行状况及上下游的需水要求等因素，分析计算50%保证率地表水可供水量。本区域地表水的利用以引提水工程供水为主，其中通过卫运河取水的，按分水协议确定供水量。

各规划水平年考虑新建平原小型引蓄水等工程措施，城区考虑屋顶、道路、绿地、增加水体等集蓄、滞蓄措施以及河系沟通可能增加的地表水利用量，分析计算各水平年地表水可供量，预测P=50%时，2015年、2020年、2030年地表水可供水量分别为5.2亿m^3、5.7亿m^3、5.8亿m^3。

2) 地下水供水量

根据河北省2004年11月完成的水资源评价成果，黑龙港及运东地区浅层地下水可开采量为18.4亿m^3。

深层地下水在很大程度上是一种非再生的资源，且该区域深层地下水处于严重超采状况，不考虑深层地下水可开采量。

该区微咸水现状开采量2.3亿m^3，考虑今后要加大微咸水开发力度，推广咸水利用途径，南水北调以及引黄工程实施后咸淡混用条件趋好，确定今后微咸水利用量逐年提高，经测算2015年、2020年、2030年微咸水利用量分别为2.5亿m^3、3.1亿m^3、4.0亿m^3。

3) 非传统水

随着城市污水处理规模的增加，到2010年年底所有县城及城市均建成集中污水处理厂，使再生水利用量逐步增加，预计再生水利用在现状4400万m^3左右的基础上，2015年、2020年、2030年分别达到1.2亿m^3、2.4亿m^3、4.5亿m^3。

在沿海地区鼓励海水直接利用和海水淡化后利用，按照规划位于渤海新区的黄骅电厂近期建设2×600MW机组，直接利用海水作为冷却用水折合淡水0.36亿m^3，并利用发电余热进行海水淡化作为生产、消防、生活用水，年淡化量920万m^3。中期再建设2×600MW机组，累计直接利用海水量折淡量0.53亿m^3；海水淡化量达到0.14亿m^3。远期随着海水利用和淡化技术的进一步提高，预计直接利用海水折淡量1.0亿m^3；海水淡化量达到0.3亿m^3。

4）南水北调水

根据《河北省南水北调配套工程规划》，黑龙港及运东地区分配的江水为8.3亿m^3，扣除输水损失后的净供水量7.1亿m^3，其中中线一期工程净供水量2.36亿m^3。按照规划，南水北调配套工程将于2015年完成除调蓄工程外的输配水工程，因此中线一期工程达效期为2015年。南水北调东线二期工程目前尚未确定实施时间，本次2020年分别按有无东线两种方案分析。2030年考虑东线、中线全部实施，按照水资源综合规划和压采方案，东线工程实施后河北省受水区各市分配水量重新调整，其中黑龙港及运东地区增加净供水量1.27亿m^3，江水利用量可达8.38亿m^3。

10.3.2　需水量预测

需水预测与供水区经济发展相适应，各定额指标均在考虑强化节水条件下确定，同时重视现状基础调查资料，进行规律分析和合理趋势外延，预测各市生活、生产、基本生态对水资源的需求，力求需水预测合理。

1）城镇与农村生活需水

按照河北省城镇化体系规划，“十一五”期间至2030年是河北省城镇化进程快速发展的阶段。随着城镇人口的增加，在节水的条件下，由于人民生活水平和健康水平的提高，城乡生活用水定额都会有一个合理的增长，今后城乡生活用水量的增长是正常而且合理的。城市生活用水量近期、中期、远期需水量分别为2.2亿m^3、2.9亿m^3、3.9亿m^3，农村生活用水量近期、中期、远期需水量分别为3.8亿m^3、4.0亿m^3、4.5亿m^3。

2）工业需水

按照河北省水资源综合规划，工业在实施强化节水的情况下，一般地区工业用水增长趋势会有所减缓，但在局部地区，由于工业集中发展，工业用水会有较大的增长。黑龙港及运东地区目前已经规划和正在实施的重点工业区主要有沧州渤海新区和任丘石化基地。根据相关规划渤海新区近期需水4380万m^3，中期需水达到1.63亿m^3，远期需水2.52亿m^3；任丘石化基地近期需水617万m^3，中期需水达到3000万m^3。黑龙港及运东地区工业近期、中期、远期需水量分别达到5.2亿m^3、7.1亿m^3、9.0亿m^3。

3）农业需水

农业用水包括农田灌溉用水，菜田用水，林、牧、渔业用水等。农业需水量预测考虑随着区域产业结构的调整以及强化发展节水灌溉面积、作物品种改良和合理布局等因素，区域农业用水量将逐步减少。经过计算，2015年、2020年和2030年年前农业需水分别为37.4亿m^3、35.5亿m^3、31.2亿m^3。

4）环境需水

鉴于河北省长期以来环境欠账较大，仅靠当地水源无法弥补和满足大量的环境需水，本次环境需水主要包括城市环境和重要湿地白洋淀的需水。

城市环境用水包括城市河湖、园林绿化及环境卫生三部分。根据各市有关的发展规划预测，城市河湖需水量按水面蒸发渗漏损失进行计算；绿地及环境卫生需水则按城镇发展规划要求的城市绿地面积及道路喷洒率进行测算，城市环境用水近期、中期、远期需水量分别为0.3亿m^3、0.7亿m^3、1.2亿m^3。

根据白洋淀维持生态功能确定的最低生态水位，考虑需补充的蒸发、渗漏损失量即为白洋淀基本生态用水量。综合分析既要维持鱼虾繁殖，又要比较适应淀内水生植物生长，同时还要满足淀内居民交通的基本要求，白洋淀最低水位宜维持在7.3m（黄海），即最小生态环境水位为7.3m，这一水位对应多数淀区的平均水深为1.0m，相应水面面积为122.5km^2，经计算保证率50%条件下白洋淀需水量为1.59亿m^3。

10.3.3 供需分析（表10-5）

1）近期水平年供需分析

南水北调中线工程通水初期，在采取强化节水措施和加大利用非传统水源情况下，黑龙港及运东地区总需水量为50.55亿m^3，当地水及南水北调中线的可供水量为29.10亿m^3，缺水量为21.45亿m^3。

2）中期水平年供需分析

黑龙港及运东地区2020年总需水量为51.78亿m^3，不考虑南水北调东线供水量，当地水与南水北调中线的可供水量为36.33亿m^3，总缺水量为15.45亿m^3。即使考虑南水北调东线工程的实施，黑龙港及运东地区可供水量为37.6亿m^3，仍缺水14.18亿m^3。

3）远期水平年供需分析

黑龙港及运东地区2030年考虑产业结构调整，农业用水大幅削减情况下总需水量为51.41亿m^3，考虑南水北调东线、中线供水量，当地水与南水北调中线的可供水量为41.44亿m^3，总缺水量为9.97亿m^3。

表10-5 黑龙港及运东地区水资源供需分析成果表 （单位：亿m^3）

水平年	供水量						需水量							缺水量
	地表	地下	微咸	其他	引江	小计	城市生活	农村生活	工业	农业	城市环境	白洋淀	小计	
近期	5.21	17.36	2.52	1.65	2.36	29.10	2.19	3.82	5.2	37.41	0.34	1.59	50.55	21.45
2020（无东线）	5.72	17.36	3.07	3.07	7.11	36.33	2.92	4.03	7.1	35.48	0.66	1.59	51.78	15.45
2020（有东线）	5.72	17.36	3.07	3.07	8.38	37.60	2.92	4.03	7.1	35.48	0.66	1.59	51.78	14.18
2030	5.80	17.36	4.08	5.82	8.38	41.44	3.89	4.52	9.0	31.23	1.18	1.59	51.41	9.97

对于黑龙港及运东地区供需平衡分析后的缺水量，若不考虑其他调水工程，则只能通过深层地下水超采实现。而对照《南水北调（东、中线）受水区地下水压采总体方案》，河北省2015年深层地下水规划开采量为21.16亿m^3，2020年规划开采量为

14.15 亿 m^3。现状条件下黑龙港及运东地区深层地下水开采量占河北省总开采量 47%，规划水平年按 50% 核算，考虑深层地下水开采后黑龙港及运东地区水资源供需缺口见表 10-6 所示。

表 10-6　黑龙港及运东地区考虑深层地下水开采后供需缺口表　（单位：亿 m^3）

水平年	缺水量	缺水率/%	深层地下水规划开采量	深层地下水开采后水资源供需缺口	深层地下水开采后缺水率/%
近期	21.45	42.4	10.58	10.87	21.5
2020（无东线）	15.45	29.8	7.08	8.37	16.2
2020（有东线）	14.18	27.4	7.08	7.10	13.7
2030	9.97	19.4	—	9.97	19.4

通过对黑龙港及运东地区水资源供需形势的分析，可见即使在各水平年南水北调工程如期生效，并按规划向该地区供水的情况下，区域水资源供需平衡仍然有很大的缺口，且难以实现《南水北调（东、中线）受水区地下水压采总体方案》规划的区域地下水压采目标。为保证黑龙港及运东地区经济社会的可持续发展，必须采取其他方式增加水源，保障区域用水安全。结合区域地理位置和现有工程条件，引黄河水入境是一条可行的道路，黑龙港及运东地区也有着长久的引黄历史和较好的引黄条件。

10.4　河北省引黄历史

10.4.1　引黄历史

1）引黄济卫工程

河北省自 20 世纪 50 年代初期就有了引黄灌溉的历史，相继修建了人民胜利渠、共产主义渠、东风渠等引黄济卫工程。工程建成后因黄河水含沙量过大，导致卫河河床淤积，影响航运，而人民胜利渠因高水位长时间引水，引起两岸土地的次生盐碱化，故于 1962 年停止“引黄济卫”。

2）引黄入淀工程

20 世纪 80 年代，河北省完成了引黄入淀的设计工作，提出采用三口两线（三口即白坡、人民、红旗三个引水口，两线即老五干渠、红旗渠）方案从河南引黄河水，利用卫河、东风渠（或卫西干渠）、老漳河、滏东排河等输水至白洋淀，方案通过了 1989 年 6 月水利部在京召开引黄入淀工程工作会议，但之后由于南水北调工程论证工程的启动而搁浅。

3）引黄入冀工程

20 世纪 80 年代末，水利部组织研究利用山东省聊城位山引黄灌区在冬季引黄入冀的可能性，并在充分论证的基础上，于 1991 年 12 月确定修建位山引黄入冀工程。工程渠首位于山东省聊城市位山，利用聊城市现有位山引黄灌区输水系统，经位山三干渠、小运河至临清市南，通过穿卫枢纽，在临西县刘口附近进入河北省，接新开渠、二支渠、东干渠、新清临渠，于张二庄闸上入清凉江，至清凉江八里庄闸，河北省境内干渠全长179km。供水范围涉及黑龙港及运东地区的邢台市、衡水市、沧州市23个县(市)，主要用于农业及生产生活用水。1992年9月27日水利部、山东省、河北省三方共同签署《引黄入冀工程供水协议》，确定引水时间为冬4月，入境水量指标为5.0亿m^3。同年，工程开始实施，并于1993年春季试引水，1994年开始正式引水。受水价偏高等多种因素影响，河北省多数年份引水量不足5亿m^3。1993～2008年，利用位山引黄入冀工程，河北省共引水约27亿m^3。河北省历年引黄水量见表10-7。

表10-7　河北省历年引黄水量统计表

序号	次别	时间	引水量/万m^3					水价/(分/m^3)	各地用水量/万m^3		
			合计	沧州	衡水	邢台	白洋淀		沧州生活用水	衡水工业用水	农业用水
1	第一次临时引黄	1993.2.1～2.23	3 162		2 862	300		5			3 162
2	第二次临时引黄	1994.1.6～2.1	7 016	5 976	1 040			5			7 016
3	第一次正式引黄	1994.11.11～1995.1.21	40 038	23 973	12 469	3 596		5			40 038
4	第二次正式引黄	1995.11.3～12.8	20 099	10 050	7 537	2 512		5			20 099
5	第三次正式引黄	1997.1.1～2.26	8 731	8 179		552		6.7	4 976		3 755
6	第三次临时引黄	1997.9.20～10.6	1 475		1 021	455		7.9			1 475
7	第四次正式引黄	1997.12.11～1998.3.1	21 259	12 232	7 812	1 215		8.15	6 060		15 199
8	第五次正式引黄	1998.12.3～1999.1.26	27 447	15 612	11 415	420		8.5	5 260		22 187
9	第六次正式引黄	1999.12.4～2000.1.17	21 860	14 825	7 035			8.7	3 550		18 310
10	第七次正式引黄	2000.10.14～2001.2.2	7 000	7 000				8.7	7 000		
11	第八次正式引黄	2001.12.13～2002.1.7	13 374	8 643	4 731			11.2	8 643	4 731	
12	第九次正式引黄	2002.11.1～2003.1.27	11 797	5 844	5 953			11.2	5 844	5 953	
13	第十次正式引黄	2003.9.12～2004.1.6	7 817	3 947	3 870			11.2	3 947	3 870	
15	第十一次正式引黄	2006.11.24～2007.3.5	34 280	7 607	6 994		19 679	13.9	7 607	6 994	
16	第十二次正式引黄	2008.1.25～6	46 500	7 000	7 000	1 300	31 200	入冀16 补淀8	7 000	7 000	
合计			271 855	130 888	79 738	10 350	50 879		59 888	28 547	60 926

4）白洋淀应急补水工程

白洋淀位于河北省中部，距北京市、天津市市区各约 120km，是华北平原最大的淡水湖泊和为数不多的生态湿地之一，在调节华北地区的气候、为鸟类和各种水生动植物提供栖息地、补充周边地区地下水等方面具有不可替代的生态功能。20 世纪 60 年代以来由于发生区域气候干旱，加上流域内工农业迅速发展，对水的需求大幅度增加，使入淀水量锐减，干淀现象多次发生，湿地面积逐年减少。为了解决白洋淀的问题，缓解白洋淀水生态危机，2004 年以来水利部先后组织实施了“引岳济淀”和两次“引黄补淀”工程。

2004 年年初，水利部组织实施的“引岳济淀”工程由岳城水库利用民有北干渠、团结东西干渠及支漳河、老漳河、滏东排河，经献县枢纽输水至白洋淀。“引岳济淀”工程共引水 4 亿 m^3，入淀水量 1.59 亿 m^3，工程的实施对缓解白洋淀生态危机，维持区域生态环境起到了重要的作用。2006 年，白洋淀再次面临干淀风险，而作为“引岳济淀”水源的岳城水库蓄水量严重不足。当年秋季，在水利部的协调下，河北省实施了“引黄济淀”工程，利用“引黄入冀”、“引岳济淀”工程输水线路，由山东聊城位山引水，省内经新清临渠、清凉江等输水至清凉江徐沙闸，然后通过疏通江河干渠至滏东排河，经滏东排河由献县枢纽至下游紫塔干渠、韩村干渠、小白河、任文干渠，于大树刘 12 孔闸入白洋淀。2006 年、2007 年两年“引黄济淀”，白洋淀共引水 5.1 亿 m^3，入淀水量 3.5 亿 m^3，这些外来水量对维持白洋淀水生态系统，确保 2008 年北京奥运会期间白洋淀的生态湿地功能起到关键作用。这些工程的论证和实施都曾经为缓解黑龙港及运东地区的水资源危机，改善区域生态环境发挥了一定作用，但由于若干客观因素的限制，使得工程总引水量有限，未能从根本上解决该地区的水资源短缺问题。

10.4.2　河北省没有用足用好黄河水的原因

根据《国务院办公厅转发国家计委和水电部关于黄河可供水量分配方案报告的通知》（国办发〔1987〕61 号），分配给河北省 20 亿 m^3（含天津市 5 亿 m^3）黄河水量指标。1994 年在国家农业开发项目的支持下，为缓解黑龙港及运东地区农业缺水局面，河北省实施了引黄济冀工程，确定河北省引黄水量 5 亿 m^3（黄河口门水量 6.2 亿 m^3）。但引黄济冀工程实施以来，河北省 15 年累计引水 27 亿 m^3，年平均引水量不足 2 亿 m^3，远小于设计规模。

河北省黄河分配水量没有用足用好的原因主要有以下三个方面。

1）河北省没有引黄专用通道

目前，河北省引黄利用的位山引黄入冀线路，通过山东位山引黄灌区灌溉渠道进行引水。河北省没有自己的引黄专用通道，缺乏自主管理、调度的条件，不能像山东、河南等沿黄省份一样正常利用黄河水，造成了一方面黑龙港及运东地区极度缺水，一方面引黄水量又没有充分利用的局面。

2）引水时间与灌溉时间不匹配

由于位山引黄入冀工程山东段利用的当地灌溉渠道，河北省只能在不影响当地灌溉的情况下引水，即冬四月引水。而河北省黑龙港及运东地区缺少调蓄工程，大量的引黄水只能存储于引水和排沥河网中，损失较大，一般到来年3~4月份需要灌溉时，水量大多已蒸发渗漏消耗，难以利用，且成本翻番，影响了农民利用黄河水灌溉的积极性。

3）水价较高

按照最初协议，位山引黄入冀以冀鲁省界计量水价为5分/m^3，高出黄河农业水价1.2分/m^3的标准，也高于河北省地表水灌溉用水水价标准，已经超过农民承受能力，且还需要提水灌溉，经地方政府做工作，受水区大部分县市在最初6年内曾使用黄河水灌溉。自1997年开始，水价逐年提高，到2001年河北渠首（冀鲁界）水价达到11.2分/m^3（2008年渠首水价已达到16分/m^3），农民实在无法承受，2001年起忍痛放弃使用黄河水灌溉。按渠首水价5分/m^3计算，当非灌溉季节引水蓄灌时，扣除损耗，到支渠原水费达到17分/m^3，提水成本约为5分/m^3，即使不计省内输水工程运行成本，到支渠的灌溉用水成本也达到22分/m^3，相当于目前河北省地表水灌区实际水价的2~3倍。

综上所述，河北省黄河分配水量没有用足用好的原因主要是没有引黄专用通道，引水时间与灌溉不匹配、水价偏高等。表面上的引水不足掩盖了河北省对引黄水量的实际需求，也进一步加剧了河北省黑龙港及运东地区地下水超采的问题。

10.5 黑龙港及运东地区引黄建议方案

10.5.1 引黄水量

根据国务院国办发〔1987〕61号分水方案，黄河可供河北省（含天津）的分配水量为20亿m^3。近年来黄河上游水资源呈减少态势，考虑水资源变化可分配水量同比例缩减后，黄河渠首可分配给河北省的水量为18.44亿m^3，考虑自黄河渠首至河北省境，总干渠渠道水利用系数取0.85，相应入河北省水量为15.67亿m^3。近期由于考虑到工程条件限制，最大可引水量为9.64亿m^3。

南水北调东线、中线工程全部实施后，按照《黄河流域水资源综合规划》，黄河分配给河北省的水量将减少到6.2亿m^3，总干渠渠道水利用系数取0.85，相应入河北省水量为5.27亿m^3。

根据以上可供水量数据，分析黑龙港及运东地区引黄后区域缺水状况，见表10-8所示。

表10-8　黑龙港及运东地区引黄后水资源供需分析表

水平年	引黄前缺水量/亿m^3	引黄最大入境量/亿m^3	引黄后缺水量/亿m^3	引黄后缺水率/%	深层地下水规划开采量/亿m^3	深层地下水开采和引黄后缺水量/亿m^3	深层地下水开采和引黄后缺水率/%
近期（无东线，引黄指标不变）	21.45	9.64	11.81	23.4	10.58	1.23	2.4

续表

水平年	引黄前缺水量/亿 m^3	引黄最大入境量/亿 m^3	引黄后缺水量/亿 m^3	引黄后缺水率/%	深层地下水规划开采量/亿 m^3	深层地下水开采和引黄后缺水量/亿 m^3	深层地下水开采和引黄后缺水率/%
2020（无东线，引黄指标不变）	15.45	15.67	0	0	7.08	0	0
2020（有东线，引黄指标削减）	14.18	5.27	8.91	17.2	7.08	2.83	5.5
2030（有东线，引黄指标不变）	9.97	15.67	0	0	—	0	0
2030（有东线，引黄指标削减）	9.97	5.27	4.7	9.1	—	4.7	9.1

从表 10-8 可以看出，近期 2015 年黑龙港及运东地区由于缺水量较大，加上受引黄工程条件不足限制，区域水资源仍处于供需不平衡状态，亟须进一步加大引黄规模。中期 2020 年如果东线二期工程尚未完全实施，保持引黄指标不变，通过工程措施加大引黄水量，可保持区域水资源供需平衡；若东线二期工程生效，削减引黄指标到 6.2 亿 m^3，则黑龙港及运东地区仍存在 8.91 亿 m^3的缺水量。远期 2030 年东线二期工程生效，区域总需水量有所减少，但若削减引黄指标到 6.2 亿 m^3，则区域仍缺水 4.7 亿 m^3。

通过对黑龙港及运东地区考虑南水北调和引黄工程后的水资源供需状况分析，建议扩建现有引黄工程，增加专用引黄通道。在南水北调东线、中线工程全部生效后，逐步削减引黄指标。

10.5.2　引黄水量配置方案

引黄水资源合理配置的总体原则是针对黑龙港及运东地区需水量远大于可供水量的实际，以供定需，在引黄可供水量基础上，通过建立完善的引黄工程体系，实现黄河水资源的有效利用，通过与当地水、江水的有机配合，达到实现水资源可持续利用、恢复和改善水环境的目的。根据上述总体原则，在引黄水量配置方案中，农业灌溉水量分配偏重于输水损失小、供水方便、土地产出好、效益好的区域，提高黄河水利用效率，同时要充分考虑区域内地下水超采状况，保护地下水环境。根据需要与可能，合理安排白洋淀、衡水湖、大浪淀的生态环境需水量。当黄河水源供水不足时，按照确保重点工业区、白洋淀湿地、农业灌溉的顺序进行水量调度。

近期引黄中线利用现有位山引黄入冀线路，冬四月按设计流量 $65m^3/s$，正常灌溉季节与上游省份灌溉时间重叠按 $30m^3/s$ 流量考虑，水量分配仍维持原有引黄入冀工程方案。线路延伸部分只考虑供白洋淀生态用水。近期谋划的引黄西线工程利用河南濮清南灌区引水，经协调，可调剂出 $25m^3/s$ 作为适时灌溉规模。近期主要供水目标为邯郸东部和邢台局部。引黄东线仅考虑渤海新区工业生活用水。经分析，近期引黄入境水量为9.64亿m^3，其中分配给农业水量5.16亿m^3，生态水量2.89亿m^3，渤海新区工业水量0.79亿m^3，沧州市和衡水市城市及工业用水0.80亿m^3，控制灌溉面积318万亩，可实现适时灌溉面积156万亩。

中期和远期修建引黄专用通道，农业实现适时灌溉。中线规模维持65m^3/s，西线扩大规模到100m^3/s。入河北省水量按15.67亿m^3，其中分配给农业水量11.99亿m^3，生态水量2.89亿m^3，渤海新区工业水量0.79亿m^3。控制灌溉面积可达到650万亩，实现适时灌溉面积约为330万亩。南水北调通水后，沧州市和衡水市目前使用的黄河水指标将转供农业，由南水北调保证城市用水。当引黄渠首水量不足或受指标限制时按比例削减。

黑龙港及运东地区近期、远期各市分配水量成果见表10-9。

表10-9　黑龙港及运东地区各市分配水量成果表　（单位：亿m^3）

阶段	小计	邯郸	邢台	沧州	衡水	廊坊	保定（白洋淀）
近期	9.64	0.96	0.50	3.79	1.50	0	2.89
中远期	15.67	2.78	1.27	5.89	2.48	0.36	2.89

10.5.3　引黄工程方案

河北省各项历史引黄工程为黑龙港及运东地区引黄工程的实施提供了良好的工程条件。黑龙港及运东地区引黄工程可按照“先通后畅、分期实施”的原则，结合实际情况，完善现有引黄线路，开辟新线路，谋划专用通道，扩大引黄工程输水规模，构建三纵二横四库的骨干构架。三纵指作为引黄工程输水干渠的东、中、西三条输水线路；二横指引黄工程中线和西线的互通工程江河干渠，以及中线和东线的沟通工程大浪淀排水渠；四库指作为生态和工业生活供水目标的白洋淀、衡水湖、大浪淀和杨埕调蓄工程。

中线工程依托现有的引黄入冀和引黄入淀工程，通过山东位山引黄灌区输水系统，利用位山三干渠、穿卫枢纽，在临西县刘口进入河北省。河北省境内经新开渠、二支渠、东干渠、新清临渠，于张二庄闸上入清凉江，沿清凉江输水至徐沙闸上，利用江河干渠经滏东排河、北排河至献县枢纽穿过杨庄涵洞，经滏阳新河滩地明渠利用倒虹吸穿过滏阳新河深槽，通过贾庄河在八里庄村北向北扩挖现有排水渠穿过滹沱河北大堤入紫塔干渠，然后经陌南干渠、古洋河、韩村干渠、小白河东支、小白河、任文干渠，输水至白洋淀。由山东位山引黄闸至白洋淀，线路全长约399km，其中山东境内长约105km，穿卫工程2.4km，河北境内长约291.6km。引黄中线工程通过中干渠或卫千干渠，可输水至衡水湖；通过清凉江、南运河、代庄引水渠等，可输水至大浪淀水库；通过大浪淀排水渠，可输水至杨埕调蓄工程。引黄中线工程以衡水湖、大浪淀、白洋淀为供水目标，重点解决白洋淀生态用水和沧州、衡水沿线工业和农业灌溉用水。

在中线工程基础上，可新谋划西线和东线引黄工程。其中引黄西线工程设为专用通道。近期工程渠首闸位于河南省濮阳市渠村，利用濮清南灌区输水系统，经濮清南三干渠、加五支渠，接新开卫河南引渠，通过穿卫工程于魏县第六店村附近进入河北省。河北省境内通过东风渠和“引岳济淀”输水线路，经老漳河、滏东排河与引黄中线汇合。近期重点解决邯郸东部和邢台局部农业灌溉用水问题，同时作为引黄中线的补充，相机向白洋淀、衡水湖、大浪淀供水，提高引黄供水保障程度。鉴于目前河北省实施的引黄中线和引黄西线近期输水线路均借助于山东省或河南省的现有引黄灌区输水，引水时间和引水流量无法满足河北省农业灌溉引水需求，黄河水利用效率低。西线远期工程拟在原引黄入淀工程规划的基础上，谋划在河南省开辟河北省引黄专用通道，经卫河进入河北省东风渠，接西线近期输水线路至白洋淀。引黄西线远期设计入境规模 $100m^3/s$。

引黄东线工程可利用山东省滨州市小开河引黄灌区输水系统输水。由小开河灌区干渠末端引水，入杨埕调蓄工程调蓄后向沧州渤海新区供水。沧州渤海新区是河北省中南部地区经济发展的龙头，引黄东线是该区域的专用供水工程。引水管道自山东滨州下泊头泵站至杨埕调蓄工程，线路总长 11.76 km，其中山东境内线路长 8.11km，省内线路长 3.65km。根据渤海新区需水要求，年供水量 0.79 亿 m^3，确定管线设计流量 $8m^3/s$。

10.6　引黄效益分析

通过黑龙港及运东地区引黄工程的实施，具有经济、社会、环境等多方面的效益，具体表现在以下五个方面。

1）促进国家粮食安全保障战略的实施

河北省是我国 13 个粮食主产省之一，1998 年全省粮食总产达到 2917.5 万 t 的最高水平，以后的近 10 年河北省粮食产量曾连续下降，最低的 2003 年产量仅为 2387.8 万 t。2007 年粮食总产量为 2841.5 万 t，约占全国的 5.9%，每年调出原粮约 200 万 t，在保障国家粮食安全方面发挥着重要作用。

河北省黑龙港及运东地区耕地面积约 3200 万亩。其具有良好的土地、光热等自然资源，但由于水资源先天不足，灌溉主要靠超采深层地下水，代价很高，粮食产量始终低而不稳，对照水土光热条件相似但水资源条件好的相邻地区，该区域具有较大的增产潜力。据调查山东德州引黄灌区粮食亩产可达 800kg 以上；聊城的引黄灌区比非引黄灌区粮食单产高 200kg；滨州市的小开河灌区小麦亩产为 400kg，玉米亩产为 368kg，而河北省黑龙港及运东地区的粮食单产仅为 340kg 左右，目前该区域灌溉用水以开采深层地下水为主，由于地下水位的持续下降，机井更新频繁，农业成本加大，影响农民种粮的积极性，如能解决水的问题，该区域将是河北省最具有增产潜力的地区。粮食增产潜力在 550 万 t 以上。目前，国家制定的增产 1000 亿斤①粮食计划，要求河北省增产 41 亿斤，“粮食增产核心区”大部分在黑龙港及运东地区，建设“引黄入冀专用通道”对保障我国粮食安全具有重大意义。

2）促进社会主义新农村的建设

河北省黑龙港运东地区水资源条件十分恶劣，一般年份基本无地表水可以利用，

---

① 1 斤 = 0.5kg

浅层水多为苦咸水，深层水已严重超采，人民的生存条件受到严重威胁。南水北调工程只能解决城市缺水问题，广大农村的饮水、生产、生计面临巨大危机和严重的社会稳定隐患。党的十七大提出建设社会主义新农村战略任务，在这一地区不仅难以落实，而且其基础条件越来越差。实施河北引黄工程是解决这些问题的最直接最有效的根本措施。

3）遏制水生态环境恶化

由于黑龙港及运东地区深层地下水位大幅下降，我国最大的两个深层地下水漏斗——冀枣衡漏斗和沧州漏斗已连成一片，造成的一系列生态问题难以逆转，经济发展不可持续。近年来沧州市为减少地下水超采，遏制地下水下降漏斗的持续扩大，改善水环境状况，投资建设了引大浪淀水库水入沧州市的供水工程和地表水厂等配套工程，有计划地开展了自备井关停与地下水限采工作，使地下水漏斗中心埋深逐年上升，取得了一定的生态效益。但由于超采深层地下水的主要是农业灌溉用水，农业每年超采地下水 17 亿 m^3左右，城市目前实际利用引黄水量较小，尚不能有效遏制水生态环境的恶化趋势。因此，应尽快利用黄河水进行农业灌溉，有效减少深层地下水开采量。同时，引黄工程的实施还是改善河北省东南部平原河流“有河皆干，有水皆污”局面的重要途径。

4）为白洋淀等重要湿地提供宝贵水源

白洋淀是华北平原最大的淡水湖泊和为数不多的生态湿地之一，承载着保护生物多样性、缓洪滞沥调节水量、调节局部气候等多种功能，对华北地区生态环境具有不可替代的作用。但是，随着流域水资源开发利用程度的提高，一般年份流域内水资源根本无法顾及生态用水需求。20 世纪 70 年代以来，白洋淀有 15 年发生干淀，为保证淀内居民正常生活、维持区域生态环境，水利部、海委及省市水利部门自 20 世纪 80 年代以来共组织实施白洋淀补水 24 次，这些外来水量对维持白洋淀生态湿地功能起到了重要作用，但这些均属于被动应急，缺乏生态补水长效机制。2006 年、2007 年两年应急引黄济淀证明了利用黄河水建立白洋淀长效补水机制是最为现实的措施。

5）是国家环渤海经济发展战略的要求

按照国家环渤海以及京津冀都市圈宏观经济发展战略，河北省将打造沿海经济发展强省，引黄供水区域中的沧州渤海新区等将得到更多支持。但沿海区域水资源严重缺乏，在南水北调工程规划中并没有渤海新区的供水任务且南水北调生效有可能滞后，目前最为现实的措施就是尽早实现引黄。

综上所述，实施引黄工程，加大引黄水量是解决黑龙港及运东地区农业灌溉和生态环境用水严重短缺的基础性工程，是落实科学发展观，统筹城乡发展，保障国家粮食安全，改善恶化的生态环境，造福子孙后代的民生工程，综合效益巨大，应该尽早实施。

第 11 章　黄河输沙用水研究

11.1　研 究 背 景

黄河发源于青藏高原，流经青海、四川、甘肃、宁夏、内蒙古、陕西、山西、河南、山东等九省（区），注入渤海。干流河道全长 5464km，流域面积 75.2 万 km^2，其河流长度和流域面积均位居全国第二，年均降水量 447mm，河川径流量 534.8 亿 m^3，被誉为我国第二大河流。黄河流域横贯中国东西，西接青藏高原，北邻沙漠戈壁，南靠长江流域，东部穿越黄淮海平原。内蒙古河口镇以上为上游，河口镇至河南桃花峪为中游，桃花峪以下为下游。由于风成黄土的岩石性质及黄土高原的气候特征，暴雨作用下沟壑侵蚀与塬面侵蚀作用强烈，使黄河成为举世闻名的高泥沙河流。

由于幅员辽阔，黄河流域多数区域位于我国的西北部，地形地貌差别很大。如图 11-1 所示，黄河流域从西到东横跨青藏高原、内蒙古高原、黄土高原和黄淮海平原四个地貌单元，地势西高东低。西部河源地区指内蒙古托克托县河口镇以上，由一系列高山组成，常年积雪，冰川地貌发育，平均海拔在 4000m 以上，为黄河上游，汇入的较大支流（流域面积 1000km^2以上）有 43 条，径流量多年平均值达 222 亿 m^3，占全河的 60%；中部地区指河口镇至河南郑州桃花峪区间，海拔在 1000～2000m，为黄河中游，汇入的较大支流有 30 条，属黄土地貌，水土流失严重，年土壤侵蚀模数可达 10 000～30 000t/km^2；东部主要由黄河冲积平原组成，指桃花峪以下，支流很少，河道高悬于地面之上，为黄河下游，目前河床已高出大堤背河地面 3～5m，比两岸平原

图 11-1　黄河水系图

高出更多，除南岸东平湖至济南区间为低山丘陵外，其余全靠堤防挡水，天然状况下年均输沙量达 16×10^8 t，是黄河泥沙的主要淤积区，也是黄河流域洪水威胁最大的区域。

11.1.1 研究的必要性

自古以来，黄河就以灾害频繁、难以治理闻名于世。有文字记载以来的治理黄河史始于周秦时期，人们通过建造堤防以约束河道，但却造成黄河下游河道逐渐向地上河转变，河流逐渐由分散的漫流演变为比较集中的溃决改道，河道也开始由天津入海逐渐南移。周定王五年（公元前602年），宿胥口的决口改道，成为黄河河道发育的一个重要转折点，从此再也没有回到过更北的地区，而一直在南边发展演变，从此黄河进入“三年两决口，百年一改道”的阶段。从公元前602年至今的2609年中，黄河以花园口为轴，下游发生决口泛滥1500多次，重大改道26次，正所谓“十年河东，十年河西”。历史上的夺淮入海灾害波及海河、淮河和长江下游约25万 km^2 的地区，每次决口泛滥都造成惨重损失。1933年下游决口54处，受灾面积超过1.1万 km^2，受灾人口达360多万人。1938年国民党政府扒开郑州以北花园口黄河大堤，淹死89万人，造成著名的黄泛区。

新中国成立后，为逐步改善黄河的水沙条件，先后在黄河流域兴建了大批水利工程，以三门峡、小浪底为代表的水库蓄水排沙工程和上游地区的退耕还林、封山禁牧工程一起为减少黄河泥沙做出了巨大贡献，但是基于黄河形成的历史背景，可以看出伴随着黄河流域的水循环，必然发生黄土高原泥沙的侵蚀、搬运、沉积，从而使得淤高、决口、改道成为黄河下游河道发育的自然规律。由于区间暴雨、泥沙尚未得到基本控制，黄河下游的河床仍然越淤越高，洪水的威胁依然巨大。不断加剧的水土流失和土地沙化，不仅使土地生产力严重衰退，生态环境急剧恶化，同时也加剧了北方地区的少雨干旱，激化了在水资源利用等方面的地区间矛盾，给国民经济和人民生产生活造成巨大危害。1992年8月渭河洛河洪水入黄河不畅，漫堤决口，淹没了农田60多万亩，约5万返库移民受灾，近3万人无家可归。

纵观数千年的人类与黄河相处的历史，总是伴随着与黄河的不断抗争和索求。为抗御洪水，人们修建了千里堤防，力图把洪水约束在一个有限的空间中；为增加供水，人们修建了大量的蓄引水工程，引黄灌溉面积超过亿亩。在人们对于自然述求不断满足的同时，黄河本身的自然功能却发生了严重退化，突出表现在河流生态退化、主槽萎缩、水质恶化，其自净功能、生态功能、塑槽功能、景观功能等自然功能已经无法正常发挥，频频断流和小水大灾等一系列现象都说明了黄河自身的健康甚至生命正在濒临危急。进入21世纪，随着可持续发展理念的深入，国家提出科学发展观，并确定了21世纪中叶全面实现小康社会的宏伟目标，这无疑对于黄河的社会服务功能和自然生态功能都提出了更高要求，为此黄河水利委员会2003年提出了“维持黄河健康生命”的新治河理念，并使黄河努力担负起河流健康生命代言人的角色。健康黄河的主要标志要求在社会功能上，排沙输沙能力基本满足人类安居的需要，水体质量满足人类健康和生态系统的需要；在自然功能上，具有健康的水循环和完整的水系，具有通畅的流路和健康的河流生态系统。通俗来说，其主要标志体现在“河道不断流、堤防不决口、水质不超标、河床不抬高”等四个方面。实现上述目标的主要途径包括减少和处理利用泥沙、实施水资源的有效管理和进行必要的外流域调水、建立科学的水沙调控体系、实施黄河下游河道治理、强化流域的水环境保护和水生态修复。

从黄河流域未来发展来看，今后一个时期黄河经济社会用水发展的用水需求仍将有一定幅度的增加，预计到 2030 年将达到 535 亿 m^3，同时流域外还有近 100 亿 m^3 的需求。而自 1972 年以来黄河下游 5 年 4 断流，进入 90 年代后断流更为频繁，1997 年甚至出现 330 天无水入海的局面。在严重缺水的现状下，如何充分利用黄河有限的水资源，即最大限度地满足用水需求，又使下游河道严重淤积的状况有所改善，已成为黄河开发治理中的一个重要问题，也是恢复黄河下游河道生态与行洪功能的关键问题。因此，探讨多途径补水并解决黄河下游河道输沙水量的研究，具有重要的理论与实际意义。

11.1.2　研究的可行性

黄河存在问题的根本原因在于其“水少沙多”，因此黄河治理的基本方略就是要对这一症结实行“减沙增水”。减沙措施包括五方面。一是“拦”，主要包括坡面固沙、沟道拦沙和水库拦沙三方面措施，坡面固沙主要通过自然封育、种树植草、梯田建设等，使沙不下沟，沟道拦沙主要是淤地坝建设，使沙不出沟；水库拦沙主要是利用已建的小浪底和拟建的古贤、碛口等大型水库，将泥沙拦在黄河中游峡谷而不进入下游，从而减少下游的淤积。二是“排”，即在汛期利用异重流的高输沙效率，蓄清排浑，尽量将大量泥沙排入海洋。三是“放”，即为放淤，就是利用黄河河滩地和下游的灌区，引走黄河水同时带走一部分泥沙，包括淤临和淤背两种方式。目前黄河水利委员会在小北干流放淤取得了一定成效。四是“调”，即“调水调沙”，就是在适当时机通过人工调度形成能够产生异重流的放水过程，下刷河道，输送泥沙。五是“挖”，即辅助采用机械设备，在一些关键地方进行人工清淤。“增水”措施包括两方面，一是“节流”，即在全流域大力建设节水型社会，通过农业、工业、生活等河道外的国民经济用水的循环、节约和减量，来增加黄河河道内的生态环境用水；二是“开源”，包括南水北调西线工程、引汉渭河工程，甚至于南水北调东中线实施后的水量置换等方式，增加黄河流域内可利用水资源量。

在冲沙水量的研究理论上，近年来不少专家与学者在相关专业的研究为进一步探讨南水北调工程开展冲沙水量研究创造了有利条件。

11.2　黄河输沙水量研究现状

要搞清楚黄河的输沙水量大小，必须对黄河的来水来沙性质有充分了解。目前，我们已经对黄河流域发生淤积的位置、原因和边界条件有了较为清楚的认识。

11.2.1 黄河流域的冲淤位置

如图 11-2、图 11-3 所示，内蒙古头道拐以上的上游区水多沙少，头道拐至潼关的中游区水少沙多，潼关以下的中、下游区水少沙也少，河口尾闾段则呈现河流周期性改道摆动的特征。因此，黄河流域的主要冲淤区也围绕这些位置展开。

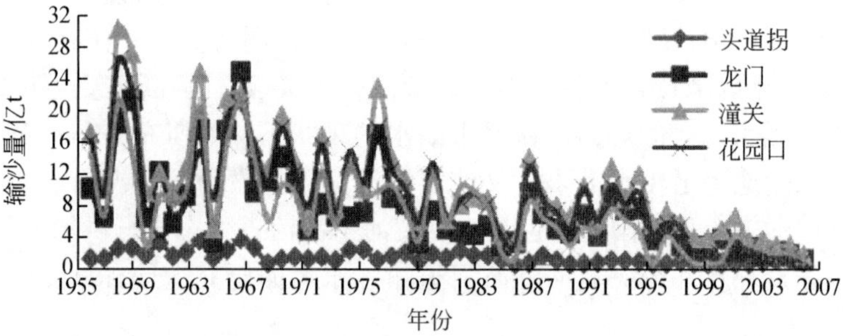

图 11-2　黄河干支流典型测站历年输沙量

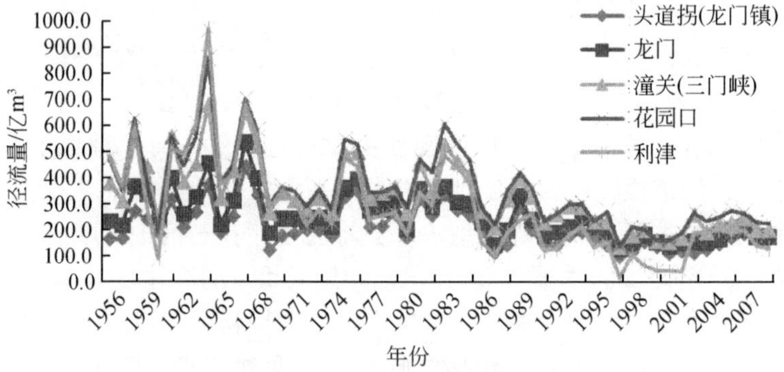

图 11-3　黄河干支流典型测站历年径流量

注：径流量数据 1999 年前的数据来源于王光谦、魏加华《流域水量调控模型与应用》；输沙量数据来自水科院张治昊硕士论文《河口水沙过程变异与演变响应》；2000 ~ 2009 年的数据来自水利部的《中国流域泥沙公报》

1. 宁蒙河道的冲淤

黄河宁蒙河段位于下河沿至头道拐之间，全长 990.5km，高差 246m，平均比降 0.25‰，区间流域总面积为 13.2 万 km^2，如图 11-4 所示。该区的冲积平原有银川平原及河套平原，西边有腾格里沙漠、乌兰布和沙漠和贺兰山，北部为狼山及大青山山脉，河流的右岸为鄂尔多斯高原。区间来自黄土高原的支流有清水河，为区间细泥沙的主要来源区；来自库布齐沙漠及其附近的季节性河流是粗泥沙的主要来源区。研究区属于暖温带半干旱草原带，年均降水量为 150 ~ 363mm，该区约 2/3 河长的上段由南向北流，冬季结冰封河北部较早、春季开河南部较早，由此导致凌汛灾害及风险的长期困扰。该区段河型多样，在宁夏境内沿程有卵石质辫状河段，经过青铜峡库区后变为砂砾质辫状河段，再变为砂质辫状河段；在内蒙古境内沿程由辫状河段变为弯曲河段、在末段变为顺直河段。

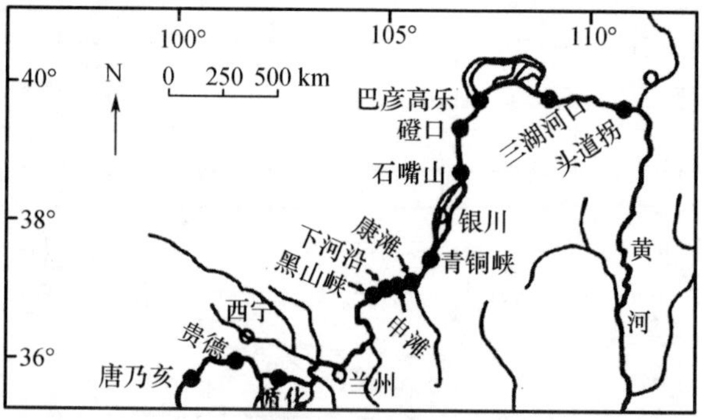

图 11-4　黄河宁蒙段水文站位置图

宁蒙河道为典型的冲积性河道。资料显示，在人类活动影响非常有限的 1952 ~ 1959 年，宁蒙河段的年均悬沙淤积量最大，达到 0.9588 亿 t，自上游干流修建了盐锅峡、三盛公等六大水利枢纽后，受来水来沙条件变化和干流水库调节的共同影响，宁蒙河道冲淤发生了明显变化：1960 ~ 1968 年，宁蒙河段发生的是年均悬沙净冲刷量为 0.6127 亿 t 的净冲刷，在 1986 年以后，则开始出现年均淤积 0.08 亿 t 的河段微淤，并持续至今。具体冲淤特点主要表现为以下三个方面。

1）宁夏和内蒙河道具有不同的冲淤规律

宁夏河道（指下河沿—青铜峡—石嘴山）是“大水淤积、小水冲刷”的中淤规律，而内蒙河道（指石嘴山—巴彦高乐—三湖河口—头道拐）则是“大水冲刷、小水淤积”的变化特点。如图 11-5 所示。

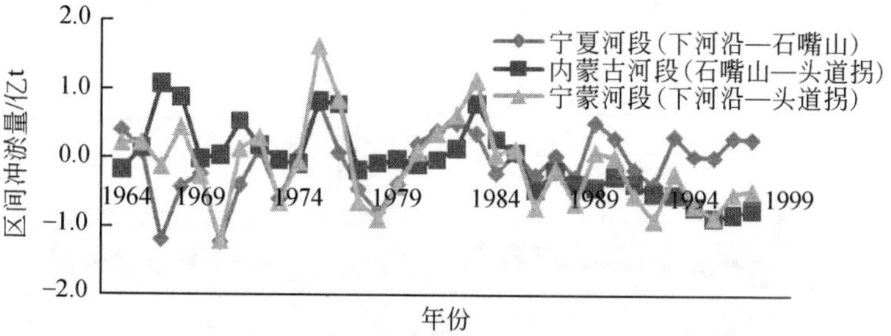

图 11-5　宁蒙河段历年冲淤变化

2）河道冲淤以主槽冲淤为主

图 11-6 ~ 图 11-9 分别为黄河石嘴山、巴彦高勒、三湖河口和头道拐近 5 年的水文测流断面的冲淤变化图。其中石嘴山水文站测流断面于 1992 年由基本断面以上 62.7m 上迁到基本断面以上 1540m，巴彦高勒水文站测流断面于 1992 年由基本断面上迁到基本断面以上 40m。三湖河口基本水尺断面 2006 年以后不再施测大断面，改用基下 220m 测流断面（该断面 2002 年启用）。从中，我们可以清楚地看到，在内蒙古河段的典型测站随主流淤积横向分布不均，据计算，主槽淤积量为 2.67 亿 t，年均淤积（1992 ~ 2009 年计算）0.514 亿 t，占全断面淤积量的 65%。根据部分断面资料估算，2005 ~ 2009 年巴彦高勒—头道拐年均淤积量为 0.72 亿 t，89% 的淤积量集中在主槽。

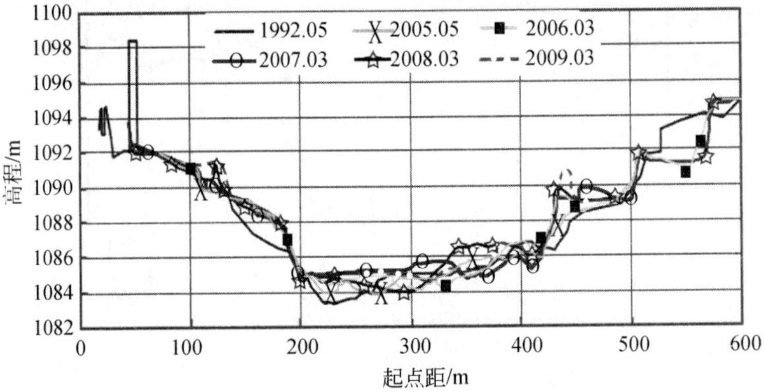

图 11-6　黄河石嘴山水文站（基上 1540m）断面冲淤变化图

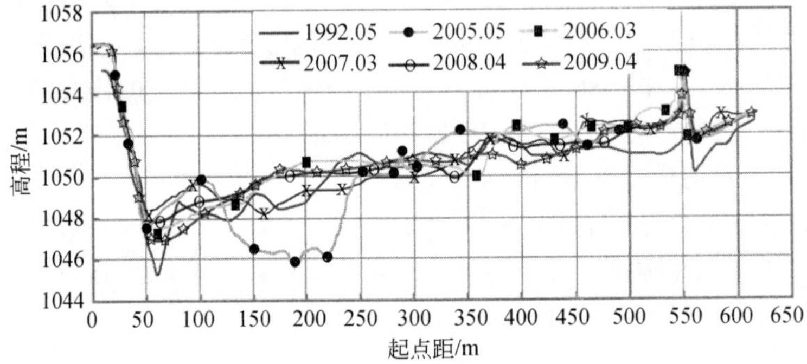

图 11-7　黄河巴彦高勒水文站（基上 40m）断面冲淤变化图

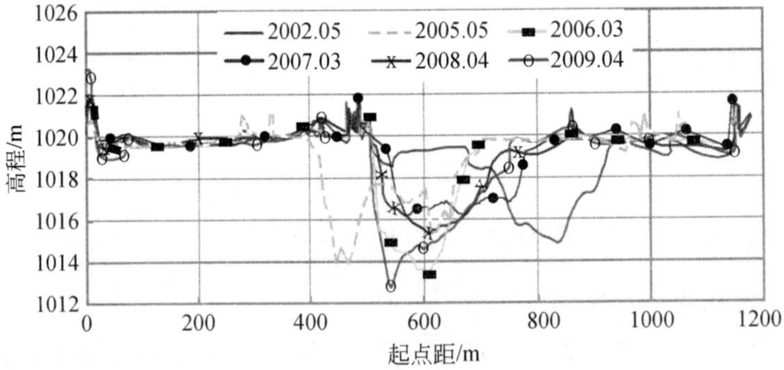

图 11-8　黄河三湖河口水文站（除 2005 年外其余为基下 220m）断面冲淤变化图

3）汛期来水来沙对河槽冲淤具有显著影响

表 11-1 为不同时期河口镇水文站来水来沙统计，图 11-10 为其对应分布图，可以看出，在同样来水情况下，汛期河口镇输沙量明显大于非汛期，且汛期的来水来沙所占比例已经因枯水年的到来显现出下降趋势，经计算如果在来水相当的情况下，汛期输沙量是非汛期的 2～3.5 倍，且水量越小相差越大。由此可见龙刘水库年内调节汛

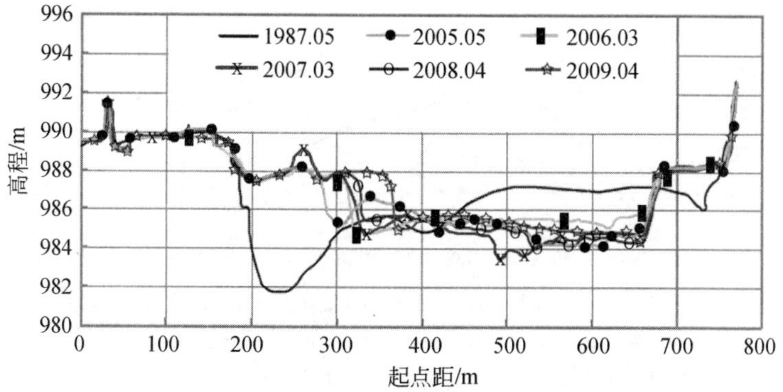

图 11-9　黄河头道拐站断面冲淤变化图

期、非汛期的径流分配，改变水沙过程，流量大幅度削减，是造成宁蒙河道河槽萎缩的主要原因。

表 11-1　不同时期河口镇水文站来水来沙统计

时段	汛期		非汛期		全年		汛期占/%	
	来水量/亿 m^3	来沙量/亿 t	来水量/亿 m^3	来沙量/亿 t	来水量/亿 m^3	来沙量/亿 t	水量	沙量
1919 ~ 1950	156. 7	1. 136	96. 7	0. 2558	253. 5	1. 3919	61. 8	81. 6
1951 ~ 1968	164. 5	1. 4293	97. 5	0. 3223	262. 0	1. 7517	62. 8	81. 6
1969 ~ 1986	128. 8	0. 8607	108. 1	0. 2289	236. 8	1. 0896	54. 4	713. 0
1987 ~ 2004	56. 2	0. 2313	93. 7	0. 1616	1413. 9	0. 3929	37. 5	58. 9
2005 ~ 2008	65. 7	0. 2878	101. 3	0. 2511	167. 0	0. 5389	313. 4	53. 4

注：表内数据 2005 年后来自《泥沙公报》

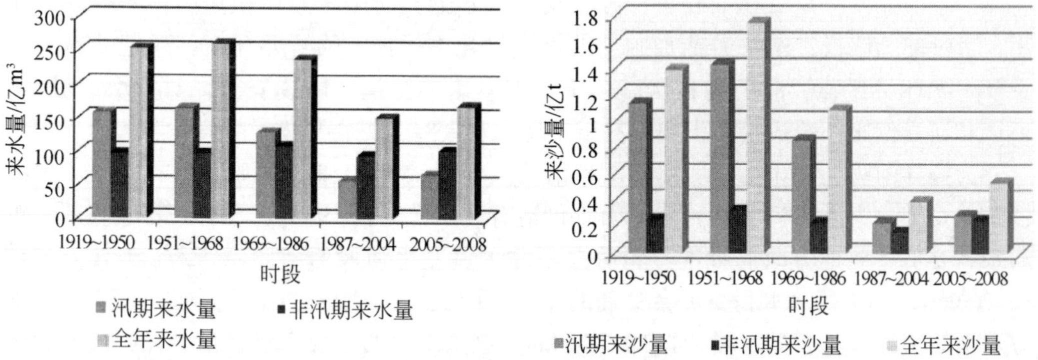

图 11-10　不同时期河口镇水文站来水来沙分布图

根据以上分析，1986 年以来宁蒙河段河槽发生严重淤积主要有两方面原因：一是在年来水量变化不大的情况下，人为调整了年内汛期、非汛期的分配比例；二是改变

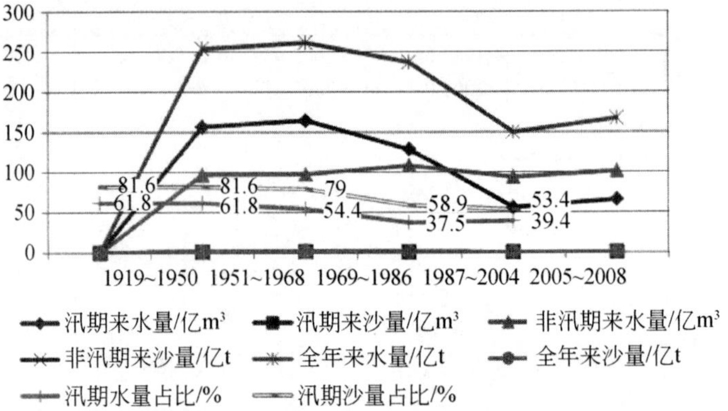

图 11-11 不同时期河口镇水文站汛期来水来沙比例变化图

了汛期来水过程，把天然洪水过程调平，也就是说峰型系数（洪峰流量与洪峰期平均流量比值）发生了较大变化，峰型系数变小。从宁蒙河段河槽淤积的原因出发，欲改善目前宁蒙的淤积状况，主要有两种途径：一是增加水量，从分析结果看，在同样来水条件下，汛期输沙量明显大于非汛期输沙量，因此应增加汛期输沙水量以达到宁蒙河段少淤的目的；二是在维持年水量不变的条件下，调节年内水量分配，增加汛期水量以达到宁蒙河道减少淤积的目的。

2. 小北干流的冲淤

小北干流是黄河禹门口—潼关河段的俗称，也是晋陕两省的界河，河道全长 132.5 km，流经山西省运城地区的河津、万荣、临猗、永济、芮城五县（市）及陕西省韩城、大荔、合阳、潼关四县（市），是黄河中游的一段河道。该河段平均河宽为 8.5 km，最宽处达 18.0 km，最窄处为 3.5 km。该河段平面形态呈哑铃状，按河道和地形可分为上、中、下三段，上段、下段均为宽河段，中段为窄河段。河道比降上陡下缓，平均比降为 4.5‰。

由于泥沙问题突出，水少沙多，小北干流的水沙极不协调，水流散乱，河床宽浅，心滩、汊流遍布，主流摆动频繁，多年来河道萎缩，河床不断淤积抬高，滩槽高差减小，过洪能力降低，河势游荡加剧，洪水漫滩几率增加，临背差加大，滩地盐碱化严重，生态环境恶化，潼关高程居高不下，严重影响防洪、防凌安全，对社会、经济、环境和河流健康都造成很大影响，甚至出现小水大险，灾害严重。

为控导河势、防止高崖坍塌、保护沿河人民生命财产和沿河滩涂重要的生产生活设施的安全，为沿河机（电）灌站引水创造有利条件，自 1968 年以来，经水利部、黄河水利委员会及地方政府批准，先后在小北干流左岸河段修建防洪工程 23 处，全长 80.706km。其中黄河水利委员会管理的工程 19 处，长 67.976 km，丁垛坝 453 道；地方管理的工程 4 处，共 5 段，长 12.730 km。这些工程的建设，对有效地控制河势、保护滩地、防止高崖继续坍塌、改善电灌站引水条件起到了十分重要的作用，而要想进一步提升全面治理的实效，关键还在于增水减沙、调水调沙、协调水沙关系。

作为典型的堆积游荡型河道，小北干流在遇高含沙洪水时，还会引发特有的“揭河底”冲刷现象。即在前期河床淤高的情况下，如遇适宜的高含沙洪水，河道即发生强烈的“揭河底”冲刷，淤滩刷槽，河槽断面呈窄深状，河势趋于规顺。“揭河底”冲刷之后，河槽回淤，又呈现水流散乱、游荡摆动的现象。因此，冲刷—回淤—冲刷，往复循环，是本河段河床演变的基本规律。其具体表现为以下五点。

1）水少沙多，水沙不平衡

小北干流洪水主要由黄河中游河口镇—禹门口的暴雨形成，因此河口镇以上来水构成了洪水的基流。根据 1919 年 7 月至 2008 年 6 月龙门水文站实测资料统计，龙门水文站多年平均水沙量分别为 294. 5 亿 m^3、8. 81 亿 t（图 11-12），水沙比仅为 33，多年平均含沙量 29. 9kg/m^3，最大含沙量 1040 kg/m^3。水少沙多，水沙关系失调。

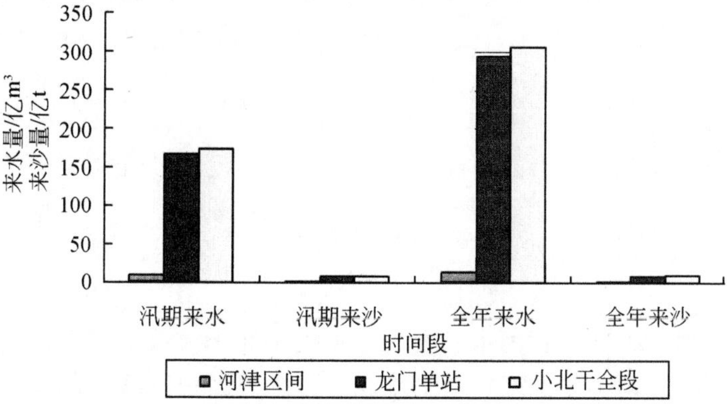

图 11-12　小北干流水沙特性图

2）来水来沙异源

小北干流的泥沙主要来自河口镇至龙门水少沙多、含沙量高的多沙粗沙来源区，该区间多年平均来水量为 60. 6 亿 m^3，输沙量为 7. 64 亿 t，含沙量为 126. 1kg/m^3，水量占龙门站的 20. 5%，沙量却占龙门站的 86. 0%。

3）水沙量年际年内分布不均

如表 11-2 所示，龙门水文站最大年沙量为 24. 806 亿 t（1967 年），为最小年沙量 0. 568 亿 t（2009 年）的 43. 7 倍；最大年水量为 5313. 44 亿 m^3（1967 年），为最小年水量 132. 66 亿 m^3（1997 年）的 4. 1 倍。此外，水沙量年内分布不均，主要集中于汛期也是小北干流淤积的原因之一。龙门水文站多年平均汛期水量为 167. 0 亿 m^3，占全年水量的 56. 7%。多年平均汛期沙量为 7. 72 亿 t，占全年沙量的 87. 6%。

表 11-2　龙门水文站历年实测水沙表

年份	1956	1957	1958	1959	1960	1961	1962	1963	1964	1965	1966	1967	1968	1969	1970	1971	1972	1973
水量/亿 m^3	236. 4	220	368. 2	340. 2	241. 9	401	264. 8	3213. 8	456. 6	224. 4	315	5313. 4	401. 3	191. 8	246. 5	246	238. 5	251. 2
流量/(m^3/s)	7413. 7	697. 7	1167	1079	767. 1	1272	8313. 8	1046	1448	711. 7	9913. 1	1711	1273	608. 3	781. 7	780	756. 3	796. 6
输沙/亿 t	13. 761	6. 09	18. 18	21. 05	6	11. 91	5. 463	8. 866	17. 37	2. 955	17. 28	24. 81	13. 403	10. 84	13. 88	10. 57	4. 388	7. 881
输沙率/(t/s)	30. 95	113. 31	57. 65	66. 73	113. 03	37. 77	17. 32	28. 11	55. 09	13. 37	54. 81	78. 66	213. 82	34. 36	44. 02	33. 51	13. 91	24. 99

续表

年份	1974	1975	1976	1977	1978	1979	1980	1981	1982	1983	1984	1985	1986	1987	1988	1989	1990	1991
水量/亿 m^3	218.5	365.3	3913.7	276.8	282.5	320.4	205.5	362	292.8	370.4	3013.9	303.3	234.9	147.3	201.6	333.8	243	185.4
流量 /(m^3/s)	692.9	1158	1267	877.6	895.9	1016	651.6	1148	928.5	1174	982.6	961.8	744.8	467.1	6313.4	1058	770.6	587.9
输沙/亿 t	6.179	6.179	6.716	16.75	8.687	7.791	2.955	7.075	4.567	4.209	3.851	5.015	2.597	2.866	13.313	6.537	4.657	4.03
输沙率 /(t/s)	113.59	113.59	21.3	53.1	27.54	24.71	13.37	22.43	14.48	13.35	12.21	15.9	8.24	13.09	213.53	20.73	14.77	12.78
年份	1992	1993	1994	1995	1996	1997	1998	1999	2000	2001	2002	2003	2004	2005	2006	2007	2008	2009
水量/亿 m^3	196.4	216	2413.5	218.4	197.2	132.7	157.2	185.9	157.2	1313.4	156.6	162.3	158.5	1613.2	1913.6	205.9	177.6	178.3
流量 /(m^3/s)	622.8	684.8	791.2	692.6	625.2	420.7	498.5	5813.5	498.5	442	496.6	514.7	502.6	536.5	632.9	652.9	563.2	565.4
输沙/亿 t	6.448	3.761	8.866	7.164	7.343	3.313	4.657	2.597	2.19	2.364	3.352	1.857	2.327	1.214	1.8	1.44	0.584	0.568
输沙率 /(t/s)	20.45	11.93	28.11	22.72	23.29	10.51	14.77	8.24	6.94	7.5	10.63	5.89	7.38	3.85	5.71	4.57	1.85	1.8

鉴于以上原因，2004 年黄河水利委员会重提小北干流放淤工程，即利用黄河中游禹门口至潼关河段（即小北干流）两岸滩地，通过“淤粗排细”的技术，拦截和减少从黄土高原流到河里的粗泥沙。工程既可减少黄河中下游水库和河道的淤积，又可改良两岸盐碱地。

小北干流放淤工程是处理黄河泥沙的一项重大战略措施，它对于延长小浪底水库使用寿命、减小黄河下游河道淤积量具有十分重要的意义。为充分掌握放淤技术及积累经验，2004 年汛期黄河水利委员会还在小北干流连伯滩进行了放淤试验。连伯滩的 6 次试验共淤积粗泥沙 473.8 万 t，截至目前，放淤共引沙 898 万 t，淤积泥沙 384 万 m^3，其中粒径大于 0.05mm 的粗沙淤积量为 152 万 m^3，粒径为 0.025～0.05mm 的中沙淤积量为 125 万 m^3，初步实现了淤粗排细的目标，并使相关单位基本掌握了粗泥沙的运动规律。

据测算，小北干流两岸滩区宽阔，滩地面积为 682km^2，滩区多为沙荒盐碱地，是天然的沉滞沙场所，可以堆放泥沙 100 亿 t。按照黄河水利委员会的规划，小北干流的放淤将在进一步搞好放淤试验的基础上逐步推广，在无坝放淤后在黄河小北干流建设以放淤为主要目的的水利枢纽，通过水库的水沙调控进一步扩大放淤区域和提高放淤效率。

4）潼关高程的升降直接影响小北干流河段的冲淤

潼关断面位于三门峡大坝上游 125.6km 处，紧靠黄河、渭河汇流区下游，对渭河下游和小北干流部分河段起局部侵蚀基准面的作用，1960～1969 年潼关高程大体上为上升阶段，1960 年汛后为 323.40m，到 1969 年汛后达到 328.65m，抬高了 5.25m。1970～1975 年为冲刷阶段，与 1969 年汛后相比，1975 年汛后潼关高程下降了 2.61m。1976～1986 年基本上保持稳定。1986 年以后潼关高程又逐渐升高，2000 年后的潼关高程则在 327.995～328.3 上下波动。从表 11-3 可见，潼关高程的升降与小北干流的冲淤量相关关系明显，因此，为进一步降低小北干流的泥沙淤积量，应采取有效措施，降低潼关高程。

表 11-3　潼关高程升降与小北干流冲淤量相关表

年份	汛前水位/m	汛后水位/m	升降/m	小北干流泥沙冲淤量/亿 t
2000	328.45	328.33	0.14	-1.22
2001	328.5	328.14	-0.19	-1.059
2002	3213.12	3213.18	0.64	-1.144
2003	328.82	327.94	-0.84	-4.322
2004	328.26	327.98	0.04	-0.666
2005	328.25	327.71	-0.27	-2.066
2006	327.97	327.79	0.08	-0.67
2007	327.96	327.73	-0.06	-1.1
2008	328.05	327.72	-0.01	-0.716
2009	328.02	327.83	0.11	-0.552
均值	328.3	327.995	-0.036	-1.3515

5）增加河道过水流量将有效降低潼关高程

资料显示，如果将潼关上游拦蓄的小水大沙过程按日平均流量大于 1000m^3/s 泄放，一次调水调沙过程将使临潼—华县河段最大冲刷 0.5 亿 t 泥沙，使潼关高程降低 0.25～0.75m，若按 1500m^3/s 泄放，效果更佳。2004 年 8 月在黄河潼关水文站发生的流量 1900m^3/s，含沙量 410kg/m^3状况下仍然使测验河段局部发生“揭河底”的现象也证明，在潼关河段塑造高含沙洪水，有利于促成“揭河底”冲刷，可以有效降低潼关高程。为此，未来在小北干流段，可研究利用群库联合科学调度，采取合理运用三门峡水库，同时加强黄河小北干流和渭河、洛河的综合治理，大力开展黄河小北干流和渭河下游“二华夹槽”地带的引洪放淤和河道清淤的方法，理顺河势，增大河道动力比降，减少汇流区的泥沙淤积，进而改善潼关高程。此外，尽快实施建设黄河干流的南水北调和渭河引汉济渭等工程，也有利于对水沙实施调节，增加水量，改变水沙搭配，对降低潼关高程具有重要作用。

3. 水库调水调沙引起的冲淤

1）三门峡库区的冲淤特性

三门峡水库是黄河干流上修建的第一座以防洪为主的综合水利工程，控制流域面积达 68.8 万 km^2，占全流域面积的 91.5%，控制了黄河下游来水、来沙量的 89% 和 98%。库区范围包括黄河龙门、渭河华县、汾河河津和北洛河状头四个水文站至大坝区的干流、支流河段。

三门峡水库于 1957 年 4 月动工兴建，1960 年 9 月开始蓄水运用。由于水库在设计初期对水土保持和上游来水来沙情况认识不足，加上枢纽自身没有考虑泄流排沙系统，水库运用后，发生了严重的泥沙淤积，到 1964 年，三门峡库区的泥沙淤积已严重影响了渭河两岸，甚至威胁到西安的安全。在这种情况下，1964 年三门峡进行了第一次改建，增加了“两洞四管”用于泄流排沙；1969 年，三门峡又进行了第二次改建，在坝底打开了 8 个孔洞，进一步增大了泄流排沙的能力。

从时段冲淤量来看，三门峡的多年平均时段冲淤量同样维持在 69.1 亿 m^3左右，且主要淤积段仍为干流黄淤 1 ~ 黄淤 41（大坝—潼关）断面。而从图 11-13 所示的近 10 年的年度冲淤量来看，三门峡的水库总体趋势表现为冲刷，总冲刷量约为 0.311 亿 m^3，其中黄河干流表现为冲刷，冲刷量为 0.01 亿 ~ 0.17 亿 m^3；支流渭河表现为微淤，淤积量为 0.009 亿 m^3。

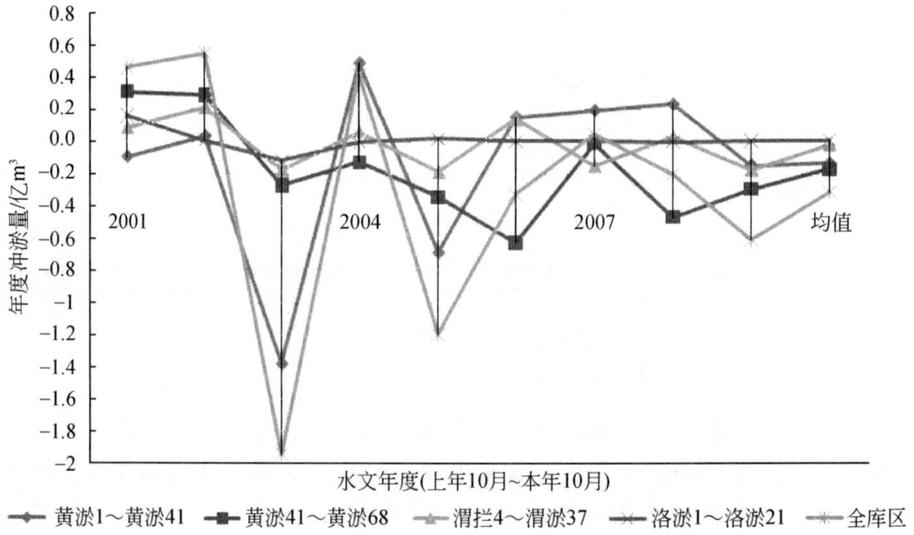

图 11-13　三门峡水库各水文年度冲淤量分布图

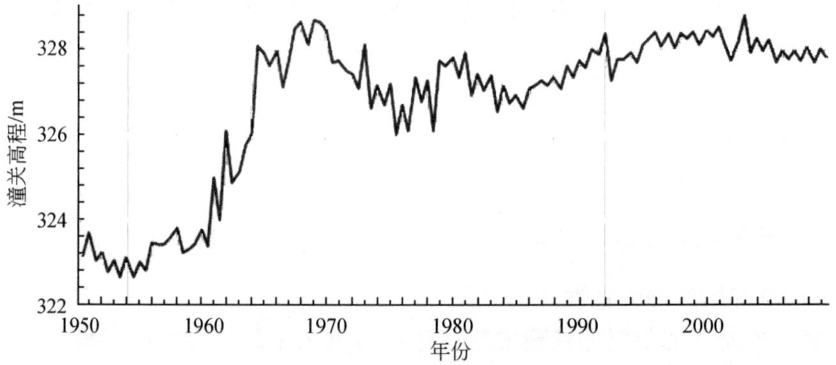

图 11-14　潼关高程历年变化图

在水库的运用方式上，三门峡水库先后经历了 1960 ~ 1964 年的蓄水拦沙、1965 ~ 1973 年的滞洪排沙和 1974 年以来的蓄清排浑三种运用方式。图 11-14 为潼关高程的近年变化图，从中可以看出，在降低三门峡蓄水高程并采用“汛期排沙、非汛期蓄水”的蓄清排浑运行方式后，近年潼关高程抬升趋势已经得到缓解，高程基本维持在 327.7 ~ 328.3，水库冲淤基本达到平衡。

2）小浪底调水调沙的冲淤特性

小浪底工程位于三门峡下游，坝址距三门峡大坝 131km，总库容 126.5 亿 m^3，平面布置如图 11-15 所示。

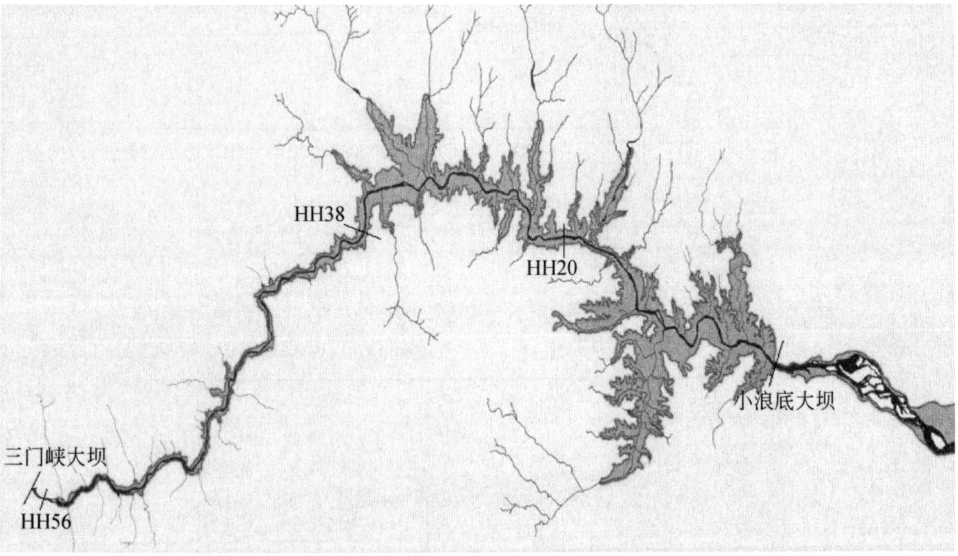

图 11-15 小浪底水库平面图（小浪底—三门峡坝址）

小浪底水库最高蓄水位 275m，原始库容 126.5 亿 m^3，水库拦沙库容 75 亿 m^3（包括支流无效库容 3 亿 m^3）。初期运用起调水位为 205m，采用逐步抬高主汛期水位、拦粗沙排细沙、控制低蓄水、提高排沙能力的拦沙及调水调沙运用方式，在淤积形成高滩高槽形态时，最大拦沙库容为 80 亿 m^3，最小有效库容为 43.5 亿 m^3。

研究表明，小浪底与三门峡水库联合运用，能有效减轻三门峡水库防洪、防凌负担，因此小浪底水库需保持有效库容 51 亿 m^3 供长期调节运用，其中防洪库容 40.5 亿 m^3，调水调沙库容 10.5 亿 m^3，兴利库容为重复利用防洪库容和调水调沙库容。

根据 1955 年以来潼关站和花园口站的泥沙资料，如图 11-16 所示的历年两库累计拦沙淤积总量、图 11-17 所示的历年水库最低库底高程、图 11-18 所示的小浪底水库库容曲线，我们可以清楚地看到泥沙淤积总量与水库运行方式有关，且进入 2007 年后，连续 3 年（2007 ~ 2009），小浪底水库的库容曲线都变化甚小，几乎重合，因此，在预估未来水平年的泥沙淤积量时我们可以针对 2000 年后小浪底水库调沙运行方式基本稳定为“调控水位、异重流排沙、相机降低水位排沙、调水调沙、拦粗排细”等综合调度运行方式后的数据进行推算。

4. 下游河道的冲淤

小浪底水库蓄水之前的 1951 年 10 月 ~ 1999 年 10 月，黄河下游从铁谢—利津河段泥沙淤积量达 55.23 亿 m^3，年均淤积 1.15 亿 m^3。1999 年 10 月以后由于小浪底水库拦蓄泥沙，下游河道整体出现冲刷，其中 1999 年 10 月 ~ 2000 年 10 月冲刷 0.8250 亿 m^3，

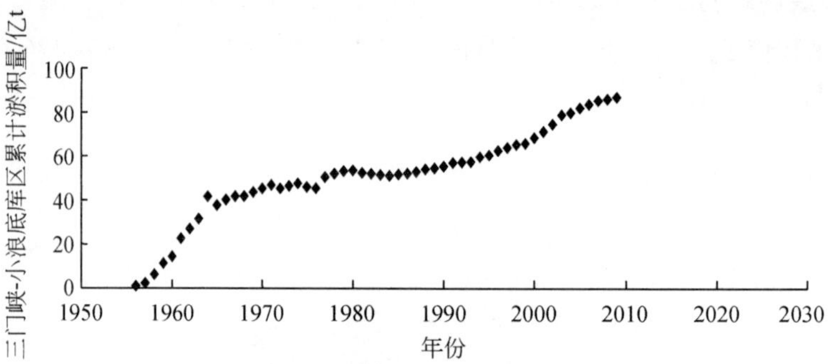

图 11-16　三门峡—小浪底库区历年累计淤积量变化图

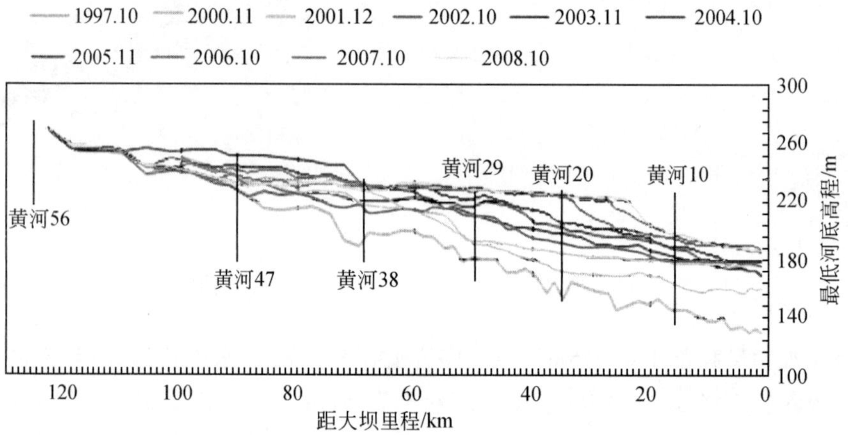

图 11-17　小浪底水库最低库底高程图

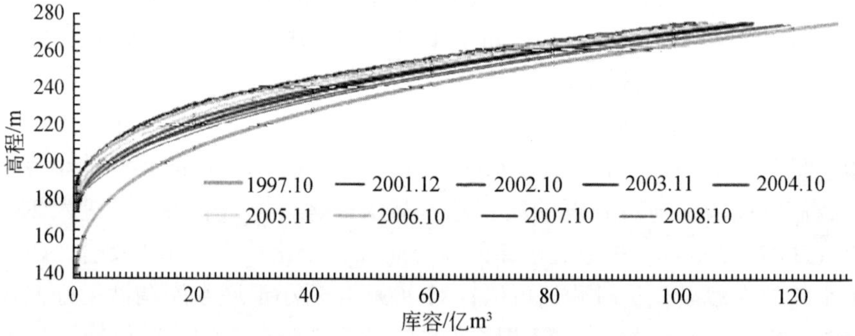

图 11-18　小浪底水库库容曲线

2000 年 10 月 ~2001 年 10 月冲刷 0. 7792 亿 m^3，其他各年度泥沙冲淤变化详见表 11-4、图 11-19，可见黄河下游河道的淤积从年际变化看虽是有冲有淤，但近 10 年的总体趋势呈少量冲刷趋势，河道上段的冲刷降低速度远大于下段。

表 11-4　黄河下游河道各站历年泥沙冲淤量变化　　（单位：亿 m^3）

年份	小浪底—花园口	花园口—夹河滩	夹河滩—高村	高村—孙口	孙口—艾山	艾山—泺口	泺口—利津	合计
2001	−0.5518	−0.2784	−0.0804	0.0616	−0.0275	0.0551	0.0420	−0.7792
2002	−0.2180	−0.2974	−0.0559	−0.3905	−0.0213	−0.0463	−0.1842	−1.2140
2003	−1.3440	−0.4740	−0.4110	−0.2590	−0.1450	−0.3980	−0.5810	−3.6110
2004	−0.2800	−0.4260	−0.2810	−0.0500	−0.0530	−0.1120	−0.1350	−1.3370
2005	−0.2390	−0.2660	−0.2890	−0.1940	−0.1150	−0.1900	−0.1350	−1.4280
2006	−0.3950	−0.6340	−0.0770	−0.2140	−0.0010	0.0740	−0.0380	−1.2850
2007	−0.4380	−0.4430	−0.1590	−0.2520	−0.0650	−0.1310	−0.1610	−1.6490
2008	−0.2780	−0.1100	−0.0980	−0.1650	−0.0390	0.0120	−0.0590	−0.7370
2009	−0.0950	−0.2710	−0.2090	−0.2190	−0.0450	−0.0380	−0.0430	−0.9200
均值	−0.4265	−0.3555	−0.1845	−0.1869	−0.0569	−0.0860	−0.1438	−1.4400

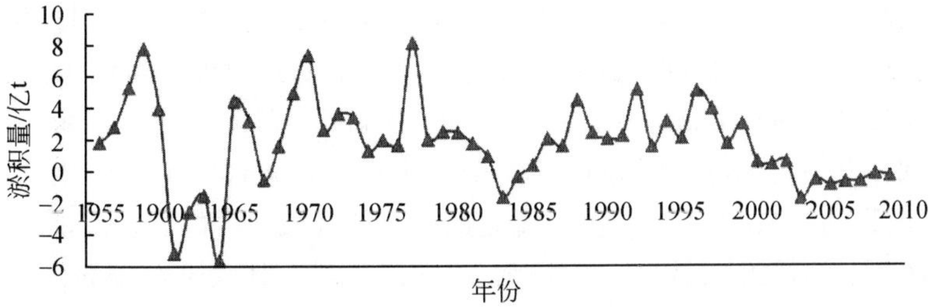

图 11-19　黄河下游河道历年冲淤变化

此外，黄河小浪底水库运用已经有 10 年，自 2002 年以来，黄河水利委员会开展了 12 次大规模的调水调沙原型科学试验和生产实践，建立和完善了调水调沙指标体系，实现了人工塑造异重流并排沙出库，创立了基于小浪底水库单库调节为主、空间尺度水沙对接、干流水库群水沙联合调度的三种调水调沙模式。12 次调水调沙实现了下游主槽全线冲刷，行洪排沙能力得到显著提高，共冲刷 4.04 亿 t，水库拦沙和调水调沙使黄河下游主槽河底高程平均冲刷降低约 1.7m，如图 11-20 所示。

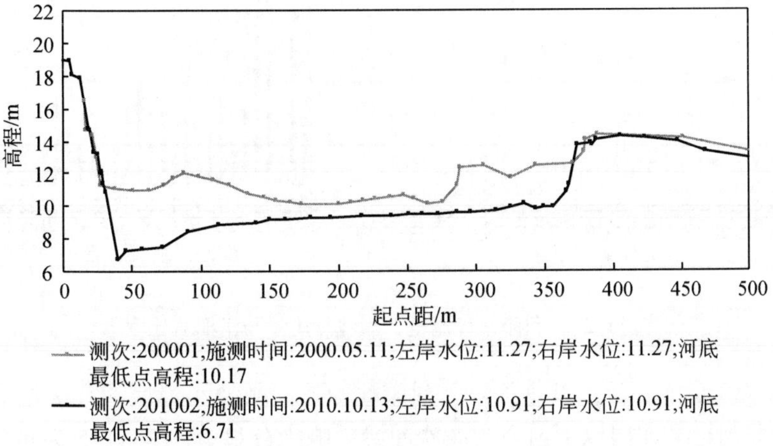

图 11-20　黄河利津断面 2000 年汛前与 2010 年汛后河道冲淤对照图

11.2.2 黄河流域冲淤的原因

黄河河道发生的冲淤主要与黄河的水沙关系有关。

从产沙区域上看，黄土高原区的水土侵蚀是黄河泥沙淤积的主因。塬、梁、峁地貌错综复杂的黄土高原，沟壑密布，坡陡沟深，植被稀少，在暴雨径流作用下极易形成水力侵蚀产沙和重力滑塌产沙，发育其间的水系沟谷不仅是径流的汇集路线，也是泥沙输移的通道。阿鄂沙漠草原区风蚀、水蚀产沙也较严重，特别在高原倾向黄河的水系沟谷地带，常产生积沙泻溜、崖壁崩倒的强烈产沙现象，使河道出现高含沙水流。具体而言，就是河口镇以上区域及河口镇以下区域。多沙粗沙（d>0.05mm）来源区在河口镇至龙门区，马莲河及北洛河，区域面积约12万km^2，其中青铜峡以上属于侵蚀区，主要包括有大夏河、挑河、徨水、祖厉河和清水河等支流流域，年均产沙约2.6亿t。多沙细沙来源区主要包括河口镇至龙门区的两岸支流流域，以及泾河、渭河、汾河流域，面积约31万km^2。本区内的渭汾河谷、龙门至渔关的干流，以及孟津以下的黄河河道以至河口，是主要的沉积区，河道淤积物主要是粗沙。黄河中游多沙区（多年平均输沙模数等于5000t/km^2）面积为11.92万km^2。黄河中游多沙粗沙区（多年平均输沙模数大于等于5000t/km^2和粒径大于等于0.05mm的粗泥沙输沙模数大于等于1300t/km^2）面积为7.86万km^2。水土流失最严重的区域包括内蒙古南部，陕北、晋西北和径河、洛河、渭河的河源区，面积为11.6万km^2，其大部分属黄土丘陵沟壑区，年均产沙量占全区的80%，占入黄泥沙总量的74%。

从水沙年内时程分配上看，汛期沙多、非汛期沙少是黄河不同淤积分布的主因。7～9月黄河水多沙多，河流泥沙主要随暴雨洪水而来，河床的冲淤变化也主要在洪水期，具体如图11-21所示。黄河小浪底水文站在洪水期测到过920kg/m^3（1977年8月7日）的含沙量，支流黄甫川、窟野河、无定河等河流的一些水文站出现1000kg/m^3以上的含沙量也屡见不鲜。

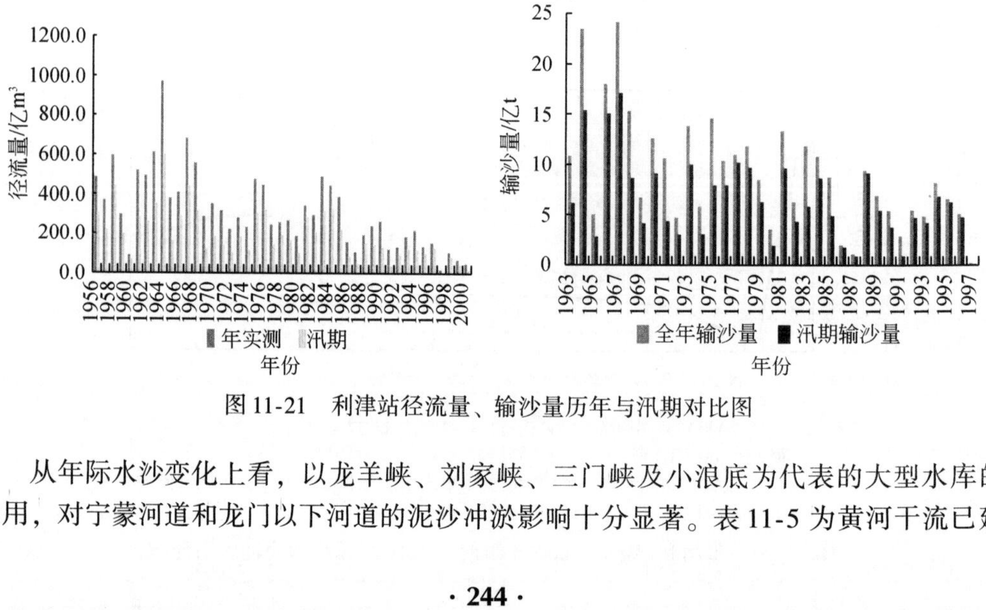

图11-21 利津站径流量、输沙量历年与汛期对比图

从年际水沙变化上看，以龙羊峡、刘家峡、三门峡及小浪底为代表的大型水库的运用，对宁蒙河道和龙门以下河道的泥沙冲淤影响十分显著。表11-5为黄河干流已建

水库概况，资料也显示，以三门峡水库的运用为界，1950 年以前的黄河多年平均输沙量达 16 亿 t，1950 年后的多年平均输沙量为 11.1 亿 t，1987 年后的黄河下游年均输沙量则减少到 6.8 亿 t。目前，黄河流域建成的水库都淤积了泥沙，其中淤积最严重的是三门峡水库，截至 2008 年 10 月，水库累计淤积量已达到 28.379 亿 m^3，即有 75.2 亿 t 泥沙平铺于在三门峡—潼关段。

表 11-5　黄河干流已建水利工程（水库）概况表

名称	控制面积/万 km^2	总库容/亿 m^3	有效库容/亿 m^3	投用年份
龙羊峡	13.1	247.0	193.5	1986
李家峡	13.7	16.5	0.6	1997
刘家峡	18.2	57.0	41.5	1969
盐锅峡	18.3	2.2	0.1	1961
八盘峡	21.6	0.5	0.1	1975
大峡	22.8	0.9	0.6	1996
青铜峡	27.5	5.7	3.2	1967
三盛公	31.4	0.8	0.2	1960
万家寨	313.5	13.0	4.5	1998
天桥	40.4	0.7	0.4	1976
三门峡	68.8	96.4	60.4	1960
小浪底	613.4	126.5	50.5	1999

从淤积分布上看，宁蒙灌区、汾渭地堑谷地和下游冲积平原是黄河泥沙的主要沉积带。流经其间的黄河青铜峡—头道拐河段，龙门—潼关河段和孟津—河口河段（包括潼关—三门峡，三门峡—小浪底的两个峡谷水库）都是最著名的淤积河段。这些河段滩阔槽浅，河势游荡，河床逐年抬升，常发生小流量、高水位、大漫滩现象。

11.2.3　实现黄河下游零淤积的措施

从减沙措施上看，黄土高原修筑的众多淤地坝、人工梯田和林草种植等措施，对保持水土、减少河流泥沙、改善当地群众生存环境颇有功效。此类水保工程不仅拦淤了大量泥沙，还造出诸多小平原。淤地坝的建设大体经历了四个发展阶段：20 世纪 50 年代的试验示范，60 年代的推广普及，70 年代的发展建设和 80 年代中期以来完善提高的坝系建设阶段。据统计，黄土高原地区已建成水土保持治沟骨干工程 1800 多座、淤地坝 11.2 万座，淤成坝地 30 多万 hm^2；营造水土保持林 887 万 hm^2，人工种草 267 万 hm^2，建设基本农田 647 万 hm^2，修建各类小型水利水土保持拦蓄工程 400 万处（座），水土保持初步治理面积累计达到 20 万 km^2，累计拦泥超过 210 亿 t，减少黄河年输沙量 3 亿 t。

从引水排沙上看，黄河的引水河段在引水的同时也具备将泥沙引出河流的功能。其中以小北干流放於为代表的黄河下游大规模的引水灌溉和放淤改土，淤填了河堤背河侧许多危及大堤的洼坑深潭，覆盖了大片风沙盐碱地，使之变为良田。根据黄河下游引水、引沙资料统计，2008 年黄河下游全年引水量 71.05 亿 m^3，引沙量 1912.3 万 t，平均引水含沙量 2.69kg/m^3；2009 年黄河下游全年引水量 92.51 亿 m^3，引沙量 20 513.1 万 t，平均引水含沙量 2.23kg/m^3。

因此，如能妥善做好黄河上中游的输沙区域水土保持，并加大下游区间对淤积泥沙的冲洗入海，将有效解决黄河下游河道不断淤积的问题，并为全河道健康发展提供有力保证，就需要对未来的上游来沙量和下游冲沙用水量进行预估。

11.3 中下游未来输沙水量预估

20 世纪 70 年代制定的黄河分水规划方案中最早提出输沙水量概念，之后许多学者对输沙水量开展了研究。他们提出的输沙水量概念有三类：①输送单位质量泥沙所需的水量；②将单位质量泥沙输送到下游或入海所用的清水体积，或输送单位质量泥沙时浑水中的清水量；③输送一定数量泥沙所需的水量。前两种概念是单位输沙水量的概念，第三种概念是总输沙水量的概念。与上述三种输沙水量概念相对应的输沙水量计算方法可概括为以下三类：①直接由含沙量计算；②用总水量与总沙量之比表示输沙水量；③通过分析实测水沙资料，得到不同河床边界条件和来水来沙条件下黄河下游河道输沙过程中的宏观水沙搭配关系，即分析黄河下游各水文站的含沙量、来沙量等与下游河道淤积量之间的关系，确定黄河下游河道输沙水量。

本节采用第三种，并试图推求在稳定水量条件和河床边界条件下，将定量泥沙输入大海所需的最小水量，此时输沙效率与河道淤积情况综合最优。

为便于进行参照对比，南水北调东中线工程将于 2015 年完全发挥效应，我们选取以 2008 年为基准水平年，2015 年为近期规划水平年，2020 年为中期规划水平年，2030 年为远期规划水平年。试图通过对历年黄河来水来沙情况的研究，探寻出未来 7 年（2015 年）、10 年（2020 年）、20 年（2030 年）来水情况下，来沙量的大小、河口段输沙流量的大小，并综合考虑经过小北干流放淤，三门峡、小浪底调水调沙以及沿程的泥沙淤积，对输沙平衡时的输沙水量进行远景展望。

11.3.1 预估原理

鉴于黄河流域的地理条件差别巨大，黄河下游的产沙量又与现有水利工程和中游水利水保措施密切相关，故未来下游来沙量应与天然来沙量和未来河道淤积、库区淤积、水保减沙密切相关，并有以下水沙平衡方程式：

$$\text{黄河下游输沙水量} = \text{单位输沙水量} \times \text{黄河下游来沙量} \tag{11-1}$$

$$\text{黄河下游来沙量} = \text{上中游天然来沙量} - \text{河道淤积量} - \text{库区淤积量} - \text{水保减沙量} \tag{11-2}$$

11.3.2 上中游天然来沙量预估

天然来沙量指的是在水土保持治理前的下垫面条件下的产沙量，考虑到黄河上各水库建造时间对下垫面的影响，参照相关单位数据，预估黄河未来天然来沙量仍保持 1919 ~ 1960 年人类活动影响较小、实测沙量长系列均值 16 亿 t。

以同时段各测站之间输沙量关系进行相关分析，算得河口镇、龙门、华县的天然沙量分别为 1.42 亿 t、10.63 亿 t 和 4.24 亿 t，1960 年以前潼关—三门峡为峡谷河道，河道基本上没有冲淤变化，区间来沙也很少，因此潼关的天然沙量借用三门峡的 16.04 亿 t。

若按频率考虑，则以该时期各站的历年沙量为系列，建立频率曲线，得到不同频率的天然沙量，见表 11-6。相应丰（25%）、平（50%）、枯（75%）的天然沙量，潼关（三门峡）分别为 113.4 亿 t、16.1 亿 t、10.2 亿 t，龙门为 14.3 亿 t、13.4 亿 t、6.8 亿 t，华县为 5.31 亿 t、3.67 亿 t、2.57 亿 t。

表 11-6　黄河上中游天然来沙量预估

站名	龙门				潼关（三门峡）				华县			
频率	25%	50%	75%	平均	25%	50%	75%	平均	25%	50%	75%	平均
天然沙量	14.3	13.4	6.8	10.6	113.4	16.1	10.2	16	5.31	3.67	2.57	4.24

11.3.3　河道淤积减沙预估

本区域内的河道淤积减沙主要指宁蒙河道、小北干流以及下游河道的淤积减沙。

根据现状情况分析，宁蒙河道的淤积与河道区间的来水来沙显著相关，为便于选择，我们根据宁蒙河段在不同时间段内的水沙情势得到了如图 11-22 所示的宁蒙河段冲淤量对比图，并设计出高、中、低三种泥沙冲淤方案，其中高方案对应 1952 ~ 1959 年黄河流域河道天然水沙状态、中方案对应 1969 ~ 1985 年长系列流域河流水沙状态、低方案对应 1960 ~ 1968 年的流域及河道产水产沙和输沙状态，得到对应的冲淤量分别为 0.9588 亿 t、0.0161 亿 t、–0.6127 亿 t，并以此预估丰水年、平水年、枯水年的宁蒙河段淤积减沙值。

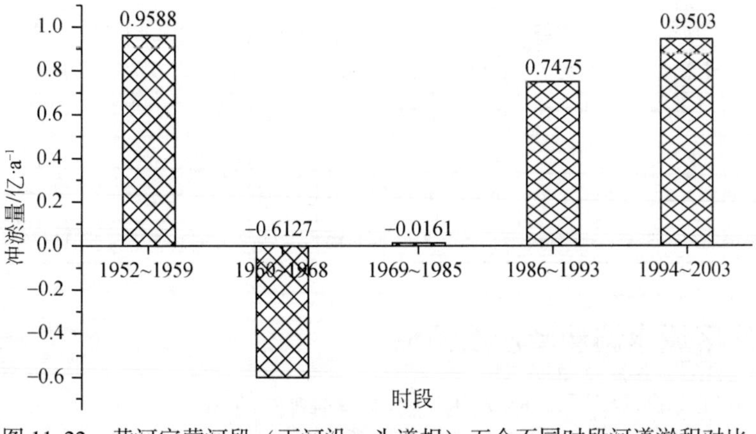

图 11-22　黄河宁蒙河段（下河沿—头道拐）五个不同时段河道淤积对比

对于小北干流河道淤积及放淤工程的减沙预估而言，由于潼关高程的升降将直接影响河道淤积沙量，而目前潼关高程在327.995～328.3波动，升降区间为0.3m，参考实测数据，则若使潼关上游拦蓄水体按日平均流量大于1000m^3/s泄放，一次调水调沙过程将使小北干流河道减淤积约为0.5亿t，而在由放淤工程完成的减沙计算中，由表11-7所示的2004年小北干流放淤实验引水引沙关系，设计未来年均引沙高者为2004年的全年总和626.6万t，低者为0万t，居中为313.6万t，分别对应丰水年、枯水年和平水年的减沙量。

表11-7　2004年小北干流各轮放淤历时和引水引沙量统计

轮次	历时/h	引水量/万m^3	引沙量/万t	平均含沙量/(kg/m^3)
第1轮	33.6	550	128.7	234
第2轮	30.9	419	79.2	189
第3轮	15	233	11.7	50
第4轮	110.2	2110	262.9	125
第5轮	97.5	2608	121.3	47
第6轮	20.5	545	22.8	42

对于黄河下游河道的冲淤预估是基于三门峡小浪底水库联合调用基础上的，根据现行调试经验见表11-8所示，取2003年、2001年分别为丰水年和枯水年的典型年，并以均值为平水年，则对应的冲淤预估值分别为-3.61亿t、-1.44亿t、-1.19亿t。考虑在未来所有小浪底出库泥沙均由入海口冲走，则取之为0亿t。

表11-8　水库联合调用下黄河下游河道水沙关系表

项目	时期	2000	2001	2002	2003	2004	2005	2006	2007	2000～2007	2002～2007
进入下游水量/亿m^3	汛期	413.9	46.5	91.0	135.2	83.2	86.4	82.2	117.1	691.5	595.1
	非汛期	105.9	132.1	112.8	77.1	202.7	1413.6	198.5	142.8	1121.5	883.5
	全年	155.8	178.6	203.8	212.3	285.9	236.0	280.7	2513.9	1813.0	1478.6
进入下游沙量/亿t	汛期	0.05	0.24	0.73	1.19	1.43	0.45	0.33	0.55	4.97	4.68
	非汛期	0.00	0.02	0.01	0.04	0.00	0.02	0.07	0.18	0.34	0.32
	全年	0.05	0.26	0.74	1.23	1.43	0.47	0.40	0.73	5.31	5.00
河道冲淤量/亿t	汛期	-0.30	-0.27	-0.93	-3.27	-1.14	-1.64	-0.95	-1.85	-10.35	-13.78
	非汛期	-0.93	-0.92	-0.63	-0.34	-0.71	-0.35	-0.85	-0.47	-5.20	-3.35
	全年	-1.23	-1.19	-1.56	-3.61	-1.85	-1.99	-1.99	-2.32	-15.55	-13.13

11.3.4　库区调水调沙减沙量预估

目前，三门峡的多年平均时段冲淤量已基本维持在69.1亿m^3不动，这说明三门峡水库已基本实现冲淤平衡，未来趋势下库区的泥沙淤积可以不考虑。

对小浪底水库而言，该库自1999年开始蓄水，至2009年10月，库区共淤积泥沙

24.08 亿 m^3，其中干流淤积 113.91 亿 m^3，支流淤积 4.17 亿 m^3。目前，该库已进入拦沙后期，按照水库正常蓄水位 275m 高程考虑，小浪底 2009 年 10 月实测库容为 101.6 亿 m^3，则由小浪底工程总库容 126.5 亿 m^3，调水调沙库容 10.5 亿 m^3，死库容 75.5 亿 m^3，有效库容 51.0 亿 m^3 的设计目标，则可供泥沙淤积的剩余库容还有 24.9 亿 m^3。由表 11-9 所示的年度淤积趋势，能计算出小浪底的多年平均淤积量为 2.494 亿 m^3，则 10 年后小浪底水库的拦沙库容将全部淤满，即达到冲淤平衡，而由于泥沙的倒灌淤积，小浪底库区支流河道的地形将继续发生变化，即河口河段河底高程继续抬升，河口以上局部范围内不同程度的倒比降延展，部分支流河口拦门沙现象继续发展。并有小浪底水库规划年预估泥沙冲淤量见表 11-10 所示。

表 11-9　小浪底建成后历年水库淤积表

年份	2000	2001	2002	2003	2004	2005	2006	2007	2008	2009	平均值
水库淤积/亿 m^3	3.31	3.01	2.11	4.884	1.174	2.91	3.445	2.292	0.24	1.567	2.4942
泥沙折算/亿 t	4.634	4.214	2.954	6.8376	1.6436	4.074	4.823	3.2088	0.336	2.1938	3.49188

注：表内数据引自泥沙公报，泥沙干容重按 1.4 计

表 11-10　规划年小浪底泥沙淤积量预估

年份	2010	2015	2020	2030
水库淤积/亿 m^3	2.494	3.21	1.43	0
泥沙折算/亿 t	3.49	4.5	2	0

11.3.5　水保措施坡面减沙量预估

20 世纪 70 年代以来，黄土高原开展了大规模综合治理，取得了显著的成效。特别在一些重点治理区，一大批综合治理的小流域，其治理程度已达 80% 以上，成为当地发展农林牧副业生产基地。资料显示，60 年代水利水保工程的减沙作用已达到每年 2.466 亿 t，而“水保法”计算，1997～2006 年黄河中游水利水土保持综合治理等人类活动年均减水 87.12 亿 m^3，年均减沙 5.24 亿 t。其中水土保持措施（包括梯田、林地、草地、坝地及封禁治理）年均减水 38.36 亿 m^3，年均减沙 4.19 亿 t，分别占 1997～2006 年黄河中游地区年均总减水量 112.12 亿 m^3 的 34.2%、年均减沙量 11.8 亿 t 的 35.5%。“十一五”期间，我国新增水土流失综合治理面积 25 万 km^2，治理小流域 2 万多条，营造水土保持林草 1585 万 hm^2，建设淤地坝 3000 多座，水土流失治理区的林草覆盖率增加 4 个百分点，每年减少土壤侵蚀量 3.68 亿 t，增产粮食、果品 175 亿 kg，农业总产值增加 261 亿元，1000 万山丘区群众的生计问题得以解决。

由此认为 2015 年为 5 亿 t，2020 年和 2030 年分别为 6 亿 t 和 7 亿 t，见表 11-11 所示。

表 11-11　未来水保减沙量预估

编号	项目	各水平年减沙量/亿 t			
		现状/2010	2015	2020	2030
1	黄河的重大问题及对策	4	5		6
2	防洪规划	3～4	4～5	6	
3	淤地坝规划	4	5（近）	7（远）	
4	近期重点治理规划		5（近）		
5	综合	4	5	6	7

11.3.6　黄河下游来沙量预估

在已知不同水平年平均天然来沙量和减沙量条件下，按照 11.3.1 节的水沙平衡方程，即可求得不同水平年黄河下游的可能来沙量，2015 年（平水年）算例如下，其余计算结果详见表 11-12。

表 11-12　黄河流域下游不同水平年不同频率输沙水量情境设想

年份		2008	2015			2020			2030		
类别		枯水年	丰水年	平水年	枯水年	丰水年	平水年	枯水年	丰水年	平水年	枯水年
频率		75	25	50	75	25	50	75	25	50	75
潼关来沙量/亿 t		1.3	19.4	16.1	10.2	19.4	16.1	10.2	19.4	16.1	10.2
河道减沙量/亿 t	宁蒙	0.108	0.9588	0.0161	−0.6127	0.9588	0.0161	−0.6127	0.9588	0.0161	−0.6127
	小北干流	−0.465	−0.5	−0.25	0	−0.5	−0.25	0	−0.5	−0.25	0
	小北干流放於	1.912	0.06	0.03	0	0.06	0.03	0	0.06	0.03	0
	下游	−0.737	0	0	0	0	0	0	0	0	0
水保减沙/亿 t		3	5	5	5	6	6	6	7	7	7
库区淤积/亿 t	三门峡	−0.5247	0	0	0	0	0	0	0	0	0
	小浪底	0.636	6	4.5	1	5	2	0.5	2	0.5	0
下游来沙/亿 t		0.771	8.34	6.57	4.2	8.34	8.07	3.7	10.34	8.57	3.2
下游输沙水量/亿 m^3		30.8	333.6	262.8	168	333.6	322.8	148	413.6	342.8	128
利津来水量/亿 m^3		145.6	448.4	377.6	282.8	448.4	437.6	262.8	528.4	457.6	242.8

已知平水年潼关天然来沙量为 16.1 亿 t，预估小北干流放淤泥沙为 0.25 亿 t，水保工程拦沙为 5 亿 t，三门峡冲淤平衡，小浪底库区淤积 4.5 亿 t，则为使下游河道实现冲淤平衡，有：河口处输沙总量＝潼关来沙－小北干放淤淤沙－水保工程拦沙－三门峡拦沙－小浪底库区拦沙＝16.1－0.25－5－0－4.5＝6.57（亿 t）。

11.3.7　黄河下游输沙水量预估

国内外许多已建调水工程的实践证明，建设跨流域调水工程是缓解缺水地区水资源供需矛盾，促进地区经济繁荣、社会发展和保护生态环境的有效途径，也是支撑缺水地区可持续发展的重要基础设施。从生态角度来说，要保证黄河现有河段实现零淤积，必须考虑对冲沙最小径流量的计算，为此，调用同时段水沙关系，则有趋势如图

11-23所示，可见，对应冲沙供水量至少应为1：41.5，此结论符合1t沙需40m³水冲沙的经验结论，故最终有如下输沙水量计算式：

$$\text{黄河河口处输沙水量} = 40 \times \text{下游冲沙平衡时的输沙总量} \tag{11-3}$$

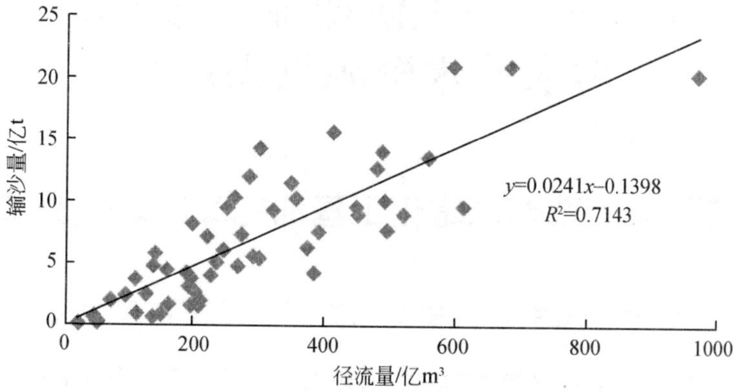

图11-23　1956～2009利津同时段水沙关系图

由此得到2015年（平水年）输沙水量为40×6.57=262.8（亿m³），其他规划水平年的输沙水量预估见表11-12所示。

11.4　结　论

（1）2015年是十二五规划完成的关键年，即使按照枯水年考虑，输沙水量也至少需要168亿m³。

（2）小浪底满足冲淤平衡后，上游全部来沙将于2020年按设计下泄进入黄河下游河道，2020年正常年份的输沙水量至少需要322.8亿m³。

（3）如果按照持续枯水考虑，2030年枯水年情境下下游河道的输沙水量至少需要128亿m³。

（4）黄河下游丰水期的输沙效率高于平水期。如果按照2010年的河槽最小过流能力考虑，以4000m³/s的洪水过程输送汛期全部泥沙，则2030年入海口的高效输沙水量至少需要342.8亿m³。

11.5　建　议

目前，黄河已进入长达19年的枯水期，来水量日益减少，而为确保河道安全，必须保证未来下游河道零淤积，鉴于利津站1987～2005年多年来水量仅有141.4亿m³，因此自2015年以后黄河最小水量就会出现不足，2019年以后的来水缺口将达到180亿m³左右，2030年状态下，即使是枯水年，来水缺口也将达到90亿m³以上，因此在确保黄河流域继续加大水土保持力度的同时，南水北调中线二期应尽快上马。

第12章　黄河中上游能源重化工基地发展需求及水资源供需形势

12.1　黄河中上游能源重化工基地的突出地位及发展机遇

12.1.1　区域矿产资源丰富，长期作为国家能源资源输出基地

黄河流域上中游地区，煤炭资源、石油和天然气资源都十分丰富，在全国占有极其重要的地位，其被誉为我国的“能源流域”，被列为我国西部地区十大矿产资源集中区之一。已探明煤产地（或井田）685处，储量5713亿t，占全国煤炭储量的56%，主要分布在内蒙古、山西、陕西、宁夏四省（自治区），具有资源雄厚、分布集中、品种齐全、煤质优良、埋藏浅、易开发等特点。在全国已探明超过100亿t储量的26个煤田中，黄河中上游占10个。国家《煤炭工业“十一五”规划》，将黄河中上游地区所在的晋陕蒙宁甘是全国煤炭和电力的重要调出区，列为我国重点建设的能源重化工产业区，在我国能源格局中的地位十分突出。

黄河流域上中游地区的稀土、石膏、铌、煤、铝土矿、钼、耐火黏土等主要矿产在全国具有区位优势；长庆和延长油区是我国重要的大油田之一，鄂尔多斯市和榆林市探明天然气储量超过10 000亿m^3，储量超过全国的60%。

12.1.2　西部大开发带来良好政策环境

西部大开发和我国能源发展战略的提出和实施，为黄河中上游能源重化工基地建设带来了新的历史机遇。国家“以煤炭为主体、电力为中心，油、气和新能源全面发展”的能源中长期发展规划以及蓬勃兴起的煤化工时代的来临，给煤炭和天然气资源富集并以能源重化工为主要产业定位的黄河中上游地区带来了变资源优势为经济优势、加速经济发展的黄金发展时期。

西部大开发实施以来，西部地区已基本具备了加快发展特色优势产业的条件，其中包括：交通、能源等基础设施条件有了明显改善，部分产业由东部向中、西部地区梯次转移是必然趋势，资源优势明显，市场潜力大，劳动力成本低、供给充足等。发展特色优势产业，促进资源优势向产业优势、经济优势转化，这既是增强西部地区自我发展能力、扩大社会就业、改善人民生活的长久之计，也是事关优化全国资源配置、调整产业分工格局、转变经济增长方式和实现全面、协调、可持续发展大局的重大战略任务。

12.1.3　国际能源总体趋紧有利于发挥资源优势

进入 21 世纪以来，能源供应持续紧张成为我国乃至世界经济发展的常态和重要特征，而且在可预见的未来，这种趋势不会发生大的改变。随着国际油价的上涨和煤化工、生物化工技术的完善，与石油化工相比，煤化工的竞争力大幅提高，石油和化学工业的原料结构已经开始重大调整。我国缺油、少气、富煤的资源赋存特点决定了煤化工在我国化学工业中的特殊地位。从长远看，煤化工将与石油化工并驾齐驱。预计在近期内，石油化工在化学工业中的主体地位不会动摇，但煤化工在化学工业中的比重会不断提高。因此，我国正在积极推动能源发展战略西移，加速实施能源替代战略，为黄河中上游地区发挥煤炭资源优势，建设国家能源接续基地创造了有利时机。

目前黄河中上游的宁蒙陕晋甘重点发展煤炭、电力为主的能源工业；以煤、煤焦油、焦炉煤气、煤层气为原料的加工业及下游产业；区域已形成以煤炭、电力为主的能源工业及其清洁能源开发产业；以钢铁、有色金属为主的冶金工业及其下游产品开发产业；以烧碱、纯碱等为主的化学工业；同时，区域积极发展煤炭煤化工、石油化工和医药化工，以稀土新材料的应用推广和技术研发的稀土工业。

12.1.4　经济产值强势增长

在国家资金和政策的有力支持下，西部大开发取得了初步成效。西部大开发实施以来，西部地区全社会固定资产投资年均增长 20% 左右，国民经济发展逐年加快。20 世纪 90 年代中期，区域大部分地市经济发展速度在全国平均水平之下，整个区域经济发展活力不足。进入 21 世纪，随着煤炭资源开发进程的不断加快，区域各地市经济发展速度明显加快，1995 ~ 2007 年，区域 GDP 翻了三番，工业总产值翻了三番，GDP 占全国比重由 1% 上升到 2.5% ；在相同时段，全国 GDP 总量翻了两番（图 12-1）。

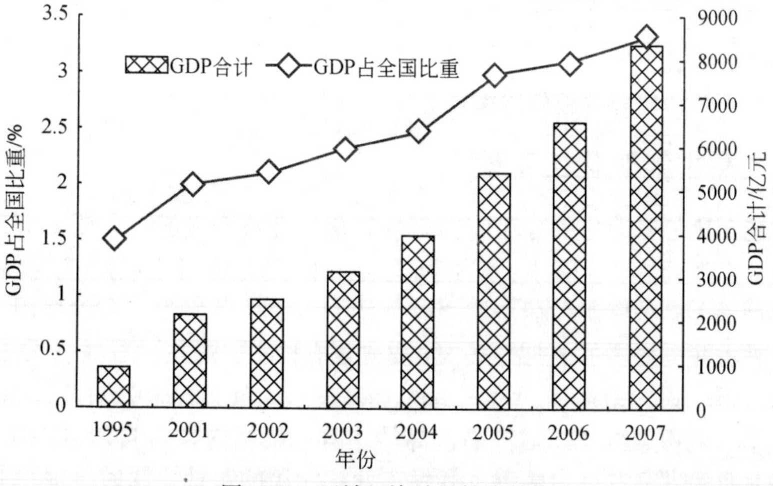

图 12-1　区域经济总量扩张趋势

注：图中数据为黄河中上游能源重化工基地所涉及的宁夏自治区银川市、吴忠市、石嘴山市，内蒙古自治区阿拉善左旗、乌海市、包头市、呼和浩特市和鄂尔多斯市，陕西榆林、延安市，山西省的吕梁地区和临汾市，甘肃省庆阳市等。数据来源于地方统计年鉴

产业结构调整步伐加快，特色产业发展开始起步，财政收入逐年增长，经济效益逐步提高，人民生活不断改善。黄河中上游地区交通、水利、能源、通信等重大基础设施条件改善，生态环境建设稳步推进，地区投资环境也在逐步完善，特色产业发展加快，东西合作方兴未艾，这些都有效地拉动了国内需求。

12.2 能源化工基地的总体布局

根据国家《煤化工业中长期发展规划》，黄河中上游重化工产业区的布局主要有宁夏的宁东能源化工基地，内蒙古的呼包鄂“金三角”经济圈、乌海市及乌斯太工业能源化工基地，陕西的陕北榆林能源工业基地，山西的离柳煤电基地、临汾新型能源化工基地和运城新型能源化工基地，甘肃陇东能源化工基地等。

12.2.1 宁东能源化工基地

宁东能源化工基地是国家规划建设的13个亿吨级大型煤炭基地之一。位于银川市黄河以东地区，北与内蒙古鄂托克前旗古长城交界，南至盐池县萌城乡与甘肃交界，南北长120km，东西宽23～42km，含煤面积约3500km^2，远景预测储量超过1390亿t，探明地质储量约多于270亿t，占宁夏煤炭探明总储量的88.6%。宁东煤田包括灵武、鸳鸯湖、横城、马家滩、积家井、萌城、韦州七大矿区和石沟驿一个独立井田。煤种主要为长焰不黏结煤（俗称“香砟子”），以其特低灰、特低硫、特低磷和较高发热量的特性被认定为环保洁净煤并被推广使用，是良好的动力用煤和化工原料。

2006年6月，宁夏回族自治区人民政府发布了《宁东能源化工基地规划与建设纲要》，确定了宁东能源化工基地开发建设的指导思想、发展目标和主要任务，明确煤炭、电力和煤化工是宁东基地的三大主导产业，规划到2020年，煤炭生产能力达到1.3亿t，发电装机容量达到1200万kW，煤化工产品总量达到1300万t，主导产业增加值达到249亿元。力争用15年左右的时间，把宁东基地建设成国家重要的能源化工基地，成为具有鲜明优势特色的国家循环经济示范园区。

12.2.2 内蒙古能源化工基地

内蒙古能源化工基地主要有呼包鄂“金三角”经济开发区、乌斯太等工业园区和能源、化工、石油天然气、煤炭、矿产等基地。内蒙古黄河流域矿产资源非常丰富，包头白云鄂博稀土矿藏资源位居全国之首，特大型煤矿准格尔、东胜煤田、长庆天然气气田分布在黄河流域鄂尔多斯高原。主要矿藏有稀土、煤炭、石油、天然气、石膏、石英砂、铁、铜、铝、铅、锌、钨、铬铁、磁铁、砂金、岩金、铂金、石棉、云母、珍珠岩、石墨、萤石、红玉、冰洲石、高岭土等，根据内蒙古自治区经济发展战略，这一地区将是今后内蒙古自治区重点开发工业、能源的基地，同时该流域将为内蒙古自治区国民经济发展起到非常重要的作用。

1）乌斯太高载能工业园区

乌斯太高载能工业园区位于阿拉善左旗乌素图镇境内，东临黄河，西倚贺兰山，南接宁夏石嘴山市，北与内蒙古乌海市毗邻，规划面积 $6km^2$。2002 年被内蒙古自治区政府批准为自治区级开发区，当年开发区工业总产值达到 4 亿元，连续六年经济增长速度保持在 30% 以上。

2）乌海市工业园区

乌海市是内蒙古自治区老工业基地，工业主要以煤炭、电力、化工为主。随着改革开放的深入及内蒙古自治区发展工业诸多政策的出台，全市重点工业飞速发展，确定了多个工业园区，按行政区划分为海南、乌达、海渤湾三个区。

3）包头市工业园区

乌头市是内蒙古自治区最大的工业城市，近年来，包头市不断以市场为导向、以资产重组为纽带、以内涵发展为重点，扶优扶强，培育优势产业。冶金、稀土、机电、化工、农畜产品加工等支柱产业得到了加强，钢铁、稀土、铝业、羊绒、糖业等优势企业集团形成并迅速扩张发展。随着工业发展步伐的加快，包头市确定了稀土、铝业、铜业等 5 处工业园区。

4）鄂尔多斯市新增工业园区

鄂尔多斯市是内蒙古自治区政府确定的“金三角”之一，是新兴发展起来的工业城市，煤炭资源非常丰富，天然气储量位居亚洲之首。随着工业的快速发展，形成了大路、大树湾、魏家卯等多个工业园区。

5）呼和浩特市工业园区

近年来，呼和浩特市加快引进新兴产业，发展壮大特色产业，改造提升传统产业，构筑起以乳业、电子信息、电力三大支柱产业为基础，形成了土左旗、托县、清水河等多个工业园区。

12.2.3　陕北榆林能源化工基地

陕北榆林能源化工基地位于延安市和榆林市境内，是陕西省乃至全国著名的煤炭、石油、天然气等矿产资源的富集区，是国家级能源化工基地，是陕西重要的经济支柱和国家经济主要增长点。基地以资源为依托、加快发展为主线，瞄准建设国内一流能源化工基地的目标，坚持走大型化、国际化和可持续发展道路的思路，能源化工基地建设取得重大进展，一大批能源化工项目陆续开工、建设和投产，煤、电、油气、化工成为四大支柱产业，年煤炭产量 1.16 亿 t、天然气 65 亿 m^3、原油 536 万 t、甲醇 65 万 t、盐 29 万 t、聚氯乙烯 20 万 t、发电量 86.6 亿 kW · h，电力装机容量达到 240 万 kW，煤、天然气、盐、甲醇产量稳居全省首位。根据陕北能源化工基地建设指导思想，结合资源分布特点和目前已经开发形成的产业状况，陕北能源化工基地总体规划为 6 个产业园区，即榆林市的府谷煤电载能工业区、榆神工业区、榆横工业区、绥米佳盐化工业区、靖、定石油天然气化工区和延安市的石油化学工业区。

1）府谷煤电载能工业区

府谷煤电载能工业区位于府谷县境内，东邻黄河干流广布的石炭二叠纪煤田，煤炭储藏面积 $960km^2$，探明储量 200 亿 t；还包括高岭土、石灰石、铝矾土等资源，储量分别为 10 亿 t、5 亿 t、6.4 亿 t。根据府谷县的资源条件、地理位置、交通运输和现有产业布局，在府谷县将规划 2 个工业区，即清水川工业区和天桥工业区；利用丰富的煤炭资源建设坑口电站，将成为“西电东送”的大型火电项目和商品煤基地；并利用煤电优势，发展载能工业、发展电石及其下游化工产品。

2）榆神工业园区

榆神工业园区位于神木县境内，属陕北侏罗纪煤田开发范围，煤炭储量丰富，是发展煤化工的理想基地。该工业园区规划建设 1000 万 t 煤液化和 900 万 t 煤制甲醇及 300 万 t 甲醇转烯烃项目，配套发展氯碱工业，形成超大型联合化工园区。

3）榆横工业区

榆横工业区包括榆横煤化工区和绥米佳盐化工区。榆横煤化工区位于无定河以北横山县、榆阳区境内，属陕北侏罗纪煤田开发范围，也是发展煤化工的理想基地，规划建设 1000 万 t 煤间接液化和 540 万 t 煤制甲醇及 180 万 t 甲醇转烯烃项目。

4）绥米佳盐化工业区

绥米佳盐化工业区主要包括米脂县、绥德县和佳县，规划重点发展氯碱和纯碱产业，形成烧碱、纯碱、聚氯乙烯及塑料加工产业链。该区域主要是陕北岩盐分布区，盐矿分布面积为 1.15 万 km^2，储量为 1.3 万亿 ~ 1.8 万亿 t，属石膏型结构，每开采 1km^2可获得 2.2 亿 t 纯盐，氯化钠含量在 83% ~98.8%，具有盐层厚、盐质优、品位高、分布稳定的特点。

5）靖、定石油天然气化工区

靖、定石油天然气化工区位于靖边县和定边县两县，靖、定两县是长庆鄂尔多斯盆地中部天然气田的丰储区，探明储量 1.1 万亿 m^3，是陕京、陕宁、靖西线以及“西气东输”工程的气源地，靖边又是靖安油田的主要组成部分，预测储油 2 亿 t，目前年采油能力 100 万 t，现有年产能为 150 万 t 的榆林炼油厂。天然气产量近 52 亿 m^3，现有长庆 50 亿 m^3天然气净化厂、10 万 t/年甲醇厂。因此该区域将根据天然气优势，重点考虑天然气化工开展甲醇项目扩建和大型化肥项目建设。甲醇项目拟在原有 10 万 t/年甲醇厂基础上扩建。

6）延安石油化学工业区

延安石油化学工业区主要包括黄陵县城、交口工业区和杨舒新区。园区发展根据资源和环境状况，扩大炼油产能，以燃料型为主，适当发展石油化工，除生产汽油、煤油、柴油外，还生产部分市场销路比较好的石化产品。

陕北能源化工基地 6 个产业园区，其特点和功能划分各有特色，但它们的化工产品是互相关联的，原料、产品尽可能做到上下游一体化，尽可能地安排和做到深度加工，以提高产品的附加值。通过发展，真正形成国内在原料产地集煤化工、石油化工、天然气化工、盐化工、精细化工为一体的、完整的、技术先进的、门类齐全的、产品具有竞争力的超大型石化基地。

12.2.4 山西离柳孝汾煤电能源化工基地

山西省能源化工基地包括离柳孝汾煤电能源化工基地、临汾新型能源化工基地和运城盆地煤化冶金基地。由于南水北调西线工程调水量有限，结合能源化工基地供水的条件，本次规划主要对离柳孝汾煤电能源化工基地进行分析。

离柳孝汾煤电能源化工基地包括汾河上中游区的交城、文水、汾阳和孝义及河口镇—龙门左岸的离石、柳林、中阳和方山等县市，基地地处晋西黄土丘陵沟壑区，自然地理条件差，水土流失严重。但是，本地区特别是以吕梁为中心的煤焦化工基地和以离石为中心的离柳煤电能源化工基地，煤炭资源和其他矿产资源丰富，是山西省新兴的煤炭能源化工基地。

离柳孝汾煤电能源化工基地矿产、土地、生物、旅游等资源丰富，依托矿区的优质矿产资源优势，内引外联，加快资源的深度开发和综合利用，培植龙头产业，实现资源规模开发、集约经营和清洁生产；依托中心城市积极发展科技、教育，提高城市文化水平；依托 209、307 国道等交通枢纽优势，加快发展旅游业和商贸流通业，带动整个吕梁市全面发展，所以该地区在吕梁市的经济发展中占有举足轻重的地位。

12. 2. 5　甘肃陇东能源化工基地

根据《鄂尔多斯能源化工基地开发利用甘肃省规划》，甘肃省地处储存有大量煤炭和石油的鄂尔多斯盆地的庆阳市、平凉市，并将在近期内进行开发，规划在 2010 ~ 2030 年，庆阳市西峰县、庆城县、镇原县、合水县新建开采石油项目，年开采规模 418 万 t，镇原县、宁县、正宁县、合水县新建开采煤炭项目，年开采规模达 4690 万 t，并新建相关的石化、煤化和火电工业；平凉市泾川县新建开采石油项目，年开采规模 80 万 t，崇信县和灵台县新建开采煤炭项目，年开采规模达 1800 万 t，并新建相关的煤化和火电工业。

12. 3　水资源需求预测

黄河上中游能源重化工基地依赖天然的资源优势，煤炭、石油、天然气等能源矿产工业发展迅猛。截至目前，内蒙古自治区上报 2020 年以前的工业园区和能源基地项目达 224 项，宁夏宁东能源基地上报的工业园区和能源项目为 78 项，甘肃陇东、陕西陕北、山西离柳孝汾及临汾运城等大片能源基地和工业园区的建设和开发，均提出了强烈的用水需求。

根据各能源化工基地建设规划，以煤炭、电力、煤化工等主导产业为重点，预测不同水平年各基地发展指标及需水量。

12. 3. 1　能源化工基地经济指标预测

宁东、内蒙古、陕北榆林、山西离柳、甘肃陇东等重点能源化工基地是我国重要的能源储备基地，这些地区能源矿藏资源丰富，而现状工业基础薄弱，各基地 GDP 占各省（自治区）GDP 总量较小。随着这些地区经济社会的持续快速发展，各基地在其所在地区经济社会发展中将发挥更加重要的作用。

根据各能源基地规划，预测黄河中上游能源重化工基地人口将由 2008 年的 164. 1 万人增加到 2030 年的 470. 8 万人，人口增加近 3 倍，工业增加值增长率在 12% 左右，到2030年工业增加值将达到7883.9亿元，火电装机也将从基准年的614.3万kW扩容达到8080万kW（图12-2）。各基地经济社会发展指标预测结果见表12-1。

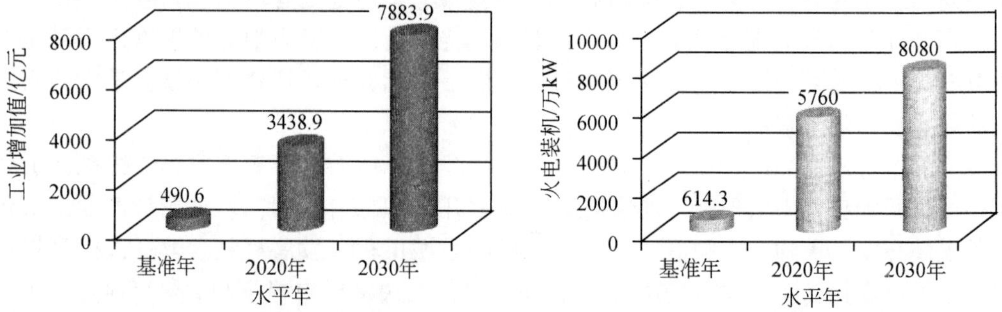

(a) 工业增加值增长预测　　(b) 火电装机预测

图12-2　黄河中上游能源重化工基地工业增加值增长预测

表12-1　重要能源化工基地经济社会发展指标预测表

基地	水平年	城镇人口/万人	二产/亿元				三产/万元	火电装机/万kW
			高用水工业	火核电	一般工业	工业小计		
宁东能源化工基地	基准年	0.0	0.0	0.0	0.0	0.0	0.0	0.0
	2020	20.0	221.6	58.2	136.5	416.3	92.7	1200.0
	2030	40.0	624.7	84.6	384.6	1093.9	296.3	1680.0
内蒙古能源化工基地	基准年	0.0	2.5	83.4	65.3	151.1	0.0	377.0
	2020	45.9	122.4	109.0	751.8	983.2	106.4	1800.0
	2030	50.7	332.1	147.0	1835.0	2314.1	362.2	2480.0
陕北能源化工基地	基准年	76.8	49.7	18.4	146.7	214.8	86.0	150.0
	2020	133.5	595.1	80.0	596.3	1271.4	337.5	1600.0
	2030	179.3	1543.5	104.0	1299.4	2946.9	742.2	2080.0
山西离柳孝汾煤电能源化工基地	基准年	87.3	0.0	3.9	120.7	124.6	75.6	87.3
	2020	141.0	115.2	31.0	445.2	591.4	231.7	620.0
	2030	162.8	265.6	39.0	801.3	1105.9	385.6	780.0
甘肃陇东能源化工基地	基准年	0.0	0.0	0.0	0.0	0.0	0.0	0.0
	2020	25.0	96.2	27.0	53.4	176.6	21.3	540.0
	2030	38.0	253.4	53.0	116.7	423.1	56.1	1060.0
合计	基准年	164.1	52.2	105.7	332.7	490.6	161.5	614.3
	2020	365.4	1150.5	305.2	1983.2	3438.9	789.6	5760.0
	2030	470.8	3019.3	427.6	4437.0	7883.9	1842.4	8080.0

1. 宁东能源化工基地

根据《宁东能源化工基地规划与建设纲要》和《宁东能源化工基地工业产业发展暂行规定》，宁东能源重化工基地建设主要分为两期进行，首期为2003～2010年，二期为 2010～2020 年，包括煤、电、煤化工三大产业项目和基础设施建设项目。

（1）煤炭产业。一期工程期间，增建和扩建的煤炭项目有：灵武煤矿技改项目 230 万 t/a、磁窑堡煤矿技改项目 500 万 t/a、羊毛湾煤矿扩建 3840 万 t/a 和清水营等 5 座煤矿。一期工程期末，煤炭生产能力达到 8000 万 t/a，占全区 1 亿 t/a 的 80%。二期工程期间，新建红柳煤矿、英子梁煤矿、麦朵山煤矿和扩建羊毛湾等 4 座煤矿，规模为 2222 万 t/a，新建马莲台等 4 座煤矿，规模为 970 万 t/a。二期工程期末，煤炭生产能力达到 1.3 亿 t/a，占全区 1.5 亿 t/a 的 86.7%。萌城矿区为宁东基地的资源后备区。

（2）电力产业。国家"十五"计划和电网规划已经将宁夏确定为大型火电基地和送电基地。宁东能源化工基地规划建设 8 个大型坑口电厂，规划总装机容量 1200 万 kW。2010 年以前，开工建设马莲台电厂、灵武电厂、鸳鸯湖电厂、水洞沟电厂和大坝电厂三期扩建，新增装机容量 600 万 kW。2020 年以前，扩建灵武电厂、鸳鸯湖电厂和水洞沟电厂，新建方家庄电厂、永利电厂和枣泉电厂，新增火电装机为 600 万 kW，规划建设的 8 个电源点全部建成，新增装机容量 1200 万 kW。除满足全区用电需求外，实现向区外大规模送电。

（3）煤化工产业。2010 年前，建设 320 万 t/a 煤炭间接液化项目，建成 25 万 t/a 煤基甲醇、21 万 t/a 煤基二甲醚、52 万 t/a 煤基烯烃和 52 万 t 合成氨、92 万 t 尿素项目。2020 年前，通过扩建，煤炭间接液化生产能力达到 820 万 t/a，煤基二甲醚生产能力达到 83 万 t/a，煤基甲醇生产能力达到 430 万 t/a，合成氨生产能力达到 104 万 t/a，尿素生产能力达到 184 万 t/a，煤基烯烃生产能力达到 122 万 t/a。

根据《宁夏国民经济发展"十一五"规划纲要》等相关成果，宁夏经济社会发展要在"又好又快"的基础上实现"更好更快"的跨越式发展，与全国同步实现全面建设小康社会的宏伟目标。2010 年实现 GDP 突破 1000 亿元，2020 年人均 GDP 比 2005 年翻两番以上，经济总量增长 5 倍以上，与全国同步实现全面小康。

根据能源化工基地建设规划及可能的项目安排，预测 2020 年、2030 年宁东能源化工基地工业增加值将分别达到 416.3 亿元和 1093.9 亿元，火电装机将分别达到 1200 万 kW 和 1680 万 kW。预测 2020 年、2030 年宁东能源化工基地第三产业增加值将分别达到 92.7 亿元和 296.3 亿元。随着基地的快速发展及逐步的城镇化，预测 2020 年和 2030 年基地城镇人口分别为 20 万人和 40 万人。宁东能源化工基地各水平年经济社会发展指标见表 12-1。

2. 内蒙古能源化工基地

内蒙古自治区资源富集，目前已发现的矿藏有 120 多种，其中有 42 种储量居全国前 10 位，7 种居全国之首。包头白云鄂博稀土矿藏资源位居全国之首，特大型煤矿准格尔煤田、东胜煤田、长庆天然气气田分布在黄河流域鄂尔多斯高原。内蒙古能源化工基地主要有呼包鄂"金三角"经济开发区、乌斯太等工业园区和能源、化工、石油天然气、煤炭、矿产等基地，随着产业集群的快速培育，一批大项目相继开工，水资源供需矛盾日益突出。目前各盟市上报的工业园区和能源化工基地项目 188 项，水资源问题成为地区工业化发展的主要制约因素，影响了一批能源化工项目的推进速度。

据预测，到2030年内蒙古能源化工基地新增工业项目46项，其中电力项目18项，新增装机2480万kW；煤化工项目26项，煤炭项目2项。内蒙古能源化工基地新增项目主要集中在鄂尔多斯市，2030年新增工业项目28项，其中煤化工项目22项，包括台湾腾龙烯烃项目50万t/a，亿力PVC项目40万t/a，新奥甲醇60万t/a、二甲醚40万t/a，香港建滔醋酸40万t/a，鲁能伊泽矿业甲醇180万t/a，香港威华达甲醇120万t/a、聚丙烯37万t/a，鄂尔多斯三维甲醇20万t/a，珠江青春塔煤矿600万t/a，准能哈尔素煤矿2500万t/a，西蒙科工贸甲醇120万t/a，隆达化工96万t/a，蒙西天然气制烯51万t/a，蒙西氧化铝40万t/a，鄂尔多斯大化肥40万～100万t/a，伊旗天骄人造板集团甲醇90万t/a，久泰能源内蒙古煤炭深加工100万t/a，宝恒煤焦甲醇40万t/a，包头陆合煤焦甲醇20万t/a，天津荣程气焦甲醇20万～120万t/a，东联合成氨尿素52万t/a，诚峰石化甲醇60万t/a等项目。

根据能源化工基地建设规划及可能的项目安排，预测2020年、2030年内蒙古能源化工基地工业增加值将分别达到983.2亿元和2314.1亿元，火电装机将分别达到1800万kW和2480万kW，2005～2030年工业增加值年均增长率为11.5%。预测2020年、2030年内蒙古能源化工基地第三产业增加值将分别达到106.4亿元和362.2亿元。随着基地的快速发展及逐步的城镇化，预测2020年和2030年基地城镇人口分别为45.9万人和50.7万人。

3. 陕北能源化工基地

陕北榆林能源化工基地矿产资源优势突出，已发现8大类48种矿产，特别是煤炭、天然气、石油、高岭土、盐矿5种资源具有重要开采价值。其中神府煤田是世界八大煤田之一，其煤质属特低灰、特低硫、特低磷、中高发热量，弱粘或不粘型长焰煤，是理想的优质动力煤、气化煤、环保煤，已探明储量1460亿t，已探明储量占全国探明储量的25%以上；榆林的天然气田是我国目前已探明的陆上最大的整装气田，预期储量有6万亿～8万亿m^3，探明储量为3106亿m^3，是我国“西气东输”气源之一；区内岩盐预测储量6万亿t，约占全国岩盐总储量的13%～18%。20世纪80年代以来，先后探明了煤田和油气田后，能源重化工工业正在逐步兴起，2005年基地工业增加值410亿元。

国家西部大开发战略的实施，“西气东输”、“西电东送”工程项目的启动，更是为陕北建设能源化工基地提供了难得的历史机遇。根据西部大开发的战略思想，利用陕北丰富的自然资源，在21世纪前50年，把该区建设成以煤炭、石油资源转化和深加工为主，适当辅以初级产品销售的能源重化工基地，使陕北榆林地区建设成21世纪我国重要的能源接续地。今后陕北能源重化工基地将加快煤油气生产基地、“西电东送”煤电基地和以甲醇为龙头的煤重化工基地。至2030年新增重点工业项目有：1000万t采油、1000万t炼油、100亿m^3天然气、4.5亿t原煤、2300万t煤制油和1000万t甲醇、145万t/a聚丙烯、榆林炼油厂20万t/a柴油加氢、160万t/a电石、90万t/a合成氨、150万t/a烧碱、150万t/a PVC、152万t/a尿素等。重点发展火电项目有神木锦界、府谷庙沟门、段寨、阳塔、榆林牛家梁、金鸡滩、南沙等火电厂，总装机规模为 2080 万 kW。

根据能源化工基地建设规划及可能的项目安排，预测 2020 年、2030 年陕北榆林能源化工基地工业增加值将分别达到 1271.4 亿元和 2947.0 亿元，火电装机将分别达到 1600 万 kW 和 2080 万 kW，2005～2030 年工业增加值年均增长率为 11.1%。预测 2020 年、2030 年陕北榆林能源化工基地第三产业增加值将分别达到 337.5 亿元和 742.2 亿元，2005～2030 年年均增长率为 8.9%。陕北榆林能源化工基地现有城镇人口 76.8 万人，随着基地的快速发展及逐步的城镇化，预测 2005～2020 年、2021～2030 年城市总人口增长率分别为 4.6% 和 2.8%，2020 年、2030 年基地城镇人口分别为 133.5 万人和 179.3 万人。

4. 山西离柳孝汾煤电能源化工基地

山西离柳孝汾煤电能源化工基地地处晋西黄土丘陵沟壑区，自然地理条件差，水土流失严重。但是，本地区特别是以吕梁市为中心的煤焦化工基地，以离石区为中心的离柳煤电能源化工基地，煤炭资源和其他矿产资源丰富，是山西省新兴的煤炭能源化工基地。

山西离柳孝汾煤电能源化工基地现有城镇人口 87.3 万人，随着基地的快速发展及逐步的城镇化，预测 2005～2020 年、2021～2030 年城市总人口增长率分别为 3.2% 和 1.7%，2020 年、2030 年基地城镇人口分别为 141.0 万人和 162.8 万人。

根据山西省“十一五”规划纲要，加快用高新技术改造提升煤炭、焦炭、冶金、电力等传统支柱产业，优化产业布局，做大产业规模，提高产业集中度，延伸产业链，促进产业间相互融合，提高行业总体技术水平和核心竞争力；大力培育煤化工业、装备制造业、材料工业和旅游业，使之成为山西省新的支柱产业。煤化工业，重点发展甲醇及衍生物、乙炔化工、粗苯加工、化肥、煤焦油深加工、煤制油以及煤层气和焦炉煤气多联产利用等项目。

离柳孝汾煤电能源化工基地作为黄河中游重要的生态环境综合治理区，山西新煤电能源化工基地，山区林牧综合开发经济区，将采取据点式的开发模式，形成一心（离石）、一级（离柳中三角区域）、二片（南片区、北片区）的空间经济布局结构。基地新增大型工业企业项目 21 项，主要有离石的山西大土河焦化有限公司的洗精煤 400 万 t/a、炼焦 90 万 t/a、镁合金 10 万 t，焦炉煤气综合利用甲醇 30 万 t/a，中铝焦化有限公司炼焦 65 万 t/a；柳林的电厂二期 120 万 kW，联山煤化有限公司的原煤 400 万 t/a、精煤 300 万 t/a、二甲醚 40 万 t/a，凌志煤化有限公司的原煤 300 万 t/a、甲醇 60 万 t/a、二甲醚 40 万 t/a，晋鼎煤层气开发有限公司的甲醇 30 万 t/a，福龙集团山西联盛能源有限公司的水泥 360 万 t/a，柳林县薛村镇高红粉煤灰水泥厂 120 万 t/a；方山的洗精煤 300 万 t/a，方山县大武工业园区水泥熟料生产线综合节能项目水泥 310 万 t/a；中阳的荣欣煤矿 150 万 t/a，中阳钢厂 200 万 t/a，中阳县荣欣焦化有限公司的煤矿 300 万 t/a、甲醇 20 万 t/a。

化工基地工业增加值将分别达到 591.4 亿元和 1105.9 亿元，火电装机将分别达到 620 万 kW 和 780 万 kW，2005～2030 年工业增加值年均增长率为 9.2%。预测 2020 年、

2030年离柳孝汾煤电能源化工基地第三产业增加值将分别达到231.7亿元和385.6亿元，2005～2030年年均增长率为6.8%。

5. 甘肃省陇东能源化工基地

甘肃省陇东能源化工基地包括庆阳和平凉两个工业园区，根据基地有关开发规划，基地开发项目包括石油与煤炭开采、石油化工和煤化工以及电力开发等。规划到2030年水平煤炭年开采规模将达到498万t，石油开采规模将达到6490万t，火电装机将达到540万kW，煤化工项目包括在宁县建设年生产规模240万t甲醇、50万t二甲醚、20万t醋酸、30万t合成氨和104万t尿素项目，在平凉市崆峒区建设年生产规模15万t煤制醋酸和15万t煤制二甲醚，在华亭县建设年生产规模60万t煤制甲醇、20万t煤制尿素、20万t煤制醋酸、18万t煤制合成氨、60万t煤制烯烃、30万t煤制聚乙烯和30万t煤制聚丙烯，在崇信县60万t煤制甲醇、30万t煤制二甲醚、90万t煤制甲醇和15万t煤制醋酸。

根据基地建设规划及可能的项目安排，预测2030年水平甘肃陇东能源化工基地工业增加值将达到423.1亿元，火电装机将达到1060万kW，第三产业增加值将达到56.1亿元。

12.3.2 能源化工基地用水效率及定额

重点能源化工基地工业基础薄弱，现状用水量为5.31亿m^3，随着基地经济社会的迅速发展，将会带来用水需求的快速增长。然而水资源匮乏的现实决定了区域发展必须依靠科技进步、走内涵式发展之路，提高用水效率。在考虑未来科技发展、加大节水投入的基础上，参照国内外先进的地区用水水平，拟定黄河中上游能源重化工基地各行业的用水定额（表12-2）。

1）城镇居民需水定额

城镇居民生活用水由居民生活和公共用水两部分组成。现状水平重点能源化工基地城镇居民生活用水量为0.51亿m^3，平均用水定额为84.5L/(人·d)。与国内其他地区相比，各基地城镇居民生活用水水平较低。随着国民经济的发展和人民生活水平的提高以及居住条件的改善，城镇生活用水标准将逐步提高。

参考国家推荐的用水标准和各省（自治区）实际用水情况，在普遍增强节水意识、大力推广节水器具和改善城市供水系统的条件下，拟定2020年、2030年水平能源化工基地城镇居民生活用水定额分别为92L/(人·d)和100L/(人·d)。

2）火电用水定额

火电工业用水定额以单位火电装机取水量为指标，基准年重点能源化工基地火电单位装机取水量为17.3m^3/kW，随着节水力度的加大，对于富煤缺水的西部地区，新建火电厂大部分采用空冷机组，火电用水定额将有较大的下降空间，预计2020年、2030年重点能源化工基地单位火电装机取水量将达到7.8m^3/kW、6.2m^3/kW。

表 12-2　重要能源化工基地各部门需水定额预测表

基地	水平年	生活/(L/人·日)	火电（万/m^3/万 kw)	非火电/(m^3/万元)	三产/万 m^3
宁东能源化工基地	基准年				
	2020 年	92.0	7.8	71.0	8.0
	2030 年	100.0	6.2	29.0	4.5
内蒙古能源化工基地	基准年	75.0	20.0	104.2	6.2
	2020 年	91.0	7.6	37.0	5.0
	2030 年	100.0	6.3	24.0	4.0
陕北榆林能源化工基地	基准年	95.0	11.0	82.8	5.0
	2020 年	98.0	7.9	58.0	6.0
	2030 年	106.0	6.1	33.0	4.0
山西离柳孝汾煤电能源化工基地	基准年	75.3	16.5	104.7	13.7
	2020 年	88.0	7.8	41.0	8.0
	2030 年	94.0	6.0	27.6	4.2
甘肃陇东能源化工基地	基准年				
	2020 年	90.0	7.8	43.0	8.0
	2030 年	100.0	6.1	26.4	4.3
合计	基准年	84.5	17.3	93.4	9.1
	2020 年	92.4	7.8	49.6	6.7
	2030 年	100.2	6.2	28.7	4.1

3）非火电工业用水定额

2005 年重点能源化工基地非火电工业万元增加值取水量为 93.4m^3，随着节水的推广和深入、工业产业结构调整力度的加大、用水水平以及用水管理的提高，工业用水定额具有较大的下降空间，预测 2020 年高用水工业万元增加值需水量为 49.6m^3，到 2030 年下降为 28.7m^3。

4）第三产业用水定额

2005 年重点能源化工基地第三产业平均用水定额为 9.1m^3/万元。随着人们生活水平的不断提高和节水力度的加大，预测 2020 年、2030 年重点城市第三产业需水定额分别为 6.7m^3/万元、4.1m^3/万元。

12.3.3　能源化工基地需水量

根据前述能源化工基地经济社会发展指标以及需水定额预测结果，计算不同水平年需水量。基准年、2020 年、2030 年能源化工基地总需水量分别为 5.31 亿 m^3、21.87 亿 m^3 和 28.90 亿 m^3，其中生活需水量分别为 0.51 亿 m^3、1.23 亿 m^3 和 1.72 亿 m^3，工业需水量分别为 4.66 亿 m^3、20.10 亿 m^3 和 26.42 亿 m^3，第三产业需水量分别为 0.15 亿 m^3、0.53 亿 m^3 和 0.76 亿 m^3。重要能源化工基地需水量预测结果详见表12-3。重点能源化工基地工业基础薄弱，现状用水量为 5.31 亿 m^3，随着基地经济社会的迅速发展，2030 年水平需水量将增加到

28.90 亿 m^3，2005～2030 年年增长率为 7.1%（表 12-3）。

表 12-3　重要能源化工基地各部门需水预测表

基地	水平年	生活	工业			第三产业	合计
			火电	非火电	小计		
宁东能源化工基地	基准年	0.00	0.00	0.00	0.00	0.00	0.00
	2020 年	0.07	0.94	2.54	3.48	0.07	3.62
	2030 年	0.15	1.04	2.93	3.97	0.13	4.25
内蒙古能源化工基地	基准年	0.00	0.75	0.71	1.46	0.00	1.46
	2020 年	0.15	1.37	3.23	4.60	0.05	4.81
	2030 年	0.18	1.56	5.20	6.76	0.14	7.09
陕北榆林能源化工基地	基准年	0.27	0.17	1.63	1.79	0.04	2.10
	2020 年	0.48	1.26	6.91	8.17	0.20	8.85
	2030 年	0.69	1.27	9.38	10.65	0.30	11.64
山西离柳煤电能源化工基地	基准年	0.24	0.14	1.26	1.41	0.10	1.75
	2020 年	0.45	0.48	2.30	2.78	0.19	3.42
	2030 年	0.56	0.47	2.94	3.41	0.16	4.13
甘肃陇东能源化工基地	基准年	0.00	0.00	0.00	0.00	0.00	0.00
	2020 年	0.08	0.42	0.64	1.06	0.02	1.16
	2030 年	0.14	0.65	0.98	1.62	0.02	1.79
合计	基准年	0.51	1.06	3.60	4.66	0.15	5.31
	2020 年	1.23	4.47	15.63	20.10	0.53	21.87
	2030 年	1.72	4.99	21.43	26.42	0.76	28.90

12.4　区域水资源条件

黄河中上游能源重化工基地位于西北干旱半干旱地区，大部分地区年均降水量在 200～300mm，而蒸发量为 2000～3000mm，气候干燥、水资源贫乏、生态环境脆弱。黄河是区域的主要供水水源，据第二次全国水资源评价，1980～2000 年实测平均入境（进入黄河中上游能源重化工基地）的水量为 287.3 亿 m^3（下河沿断面）。

黄河是我国西北、华北地区的重要水源，以其占全国河川径流总量 2% 的水资源，承担着全国 12% 的人口、15% 的耕地和 50 多座大中城市的供水任务，同时还承担着向流域外部分地区远距离调水的任务。黄河又是世界上泥沙最多的河流，有限的水资源还必须承担一般清水河流所没有的输沙任务，水资源供需矛盾十分突出。自 20 世纪 70 年代以来，黄河流域水资源供需矛盾不断加剧，下游频繁断流，进入 90 年代，几乎年年断流。由于水资源短缺的制约，尚有约 1000 万亩有效面积得不到灌溉、部分灌区的灌溉保证率和灌溉定额明显偏低，同时，造成部分工业项目难以发挥效益。

为协调省际、部门间用水矛盾，1987 年国务院办公厅国办〔87〕61 号文下发了《关于黄河可供水量分配方案报告的通知》（简称 87 分水方案），按照黄河多年平均来水 580 亿 m^3，将 370 亿 m^3作为可供水量分配到各省（自治区）。87 分水方案将黄河可供水量按照丰增枯减的原则分配到各用水省区，成为南水北调生效前黄河水量统一调度的根本依据之一，也是我国大江大河首个全河的水量分配方案（表 12-4）。87 分水方案分配的各省（自治区）水量指标，是指正常来水年份各省（自治区）可以获得的最大引黄耗水指标。

表 12-4　南水北调工程生效前黄河可供水量分配方案　　（单位：亿 m^3）

省（自治区、直辖市）	青海	四川	甘肃	宁夏	内蒙古	陕西	山西	河南	山东	河北天津	合计
年耗水量	14.1	0.4	30.4	40.0	58.6	38.0	43.1	55.4	70.0	20.0	370

在黄河水资源供需矛盾日益尖锐、下游断流频繁、断流河段不断上延的背景下，1998 年 12 月，国家计划委员会、水利部联合颁布的《黄河水量调度管理办法》，授权黄河水利委员会对黄河水量实行统一调度。据《黄河水资源公报》分析统一调度以来黄河分水计划的执行情况：1999 ~ 2008 年甘肃、宁夏和内蒙古用水已经超过分水指标，这反映出这些地区水资源供需矛盾尖锐的状况，陕西和山西总体来看水量分配指标尚剩余，但由于区域分配不均、工程缺乏，黄河分水量一直未得到充分利用。黄河水量统一调度以来中上游各省（自治区）实际耗水与水量分配指标对比情况见表 12-5。

表 12-5　黄河流域各省（自治区）实际耗水情况与分配水量的比较分析统计表

（单位：亿 m^3）

年份	项目	甘肃	宁夏	内蒙古	陕西	山西
1999	实际耗水	25.8	41.5	66.5	20.9	9.6
	分配耗水	25.5	33.5	49.1	31.8	36.1
	超指标	0.4	8.0	17.4	-10.9	-26.5
2000	实际耗水	27.4	37.8	59.5	21.8	9.9
	分配耗水	23.9	31.8	45.8	29.8	34.1
	超指标	3.5	6.0	13.6	-8.1	-24.1
2001	实际耗水	26.9	37.0	61.0	21.8	10.5
	分配耗水	21.1	28.1	40.6	26.4	30.1
	超指标	5.8	8.9	20.5	-4.6	-19.7
2002	实际耗水	26.1	35.7	59.2	21.1	10.4
	分配耗水	19.4	25.6	37.3	24.2	27.6
	超指标	6.7	10.1	21.9	-3.1	-17.1
2003	实际耗水	29.2	35.6	50.5	18.7	9.6
	分配耗水	22.6	28.8	44.0	28.2	31.4
	超指标	6.6	6.8	6.5	-9.5	-21.8

续表

年份	项目	甘肃	宁夏	内蒙古	陕西	山西
2004	实际耗水	29.3	37.7	56.4	20.9	10.1
	分配耗水	25.2	33.5	48.5	31.5	35.9
	超指标	4.1	4.2	7.9	-10.6	-25.9
2005	实际耗水	29.2	42.1	62.2	23.6	11.8
	分配耗水	27.3	35.1	52.9	34.1	38.2
	超指标	1.9	7.0	9.3	-10.5	-26.4
2006	实际耗水	30.1	39.0	60.9	26.8	12.9
	分配耗水	27.6	39.0	55.7	35.0	40.0
	超指标	2.5	0.1	5.3	-8.1	-27.1
2007	实际耗水	30.4	39.4	59.7	25.0	13.6
	分配耗水	27.1	33.3	49.6	33.4	37.7
	超指标	3.3	6.1	10.1	-8.4	-24.1
2008	实际耗水	30.0	38.6	54.1	26.8	14.5
	分配耗水	27.1	36.8	56.5	33.9	38.4
	超指标	2.8	1.8	-2.5	-7.1	-23.9
平均	实际耗水	28.4	38.4	59.0	22.7	11.3
	分配耗水	24.7	32.5	48.0	30.8	35.0
	超指标	3.8	5.9	11.0	-8.1	-23.7

12.4.1 宁东能源化工基地

宁东能源化工基地分布有大河子沟、水洞沟、苦水河等主要河流，多年平均径流量1490万m^3。大河子沟、水洞沟属黄河右岸诸沟，直接注入黄河干流，河流上游狭窄，下游较开阔，比降大，水流湍急。水文特点为季节性河流，主要为山洪及地下水的少量出露水量，只在雨季出现暂时水流，旱季大部分时间干枯。

大河子沟是宁东能源化工基地最大的支流，发源于灵武市东部的磁窑堡，于临河南岸注入黄河，沟道全长56km，集水面积810km^2，多年平均径流量175万m^3，该地区水质较差，属苦咸水，没有发展灌溉面积。水洞沟是宁东能源化工基地第二大支流，发源于内蒙古鄂托克前旗火石滩，自东向西，于灵武市园艺场入黄河，沟长73km，集水面积505km^2，多年平均径流量136万m^3。苦水河发源于甘肃省环县沙坡子沟脑，集水面积5218km^2（宁夏4942km^2），苦水河由甘肃环县进入宁夏，经盐池、同心、灵武、利通区四县（市），于灵武市新华桥汇入黄河。

宁东能源化工基地当地水资源量少质差，无法利用，可供水源唯有黄河水资源，2005年建成宁东能源化工基地供水一期工程，自黄河银川大桥下游约1km处的右岸取水，设计引水流量5.8m^3/s，年供水能力1.6亿m^3。自1998年以来，宁夏用水已经超过黄河分配的取水指标，基本无供水潜力（图12-3）。

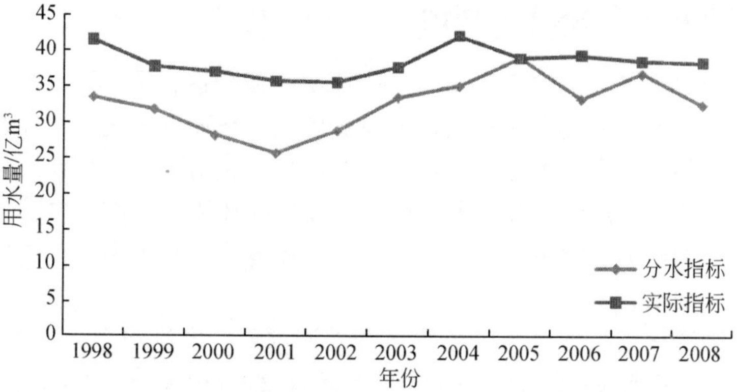

图 12-3　黄河水量统一调度以来宁夏用水情况

12.4.2　内蒙古能源化工基地

内蒙古能源化工基地地处内陆干旱半干旱地区，气候条件差异明显，多年平均降水量由东向西递减，西部乌海市降水量最少，年降水量仅为 160mm，降水量较多的呼和浩特市、卓资县一带也仅 400mm。内蒙古黄河流域片当地自产水量相对较少，而且水量集中在汛期且携带大量泥沙，不利用水资源的开发利用。

黄河从都思兔河进入内蒙古境内，流经阿拉善盟、乌海市、巴彦淖尔盟、鄂尔多斯市、包头市、呼和浩特市、乌兰察布市 7 个盟市，左岸于呼和浩特市清水河县老中湾出境进入山西省境内，右岸于鄂尔多斯市准格尔旗马栅乡出境进入陕西省境内，蒙古境内河长近 800km，为内蒙古能源化工基地的主要供水水源。自 1998 年黄河水量统一调度以来，内蒙古用水均超过分水指标（图 12-4），内蒙古能源化工基地多个项目由于得不到取水指标而不能立项，限制区域效益的发挥。

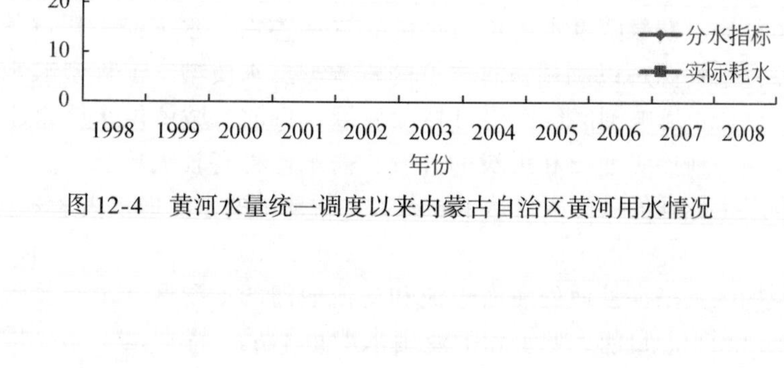

图 12-4　黄河水量统一调度以来内蒙古自治区黄河用水情况

12.4.3 陕北榆林能源化工基地

陕北榆林能源化工基地位于陕北黄土高原水土流失区，风沙区面积 1.30 万 km^2，生态十分脆弱，严重的水土流失不仅使土地贫瘠、生态环境恶化，而且给黄河下游带来很大危害。近年，由于城市化、工业化进程加快，农田大量使用农药化肥，而污水治理工程相当滞后，直接影响着居民身心健康和生存环境。水资源短缺降低了河流的稀释自净能力，加剧了水质污染，这不仅对生态环境造成严重影响，而且更加剧了水的供需矛盾。

陕北榆林能源化工基地分为内流水系和外流水系，内流水系分神木和定边两块，面积 4645km^2，占基地面积的 13.6%；外流区面积 2.93 万 km^2，占 86.4%。内流水系河流较短，最大的内流河八里河发源于定边东南部白玉山山地，全长 44km，至堆子梁乡境内消逝。外流水系有无定河、窟野河、秃尾河、佳芦河“四河”及黄埔川、清水川、狐山川、石马川“四川”。黄埔川、清水川、狐山川等河流流经土石山区、丘陵沟壑区，含沙量大，不便于开发利用。而秃尾河、海流兔河、榆溪河等河流流经沙漠、半沙漠地区，含沙量小，是良好的工业生活水源地，但水量有限。

12.4.4 山西离柳孝汾煤电能源化工基地

离柳孝汾煤电能源化工基地位于晋西黄土丘陵沟壑区，生态环境十分脆弱，林草植被稀少，水土流失严重，旱灾频繁发生。该区水资源的开发利用程度属“适度开发区”，由于当地水土流失严重，地表径流含沙量大，开发利用的代价较高，开发潜力有限。

离柳孝汾煤电能源化工基地所在的三川河流域水资源总量为 2.47 亿 m^3，其中，地表水资源量为 1.50 亿 m^3，地下水资源量为 0.96 亿 m^3，泉水资源量为 0.88 亿 m^3、重复量为 0.87 亿 m^3。近年来，由于农业灌溉和城市用水大量开采地下水资源，造成地下水超采严重，地面沉降，泉水流量持续减小，生态环境恶化。在位于北川河上方山县境内横泉水库建成后，区内地表水开发潜力已尽，离柳孝汾煤电能源化工基地的需水必须依靠外流域的调水来解决。

12.4.5 甘肃陇东能源化工基地

陇东能源化工基地位于甘肃庆阳市和平凉市境内，庆阳市大部分地处泾河的马莲河流域，河川径流汛期暴雨洪水占年内水量的 70% 左右，水土流失严重，河流泥沙含量高，水质差，水资源难以利用，属典型的资源型、水质型、工程型缺水地区。供水的极度不足，已严重影响到区域经济可持续发展。目前，城镇供水严重不足，频繁出现停水现象，加上新探明油田和煤炭的开发，需水量将有较大增长；农村人畜饮用高氟水等不符合卫生标准的病区人口达 106 万人；耕地中的水浇地仅占 8%，产量低且不稳定。

平凉市崆峒区及华亭县地处泾河干流和支流汭河的上游区，由于径流年内分配不均，水资源难以利用。目前，城镇和工业用水严重不足，特别是平凉电厂的扩建和华亭煤矿的不断开发，供水已远远不能满足城镇和工业发展的需求，需通过对现有工程挖潜改造、兴建蓄水工程调蓄水量，增加供水量进行水资源置换，促进经济、社会、环境协调发展。

12.5　水资源供需形势

12.5.1　能源重化工基地水资源调控措施

1）合理利用各种水源、优化配置区域水资源

从长远来看，能源化工基地发展最大的制约因素是水资源的缺乏，从现实来看，关键问题是水资源的配置、利用不合理，因此应将水资源优化配置放在突出位置，协调好生活、生产和生态用水，优化配置区域水资源，确定合理的产业发展结构和用水比例，充分利用雨水、微咸水以及中水等非常规水源，增加可利用水量。

2）节水挖潜，建设节水型社会

黄河中上游水资源短缺，同时用水管理粗放，浪费现象严重。缓解当前缺水形势，首先应立足于加强节水型社会建设，充分高效利用水资源。依靠科技进步和制度创新，提高水的利用效率和效益，建立资源节约、环境友好、可持续的国民经济体系，强化节水型社会建设的管理体制，完善水资源高效利用工程体系，增强全社会的资源忧患意识。

3）实施水权转换，推动水资源高效利用

从黄河中上游用水现状来看，农业用水比例仍偏大、效率偏低、限制了工业发展用水，不符合国家重要能源重化工基地的区域定位以及经济社会快速发展要求，必须开展深层次的用水转让为工业发展腾出充足的水源。进一步推进区内的水权转换工作，一方面发展现代高新节水生态农业、完善农业节水工程体系和管理措施建设提高用水效率，另一方面通过优化农业种植结构减少农业用水，实现农业水权向工业的转让。尝试在更大范围内开展跨区水权的转换，探索流域内水资源优化调配的模式，实现水资源的高效利用。

12.5.2　可供水量分析

根据各能源化工基地有关供水水源工程规划，结合各基地现状供水水源及其供水能力，预测不同水平年各类工程供水能力及可供水量。

1）宁东能源化工基地

宁东能源化工基地分布有水洞沟、大河子沟、苦水河等主要河流，这些河流多为季节性河流，水资源量少质差，无法利用，基地可利用的水源唯有过境的黄河水资源。考虑宁夏现状水平用水量已经超过 87 分水方案，宁东能源化工基地新增需水量均以缺水计。

2）内蒙古能源化工基地

内蒙古黄河流域片自产水资源量较少，以过境黄河水为主要水源，考虑现状水平年内蒙古用水量已经超过87分水方案，内蒙古能源化工基地新增需水量均以缺水计。

3）陕北榆林能源化工基地

据统计，陕北能源化工基地各类供水设施现在总供水能力为1.68亿m^3。根据陕西省水利发展“十一五”规划及中远期水利发展规划，2020年前基地续建新增主要水源工程包括无定河王圪堵水库、乌兰木仑河朱盖沟水库、秃尾河采兔沟水库、洛河南沟门水库，以上新建供水工程可新增供水能力3.21亿m^3。基地现有100万m^3以上水库70余座，经多年运行后，大部分已丧失蓄水功能，现状有效库容仅0.24亿m^3。规划对芦河、榆溪河上有供水潜力的水库进行除险加固，以恢复水库的部分供水效益。通过对区内已有工程的挖潜配套，可新增和恢复供水能力0.35亿m^3。

府谷岩溶水水源地位于天桥泉域的主要排泄地段，是极富水源区，水质良好，是该能源化工基地最宝贵的水源地；国家储委批准的B级可开采量为2.5m^3/s，年可开采量为7880万m^3。2015年以前，除少量用于府谷县城、庙沟门、清水川和段寨电厂外，剩余水量计划调入清水沟工业园区。

由于陕北地区水资源短缺，因此在陕北能源化工基地的建设中必须考虑建设污水处理厂，最大限度地利用中水，规划建设矿井疏干水利用工程，增加部分可供水量。既可以改善生态环境，又可以节约新鲜水。预测到2020年陕北能源化工基地中水、矿坑水等再生利用水源将达到1.0亿m^3，2030年达到1.4亿m^3。

根据以上分析，2020年与2030年，陕北能源化工基地可供水量将分别达到7.02亿m^3和7.42亿m^3。

4）山西离柳孝汾能源化工基地

山西离柳孝汾能源化工基地现状主要水源是文峪河地表水和当地的地下水。文峪河水资源通过文峪河水库调节后向农业供水，承担的灌溉面积为52万亩；工业和城市生活完全靠开采当地地下水解决，由于水资源缺乏，当地地下水超采已经相当严重。由于离柳煤电能源化工基地特殊的自然地理条件和经济条件限制，该地区具有资源性缺水和工程性缺水的双重性，水资源无法满足各用水部门的需求。现有的汾阳工业园区、孝义工业园区由于水源问题，大部分企业不能开工生产。

基地规划供水工程有三川河上游北川河横泉水库及文峪河柏叶口水库。横泉水库是一座以城市工业生活供水、农业灌溉为主的多年调节中型水利枢纽，水库可供水量为3700万m^3，其中城市生活和工业可供水量为2040万m^3。柏叶口水库是一座以城市生活及工业供水、农业灌溉为主的多年调节中型水利枢纽，建成后可与文峪河水库联合运用，以缓解汾阳、孝义、文水和交城四县市的水资源供需矛盾，据预测2020年可增供4000万m^3。基地现状各类工程供水能力为1.51亿m^3，2020年新建水源工程开发后，基地供水能力将达到2.11亿m^3。

5）甘肃陇东能源化工基地

甘肃陇东能源化工基地地处甘肃省庆阳和平凉地区，该地区现状水资源短缺，城镇工业生活用水严重不足，停水现象频繁发生。随着陇东能源化工基地的规划和开发建设，当地水资源短缺的问题将更趋严重，应当适时实施外调水工程或通过高水高用、水量置换的方法来解决当地用水问题，在考虑河道内生态环境用水前提下，支流可优先利用当地水，由西线工程增供水量补充干流减少的水量。考虑陇东基地水资源短缺的实际情况，基地新增需水量全部按照缺水计。

12.5.3　不同水平年水资源供需分析

根据各重点能源化工基地不同水平年各部门需水量预测结果以及各类工程供水能力及可供水量，进行能源化工基地水资源供需形势分析，不同水平年重点基地水资源供需形势见表 12-6。

表 12-6　重要能源化工基地水资源供需形势

基地	水平年	需水量/亿 m^3	可供水量/亿 m^3	缺水量/亿 m^3	缺水率/%
宁东能源化工基地	基准年	0.00	0.00	0.00	
	2020 年	3.62	0.00	3.62	100.0
	2030 年	4.25	0.00	4.25	100.0
内蒙古能源化工基地	基准年	1.46	1.46	0.00	
	2020 年	4.81	1.46	3.35	69.6
	2030 年	7.09	1.46	5.63	79.4
陕北榆林能源化工基地	基准年	2.10	1.68	0.42	20.0
	2020 年	8.85	7.02	1.83	20.7
	2030 年	11.64	7.42	4.22	36.3
山西离柳煤电能源化工基地	基准年	1.75	1.51	0.24	13.8
	2020 年	3.42	2.11	1.31	38.3
	2030 年	4.13	2.11	2.02	48.9
甘肃陇东能源化工基地	基准年	0.00	0.00	0.00	
	2020 年	1.16	0.00	1.16	100.0
	2030 年	1.79	0.00	1.79	100.0
合计	基准年	5.31	4.65	0.66	12.5
	2020 年	21.87	10.59	11.28	51.6
	2030 年	28.90	10.99	17.91	62.0

1）基准年

基准年重点能源化工基地总需水量为 5.31 亿 m^3，可供水量为 4.65 亿 m^3，缺水量为 0.66 亿 m^3，缺水率为 12.5%。基准年缺水主要集中在陕北能源化工基地和山西离柳能源化工基地，主要由基地现状供水能力不足和地下水超采造成。

2）2020 年

随着各主要能源化工基地经济社会的迅速发展，2020 年基地总需水量将达到 21.87 亿 m^3，宁东、内蒙古、陕北榆林、山西离柳、甘肃陇东能源化工基地需水量分别为 3.62 亿 m^3、4.81 亿 m^3、8.85 亿 m^3、3.42 亿 m^3、1.16 亿 m^3。

基地总的可供水量为 10.59 亿 m^3，宁夏、内蒙古由于用水水平已经达到甚至超过黄河分水指标，规划水平年没有新增供水工程，两省（自治区）可供水量维持现状水平；陕西、山西两省随着瑶镇、横泉等水库的建成运用，新增可供水量为5.94亿m^3。

由于各基地经济社会的快速发展，需水量迅猛增长，而供水能力增长有限，2020年重点基地缺水增长为11.28亿m^3，缺水率达51.6%。

3）2030年

2030年重点能源化工基地总需水量为28.90亿m^3，在无外流域水量调入的情况下，供水条件基本不变，可供水量为10.99亿m^3，缺水量为17.91亿m^3，缺水率达62.0%。

根据黄河中上游能源重化工基地的经济社会发展的用水需求预测及可供水量的分析来看，2020年和2030年区域的需水量将达到21.87亿m^3和28.90亿m^3，而供水量仅为10.59亿m^3和10.99亿m^3，供需平衡的缺水量将分别达到11.28亿m^3和17.91亿m^3，缺水率分别为51.6%和62.0%，缺水将导致黄河中上游能源化工基地至少一半的规划项目不能上马或不能发挥效益，严重制约地区的经济发展，影响我国能源产业政策和西部大开发战略的有效实施。

从西部大开发战略和西北地区经济社会发展的需求看，上中游地区是我国西部大开发战略的重点地区，黄河流域水资源贫乏为资源性缺水地区，短期内通过开展水资源优化配置、加强水资源管理可缓解供需矛盾，但从长期来看，要根本解决水资源总量不足的问题出路在于跨流域调水补充黄河水源，并通过调水的合理配置提高水资源承载能力。

南水北调西线工程调水入黄河河源地区，供水范围可覆盖黄河全流域区及邻近的河西内陆河地区，并可充分利用黄河干流已建和规划骨干工程的巨大调节库容，最大限度地解决区域发展用水问题。

第13章　渭河流域资源配置与引汉（江）济渭工程

根据本书第2章缺水识别的结果，渭河流域是黄河流域最缺水的地区之一，属资源性缺水的贫水地区，水资源问题非常突出。渭河流域的关中地区是西部大开发的前哨，正在谋划建设关中城市群和关中-天水经济区，其国民经济发展势头强劲，用水需求旺盛增长。目前关中地区水资源开发利用程度已经很高，但仍不能满足经济社会发展需要，人均占有水资源量仅为全国平均水平的17%，耕地亩均水资源量为全国平均水平的14%，水资源不足已严重制约了区域经济社会的发展。此外渭河干流北岸支流大多发源于黄土高原多沙粗沙区，来水含沙量高，对渭河中下游河道产生了严重的淤积威胁，汛期输沙水量的需求也特别大。国民经济用水和输沙、生态用水需求相互交织，使得渭河流域的水资源问题异常复杂。

13.1　渭河流域概况

渭河是黄河第一大支流，发源于甘肃省渭源县乌鼠山，流经甘肃、宁夏、陕西，于陕西省潼关县注入黄河。渭河全长818km，流域面积13.48km^2，其中陕西境内长502 km，流域面积6.71万km^2。关中地区地处陕西省中部，南北以秦岭、北山为界，西起宝鸡，东至潼关，渭河东西向穿过，东西长约400km，海拔325~900m，土地面积5.54万km^2。

关中地区是渭河流域的精华地区，集中了西安、宝鸡、咸阳、铜川、渭南5个大中城市和杨凌农业高新技术产业示范区、阎良飞机城以及一批小城市，人口密集，工农业生产发达，科教力量雄厚，旅游资源丰富，集中了全省60%的人口、55%的耕地、72%的灌溉面积，聚集了全省68%的GDP，是陕西省经济社会发展的主体、核心地带，在陕西省乃至西部大开发的全局中，具有重要的辐射带动作用。根据陕西省经济社会发展中长期规划及《2007年陕西省经济社会蓝皮书》，关中地区应重点培育和开发其优势产业，并依托关中地区的科技和经济优势，建设以大西安为中心的大关中城市群，率先发展以大西安为中心的大关中经济区。以关中带动陕南、陕北，进而实现全省经济社会的跨越式发展。

13.2　渭河流域缺水分析

渭河流域缺水主要为资源型缺水，在用水部门上表现为农业与输沙用水不足；从地区分布看，缺水集中在宝鸡峡以下的干流两岸，其中渭河宝鸡峡—咸阳北岸、咸阳—潼关北、南岸三区缺水较多；从缺水时段分析，缺水主要集中在有输沙需求的6

10月及农业需水相对较大的3月和4月。

在关中地区，由于供水严重不足，有效灌溉面积不能全部得到及时灌溉，有230多万亩灌区无水灌溉，铜川、渭南、咸阳、阎良等城市和工业供水紧张，有近400万人口的农村人畜生活用水十分困难，城镇生活用水水平不高，城镇人均仅99L/d，农村人均仅49L/d，均明显低于全国人均212L/d和69L/d，严重缺水致使社会经济发展滞缓，引发生态环境进一步恶化，地裂缝、地面沉陷给古城西安及周边地区带来巨大的损失。

13.2.1 渭河流域水资源概况

渭河流域地处干旱地区和湿润地区的过渡地带，冬春干旱，雨雪稀少；夏秋炎热，雨量较多，常有暴雨发生。多年平均降水量572mm，中下游地区多年平均降水量610 mm，降水量南多北少，秦岭山区降水量在800～900 mm，渭北地区在500～650 mm，局部地区不足400 mm。降水量年际变化大，年内分配不均，年降水量变差系数在0.20～0.30，全年降水量的60%以上集中在7～10月。

渭河流域的径流主要由降雨形成，具有时空分布不均匀的特点。在空间上，地区分布不均，渭河南岸集水面积仅占渭河流域的20%，径流量占渭河流域的48%。在时间上，渭河流域的径流具有年际变化大、年内分配不均的特点。最大年径流量为218亿m^3，最小年径流量为43亿m^3，分别为平均值的2.24倍和0.44倍；径流多集中在7～10月，该期间降水占年降水量的60%以上，1月份的径流量仅占年径流量的2%左右。

渭河流域多年平均水资源总量为110.72亿m^3。其中，地表水资源量为92.51亿m^3，地下水资源量为56.96亿m^3，地表水与地下水之间重复量为38.76亿m^3，不重复量为18.21亿m^3。关中地区地表水资源量为51.52亿m^3，地下水资源量为43.77亿m^3，扣除两者重复量27.26亿m^3，自产水资源总量为68.03亿m^3。

2008年渭河流域国民经济总用水量为65亿m^3，其中农田灌溉用水量最大，为38亿m^3，占58.5%；工业用水次之，为14亿m^3，占21.5%；居民生活及其他为13亿m^3，占20.0%。

2008年渭河流域总需水量为134.36亿m^3，其中国民经济需水76.26亿m^3，河道内生态和输沙需水58.1亿m^3。在充分发挥现有工程供水能力情况下总供水量为112.97亿m^3，供需缺口27.52亿m^3，缺水程度达19.6%，即现有水源工程仅能满足流域目前需水量的八成。其中关中地区缺水量为27.4亿m^3，占流域总缺水量的99.6%，严重的资源性缺水与流域经济社会发展极不协调，已成为制约渭河流域，尤其是关中地区经济社会发展的瓶颈。因此开展关中地区水资源配置研究十分迫切。

除资源性缺水问题严重外，水质问题进一步加深了关中地区的水资源供需矛盾。根据关中地区河流评价结果分析：评价河流24条，评价河长2481.9 km，受污染河流13条，河长1061.7 km，占评价河长的42.7%。其中Ⅰ、Ⅱ、Ⅲ类占48.1%；Ⅳ类占14.3%；Ⅴ类及劣Ⅴ类占37.6%。其中渭河干流咸阳以下河段水质常年处于超Ⅴ类状态，丧失了基本的水体功能。地下水依据总硬度、NH_4^+、硝酸盐、氟化物等指标评价，

Ⅱ、Ⅲ类水质占 45.6% 和 47.8%，Ⅳ类水和Ⅴ类水分别占 3.4% 和 3.1%。Ⅳ类水和Ⅴ类水主要分布在关中盆地的咸阳—潼关北岸以及潼关—三门峡。

13.2.2　关中地区国民经济与生态环境发展分析

1. 国民经济指标发展预测

人口增长及人口的城镇化进程和经济发展是驱动需水增长的主要原因。因此，对需水量进行预测，需先对经济发展进行预测，主要包括人口预测、城镇化发展预测、国民经济发展预测、产业结构预测和农业发展预测，再根据不同用户用水定额计算分析城市和农村生活需水、一产需水、二产需水和三产需水。

1）人口与城镇化率预测

2020 年人口数量采用陕西省政府批准的《关中城市群建设规划》预测成果，关中地区总人口达到 2532 万人，年均增长率为 8.2‰，城镇化率为 62%；2030 年适当控制人口增长率，总人口为 2685 万人，2020～2030 年年均增长率为 5.9‰，城镇化率为 69%。

2）国民经济各行业发展主要指标预测

根据《陕西省国民经济与社会发展第十一个五年规划纲要》、陕西省第十一次党代会报告及有关规划，到 2020 年关中地区 GDP 达到 11 294 亿元，2030 年达到 20 333 亿元。按照陕西省关中地区经济社会发展产业定位及目标“稳定加强一产、调整优化二产、加快发展三产”的要求，加快产业结构调整的步伐。到 2020 年一产、二产、三产结构调整为 7∶46∶47，到 2030 年结构调整为 5∶45∶50。第二产业形成以高新技术产业为主导，以装备工业、国防科技、电子信息、能源工业为支撑的现代化工业体系；第三产业形成以旅游业为重点，以现代商贸流通、交通邮电、金融保险为支撑的完整现代化服务体系。城镇化、信息化水平明显提高，中心城市得到较快发展。结合以上目标和产业结构预测，2020 年 GDP 按 2005 年可比价格将达到 11 294 亿元，其中第一产业 680 亿元，第二产业 5523 亿元（工业增加值 4391 亿元），第三产业 5391 亿元；2030 年 GDP 将达到 20 333 亿元，其中第一产业 1025 亿元，第二产业 9163 亿元（工业增加值 8045 亿元），第三产业 10 145 亿元。

3）农业发展预测

本着农田有效灌溉面积基本保持不变的原则，对于已成灌区，在不扩大现状灌溉面积的前提下，充分考虑灌区灌溉面积因其他用地而减少的因素，通过节水改造、续建配套，恢复部分有效灌溉面积。2020 年以前，区内的东雷二期抽黄灌溉工程将续建完成，可增加灌溉面积 51 万亩。灌区新增灌溉面积与城市建设用地增减相抵，2020 年和 2030 年关中地区的有效灌溉面积保持现状规模不变。林果发展则以优质果业为目标，面积维持不变。预测 2020 年、2030 年鱼塘面积分别增加到 8.84 万亩、8.90 万亩，大牲畜分别为 225 万头、237 万头，小牲畜分别为 931 万头、983 万头（表 13-1）。

表 13-1　规划水平年关中经济社会发展指标汇总表

水平年	人口				农业				
	总人口/万人	城镇人口/万人	农村人口/万人	城镇化率/%	农田有效灌溉面积/万亩	林草灌溉面积/万亩	鱼塘/万亩	大牲畜/万头	小牲畜/万头
2020 年	2 532	1 573	959	62. 12	1 422	149. 46	8. 66	212	873
2030 年	2 685	1 879	806	69. 98	1 422	149. 46	8. 84	225	931

水平年	GDP								
	一产/亿元	二产				三产/亿元	合计/亿元	增长率/%	
		工业		建筑业/亿元	二产小计/亿元			GDP	二产
		增加值/亿元	火电装机/万 kW						
2020 年	680	4 391	1 725	832	5 223	5 391	11 294	10. 54	10. 55
2030 年	1 025	8 045	2 325	1 118	9 163	10 145	20 333	6. 06	5. 78

2. 生态环境发展分析

生态环境需水可以分为河道内生态及输沙需水和河道外生态环境需水。

河道内生态需水主要用于维持河道基流、排盐、稀释污染物和河流自净等，输沙需水主要用于将渭河北岸发源于黄土高原区多沙支流的泥沙输送到黄河干流，避免在渭河下游区淤积，造成河道萎缩。河道内需水随着水土保持、环境保护等工作的持续发展会有所下降。

河道外生态需水主要用于植被恢复、回补地下水、湿地重建和城市绿地维护等。河道外城市绿化、河湖面积采用已成和规划的水景观面积，随着生活水平的提高，人们对城市绿化的要求随之提高，因此，绿化面积和城市河湖面积将有所增加。

13. 2. 3　节水指标分析

关中地区现状人均用水量指标低于全国，水资源利用效率略高于全国平均水平，但与国内先进水平相比还有一定差距。

1. 节水现状

目前关中地区灌溉水利用系数平均达到 0. 53，已远远高于全国平均水平（0. 45），但限于关中水资源条件，还要进一步加大农业节水力度，于大型灌区续建配套与节水改造有一定进展，但中小型灌区才开始起步，尚有一定节水潜力；关中地区万元工业增加值用水量平均值为 147m^3，是发达国家的 3 ~6 倍，用水重复利用率为 50% 左右，略低于全国平均水平，与国内先进节水城市相比相差 35% 之多，尚有节水潜力，应进一步加大节水投入，采取节水措施，通过调整产业结构，对企业用水实施监控，采用节水设备、材料和技术，改进工艺流程，推行清洁生产，降低工业产值耗水率，提高工业用水重复利用率；平均城镇居民生活用水量为 99L/人 · d，低于全国平均水平，城市供水管网漏失率为18%左右，与全国平均管网漏失率12%～13%相比略大，节水器具普及率为60%，用水水价处于较低水平，节水的潜力主要在降低城镇供水管网漏损率，提高节水器具普及率以及水价调控等方面。

2. 节水指标

根据《陕西省水资源综合规划》，关中地区2020年灌溉节水率达到100%，灌溉水利用系数达到0.60左右，节水灌溉工程达到《节水灌溉技术规范》要求。2021～2030年，灌溉水利用系数提高到0.62以上（表13-2）。

表 13-2　关中地区各水平年节水指标表

分类		节水指标		
		水平年	2020 年	2030 年
总体节水指标		人均用水量/(m^3/人)	310	303
		万元 GDP 用水量/(m^3/万元)	68	40
分类节水指标	农业	综合灌溉定额/(m^3/亩)	272	267
		节水灌溉率	100	100
		灌溉水利用系数	0.60	0.62
	工业	万元工业增加值取水量/(m^3/万元)	≤42	≤26
		工业用水重复利用率/%	≥75	≥80
	城镇生活	管网漏失率/%	≤12	≤10
		节水器具普及率/%	≥90	≥92

按照《全国节水规划纲要（2001～2010）》提出的未来工业新增用水的一半靠节水解决的要求，在确保关中工业发展与资源、环境相协调原则下，关中工业节水目标为：2020年万元工业增加值用水定额降至42m^3，水的重复利用率平均达到75%以上；2030年工业万元增加值用水量定额降至26m^3以下，水的重复利用率平均达到80%以上。取水总量2020年控制在18.49亿m^3，2030年控制在20.68亿m^3，年均增长率控制在1.8%以内（表13-2）。

根据《陕西省“十一五”节水规划》中提出的城市节约用水规划目标，2020年以前关中城市供水管网漏损率降至12%，节水器具普及率达到90%以上；2030年以前，管网漏失率降至10%，节水器具普及率达到92%以上（表13-2）。

3. 用水定额

根据《陕西省水资源综合规划》、《陕西省节约用水规划》、《陕西省节水型社会建设“十一五”规划》中的节水规划，参考现行各行业的用水标准，拟定2020年及2030年关中主要用水部门需水定额（表13-3）。

表 13-3 关中地区主要用水部门各水平年需水定额表

水平年	生活/[L/(人·d)]		生产						生态	
	城镇	农村	农田灌溉/(m^3/亩)		工业综合/(m^3/万元)	建筑业		三产/(m^3/万元)	人均绿地/(m^2/人)	人均河湖补水/(m^3/人)
			50%	75%		(m^3/万元)	(m^3/m^2)			
基本方案 2020 年	135	65	281	317	58	6.3	1.6	7.4	9	9
基本方案 2030 年	142	74	274	309	34	4.4	1.3	5.1	11	8
强化方案 2020 年	123	65	272	307	42	5.6	1.4	6.4	9	9
强化方案 2030 年	132	74	267	301	26	4.6	1.2	4.6	11	8

4. 污水利用

规划到 2020 年，关中地区污水处理率达到 70% ~80%，回用率达到 40% ~50%，其中西安达到 50%，宝鸡、咸阳等城市达到 40%，其他县级城市达到 20%；2030 年污水处理率达到 80% ~90%，回用率达到 50% ~60%，其中西安达到 60%，宝鸡、咸阳、杨凌等城市达到 50%，其他县级城市达到 30%。预测污水回用量 2020 年为 3.61 亿 m^3；2030 年为 4.78 亿 m^3。

13.2.4 关中地区需水预测

根据上述经济指标预测和基本用水定额以及强化方案用水定额，计算分析关中地区各用水部门在不同水平年、代表年条件下的需水预测量。

1. 国民经济需水预测

根据以上各水平年社会经济发展指标、农业灌溉不同降水频率的灌溉定额以及各产业基本、强化节水用水定额，分别计算各水平年 50%、75%、95% 代表年的基本、强化节水方案需水量。预测关中地区不同需水方案总需水量为：基本节水方案 2020 年不同代表年国民经济需水量分别为 86.02 亿 m^3、91.16 亿 m^3、91.16 亿 m^3，2030 年分别为 90.51 亿 m^3、95.52 亿 m^3、95.52 亿 m^3；强化节水方案 2020 年不同代表年需水量分别为 76.48 亿 m^3、81.45 亿 m^3、81.45 亿 m^3，2030 年分别为 81.36 亿 m^3、86.24 亿 m^3、86.24 亿 m^3。国民经济需水预测分为生活需水、农业灌溉需水、林牧渔畜需水、工业与建筑业需水、第三产业需水和河道外生态需水等。预测结果见表 13-4 ~表 13-11 所示。

表 13-4 生活需水量预测结果

水平年	城镇生活					农村生活			需水量合计/万 m^3	
	用水人口/万人	定额/[L/(人·d)]		需水量/万 m^3		用水人口/万人	定额/[L/(人·d)]	需水量/万 m^3		
		基本	推荐	基本	推荐				基本	推荐
2020	1 573	135	123	77 388	70 499	959	65	22 711	100 099	93 210
2030	1 879	142	132	97 550	90 692	806	74	21 720	119 270	112 412

表 13-5　农业灌溉需水量预测结果

水平年	灌溉定额/（m^3/亩）						灌溉需水量/万 m^3					
	基本方案			强化方案			基本方案			强化方案		
	50%	75%	95%	50%	75%	95%	50%	75%	95%	50%	75%	95%
2020	281	317	317	272	307	307	399 656	451 079	451 079	386 503	436 239	436 239
2030	274	309	309	267	301	301	389 469	439 572	439 572	379 167	427 937	427 937

表 13-6　林牧渔畜需水量预测结果

水平年	基本节水方案需水量/万 m^3					强化节水方案需水量/万 m^3				
	林果地	鱼塘补水	大牲畜	小牲畜	合计	林果地	鱼塘补水	大牲畜	小牲畜	合计
2020	25 669	7 715	3 509	7 223	44 117	24 772	7 450	3 344	6 884	42 451
2030	23 877	7 676	3 774	7 988	43 316	23 279	7 409	3 601	7 630	41 920

表 13-7　工业需水量预测结果

水平年	定额			需水/万 m^3			
	高用水/（m^3/万元）	一般工业/（m^3/万元）	火核电/（m^3/kW）	高用水	一般工业	火核电	小计
2020	100	53	9.7	31 520	204 354	16 677	252 551
2030	60	31	7.4	26 892	230 084	17 309	274 286

表 13-8　建筑业需水量预测结果

水平年	基本方案		强化方案	
	定额/（m^3/m^2）	需水量/万 m^3	定额/（m^3/m^2）	需水量/万 m^3
2020	1.6	5 328	1.4	4 678
2030	1.3	5 537	1.2	5 127

表 13-9　第三产业需水量预测结果

水平年	基本方案		强化方案	
	定额/（m^3/m^2）	需水量/万 m^3	定额/（m^3/m^2）	需水量/万 m^3
2020	7.4	39 632	6.4	34 241
2030	5.1	51 392	4.6	46 320

表 13-10　河道外生态需水

水平年	城镇人口/万人	城市绿地			河湖补水		林草灌溉水量/万 m^3	合计/万 m^3
		绿地面积/万 m^3	定额/（m^3/亩）	需水量/万 m^3	定额/（m^3/人）	需水量/万 m^3		
2020	1 572.84	14 749	162	3 584	8.9	13 937	1 275	18 796
2030	1 878.93	21 447	155	4 973	8.4	15 690	1 211	21 874

表 13-11　不同水平年国民经济需水总量　　（单位：亿 m^3）

水平年	基本方案			强化方案		
	P=50%	P=75%	P=95%	P=50%	P=75%	P=95%
2020	86.02	91.16	91.16	76.48	81.45	81.45
2030	90.51	95.52	95.52	81.36	86.24	86.24

2. 河道内需水

根据《黄河流域水资源综合规划报告》，基准年渭河华县断面生态需水量为64.13亿 m^3，其中非汛期（11月～次年5月）低限生态环境需水量为6.13亿 m^3、汛期（7～10月）和汛前（6月）冲沙输沙需水量分别为51.9亿 m^3 和6.1亿 m^3。华县断面1991～2008年天然来水在1954～2008年系列中为偏枯年段，按照丰增枯减的计算原则，该时段生态需水量为46.46亿 m^3，其中汛期35.84亿 m^3、汛前4.49亿 m^3、非汛期6.13亿 m^3。

河道内需水主要体现在6～10月的汛期输沙用水需求。考虑水土保持工作的持续进展，在未来水平年，输沙量的降低导致输沙水需求降低。到2020年，河道内汛期需水量为50.7亿 m^3，到2030年，降低到47.5亿 m^3。

3. 小结

为建设“资源节约型、环境友好型”社会，符合人与自然和谐相处的需要，推荐采用强化节水方案，这能够反映今后长时期内关中国民经济和社会发展长期持续稳定增长对水资源的合理要求，在实践调水措施后可保障经济社会的可持续发展。该方案水资源需求总体上呈现低速增长态势，经济技术指标优良、合理可行，推荐“强化节水模式”需水预测成果为本次采用方案。

13.2.5　可供水量预测

1）预测原则

（1）设计水平年可供水量预测依据《陕西省水利发展“十一五”规划》及中远期规划的水源工程。

（2）充分考虑了现有工程通过配套挖潜、合理配置的增供水量；考虑新建项目的建设进度、配套程度、分析其可供水量。

（3）考虑工程老化、损坏、淤积等因素对其供水能力的衰减影响。

（4）规划水源工程预留河道内最低生态环境需水量。

（5）加强治污，使污水资源化，充分利用中水。

（6）地表水供水按典型年进行调算，并由上游到下游同频率相加。典型年分别为50%、75%、95%。

（7）地下水供水工程的可供水量以可开采量为最大控制，以各水平年年底井数，设备出水能力，结合用户需要进行核算可供水量。

（8）根据各计算分区内大型及重要水源工程的分布，确定供水节点。供水范围跨计算分区的将其不同水平年、不同保证率的可供水量按一定的比例分解到相应计算分区内。

（9）为满足不同水源与用户对水量和水质的要求，根据水功能区划，对供水水质状况和各类功能区可能达到的水质指标进行分析。

2）地表水可供水量

（1）现状水源工程可供水量。

根据关中地区现有供水工程供水能力、运行状况以及来水条件，按照各河系供水工程的供水范围和对象组成的供水系统为调算主体，自上游到下游，先支流后干流逐级调算。

关中现状水资源供需形势十分严峻，出现了挤占农业用水、超采地下水、牺牲生态水等不合理用水局面，应在基准年可供水量中予以退还。

大、中型水库可供水量采用典型年法调算，并将跨区可供水量分解到相应的分区。小型水库和塘坝按照兴利库容乘复蓄系数法估算，并参照类似地区的成果分析确定。

依据以上方法，按水资源四级分区套地级行政区进行不同频率的可供水量调算，并按同频率相加，得出基准年地表水可供水量（表 13-12）。

表 13-12　关中地区基准年地表水可供水量　　（单位：亿 m^3）

代表年	当地地表水				外调水	引黄河干流水	合计
	蓄水	引水	提水	小计			
50%	9.28	11.32	2.90	23.51	0.22	2.30	26.02
75%	8.54	10.19	2.61	21.35	0.22	2.30	23.86
95%	7.11	8.36	2.14	17.61	0.22	2.07	19.90

（2）在建及规划水源工程新增可供水量。

根据陕西省“十一五”水利规划与中远期有关规划，关中在建和规划的大、中型水源工程有东雷抽黄续建工程、渭南涧峪水库、李家河水库、泾河亭口水库、引红济石调水工程等，这些工程可新增生活工业供水量 2.70 亿 m^3，增加农灌供水量 2.78 亿～3.10 亿 m^3。规划的重点水源工程可增加供水量见表 13-13。

表 13-13　在建及规划水源工程可供水量　　（单位：万 m^3）

工程名称	建设年限	总库容	兴利库容	设计供水能力	增加供水量				工程任务
					城镇生活生产	灌溉			
						50%	75%	95%	
亭口水库	2010	19 800	16 300	6 450	6 450				城镇、工业供水
涧峪水库	2010	1 299	1 150	2 251	1 246	1 005	915	750	城镇供水、灌溉
李家河	2020	5 690	4 520	7 320	7 320				城镇供水、灌溉
引红济石及石头河	2010	14 700	12 050	29 602	11 980				城镇供水、灌溉
东雷二期续建	2010			43 000	0	25 000	25 000	22 500	灌溉
合计		41 489	34 020	43 000	26 996	26 005	25 915	23 250	

（3）其他水源工程可供水量。

2020 年规划中小灌区进行节水改造续建配套改善，对中小型水库进行除险加固。在秦岭北麓渭河支流建设一些小型水库，可增加部分供水量。预测 2020 年 50%、75%、95%代表年可增加供水量为 0.62 亿 m^3、0.58 亿 m^3、0.37 亿 m^3，2030 年以后基本无新增小型水利工程。

（4）地表水可供水量合计。

按照现状水源工程、在建和规划水源工程新增可供水量，并考虑已有水源工程供水能力的衰减，同样对规划水平年地表水可供水量进行总量控制。根据《黄河流域水资源综合规划报告》2020 年渭河华县和北洛河状头断面下泄的生态环境需水量分别为 56.03 亿 m^3 和 2.77 亿 m^3，渭河入黄水量应达到 58.80 亿 m^3，按丰增枯减的原则，75%和 95%代表年要求下泄水量分别为 40.57 亿 m^3 和 26.46 亿 m^3。随着上游地区经济社会发展，渭河上游甘肃、宁夏两省到 2020 年耗水量将增加 5.84 亿 m^3，则入境水量将由 39.33 亿 m^3 减少到 33.49 亿 m^3，计算在汇流过程中产生的河湖库蒸发、排水蒸发以及潜水蒸发等非用水消耗量 3.38 亿 m^3。则关中地区 2020 年允许消耗的地表水资源量为 21.26 亿 m^3，如果耗水系数按照 0.80 计算，则关中地区 2020 年地表水供水量应不大于 26.58 亿 m^3，75%代表年和 95%代表年地表水供水量应不大于 23.29 亿 m^3 和 17.98 亿 m^3。到 2030 年，渭河上游水土保持措施加强，输沙水量减少，到时关中地区地表水供水量应不大于 27.76 亿 m^3，75%和 95%代表年地表水供水量应不大于 23.98 亿 m^3 和 18.36 亿 m^3。规划水平年允许消耗量计算成果见表 13-14。

表 13-14　规划水平年允许消耗量计算成果　（单位：亿 m^3）

项目			均值	频率			
				20%	50%	75%	95%
①自产水量			49.95	63.44	47.45	37.46	26.47
②入境水量			33.49	42.53	31.82	25.12	17.75
③汇流损失			3.38	3.38	3.38	3.38	3.38
④要求下泄量		2020 年	58.80	77.62	54.68	40.57	26.46
		2030 年	57.30	75.64	53.29	39.54	25.79
⑤允许消耗量（①+②-③-④）		2020 年	21.26	24.97	21.20	18.63	14.38
		2030 年	22.76	26.95	22.60	19.66	15.06
折算供水量	耗水系数 0.80	2020 年	26.58	31.22	26.51	23.29	17.98
	耗水系数 0.82	2030 年	27.76	32.87	27.56	23.98	18.36

以计算的地表水允许消耗量为控制指标，计算关中地区 2020 年、2030 年地表水可供水量见表 13-15。

表13-15　关中地区规划水平年地表水可供水量　（单位：亿 m^3）

水平年	代表年	地表水			
		当地地表水	外调水	黄河干流水	地表水小计
2020年	50%	25.94	1.21	4.80	31.95
	75%	23.73	1.21	4.80	29.73
	95%	19.29	1.21	4.80	25.30
2030年	50%	25.46	1.21	4.80	31.47
	75%	23.29	1.21	4.80	29.30
	95%	18.89	1.21	4.80	24.90

3）地下水可供水量

依据《陕西省水资源综合规划》成果，关中盆地地下水资源量为33.48亿 m^3，可开采量为28.04亿 m^3，2008年实际开采量为28.40亿 m^3，一些城市集中水源地和井灌区已经严重超采。为保证地下水的可持续利用，应调整布局、实施总量控制。对西安、宝鸡、咸阳和渭南等城市地超采区实行限采、压采；对泾惠渠、蒲（城）富（平）井灌区及周至、户县、长安井灌区等农灌超采区实施限采和节水措施减少供给量；在平衡区，维持现状开采量；在渭河两岸有开采潜力的洪积扇区和漫滩、阶地区，可适当加大浅层地下水资源的开采，以达到采补平衡。对分布在渭北的岩溶水，其分布不均，赋存条件复杂，可少量开采，主要用于生活和工业用水。

依据上述条件，灌区超采区可压采1.86亿 m^3，城市压采2.73亿 m^3。另外对水质不合格退采0.26亿 m^3，关停一部分企事业单位自备井0.72亿 m^3，关闭深层承压水0.50亿 m^3。但对尚有开采潜力的地区新增浅层地下水开采量1.03亿 m^3，新增岩溶水供水量0.45亿 m^3，规划2020年、2030年关中地区地下水可供水量为23.81亿 m^3。

4）其他工程可供水量

（1）雨水集蓄利用。雨水集蓄利用主要指收集储存屋顶、场院、道路等场所的降雨或微型蓄水工程，包括水窖、水池、水柜、水塘等。通过对现有集雨工程的调查，对规划水平年集雨工程进行了初步规划，预测2020年关中地区雨水集蓄利用1800万 m^3，2030年达到3000万 m^3。

（2）污水处理再利用。关中地区规划建设一批污水处理项目，最大限度进行污水再生利用，改善生态环境，节约新鲜水。经计算2020年关中地区废污水排放量将达到16.70亿 m^3，2030年废污水排放量将达到18.20亿 m^3。参照国家《城市污水处理及污染防治技术政策》和《全国节水规划纲要（2001～2010）》的有关规定，2010年城镇生活污水处理率，建制镇平均不低于50%，设市城市不低于60%，省会城市、直辖市、计划单列市不低于70%，有些区域参考当地的污水处理设施现状和规划建设情况，适当调整。2020年和2030年水平城镇生活污水处理率，国家没有做出明确规定，考虑到目前关中地区污染的严重程度及国家对污染的治理力度，规划2020年、2030年污水处理厂污水收集率应不低于70%。2020年城市污水处理率达到70%～80%，回用率达到40%～50%，其中西安达到50%，宝鸡、咸阳等城市达到40%；2030年污水处理率达到80%～90%，回用率达到50%～60%，其中西安达到60%，宝鸡、咸阳、杨凌等城市达到50%，其他中型城市达到30%，小城市（包括县城）达到15%。预测污水回用量2020年为3.61亿m^3，2030年为4.78亿m^3。

5）不同水平年可供水量汇总

按照各水平年相应水源工程项目和供水预测原则方法，在50%代表年情况下，2020年关中地区可供水量为59.54亿m^3，其中地表水供水31.95亿m^3，占总可供水量的53.7%；地下水供水量为23.81亿m^3，占总供水量的40%；其他供水水源3.79亿m^3，占6.3%。地下水供水比例呈降低趋势，地表水供水比重有所提高，不同水源的供水比例基本趋向合理。

2020～2030年，关中地区本地可以开发利用的水源都已充分利用，基本上没有新建大的水源工程。同时考虑到工程的老化，供水能力衰减等因素，关中地区2030年50%代表年可供水量为60.36亿m^3，其中地表水供水量为31.47亿m^3，地下水供水量为23.81亿m^3，其他水源供水量为5.08亿m^3。2020年、2030年关中地区各类供水工程可供水量见表13-16。

表13-16　关中地区规划水平年可供水量　（单位：亿m^3）

水平年	代表年	地表水	地下水	雨水集蓄	再生水利用	合计
2020	50%	31.95	23.81	0.18	3.61	59.54
	75%	29.73	23.81	0.18	3.61	57.33
	95%	25.30	23.81	0.18	3.61	52.89
2030	50%	31.47	23.81	0.30	4.78	60.36
	75%	29.30	23.81	0.30	4.78	58.19
	95%	24.90	23.81	0.30	4.78	53.79

13.2.6　供需平衡分析

2020年关中地区推荐节水方案需水预测中，充分考虑各种节水措施的实施，50%、75%、95%代表年国民经济需水量分别达到76.48亿m^3、81.45亿m^3、81.45亿m^3。

按照规划，2020年以前关中地区基本完成区内水库除险加固工程，并建成主要水源工程泾河支流黑河亭口、灞河支流辋川河的李家河、涧峪水库等水源工程和一些中小型供水工程，同时加大污水、雨水等非常规水源的利用。与基准年相比，50%、75%、95%代表年关中地区可增加供水量9.21亿m^3、9.16亿m^3、8.69亿m^3，可供水量分别达到59.54亿m^3、57.33亿m^3、52.89亿m^3。

2020年50%代表年缺水量为16.94亿m^3，75%代表年缺水量为24.12亿m^3、95%代表年缺水量为28.56亿m^3。

2030年关中地区强化节水方案需水预测中，充分考虑继续完善节水型社会建设步伐，合理调整产业布局、限制高耗水工业发展等节水措施的实施。经计算，50%、

75%、95%不同代表年需水量分别达到 81.36 亿 m^3、86.24 亿 m^3、86.24 亿 m^3。而当地水资源可开发的潜力所剩无几，增供水量只能考虑适当增加污水回用、雨水利用等非常规水的供水能力。经计算 50%、75%、95% 三个代表年可供水量分别达到 60.36 亿 m^3、58.19 亿 m^3、53.79 亿 m^3。

到 2030 年虽然加大节水措施力度，但由于关中地区属于资源性缺水，而且又是经济发达、人口集中地区，社会发展对水的需求增加较快，而供水能力有限，水资源供需矛盾加剧，50%、75%、95% 三个代表年缺水量分别达到 21.00 亿 m^3、28.05 亿 m^3、32.45 亿 m^3。

13.2.7 小结

由关中地区水资源供需平衡分析可知，在充分发挥了当地水资源承载能力和加强各行业节水措施的条件下，关中地区的缺水形势仍然很严重，仅靠节水和再生水利用已不能解决水资源短缺造成的一系列水环境问题，缺水问题极大地制约了关中地区乃至整个陕西经济的发展。要解决水资源供需矛盾，必须实施跨流域调水工程——引汉济渭工程。

13.3 引汉（江）济渭工程概述

自 2002 年 12 月国务院批准南水北调总体规划以来，水利部黄河委员会等相关部门和单位加快了南水北调西线一期工程前期工作的进程。与此同时，为加强有关引水方案的研究，水利部布置开展了“引江济渭入黄”方案的研究论证工作，安排黄河水利委员会牵头，长江水利委员会配合，于 2005 年完成《引江济渭入黄研究方案》。该方案涉及的调水线路包括引汉济渭、引嘉入汉济渭（从白龙江李家沟引水到嘉陵江干流巨亭水库再到汉江上游）、嘉陵江（略阳）补汉、大宁河补汉四条调水线路。其中大宁河补汉主要解决引汉济渭后南水北调中线工程的水源不足问题，与西线一期工程的关联不大，本章不予讨论。

引汉（江）济渭是在南水北调西线工程论证研究中提出的替代性调水工程，主要包括：①引汉济渭工程；②嘉陵江补汉工程；③小江调水工程（图 13-1）。本部分研究的重点是要回答引汉（江）济渭能不能替代南水北调西线工程，解决黄河中上游的缺水问题，以及黄河下游的冲沙问题。

13.3.1 引汉济渭工程

引汉济渭工程是《渭河流域重点治理规划》、《全国水资源综合规划》和《渭河流域重点治理规划陕西省水利项目实施方案》中确定的跨流域调水工程。工程从陕南汉江流域调水至渭河流域的关中地区，向渭河沿岸重要城市、县城、工业园区供水，逐步退还挤占的农业与生态用水，缓解城市与农业、生态用水的矛盾，同时也是陕北能源化工基地实现引黄置换配置目标的战略性水源工程。

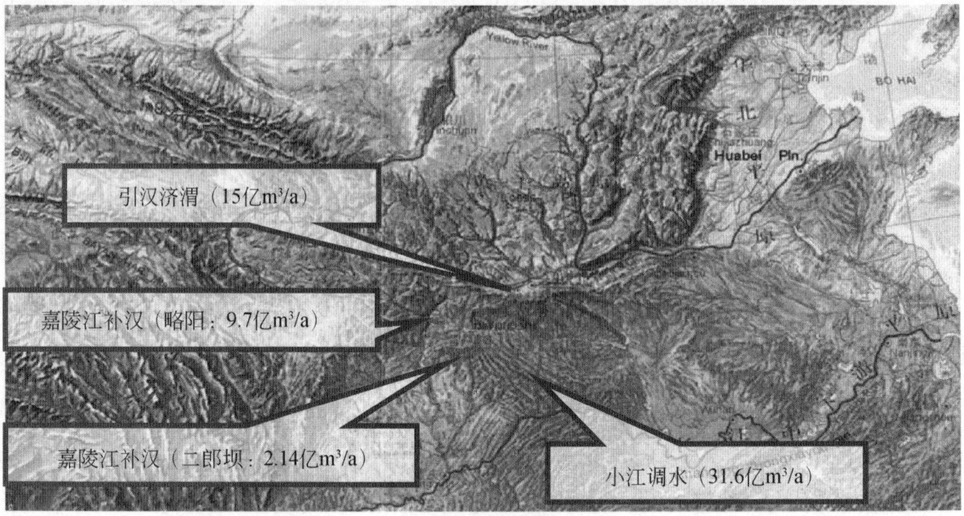

图 13-1　引汉济渭及嘉陵江补汉调水规模图

引汉济渭工程以汉江干流黄金峡水库及其支流子午河三河口水库为水源，由黄金峡泵站自黄金峡水库提水，通过无压引水隧洞（分为“黄三段”和“越岭段”两段），自流输水至黑河金盆水库下游黄池沟，连接关中供水网络，实现向关中地区供水。汛期自黄金峡水库引来的部分多余水量通过设置在三河口水库坝址的地下泵站抽送到三河口水库调蓄，在枯水期经秦岭隧洞（越岭段）自流到黄池沟，接通关中供水网。途中利用部分水头在三河口水库设置发电站。

该工程由“两库、两电、两泵、一洞两段、一网”组成。“两库”是黄金峡水库和三河口水库；“两电”是分别在这两个水库坝址设有两个电站；“两泵”是这两个水库坝址有两个泵站；“一洞”是从现在的黄金峡到关中的出口 97.37km 长的无压引水隧洞；“两段”是指引水隧洞在三河口坝址地下 60m 深处设一地下汇流池、一泵站、一电站，以此点为界，可将隧洞分为两段，即黄金峡至三河口段（黄三段，也称黄三隧洞）和翻越秦岭主峰段（越岭段，也称秦岭隧洞）；“一网”是从宝鸡至渭南的关中整体供水管网。

为有效缓解关中地区水资源供需矛盾，引汉济渭工程采用整体一次立项建设。工程 2020 年、2030 年水平年由汉江向陕西关中地区调水多年平均 15.3 亿 m^3。

13.3.2　嘉陵江补汉工程

嘉陵江补汉工程包括：①二郎坝引嘉入汉水电站；②略阳引嘉入汉方案；③白龙江—巨亭引嘉入汉方案。其中白龙江—巨亭引嘉入汉方案的前期工作较少，2030 年之前很难实行，这里不做讨论。

1. 二郎坝引嘉入汉工程

二郎坝引嘉（陵江）入汉（江）水电站，位于陕西省宁强县境内，是一项中型跨流域调水工程，具有灌溉、发电、工业供水等综合利用效益，多年平均调水量2.14亿m^3。灌溉面积12.2万亩，其中扩灌4万亩，电站分三级开发，总装机容量5万kW，保证出力1.36万kW（P=80%），多年平均发电量2亿kW·h，年利用小时数4000h。嘉陵江的二级支流西流河与汉江一级支流玉带河之间，仅一岭相隔，直线距离5.5km，水面高差229m，具有跨流域开发的条件。本工程就是利用这一优越自然条件，开发利用西流河的水力资源，同时发挥跨流域调水效益。

1984年10月12日曾将西流河水调入玉带河建成了卧龙台一期电站，装机8000kW，年发电量5000万kW·h，保证出力0.35万kW（P=80%），年利用小时3689h。

1988年11月，宁强县正式委托水利部陕西水利电力勘测设计研究院对二郎坝引嘉（陵江）入汉（江）水电站进行全面勘测设计，1989年10月完成《陕西省宁强县二郎坝引嘉（陵江）入汉（江）水利工程设计任务书》。

西流河经宁强县水田坪乡时穿过一座大山底部，形成一道长270m，宽30m，高25m的暗河，似大桥从西流河上跨过，因名天生桥。该工程包括天生桥、二郎坝和卧龙台三个梯级电站。

1）天生桥电站

工程实施方案是在宁强县水田坪乡西流河上封堵天然暗河，形成以山体挡水的天生桥水库。坝址以上流域面积401 km^2，西流河多年平均径流2.5亿m^3，水库总库容7800万m^3，其中兴利库容5030万m^3，调洪库容1930万m^3。水库枢纽由混凝土拱型堵头、副坝及古河道截渗墙、山体防渗帷幕、右岸溢洪洞、左岸泄洪洞、左岸压力输水隧洞和一级天生桥电站7项工程组成。天生桥电站设计水头80 m，设计流量17.19m^3/s，装机容量1.2万kW，年发电量4350万kW·h。

2）二郎坝电站

天生桥电站尾水穿过5.63 km隧洞至二郎坝乡黄家湾，建二郎坝二级电站。设计水头60.9m，设计流量14.5m^3/s，装机容量0.75万kW，年发电量2971万kW·h。

3）卧龙台电站

二级电站尾水穿过分水岭隧洞，经4.77km隧洞引水至卧龙台，建三级卧龙台电站，设计水头240m，设计流量15.5m^3/s，装机容量3.05万kW（包括已建的8000kW装机），年发电量12 679万kW·h，电站尾水退入玉带河，汇入汉江，沿途除满足灌溉用水外，还保证汉江钢铁厂工业用水。

工程于1999年8月28日主体工程建设完成，卧龙台Ⅱ期电站首台机组发电。2000年6月15日三级电站10台机组全部投产运行。

2. 略阳引嘉入汉工程

略阳引嘉入汉方案的调水点位于嘉陵江上游陕西省略阳县城附近的石碑子，略阳水文站集水面积1.92万km^2，多年平均径流量为38.5亿m^3。受宝成铁路高程限制，略阳引水枢纽采用径流式开发，引水流量40m^3/s时，年均可向汉江补水约9.7亿m^3。

石碑子坝址位于略阳县城以上约2.0km处，在此建低坝取水，沿嘉陵江左岸向东，明渠引水0.40km，穿2.0km隧洞至八渡河右岸，采用倒虹吸方式过八渡河，再以明渠引水0.40km后进入长28.5km的隧洞。该隧洞由符家坝开始，以东南方向穿过东渡河支流大沟后，洞线基本平行于此沟而下行约10km，再穿大小支沟峻岭，于何家岩北2.0km处，跨越嘉陵江与汉江分水岭，至汉江支流沮水上游白河出洞。调水线路全长31.5km，其中隧洞长度30.5km，最长段隧洞长度28.5km，隧洞比降为1/2000，圆形洞洞径为5.4m。

13.3.3 小江调水工程

小江调水初步预想方案是在重庆开县三峡库区长江一级支流小江距离入江口90km处，抽取倒灌进小江的长江水，通过水泵扬水382m，到达输水隧洞入口，采用深埋长隧洞输水，穿过大巴山及秦岭，在咸阳附近进入渭河。输水线路总长441km，其中隧洞308km。

小江调水方案从三峡库内调水，水源丰富，在不影响三峡电站保证出力的条件下，年调水量为31.6亿m^3；若延长调水时间或加大工程规模，调水量可进一步加大，但是需分析对三峡、葛洲坝电站以及长江下游河道航运的影响。

小江调水的水量2倍于引汉济渭，可以基本解决陕北和关中水资源不宽裕的现状，通过水权置换可以辐射解决陕北能源重化工基地发展用水问题。小江调水方案需通过大流量高扬程的泵站提水过大巴山、秦岭到渭河，然后自流入黄河，输水隧洞和渡槽总长超过300km，引水流量约150m^3/s。不论是隧洞长度、隧洞直径、泵站容量等单项指标，还是工程总规模，都堪比西线工程，但其受益范围比西线工程要小很多。即使建设了小江调水工程，依然无法完全替代南水北调西线工程，未来仍面临着重复建设、工程效益发挥不充分的问题。目前，小江调水仅完成了前期踏勘工作。

13.3.4 小结

引汉（江）济渭近期和中期的三项主要工程中，引汉济渭工程调水能力15.3亿m^3/a，工程主要解决陕西省关中城市群的缺水问题，城市排水经处理后的再生水可以补充部分渭河生态水。该工程通过水权置换，还能解决陕北能源重化工基地的发展用水问题。目前，引汉济渭工程已被列为陕西省在21世纪初重点建设的头号水利工程，其项目建议书已经通过水利部水利水电规划设计总院和中国国际工程咨询公司审查，现处于发改委审核待批阶段。引汉济渭工程2020年建成通水可能性较大，是本次研究的重点。

嘉陵江补汉工程主要是解决引汉济渭调水实施后，汉江及南水北调中线的水源不足问题，其调水线路主要有两条：一是陕西省宁强县二郎坝引嘉入汉工程，从嘉陵江的二级支流西流河引水至汉江一级支流玉带河，目前已经建成，多年平均补水能力2.14亿m^3/a；二是略阳引嘉入汉方案，从嘉陵江干流略阳水文站上游2 km处筑堤坝取水，通过明渠和隧洞引水至汉江支流沮水上游白河，年引水能力9.7亿m^3/a。略阳引嘉入汉工程位于嘉陵江上游干流，二郎坝引嘉入汉工程位于略阳下游嘉陵江的二级支流西流河上，二者的调水区没有重合。

小江调水目前只有初步设想，仅做过一次线路踏勘和前期专家咨询，其调水量尚没有经过详细论证。小江调水的隧洞长超过 300km，引水流量 150m^3/s，还要经过高扬程的泵站提水，其规模堪比南水北调西线工程，但受益范围远不及西线工程，无法覆盖黄河上游地区，也不能解决黄河中游能源重化工基地发展的用水问题。在 2030 年可预见的范围内，暂不讨论这一方案。

13.4　引汉济渭工程作用分析

针对陕西关中地区的缺水问题，陕西省曾先后研究过不同的解决途径。分析认为，引汉济渭是解决关中近、中期缺水问题的有效措施。2002 年 7 月，陕西省水利厅开展了引汉济渭工程规划工作。2003 年提出了《引汉济渭调水工程规划》报告。2004 年在《引江济渭入黄方案》研究中，又对引汉济渭规划方案进行了补充研究。

13.4.1　供水范围及目标

根据水源区可调水量分析，受水源区条件的限制，引汉济渭的规划调水量为 15.3 亿 m^3，调水量有限，只能解决受水区有限的目标。根据渭河流域的缺水情况，流域缺水主要集中在关中地区，关中地区缺水占流域总缺水量的 80% 以上。

引汉济渭工程的输水隧洞出口在咸阳以上、黑河金盆水库东侧的黄池沟。根据入渭地点的位置、渭河流域缺水情况及缺水分布，供水范围初步确定为渭河流域的关中地区，主要包括宝鸡、西安、咸阳、渭南、杨凌 5 个重点城市、兴平等 13 个县级城市及沿线 8 个重要工业园区。供水目标为以关中地区城市工业和生活用水为主，兼顾农业灌溉和生态环境用水。

13.4.2　工程投资及供水成本

引汉济渭调水工程估算总投资为 154.03 亿元，其中主体工程投资 115.58 亿元，移民和环境等其他部分投资 38.45 亿元，折合单方水工程投资 10.07 元。

经《陕西省引汉济渭工程项目建议书》（2009）初步测算，在不考虑贷款利息的条件下，黄三隧洞出口供水成本为 1.00 元/m^3，其中抽水电费为 0.56 元/m^3；秦岭隧洞出口供水成本为 0.90 元/m^3，其中抽水电费为 0.31 元/m^3（目前黑河金盆水库向西安市供水水价为 0.7 元/m^3；经初步分析，引汉济渭工程生效时，关中地区居民可承受的原水水价在 1.8 元/m^3 以下）。

13.4.3　水量配置

根据渭河流域水资源供需平衡，在强化节水方案下，2020 年渭河流域关中地区国民经济总缺水量为 16.94 亿 m^3，2020 年引汉济渭工程通水后，多年平均向关中地区供水 15.3 亿 m^3，使国民经济缺水量缩减为 1.64 亿 m^3，基本解决关中地区缺水问题。工农业和城镇生活用水的排水经处理再生后，预计可增加渭河河道内生态配水 2.7 亿 m^3。

13.4.4 供水作用分析

1. 国民经济供水作用分析

引汉济渭调水工程生效后（生效水平年为2020年），可向关中地区供水15.3亿m^3，根据供需平衡计算，关中地区缺水量由调水前的16.94亿m^3减少至1.64亿m^3，可以基本解决关中地区的国民经济缺水问题。

2. 河道生态供水作用分析

在引汉济渭工程生效的情况下，多年平均可向渭河下游河道内补充水量2.7亿m^3，其中非汛期可以增加河道内用水量1.7亿m^3，对保证特枯来水年份河道内生态基流用水要求、确保渭河不断流起到积极的作用，但对渭河中下游的输沙减淤作用不大。

13.4.5 考虑嘉陵江（略阳）补汉方案的调水规模分析

根据可调水量及调水影响分析，南水北调中线工程陶岔多年平均北调水量为95亿m^3，引汉济渭多年平均引水15.3亿m^3，丹江口水库天然入库径流减少后，陶岔多年平均北调水量减少1.95亿m^3左右，约占原调水量的2%。因此调水15亿m^3左右，对中线一期工程供水保证程度影响较小，并且二郎坝引嘉入汉工程已经生效，多年平均向汉江流域补水2.14亿m^3，二者基本相当，影响相互抵消。但如果进一步加大引水量，则需要考虑实施嘉陵江（略阳）补汉等措施。

1. 考虑嘉陵江（略阳）补汉方案的调水规模指标

考虑嘉陵江（略阳）补汉方案多年平均补水9.7亿m^3，其中0.3亿m^3用于沿程的蒸发渗漏损失。在不增加对中线调水影响的情况下，引汉济渭调水量预计可达到24.7亿m^3。

引汉济渭和嘉陵江补汉调水24.7亿m^3方案由两部分组成，一部分为嘉陵江（略阳）补汉方案，另一部分是引汉济渭方案。嘉陵江（略阳）补汉方案从嘉陵江上游略阳附近调水至汉江上游支流，入黄金峡库区，隧洞设计引水流量40m^3/s，多年平均调水量9.7亿m^3。引汉济渭24.7亿m^3，是在原引汉济渭15.3亿m^3方案的基础上，增大引水线路调水规模，黄金峡—三河口段隧洞设计引水流量75m^3/s，多年平均从黄金峡水库引水19.2亿m^3入子午河三河口水库，经三河口水库调节后，以100m^3/s的引水流量向渭河支流黑河引水，多年平均调水量24.7亿m^3。引汉济渭不同调水规模方案主要指标见表13-17。

表13-17 引汉济渭不同调水规模方案主要指标

序号	项目	单位	调水15.3亿m^3方案	调水24.7亿m^3方案		
1	调水方案		引汉济渭	嘉陵江补汉（略阳）	引汉济渭	小计

续表

序号	项目	单位	调水 15.3 亿 m^3 方案	调水 24.7 亿 m^3 方案		
2	引水枢纽		黄金峡/三河口	石碑子	黄金峡/三河口	
2.1	引水河流		汉江	嘉陵江	汉江	
2.2	坝址年径流量	亿 m^3	81.7/9.52	38.5	81.7/9.52	
2.3	多年平均调水量	亿 m^3	15.3	9.7	15.0	24.7
2.4	引水期	个月	12	12	12	
2.5	正常蓄水位	m	450/636.9	638.3	450/636.9	
2.6	死水位	m	440/617		440/617	
2.7	坝型		砼重力坝/砼面板坝	砼溢流坝	砼重力坝/砼面板坝	
2.8	最大坝高	m	63.5/137.9	20.3	63.5/137.9	
2.9	总库容	亿 m^3	1.90/6.80	—	1.90/6.80	
2.10	调节库容	亿 m^3	0.84/3.10	—	0.84/3.10	
3	调水线路		汉江—子午河/子午河—黑河	嘉陵江—汉江	汉江—子午河/子午河—黑河	
3.1	引水流量	m^3/s	40/65	40	75/100	
3.2	线路全长	km	79.23	31.5	79.23	110.73
3.3	隧洞长度	km	78.98	30.5	78.98	109.48
3.4	最长段隧洞长	km	63	28.5	63	63
3.5	洞型		城门洞/圆形	圆形	城门洞/圆形	
3.6	洞径（宽×高/直径）	m	5.5×5.5/7.4	5.4	6.9×6.9/8.7	
3.7	隧洞比降		1/3000；1/4000	1/2000	1/3000；1/4000	
3.8	渡槽长度	km	0.25	0.2（倒虹吸）		
3.9	明渠长度	km		0.8		
4	抽水站		黄金峡泵站		黄金峡泵站	
4.1	地形扬程	m	210		210	
4.2	装机容量	MW	106		199	
4.3	年耗电量	亿 kW·h	6.9		13.5	
5	主要工程量					
5.1	土石方明挖	万 m^3	303.6	16.4	317.3	333.6
5.2	石方洞挖	万 m^3	520.3	103.8	706.0	809.8
5.3	坝体石方填筑	万 m^3	548.5		548.5	548.5
5.4	洞衬混凝土	万 m^3	120.4	25.7	166.9	192.6
5.5	浇筑混凝土	万 m^3	112.0	15.2	124.4	139.6
5.6	钢筋（材）	万 t	14.4	2.7	19.4	22.2

2. 不同调水规模比较及调水规模选择

引汉济渭及嘉陵江补汉方案的两种调水规模方案在建筑物规模、工程投资、满足受水区缺水程度等方面存在较大的差别。

1）工程规模及调水影响方面

引汉济渭调水15.3亿m^3方案，调水量仅占黄金峡断面径流量（81.7亿m^3）的18.7%，占丹江口入库径流量（388亿m^3）的3.9%，对中线调水工程影响较小，可不考虑补汉措施；调水工程仅涉及汉江和渭河两大河流，引水线路较短，工程相对简单。引汉济渭调水24.7亿m^3方案，调水量占黄金峡断面径流量的30.2%，占丹江口入库流量的6.4%，对中线调水工程将产生较大的影响，需配合嘉陵江补汉措施向汉江补水；调水方案增加了从嘉陵江到汉江的调水工程；调水减少嘉陵江干流梯级电站保证出力41.6MW，发电量4.1亿kW·h。可见，调水量增加后调水影响也相应增大。

2）供水效果方面

计算表明，引汉济渭调水15.3亿m^3方案实施后，关中地区缺水量将由13.4亿m^3减少为0.8亿m^3，基本解决关中地区的国民经济缺水问题，但6～10月仍缺少河道内输沙水量7.11亿m^3。增加嘉陵江（略阳）补汉方案后，引汉济渭的调水量可增加近9.4亿m^3，虽然从水量上可补足河道内输沙水量缺口，但由于没有相应的调蓄水库对增调水量进行调节，水量均匀进入渭河下游河道，在过程上仍不能满足输沙用水需求。因此增调水量对渭河下游的输沙减淤作用有限。

3）增加水库调蓄能力的可能性

引汉济渭方案调蓄水库包括进口的三河口水库（直接调蓄）和出口的黑河金盆水库（通过水库联调间接调蓄）。受库区地形条件及西安—汉中高速公路高程的制约，三河口水库调节库容增加的可能性较小。

黑河金盆水利枢纽是一项以西安市城市供水为主，兼顾农灌供水，结合发电、防洪等综合利用的水利工程，工程于2002年年底建成蓄水。从地形条件来看，黑河金盆水库坝址两岸地形可满足大坝加高要求；但存在左岸古河道渗漏以及右岸2#滑坡等地质问题，水库水位抬高还涉及库区左岸G108国道部分改线问题。目前布置的混合调水方案，输水隧洞自流出黄池沟，之后直接连通关中供水网络，不与金盆水库发生直接联系，但可通过金盆水库在工程的检修或调水间歇期给管网补水，起到间接调蓄作用。根据三河口水库和金盆水库库容曲线，估算金盆水库正常水位抬高1.0m相应调节库容增加约500万m^3，而三河口水库死水位抬高1.0m相应调节库容损失约1000万m^3，两水库有效库容对比，抬高金盆水库正常水位不能起到增加调蓄库容的目的。由此说明在调水线路中没有增加水库调蓄能力的余地。

13.4.6 小结

通过嘉陵江补汉方案可以增加引汉济渭工程的可调水量9.7亿m^3/a，使得引汉济渭的调水规模扩大到24.7亿m^3/a，理论上可以满足渭河的输沙和生态用水。但是，引汉济渭缺乏岭北调蓄工程，三河口水库的调蓄能力有限，黑河金盆水库与引汉济渭水无直接联系（新的方案降低了输水隧洞的高程，出口位置改在黄池沟），且增加调蓄容量的空间有限，困难重重。如果引来的水均匀放入渭河，则不能形成人造洪峰，创造最有利于输沙的河道水流情势，达不到预期的输沙效果。另外，如果将增加的调水量直接放入渭河河道，还涉及谁来为0.90元/m^3的调水成本买单等一系列的运行管理问题。

综合分析认为：引汉济渭调水15.3亿m^3方案，工程投资适中，工程的调度管理相对容易，调水可基本解决陕西关中地区国民经济发展的缺水问题，因此将该方案作为引汉济渭的代表性方案进行研究。嘉陵江略阳补汉方案引水线路短，工程投资小，是向汉江补水的一个较优的方案，可作为调水不足时的备用水源，对保证引汉济渭后减轻对调出区的影响具有显著的作用。

13.5　引汉济渭与南水北调西线的关系

引汉济渭调水目标以解决渭河流域关中地区近、中期的缺水问题为主，同时适当补充河道内水量，供水范围是渭河流域的关中地区，供水目标以关中地区城市工业和生活用水为主，兼顾农业灌溉和生态环境用水。年均可向关中地区供水15.3亿m^3，2020年水平方案实施后，渭河关中地区河道外缺水由调水前的16.94亿m^3减少至1.64亿m^3，可以基本解决关中地区的国民经济缺水问题。年均可向渭河下游河道补充水量2.7亿m^3，其中非汛期可以增加河道内用水量1.7亿m^3，将对满足特枯来水年份河道内生态基流用水要求、确保渭河不断流起到积极的作用。

引汉济渭工程方案为改善和恢复渭河和黄河下游河道功能提供了条件，但工程受调水量和入黄位置的局限，以及引水线路短、工程规模较小，都难以解决黄河潼关以上的上中游地区的国民经济用水需求。此外，受黄金峡水库调节能力小且调水量大时会对南水北调中线有一定的影响，调水量有限的限制，在补充关中地区的国民经济用水以后，除河道内配置的水量可为黄河干流补充部分生态基流外，没有多余的水量可供黄河流域其他缺水地区使用，因此，引汉济渭对于缓解黄河流域其他区域缺水问题的作用很小。相比之下，南水北调西线工程更有优势，除调水量大外，由于入黄位置高、覆盖范围大的特点，可以完全覆盖黄河上中下游的主要缺水地区，调水量经过黄河上中游的主要城市、生态脆弱带、重要能源基地、干流水电基地，由此产生的经济效益、环境效益和社会效益是引汉济渭工程方案所无法比拟的。

综上所述，引汉济渭调水工程由于入黄位置的局限，难以解决黄河潼关以上的上中游地区和宁蒙、小北干流两处关键河段的缺水和淤积问题，引汉济渭方案的供水范围为渭河的关中地区，对缓解渭河流域的国民经济缺水和确保渭河不断流将起到积极的作用，同时增加了入黄水量，为改善和恢复渭河和黄河下游河道功能提供了条件。但由于调入水量有限，远远不能满足黄河流域的用水需求，仅能对西线工程作为补充，不可能替代西线工程的供水。

13.6　主要结论和建议

（1）引汉济渭工程可以解决近中期关中缺水和渭河生态基流不足问题，不能解决渭河下游的冲沙问题。

通过以上研究分析可知，引汉济渭工程是解决近、中期关中平原缺水的重要措施，其供水范围为关中“一线两带”渭河两岸地区，主要包括宝鸡、西安、咸阳、渭南、杨凌5个重点城市和兴平等13个县级城市及沿线8个重要工业园区，所调水量向区内生活、生产供水，并兼顾改善渭河河道内生态环境用水。计算表明，采用引汉济渭调水15.3亿m^3方案后，关中地区国民经济缺水量将由16.94亿m^3减少为1.64亿m^3，基本解决关中地区的国民经济缺水问题。引汉济渭工程多年平均可向渭河下游河道内补充水量2.7亿m^3，其中非汛期可以增加河道内用水量1.7亿m^3，对满足特枯来水年份河道内生态基流用水要求、确保渭河不断流起到积极的作用。但6～10月河道内输沙水量仍不能满足。因此调水对渭河下游的输沙减淤作用有限。

（2）通过嘉陵江补汉方案增加引汉济渭调水量不能解决渭河下游的输沙问题。

通过嘉陵江补汉方案可以增加引汉济渭工程的可调水量9.7亿m^3/a，其中0.3亿m^3/a消耗于沿途的蒸发和渗漏，引汉济渭的调水规模可扩大到24.7亿m^3/a，理论上可以补充渭河的输沙和生态用水。但是，引汉济渭缺乏岭北调蓄工程，三河口水库的调蓄能力有限，黑河金盆水库与引汉济渭水无直接联系（新的方案降低了输水隧洞的高程，出口位置改在黄池沟），且增加调蓄容量的空间有限，困难重重。如果引来的水均匀放入渭河，则不能形成人造洪峰、创造最有利于输沙的河道水流情势，所以，达不到预期的输沙效果。另外，如果将增加的调水量直接放入渭河河道，还涉及谁来为0.90元/m^3的调水成本买单等一系列的运行管理问题。

（3）引汉济渭工程不能替代南水北调西线一期工程。

引汉济渭调水工程由于入黄位置的局限，难以解决黄河潼关以上的上中游地区和宁蒙、小北干流两处关键河段的缺水和淤积问题。引汉济渭方案的供水范围为渭河的关中地区且调入水量有限，远远不能满足黄河流域的用水需求，因此引汉济渭工程与南水北调西线工程之间不存在相互替代的问题，也不可能替代西线工程的供水，但对缓解渭河流域的国民经济缺水问题和确保渭河不断流将起到积极的作用，同时增加了入黄水量，为改善和恢复渭河和黄河下游河道功能提供了条件。

（4）建议积极推进南水北调西线工程，2030年以前不启动嘉陵江（略阳）补汉工程。

在黄河中游能源重化工基地建设和国家粮食安全的双重驱动下，未来20年黄河流域的水资源供需矛盾将更趋尖锐，随着黄河小浪底水库淤沙库容的衰减，黄河下游实现冲淤平衡的输沙水量将逐渐增加。上文已经提到，引汉济渭工程不能替代南水北调西线工程，因此为了实现黄河流域经济社会的可持续发展、促进水资源的持续利用、维持河流健康和生态平衡，建议积极推进南水北调西线工程。嘉陵江（略阳）补汉方案引水线路短、工程投资小，是向汉江补水的一个较优的方案，但是近期上马，面临着岭北调蓄能力不足、无法充分发挥输沙效益的问题。因此，建议将此方案作为远期备用方案，2030年以前不启动，待南水北调西线一期工程实施通水后再作安排。

第14章　西线工程必要性与时机论证研究

14.1　黄河流域在国家经济社会格局和战略中的重要地位

黄河流域是我国区域经济发展中具有全局性、战略性作用的特殊区域。黄河流域1980年GDP为916亿元，截至2006年年底，黄河流域GDP当年价为17 111亿元(2000年不变价为13 733亿元)，占全国GDP的7%左右，截至2008年年底，黄河流域GDP当年价为25 180亿元，占全国GDP的8.5%左右，年均增长率约为11.0%。人均GDP由1980的1121元增加到2008年的2.248万元，增长了20倍。工业增加值从1980年的310亿元，增加到2006年的6684亿元，年增长率为12.5%；农田有效灌溉面积从1980年的6493万亩，增加到2006年的7765万亩，26年新增农田有效灌溉面积1272万亩。

黄河流域上中游地区的水能资源、中游地区的煤炭资源、中下游地区的石油和天然气资源都十分丰富，在全国占有极其重要的地位，被誉为我国的“能源流域”，中游地区被列为我国西部地区十大矿产资源集中区之一。黄河流域是我国经济持续发展重要的能源、矿产资源储备区和接替区，目前已规划或建设了包括宁东、鄂尔多斯、陕北、晋中等重要能源基地以及宝鸡—天水经济区。流域已探明煤产地（或井田）685处，保有储量4492亿t，占全国煤炭储量的46.5%，预测煤炭资源总储量1.5万亿t左右。流域内已探明的石油、天然气主要分布在胜利油田、中原油田、长庆油田和延长油田，其中胜利油田是我国的第二大油田。黄河流域矿产资源丰富，在全国已探明的45种主要矿产中，黄河流域有37种。

黄河流域上游丰茂的草原和宁蒙平原是我国畜牧业和粮食生产基地；中游的汾渭盆地以及下游的沿黄平原是我国粮食、棉花、油料的重要产区，在我国国民经济建设中具有十分重要的战略地位。近20年黄河流域及下游引黄地区年均粮食产量约5862万t，占全国粮食总产量的12%，基本解决了约1.6亿多人的吃饭问题，为国家粮食安全作出了重大贡献。

黄河流域水资源年际变化大、年内分配集中、空间分布不均，同时还具有水少沙多、水沙异源、水沙关系不协调等特有的个性。黄河的输沙量和含沙量均居世界大江大河首位。黄河下游是举世闻名的“地上悬河”，洪水灾害历来为世人所瞩目，历史上被称为“中国之忧患”。长期以来，人口增长和经济社会的发展对土地和水等自然资源的需求量超过了环境的承载能力，黄河流域生态系统遭到破坏，水土流失、土地沙漠化、沙尘暴加剧，还出现了河道萎缩加剧、排洪能力降低以及河道断流的问题，不仅损害了当地人民的生存环境，而且对我国中部、东部地区和首都圈的生态安全及环境质量构成严重威胁。

黄河流域大部分省（区）位于中西部地区，少数民族集中。黄河流域共有约8个少数民族，即回族、藏族、蒙古族、东乡族、土家族、撒拉族、保安族和满族，少数民族人口约600多万。改革开放以来，黄河流域的人口增长速度较快，1980总人口为8177万，截至2006年年底，黄河流域总人口增加到1.12亿人，年增长率为12.5‰。流域2006年城镇人口为4424万人，城镇化率为39%。预计2030年流域总人口将达到13 094万人，城镇化率达59%。黄河流域的人口指标见表14-1。

表14-1　黄河流域人口指标

年份	1980年	1985年	1990年	1995年	2000年	2006年
总人口/万人	8 177.0	8 771.4	9 574.4	10 185.5	10 971.0	11 298.8
占全国比例/%	8.3	8.3	8.3	8.4	8.5	8.8

黄河流域经济社会快速发展的同时，经济的空间分异也呈现日趋加剧的态势。一是流域的东部地区在流域经济增长中的相对地位较高，中西部地区在流域经济增长中的相对地位较低且在逐步下降，东部与中西部地区之间的经济增长水平的差异日趋加剧。二是中西部地区内内蒙古和河南在流域经济增长中的相对地位正在逐步提高，其他省区在流域经济增长中的相对地位在逐步下降，中西部地区内经济增长水平的分异日趋加剧。

黄河流域在对其他流域（主要包括海河、淮河流域及西北诸河流域）的供水方面，也起着重要的作用。2008年，黄河流域向海河流域、淮河流域和西北诸河流域分别供水43.3亿m^3，31.1亿m^3和0.8亿m^3，合计75.2亿m^3。

总之，黄河流域在我国的经济社会格局和战略中具有重要的地位，是我国重要的能源和粮食基地。虽然目前黄河流域人均经济指标低于全国平均水平，随着国家经济发展战略的调整，国家投资力度将向中西部地区倾斜，随着中部的崛起和西部大开发战略的实施，将为黄河流域的经济社会发展提供良好的机遇。因此，预计黄河流域在未来一段时间以内，经济社会将呈持续、快速的态势发展。

14.2　黄河流域严重缺水状况与治黄基本定位

14.2.1　基于黄河自然演化规律的治黄定位之一：保河道

黄河的形成和演化主要基于三大历史地质背景。一是青藏高原隆起背景，为现代黄河的形成提供了基本的地形和动力条件。早在45～3.6百万年前，青藏高原就曾经发生两期隆起和两度夷平，使青藏高原面抬升到3000～3500m，第三阶梯地貌和黄河中阶地形成，致使黄河切穿龙羊峡，并形成深达800～1000m的峡谷，黄河低阶地形成。基于这一大地构造，黄河上中游从各自独立的那流水系逐步贯通，干流水量逐渐增加，并开始从东部三门峡地垒山地低缓的分水垭口向东溢流，并最终切穿三门峡，进入华北平原，形成东流入海的黄河水系。二是黄土高原形成背景，为黄河泥沙的侵蚀与搬运提供了物质来源。进入第四纪以来，伴随着冰期—间冰期的冷干—暖湿旋回，出现了多个冷干和温干期，奠定了黄土沉积的气候学背景。来自里海以东北纬 35° ~ 45° 的内陆沙漠盆地地区由冰川研磨和沙漠区强烈的物理风化造成的粉沙粒级的石英颗粒被风力吹扬，被西风气流带至东南方向，并在黄土高原上空接触到较湿润的气流，下降并堆积成为真正的黄土，依次形成午城黄土、离石黄土、马兰黄土、全新世黄土，其间又经过多次侵蚀与堆积，在高原面上发育了大量的河谷及各种形态的谷间地，每年为黄河提供了超过 10 亿 t 的泥沙。三是华北平原造陆背景，也是黄河泥沙沉积的演变过程。贯穿三门峡后的黄河因侵蚀基准面下降而加剧了溯源侵蚀，从而挟带大量泥沙来到华北平原，出峡口后由于地形坡度变缓，水动力不足水流变慢，大量泥沙开始在河道内淤积，河流逐渐发育成地上河。但水流有因势就下的习性，因此黄河不断上演着“淤积—漫流—改道—淤积”的循环往复过程。但其活动范围又被北边的燕山、西面的太行山、东面的泰山和南面的大别山等构造严格规范着，在这样一个空间范围内形成巨大洪积扇，完成了华北平原的造陆过程。

有文字记载以来的现代黄河发展史始于周秦时期，人们开始建造堤防以约束河道，黄河下游河道逐渐向地上河转变，河流逐渐由分散的漫流演变到比较集中的溃决改道，河道也开始由天津入海逐渐南移。从公元前 602 年至今的 2600 多年中，黄河以花园口为轴，发生了重大改道 26 次，前 1500 年主要是在现行河道和天津南大港之间来回游荡，后 1100 年主要在现行黄河河道和江苏连云港之间摆动。最近一次决口是 1855 年黄河从河南铜瓦厢附近决口，自动自发地先向西北淹，再折向东北的河道成为最现实。入海比降最大的一条通道，从此黄河改从淮河水系为现今入海河道。总体来看，自铜瓦厢决口以来，黄河进入一个合理控制治理阶段。迄今为止，黄河已有 150 多年保持相对稳定态势，黄河、淮河和海河三河交织、兼并混流的时期已经结束，各自形成了独立的水系。

基于黄河形成的历史背景，可以看出伴随着黄河流域的水循环，必然发生黄土高原泥沙的侵蚀、搬运、沉积，从而使得淤高、决口、改道成为黄河下游河道发育的自然规律。基于这种规律，治理黄河的重要基础之一就是要认识并顺应这一规律，允许黄河在发育到一定阶段后进行改道。但治理黄河在遵循自然规律的同时，也必须要符合经济和社会发展规律。经过自 1855 年之后的一个半世纪的发展，目前黄河下游两岸居住了近 1400 万人口，每年 GDP 产出超过 1800 亿元，一旦黄河改道，移民人口将达到数百万人，并占用八百公里长、数十公里宽的粮田耕地，同时下游几十个灌区超过千万亩的农田灌溉系统以及几十个城市的供水系统将全部被破坏，加上新黄河大堤的修建，不仅投资会是一个天文数字，而且还可能带来全局性的社会稳定问题，因此在我国当前和今后较长一个时期，根本不可能承受黄河改道所需要的社会成本。在上述自然规律与社会成本矛盾的背景下，治理黄河的一个基本思路就是要在目前的发展阶段守住现有黄河河道不变，等待我国通过计划生育政策的推行实施，出现人口大幅度回落，同时对于耕地依赖性有所缓解，国民经济实力大大增强，具备改道的条件时候再进行黄河改道，初步预期还需要 100 ~ 120 年的时间，这就是我们对于黄河治理的基本判断。

14.2.2 基于黄河社会发展需求的治黄定位之二：保民生

黄河流域当前面临的社会问题突出表现为三大问题，即贫困问题、饮水安全问题、少数民族地区发展问题。

一是贫困问题。联合国根据恩格尔系数（食物支出占个人消费支出的比重）划分各国人民生活水平，具体划分标准见表14-2所示，在此标准下我国黄河流域的贫困现状如图14-1所示。但由于各国消费习惯不同，恩格尔系数并不能完全代表各国的贫富情况，需要综合各国自身的贫困标准划分。

表14-2 联合国恩格尔系数划分标准

恩格尔系数范围	>60%	50%~60%	40%~50%	30%~40%	20%~30%	<20%
贫富情况	贫困	温饱	小康	相对富裕	富裕	极其富裕

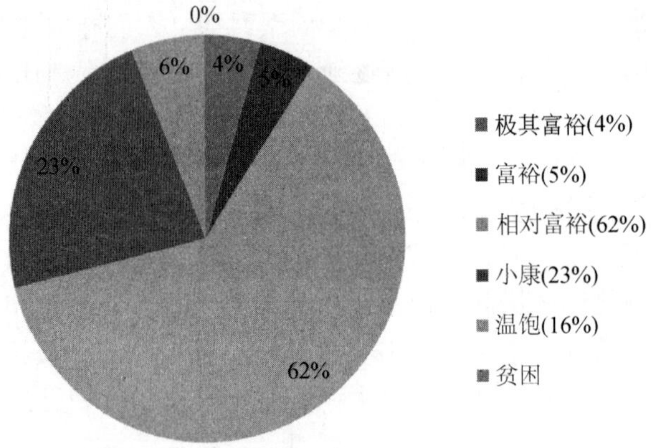

图14-1 黄河流域贫困现状（恩格尔系数）

我国国家统计局对贫困下的定义是：所谓贫困，即指物质生活困难，一个人或一个家庭生活水平达不到一种社会可以接受的最低标准。在2008~2009年，我国贫困标准为人均年收入1196元，在此标准下黄河中上游地区如甘肃、山西、陕西、青海等省人均年收入都刚刚超过贫困线，宁夏、河南、山东、四川阿坝州等地状况稍好些，只有内蒙古地区人均年收入远远高于贫困线。流域整体大致处于温饱水平，相较于恩格尔系数标准更贴近真实情况。据悉在“十二五”规划的第一年，我国会将贫困标准上调到年人均纯收入1500元。这一标准的上调，无疑会使黄河流域（尤其是中上游地区）的贫困问题愈发突出。

作为中华文明的发源地，黄河流域人口众多，很早就成为中国农业经济开发地区，但生产类型大部分仍属于雨养农业，矿产资源虽然较为丰富但开发程度不高，工业基础相对薄弱，加上人口分布不均、流域内频发洪水和凌汛灾害、水土流失现象严重等因素，造成了当前黄河流域（尤其是中上游地区）的贫困问题。为了改善现状，同时维护好黄河流域生态系统的平衡，首要途径是促进流域内工农业发展。从传统雨养农业向现代灌溉农业转变，大力提高流域内工业水平，尤其针对中上游地区，提高流域内矿产资源的综合开发利用程度。

二是饮水安全问题。黄河流域内饮水安全现状见表 14-3 所示。

表 14-3 黄河流域内饮水安全现状

省（自治区）	农村人口/万人	饮水不安全人数/万人	水质问题				
			高氟	苦咸水	砷超标	其他水质问题	缺水
山西	2 411	633	97	34	0	200	301
内蒙古	1 703	622	212	33	0	182	197
山东	7 019	2 549	272	793	0	826	658
河南	8 260	4 255	1 391	1 615	1	943	305
四川	7 032	2 571	21	142	0	1 184	1 223
陕西	2 822	1 237	92	55	0	368	721
甘肃	2 112	1 129	11	152	0	256	709
青海	370	129	9	2	0	26	93
宁夏	448	154	13	42	0	55	43

黄河流域中下游地区的饮水安全问题已不容忽视，尤以河南省、山东省为甚，山东省的饮水不安全人数已近全省农村人口的一半之多。造成这种现状的原因在于这些地区水土流失严重，而且其城市工业化程度较高，工业污染与生活污染叠加，使得当地水质急剧恶化，严重影响了人民的饮水安全。针对这些地区的问题，今后的治理思路应当主要以防治工业污染为主，结合工程与非工程措施对当前水污染进行治理。通过总结中下游地区的经验教训，黄河流域上游地区应以预防为主，拒绝走“先污染再治理”的路线，从根本上保障人民的饮水安全。

三是少数民族地区发展问题。黄河流域内少数民族地区相对较多，各省的少数民族分布情况及发展现状如图 14-2 所示。流域内的主要少数民族地区分布在青海、甘肃、内蒙古、陕西、四川、宁夏等地，其人均年收入均超过国家贫困线标准，但与省内居民人均年收入相较则略少，尤其是从恩格尔系数来看均大于或等于省恩格尔系数，说明少数民族地区相对较为贫困，有待进一步发展。各省（自治区）在抓好少数民族地

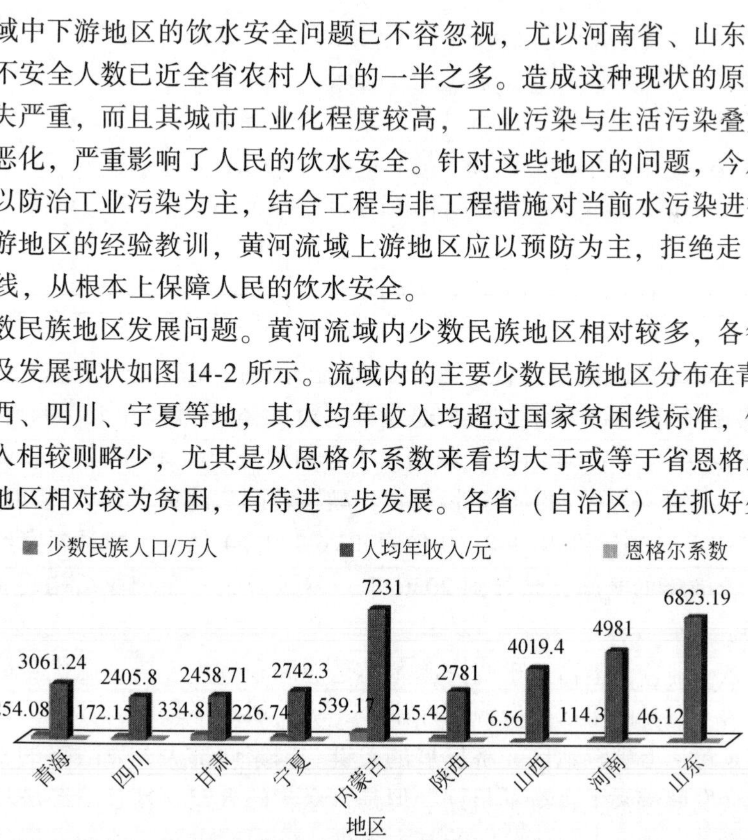

图 14-2 黄河流域少数民族分布及发展现状

区工农业发展的同时，应尽量使其与省（自治区）内其他地区的发展同步，以促进民族间和睦相处与共同富裕。也可以通过开发少数民族地区服务业、旅游业等第三产业的途径，弘扬少数民族文化，改变流域内少数民族地区发展相对落后的局面。而在山东、山西等少数民族散居、杂居的地区和无明显少数民族特征的地区，其发展问题（主要地区当前的发展问题）应当结合当地的具体情况进行治理。

14.2.3 基于黄河经济发展需求的治黄定位之三：保增长

截至2006年年底，黄河流域总人口为1.13亿人，占全国总人口的8.8%，其中城镇人口为4424万人，城镇化率为39.2%。黄河流域GDP当年价为17 111亿元（2000年不变价为13 733亿元），占全国GDP的7%左右，人均GDP为15 144元，比全国人均GDP低20%左右。黄河流域三次产业结构为8.9∶55.5∶35.6，详见表14-4。

表14-4　黄河流域2006年GDP情况表

地区	当年价					2000年不变价/亿元
	合计/亿元	一产/亿元	二产/亿元	三产/亿元	人均GDP/元	
龙羊峡以上	46.36	18.04	12.84	15.48	7 723	39.15
龙羊峡—兰州	962.80	94.74	518.93	349.13	10 525	794.79
兰州—河口镇	3 389.27	283.48	1 732.73	1 373.06	21 290	2 735.61
河口镇—龙门	879.96	85.38	519.47	275.11	10 259	720.30
龙门—三门峡	6 872.21	556.08	3 945.49	2 370.64	13 478	5 466.13
三门峡—花园口	2 452.16	170.28	1 499.83	782.05	18 364	1 945.48
花园口以下	2 374.98	295.21	1 178.22	901.55	17 154	1 922.84
内流区	133.67	16.14	83.64	33.89	24 025	108.70
黄河流域	17 111.41	1 519.35	9 491.15	6 100.91	15 144	13 733.00

根据国家对人口的控制目标，考虑黄河流域现状人口增长情况和各地区差异，预测2020年和2030年黄河流域人口总量分别为12 659万人和13 094万人，城镇人口分别为6374万人和7704万人，城镇化率分别增至50%和59%。未来城镇化发展较快的地区主要分布在兰州—河口镇和三门峡—花园口地区。预计到2020年和2030年黄河流域GDP分别达到40 968.60亿元和76 799.24亿元。根据国家产业结构调整和西部大开发战略的实施，预计到2030年，黄河流域三次产业结构将调整为4.7∶52.7∶42.6。

黄河流域土地资源丰富，矿产资源尤其是能源和有色金属资源优势明显，具有巨大的发展潜力。但是由于水土资源不匹配，经济发展水平较低，贫困一直是困扰黄河流域，尤其是黄河上中游地区经济发展的关键。国家西部大开发战略的实施，为黄河流域经济社会发展带来了良好的机遇。但是，众多的人口、复杂的经济环境又决定了黄河流域不具备跨越重工业化阶段的基本条件，但同时重化工业的发展依然要走新型工业化的道路。

按照 21 世纪初我国经济发展战略布局，黄河流域重点建设的地区，包括以下四个方面。一是以兰州为中心的黄河上游水电能源和有色金属基地，包括龙羊峡至青铜峡的沿黄地带。这里应加快开发水力资源和有色金属矿产资源，适当发展相关加工工业。二是以西安为中心的综合经济高科技开发区。这里应集中力量将该地区建成以加工工业为主，具有较高科技水平的综合经济开发区，成为西北地区实现工业化的技术装备基地。三是黄河中游能源基地，包括宁夏东部、陕西北部、内蒙古西部、山西南部等。这里应加快煤炭资源开发和电力建设，建成以煤、电、铝、化工等工业为重点的综合性工业开发区。四是以黄河下游干流为主轴的黄淮海平原经济区。今后这里将建成全国重要的石油和海洋开发、石油化工基地，以及以外向型产业为特色的经济开发区。根据国家《煤化工业中长期发展规划》，黄河流域重要能源化工基地主要有宁夏的宁东能源化工基地，内蒙古能源化工基地，陕北能源化工基地，山西的离柳煤电化工基地、临汾新型能源化工基地和运城新型能源化工基地，甘肃陇东能源化工基地等。

近 20 年黄河流域及下游引黄地区年均粮食产量约 5862 万 t，占全国粮食总产量的 12%，基本解决了约 1.6 亿多人口的吃饭问题。据估算分析，在保护现有耕地，加大节水力度和灌区改造，以及依靠黄河水资源和外调水量，在粮食主产区和粮食后备基地建设一批以农业灌溉用水为主要目标的供水工程，促进粮食生产的条件下，2030 年流域及下游引黄灌区粮食生产能力可达 8000 万 t 左右，基本实现粮食自给，将为实现国家粮食安全提供有力支撑。黄河流域是我国粮食生产核心区，是我国小麦、玉米和稻谷优势产区，根据《全国新增 1000 亿斤粮食生产能力规划》，黄淮海区域共承担新增粮食产能建设任务 164.5 亿 kg，占全国新增产能的 32.9%，需要不断通过加强农田水利等基础设施建设，改进农业耕作方式，全面提升耕地质量，提高科技创新能力，加快优良品种选育及推广应用，完善粮食仓储运输设施，巩固并提升在国家商品粮源中的核心地位。

随着国家经济发展战略的调整，国家投资力度将向中西部地区倾斜，加上黄河流域在资源能源、粮食生产等方面的优势不断显现，黄河流域的社会经济发展必将迎来难得的机遇，其发展速度也将高于全国平均水平。但是，国家能源战略的实施与粮食增产任务的完成需要一个相对稳定的环境，维护黄河安澜对于保障国家社会稳定、经济发展、粮食生产和能源安全等方面就显得尤为重要。

14.2.4　基于黄河经济发展需求的治黄定位之四：保供水

黄河是我国西北、华北地区的重要水源，流域内外对黄河供水提出了很高要求。同时，黄河又是一条多泥沙河流，为了黄河治理和防洪的需要，在水资源开发利用规划中，必须留有一定的输沙入海水量。20 世纪 80 年代，根据优先保证人民生活用水和国家重点工业建设用水，保证黄河下游输沙入海用水，水资源开发要上中下游兼顾、统筹考虑等原则，黄河水利委员会开展了黄河流域水资源开发利用规划工作，提出黄河流域水资源需求预测成果，并对地表水资源量进行了省（自治区）间的分配。据此成果，1987 年国务院办公厅以国办〔87〕61 号文下发了“关于黄河可供水量分配方案报告的通知”，明确了黄河地表水可分配 370 亿 m^3 的方案，指出该方案为南水北调生效以前的黄河水量分配方案，以此分配水量为依据，制定各省（自治区）的用水规划。

1）黄河向海河和淮河调水情况

黄淮海三大流域均是我国的贫水区。目前，三大流域间的水量调配现状是：黄河流域是水资源输出的流域，每年向淮河流域供水 30 亿～40 亿 m^3，1991～2009 年多年平均为 35 亿 m^3，向海河流域供水 40 亿～50 亿 m^3 以上，1991～2009 年多年平均为 45 亿 m^3（图 14-3）。

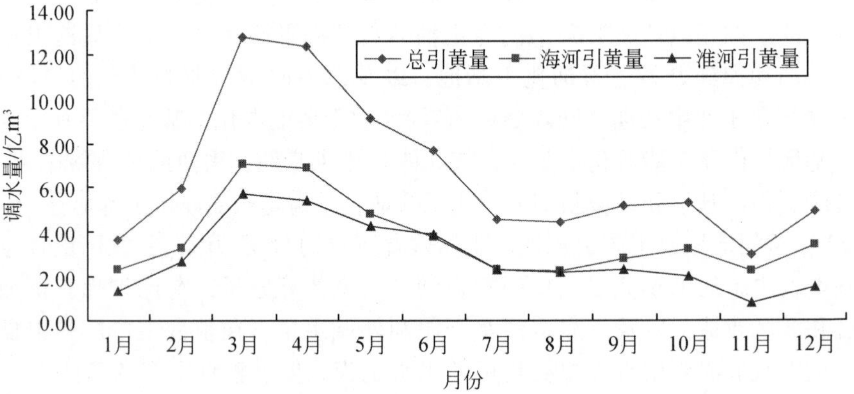

图 14-3 黄河向海河、淮河多年月调水过程

从水资源合理配置角度看，黄河流域在存在下游断流风险的情况下，每年向相邻流域供水 80 亿～90 亿 m^3。这种从贫水流域向贫水流域调水的做法，是黄淮海流域整体水资源极度短缺条件下的无奈之举。

2）海河向黄河调水分析

海河流域 1991～2009 年多年平均引黄水量为 45 亿 m^3，其中山东半岛引水 31.19 亿 m^3，河南省引水 7.31 亿 m^3，河北（含天津）引水 5.97 亿 m^3，见表 14-5，从图 14-4 可以看出山东省引黄水量占总引黄量的 70%，且集中在 3～6 月，其次为河南省 17%。

表 14-5 海河多年平均引黄水量（1991～2009 年） （单位：亿 m^3）

地区	1月	2月	3月	4月	5月	6月	7月	8月	9月	10月	11月	12月	全年
河南	0.20	0.66	0.97	0.74	0.99	1.35	0.67	0.60	0.49	0.35	0.12	0.16	7.31
山东	1.39	2.23	5.74	5.87	3.67	2.33	1.63	1.67	2.13	2.00	0.78	1.76	31.19
河北（含天津）	0.75	0.41	0.36	0.29	0.17	0.06	0.00	0.00	0.20	0.90	1.33	1.50	5.97
合计	2.34	3.29	7.07	6.90	4.83	3.75	2.31	2.26	2.82	3.26	2.23	3.41	44.47

3）淮河向黄河调水分析

淮河区 1991～2009 年多年平均引黄水量为 34 亿 m^3，其中淮河流域 21 亿 m^3，山东半岛 9 亿 m^3。

淮河流域引黄水量中，河南省 12.18 亿 m^3，主要集中在贾鲁河和惠济河上游，山东省 22.0 亿 m^3，主要分布在南四湖湖西。山东半岛引黄水量，主要在小清河西部平原地区。

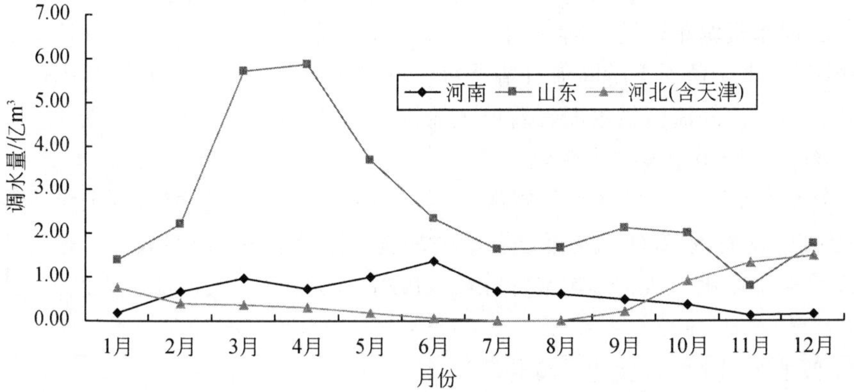

图 14-4　海河多年平均引黄过程

淮河流域各省（自治区）多年平均引黄水量见表 14-6 和图 14-5，可以看出山东省引黄水量占总引黄水量的 65%，其次为河南省 35%。

表 14-6　淮河多年平均引黄水量（1991～2009 年）　（单位：亿 m^3）

地区	1 月	2 月	3 月	4 月	5 月	6 月	7 月	8 月	9 月	10 月	11 月	12 月	全年
河南	0.33	1.10	1.62	1.24	1.65	2.26	1.12	0.99	0.82	0.58	0.21	0.26	12.18
山东	1.00	1.59	4.10	4.19	2.62	1.67	1.17	1.19	1.52	1.43	0.56	1.26	22.00
合计	1.33	2.69	5.72	5.43	4.27	3.92	2.29	2.18	2.34	2.01	0.77	1.51	34.18

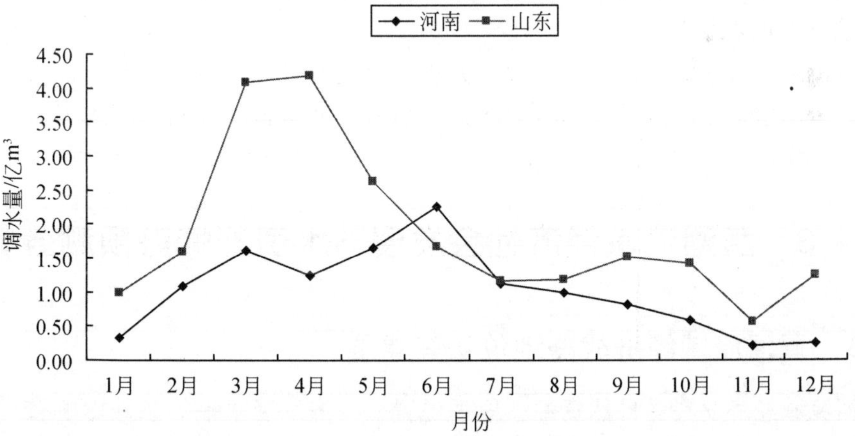

图 14-5　淮河多年平均引黄过程

4）黄河向外流域供水的严峻性

黄河“87 水量分配方案”是我国在大江大河中首次制定的分水方案，为黄河水资源的开发利用提供了重要依据，是黄淮海流域水资源紧缺、供需矛盾突出情况下的特殊产物。事实上，上述分水指标为黄河流域内耗水和流域外引走水量，计入输水损失和水的重复利用后，实际引水量将超过 400 亿 m^3，占黄河年径流的 70%，加上需要保留的输沙用水及环境用水，这一分水方案实际上已经接近甚至达到了黄河的最大可供水能力，黄河水资源难以满足河道内需水量以及各地区各部门的用水要求。尤其是20世纪90年代以来，黄河下游断流日益严重，黄河流域水资源及其开发利用情况发生了巨大变化，黄河向外流域供水面临着严峻的挑战，具体反映在以下四个方面。

（1）黄河水资源量发生了变化。

“87分水方案”采用的黄河水资源系列为1919～1975年，黄河流域天然年径流量为580亿 m^3。随着近20年人类活动影响的加剧，流域下垫面条件发生了改变，致使产汇流关系发生了变化，从而影响水资源量，1956～2000年，黄河流域天然径流量为535亿 m^3。

（2）各地区用水情况发生了变化。

与1980年以前相比，各地区用水结构、用水比例都发生了变化，个别省（自治区）用水已超出“87分水方案”。

（3）支撑重点地区及行业的用水需求。

随着西部大开发战略的实施和推进，黄河上中游地区经济社会发展迅速，对水资源的需求极其旺盛。城镇规模的不断扩大、能源化工基地的开发建设，使工业生活需水大幅增加，是未来需水增加最快的行业，也是导致流域缺水形势更加严峻的地区和行业。

（4）保障重点地区饮水安全。

宁夏南部山区、陕西陕北地区、甘肃陇东地区，是黄河流域水资源极度匮乏、贫困人口最为集中的地区，也是全国农村饮水安全最为困难的地区之一。根据黄河水资源条件和南水北调西线一期工程，结合生态环境移民规划，在黄河黑山峡河段适当开发建设一定规模的生态灌区，对促进当地居民的饮水安全和脱贫致富，以及改善区域生态环境都有重要意义。

随着流域需水量的增加，以及黄河天然河川径流量的减少，加上承担向流域外供水任务，黄河水资源供需矛盾将异常严重，必须尽早实施南水北调西线等跨流域调水工程，缓解供需。

14.3 黄河流域经济社会发展与水资源情势预测分析

14.3.1 黄河流域经济战略地位极其重要

黄河流域经济发展受自然资源、地理位置、经济发展水平等条件影响较大，在我国有极其重要的经济战略地位，主要是由于以下三方面原因：一是流域国民经济各项指标增长迅速，是重要的经济增长圈。随着2000年国家西部大开发战略的实施，黄河流域有4/5的面积位于西部大开发规划区域内。直接辐射区域包括陕西省陕南的汉中、安康，陕北的延安、榆林，甘肃省的平凉、庆阳和陇南地区，全部位于黄河流域内。西部大开发不断为黄河流域经济发展注入活力，特殊的经济发展政策支撑将促进流域社会经济的迅猛发展。利用对经济弱势地区和产业的扶持，沿黄各地区均抓住机遇、深化改革，形成了沿黄经济圈，圈内经济发展迅速。二是矿产、能源资源丰富，是重要的能源重化工基地。随着国家经济发展对能源需求的增加，能源、重化工等行业在相当长的时期还要保持高速发展，同时积极增加制造业和高新技术产业，在流域内形成了以兰州为中心的黄河上游水电能源和有色金属基地，以西安为中心的综合经济高科技开发区、黄河中游能源基地，以黄河下游为主轴的黄淮海平原经济区。三是黄河流域土地资源丰富，是重要的农业生产基地。黄河上中游地区还有宜农荒地约 3000 万亩，占全国宜农荒地总量的 30%，是我国重要的后备耕地，只要水资源条件具备，开发潜力巨大。

14.3.2　保河道，输沙缺水形势严峻

黄河流域的水沙问题已严重制约了经济的发展，因此在生态用水最重要的部分即为输沙水量。基准年（2008 年）（枯水少沙年）的来沙量为 0.771 亿 t，利津站实测输沙水量约为 30 亿 m^3。2015 年是“十二五”规划完成的关键年，即使按照枯水年考虑，输沙水量也至少需要 148 亿 m^3。小浪底满足冲淤平衡后，上游全部来沙将于 2020 年按设计下泄进入黄河下游河道，2020 年正常年份需要的输沙水量至少要 324 亿 m^3。按照 2030 年枯水年情境考虑，下游河道需求的输沙水量至少要 128 亿 m^3（图 14-6）。若到 2030 年，此输沙水量无法满足，则此黄河流域上游来沙将全部淤积于下游河道。

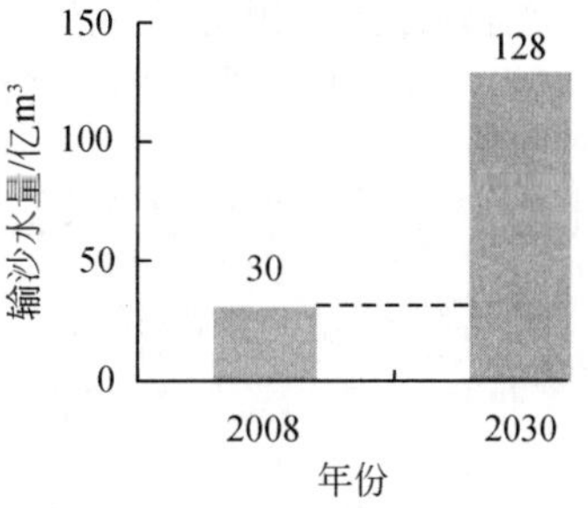

图 14-6　黄河流域 2008 年和 2030 年输沙水量变化

14.3.3　保民生，沿黄经济圈社会生活缺水形势严峻

1）城市生活用水缺口大

截至 2006 年年底，黄河流域总人口为 11 299 万人，占全国总人口的 8.8%，其中城镇人口为 4424 万人，城镇化率为 39.2%。根据国家对人口的控制目标，实现到 21 世纪中叶全国人口零增长，考虑黄河流域现状人口增长情况和各地区差异，预测 2030 年黄河流域人口总量为 13 094 万人，增加了 1795 万人；城镇人口 7704 万人，城镇化率增至 59%（图 14-7）。以城市人均生活用水定额 120L/（人 · d）计，则应新增城市居民生活用水 14.36 亿 m^3（图 14-8）。而 2006 年黄河流域生活用水（包括城镇生活、农村生活）共计 36.45 亿 m^3，此新增城市居民生活用水占 2006 年黄河流域生活用水总量的 41.7%。

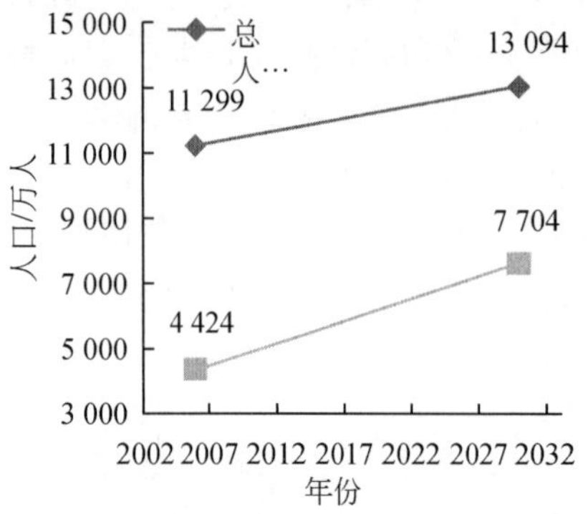

图 14-7　黄河流域 2006 年、2030 年人口变化

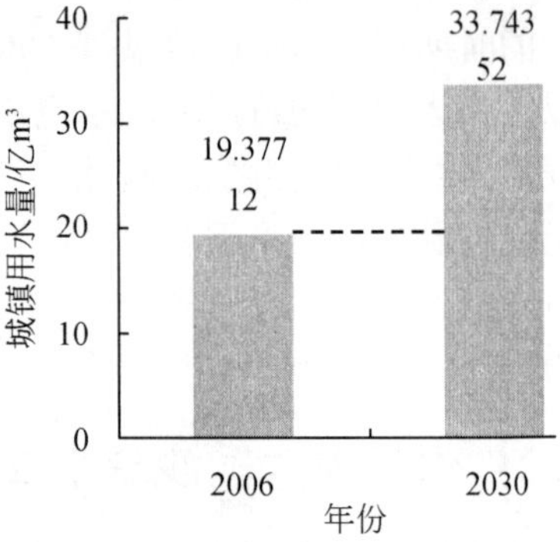

图 14-8　黄河流域 2006 年、2030 年城镇用水变化

2）农业灌溉用水缺口大

从农业发展布局看，黄河流域农业主要集中在黄河上中游地区和下游流域外引黄灌区，新建、续建灌区发展灌溉面积主要集中在青海引大济湟、塔拉滩电灌工程；甘肃引大入秦、东乡南阳渠等灌溉工程配套，结合洮河九甸峡枢纽的建设，逐步开发引洮灌区；续建宁夏扶贫扬黄工程（即“1236”工程）、陕甘宁盐环定灌区。

黄河流域目前约有 1000 万亩有效灌溉面积得不到灌溉，一些灌区的实际灌溉定额偏低，个别城市及部分乡村供水困难。据分析，现状生产、生活实际缺水量约 47 亿 m^3。

14.3.4　保增长，重要能源化工基地缺水形势严峻

按照 21 世纪初我国经济发展战略布局，黄河流域工业化增长迅速，“十二五”期间，按照新时期基于黄河经济发展需求的治黄定位“保增长”的要求，重点进行五个能源重化工基地建设。

1）对宁东能源化工基地的作用

宁东能源基地是国家规划建设的 13 个亿吨级大型煤炭基地之一，预测到 2030 年，能源基地的工业增加值达到 1094 亿元，火电装机达到 1680 万 kW，在充分考虑节水的条件下，宁东能源基地需水增加供水 4.5 亿 m^3。

2）对内蒙古能源化工基地的作用

内蒙古黄河流域在国家和自治区国民经济中占有重要的地位，以鄂尔多斯的煤炭、天然气和天然碱等资源为依托已成为国家的重要能源重化工基地。近期和今后相当长的时期内都将会有较快的发展，该区用水需求将持续增加，据预测金三角能源区 2030 年工业增加值将达到 2314 亿元，新增需水 6.8 亿 m^3。

3）对陕北榆林能源化工基地的作用

榆林能源化工基地是国家西部大开发重点经济建设区，是国家 21 世纪新的能源基地。榆林能源化工基地处于毛乌素沙漠与黄土丘陵沟壑区交接地带，生态环境十分脆弱，属于资源型缺水地区，据预测 2030 年陕北能源基地工业增加值将达到 2947 亿元，需水增加 4.2 亿 m^3。

4）对山西离柳孝汾煤电能源化工基地的作用

离柳孝汾煤电能源化工基地以吕梁市为中心的煤焦化工基地和以离石区为中心离柳煤电能源基地，煤炭资源和其他矿产资源丰富，是山西省新兴的煤炭能源基地。基地位于晋西黄土丘陵沟壑区，自然地理条件差，当前地下水超采，水土流失严重，生态环境恶化。依托当地资源优势近年来经济发展势头迅猛，预测 2030 年基地工业增加值达到 1106 亿元，新增需水 2.3 亿 m^3。

5）对甘肃陇东能源化工基地的作用

陇东能源化工基地位于甘肃庆阳和平凉境内，属典型的资源型、水质型、工程型缺水地区，供水的极度不足，已严重影响到区域经济可持续发展。根据《鄂尔多斯能源基地开发利用甘肃省规划》，鄂尔多斯盆地的庆阳市、平凉市储存有大量煤炭和石油，规划在 2010 ~ 2030 年，新建年开采规模 498 万 t 石油开采项目和年开采规模达 6490 万 t 煤炭开采项目，并新建相关的石化、煤化和火电工业，2030 年火电装机将达到 1060 万 kW，水资源短缺问题日趋严重。

到 2030 年，作为我国重要的能源重化工基地，西线受水区的宁东能源基地、内蒙古能源化工基地、陕北榆林能源化工基地、山西离柳能源化工基地、甘肃陇东能源化工基地共新增需水约 20 亿 m^3，此新增需水量约占 2006 年全流域工业用水总量 60.67 亿 m^3的 1/3（图 14-9）。

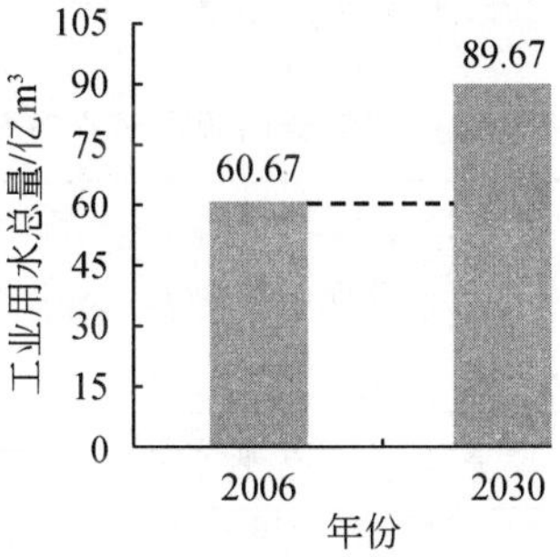

图 14-9　黄河流域 2006 年和 2030 年能源重化工基地需水量

从沿黄经济圈、能源重化工基地、农业生产基地、黄河生态输沙来综合考虑，到 2030 年，黄河共需水 547.5 亿 m^3。而黄河流域 2008 年来水流量为 145.6 亿 m^3，虽为枯水年，但流域多年平均水量也为 313 亿 m^3，增长水量远远无法满足经济、社会、生态的需水增长，因此，如何解决沿黄地区的水资源问题成为制约黄河流域经济社会快速发展的瓶颈。

14.4　解决黄河水资源问题的途径分析

14.4.1　资源节水途径

耗水节水潜力是指未来采取各种综合节水措施以后，区域所消耗的水量与现状用水水平下区域所消耗水量的差值。耗水节水量表明区域实际蒸发消耗的节水量，体现了区域实际的资源节水潜力。主要包括农业节水潜力、工业和生活节水潜力，下面主要估算了黄河流域的农业节水潜力。

黄河流域内水土资源分布很不协调，大部分耕地集中在干旱少雨的宁蒙沿黄地区、中游汾河、渭河河谷盆地以及当地河川径流较少的下游平原引黄灌区。农业生产高度依赖于灌溉，农业灌溉用水在各部门用水中所占比重最大，基准年农田灌溉用水占流域总用水量的65.33%。流域内农业用水水平较低，具有一定的节水空间。

黄河流域农业节水措施主要包括：一是在确保区域粮食安全的基础上，根据各省（自治区）实际情况，适度调整农业种植结构；二是推广农艺节水技术，即薄膜覆盖和秸秆覆盖；三是通过工程措施，提高灌区水利用系数。

1）种植结构调整方案下节水潜力估算

根据黄河流域现状农业种植结构及近年来各省（自治区）主要作物播种面积统计分析结果，参照《黄河流域片“十一五”节水型社会建设规划》中的相关内容，在确保粮食安全的前提下，本着减少高耗水低效益的粮食作物种植面积，提高低耗水高效益粮食或经济作物种植面积的原则，对流域内各省（自治区）农业种植结构作适度调整。具体方案详见表14-7。黄河流域种植结构调整方案下，耗水节水量为1.29亿m^3。说明基于区域粮食安全考虑，各省（自治区）种植结构调整幅度非常有限，同时也表明黄河流域通过种植结构调整措施节水潜力不大。

表14-7　农业种植结构调整节水方案设置

区域	省（自治区）	具体方案	调整作物
黄河上游区	青海	小麦-5%	牧草
	甘肃	小麦-5%	牧草
宁蒙河套平原区	宁夏	水稻、套种分别-20%	水稻-瓜果、麦套玉米-单种玉米
	内蒙古	冬小麦-10%	牧草
汾渭盆地	陕西	冬小麦-5%	春玉米
	山西	冬小麦-5%	春玉米
黄河下游沿黄平原区	河南	冬小麦减5%	春玉米
	山东	小麦减5%+水稻减20%	冬小麦-春玉米、水稻-棉花
黄河流域四川省	四川	流域内面积较小、不作调整	

2）农艺节水措施

覆盖保墒节水技术包括薄膜覆盖与秸秆覆盖。在干旱、半干旱地区，播种保苗难，薄膜覆盖在一定程度上缓解了农业缺水的问题。秸秆覆盖技术能保水又能增肥，还可以避免环境污染，也是一项很好的节水技术。

黄河流域西北地区主要以玉米、棉花薄膜覆盖为主；山西及关中平原地区以薄膜覆盖和玉米秸秆覆盖为主；河南、山东以玉米秸秆覆盖为主。具体方案设置见表14-8。农艺节水方案下黄河流域供用水节水潜力为3.90亿m^3，耗水节水潜力为1.88亿m^3。

表 14-8　农艺节水方案设置

省（自治区）	具体措施
青海、甘肃、宁夏、内蒙古	现状基础上玉米、棉花薄膜覆盖+13%
山西、陕西	现状基础上玉米、棉花薄膜覆盖+25%；玉米秸秆覆盖+15%
河南、山东	现状基础上玉米秸秆覆盖+25%
四川	由于所采取的农艺节水措施不适宜该地区，不作考虑

3）工程节水措施

工程节水措施是农业灌溉节水综合技术体系的核心内容，也是节水效果最为显著的技术措施，主要包括渠道防渗、管道输水、改进地面灌水技术、喷灌、微灌等节水技术。通过工程节水措施可以有效提高灌区的灌溉水利用系数。提高灌溉水利用系数不仅涵盖通过工程措施如渠道衬砌、田面平整、关键工程的建设以减少输水过程中的跑、冒、滴、漏等输水损失，还包括非工程措施如改进灌溉技术方法、加强用水管理、农艺节水等多个方面，以减少非生产性的消耗，提高农业用水消耗的效用。因此，提高水利用系数是多种措施节水效果的综合体现。

根据黄河流域各省（自治区）现状灌溉水利用系数情况，综合考虑提高水利用系数在经济、技术上的可行性及其对区域生态、环境的影响，参考典型研究区宁夏和徒骇马颊河流域节水潜力阈值及《节水灌溉工程技术规范》（GB/T 50363-2006）中的相关规定，确定各省（自治区）不同类型灌区灌溉水利用系数阈值（表 14-9）。通过有效灌溉面积加权平均确定黄河流域各省（自治区）灌溉水利用系数阈值。由于四川省在流域内面积很小，其节水潜力对黄河流域农业节水影响很小，故未作考虑。

通过采取各种工程节水措施，黄河流域灌溉节水量为 63.66 亿 m^3，耗水节水量为 13.91 亿 m^3。其中：宁夏、内蒙古节水潜力较大，灌溉节水量分别为 14.73 亿 m^3、18.23 m^3，耗水节水量分别为 3.09 亿 m^3、3.65 亿 m^3；山东、青海较低，灌溉节水量分别为 2.57 亿 m^3、4.52m^3，耗水节水量分别为 0.64 亿 m^3、0.81 亿 m^3。

表 14-9　提高农业灌溉水利用系数节水方案设置

省（自治区）	现状	阈值	与现状比提高幅度
青海	0.42	0.64	0.22
甘肃	0.47	0.59	0.12
宁夏	0.39	0.51	0.12
内蒙古	0.42	0.56	0.14
陕西	0.50	0.64	0.14
山西	0.47	0.69	0.22
河南	0.54	0.61	0.07
山东	0.54	0.73	0.19

14.4.2　综合节水潜力

黄河流域农业节水措施主要包括种植结构调整、农艺节水措施（薄膜覆盖和秸秆覆盖)、工程节水措施。通过对三种不同节水措施的组合得到黄河流域农业节水综合方案，见表 14-10。

表 14-10　黄河流域综合节水方案设置

节水措施	分项节水方案	综合方案设置
种植结构调整	在保证粮食安全基础上，适度减少高耗水作物种植面积，改种低耗水粮食或经济作物	√
农艺节水措施	在现状基础上，提高棉花、玉米薄膜覆盖和玉米秸秆覆盖面积	√
工程节水措施	在现状基础上，通过渠道衬砌、田面平整、改进灌溉技术等节水措施，提高灌溉水有效利用系数	√

1）综合方案下黄河流域节水潜力

在上述各项节水措施节水潜力分析基础上，综合方案下黄河流域农业供用水节水潜力为 70.21 亿 m^3，耗水节水潜力为 17.08 亿 m^3。

从各省（自治区）来看，节水潜力较大的是宁夏、内蒙古，供用水节水潜力分别为 16.04 亿 m^3、18.90 亿 m^3；耗水节水潜力分别为 3.74 亿 m^3、3.94 亿 m^3；其次是陕西、山西，供用水节水潜力分别为 9.50 亿 m^3、8.53 亿 m^3；耗水节水潜力分别为 2.88 亿 m^3、2.39 亿 m^3；而山东节水潜力相对较小，供用水节水潜力为 2.70 亿 m^3，耗水节水潜力为 0.73 亿 m^3；四川在流域内面积较小，不作考虑。如图 14-10 所示。

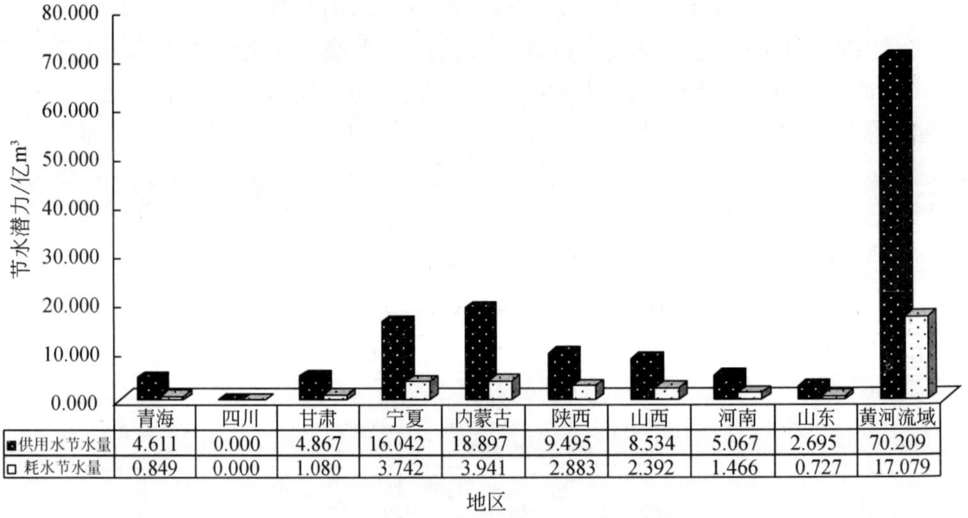

图 14-10　黄河流域各省（自治区）农业节水潜力

从流域二级区来看，兰州—河口镇、河口镇—龙门、龙门—三门峡节水潜力较大，供用水节水潜力分别为 25.55 亿 m^3、9.71 亿 m^3、14.46 亿 m^3；耗水节水潜力分别为 5.66 亿 m^3、2.61 亿 m^3、3.94 亿 m^3；而龙羊峡以上、龙羊峡—兰州节水潜力相对较小，供用水节水潜力分别为 3.50 亿 m^3、2.92 亿 m^3；耗水节水潜力分别为 0.66 亿 m^3、0.59 亿 m^3（图 14-11）。

	龙羊峡以上	龙羊峡-兰州	兰州-河口镇	河口镇至龙门	龙门-三门峡	三门峡-花园口	花园口以下	内流区	黄河流域
■供用水节水	3.499	2.920	25.546	9.711	14.457	4.812	3.954	5.310	70.209
□ 耗水节水	0.656	0.594	5.663	2.609	3.935	1.383	1.091	1.149	17.079

地区

图 14-11 黄河流域二级区农业节水潜力

2）黄河流域工业和生活资源节水潜力估算

由于缺少工业（主要高耗水行业）、城镇生活的水量平衡试验定量研究成果，黄河流域工业和生活耗水节水潜力估算思路是：选取水资源短缺、经济发达、节水水平较高的海河流域作为未来黄河流域节水潜力的参照标准，与现状黄河流域工业、生活耗水量进行比较，其差值即为耗水节水潜力。

根据《海河流域水资源公报》（1998～2007 年）中海河流域工业、生活耗水率变化趋势，工业耗水率多年变化幅度不大，基本在 0.4～0.5；生活耗水率除 1998 年、2000 年、2003 年变化稍大，其他年份基本在 0.55 左右。因此，海河流域多年平均工业耗水率为 0.45，城镇生活耗水率为 0.56，农村生活（农村居民+牲畜）耗水率为 100%，认为其用水量即为耗水量。

根据《黄河流域（片）“十一五”节水型社会建设规划》中节水型社会建设主要指标，2010 年单位工业增加值用水量达到 101m³/万元，2020 年达到 56m³/万元。对比海河流域万元工业增加值用水指标（表 3-16）及黄河流域未来经济社会发展态势，确定未来发展水平下黄河流域工业和生活节水潜力阈值指标，工业耗水率为 0.45，城镇生活耗水率为 0.56，农村生活耗水率为 0.95。根据现状黄河流域工业和生活耗水情况，估算黄河流域工业耗水节水潜力为 10.66 亿 m³，生活（包括城镇和农村）节水潜力为 1.28 亿 m³。

根据上述分析和估算成果，黄河流域供用水节水潜力为 94.46 亿 m³，其中：农业供用水节水潜力为 70.21 亿 m³，工业供用水节水潜力为 22.25 亿 m³，生活供用水节水潜力为 2.00 亿 m³；黄河流域总耗水节水潜力为 29.02 亿 m³，其中：农业耗水节水潜力为 17.08 亿 m³，工业耗水节水潜力为 10.66 亿 m³，生活耗水节水潜力为 1.28 亿 m³，如图 14-12 所示。整体来看，黄河流域节水潜力有限，需要考虑外流域调水。

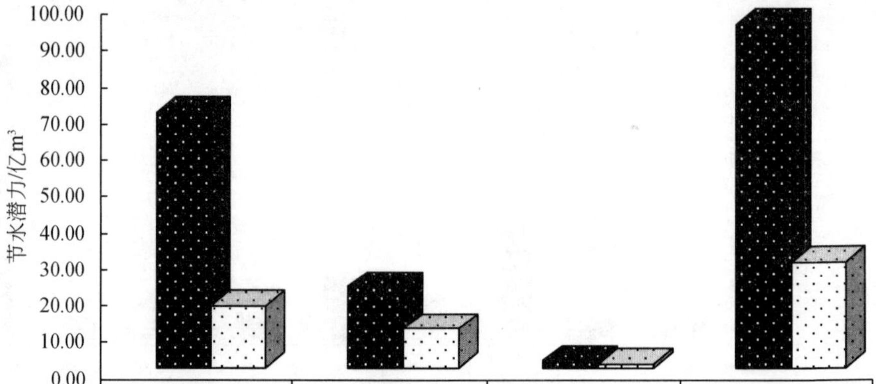

	农业	工业	生活	合计
■ 供用水节水潜力	70.21	22.25	2.00	94.46
□ 资源节水潜力	17.08	10.66	1.28	29.02

部门

图 14-12　黄河流域分部门总节水潜力

14.4.3　外调水问题

黄河流域西面和北面依次是更加干旱的瀚海沙漠群和海河流域，向黄河流域增加供水毫无可能；黄河流域南面是水量相对丰富的长江、淮河流域，具有一定的供水潜力。可能的供水线路有：①上游通过南水北调西线一期工程供水；②中游通过引汉济渭、小江调水、引嘉入汉济渭方案向黄河中游下段供水；③下游通过南水北调东中线工程向黄河供水。

南水北调西线一期工程规划调水量 80 亿 m^3/a，可以解决黄河上中游和黄河下游缺水问题，也能部分解决黄河下游输沙问题，是一项受益范围广，比较可行的方案。

南水北调东线、中线工程向黄河下游补水方案，可以部分解决黄河下游的缺水问题，但补水不能进入小浪底水库，下游缺乏大型调蓄工程，不能形成高效率的输沙洪峰，不能解决黄河下游输沙问题，调水的输沙效益不能得到发挥。另外，中线工程由于水源比较紧张，向黄河补水后，可能会影响中线工程向黄河北部海河流域的供水。

引汉济渭、小江调水、引嘉入汉济渭等调水方案，调水水源不同，工程规模不同，能够解决渭河及黄河缺水的性质也有所不同。

1）引汉济渭方案

方案布置及指标：引汉济渭方案规划水源为汉江干流黄金峡水库和支流子午河三河口水库。在汉江干流规划的黄金峡水库库区设泵站抽水，经“黄三隧洞”引水入子午河中游规划的三河口水库。经三河口水库调蓄后，从库区引水，沿蒲河向北通过“秦岭隧洞”穿过秦岭，于秦岭北坡的黄池沟出洞，接通关中供水网络。

引汉济渭方案多年平均调水量为 15.3 亿 m^3。方案特点：调水线路短，工程规模小，投资相对小，总调水量中有 1/3 的水量为自流引水，使工程的供水成本相对较低。

供水的作用：引汉济渭调水以向工业和城市生活供水为主，兼顾农业供水，可基本解决关中地区的国民经济缺水问题，并可适当补充渭河河道内生态用水。配合东庄水库的运用，可减少渭河下游河道的淤积，逐步恢复和维持中水河槽。

2）小江调水方案

方案布置及指标：小江调水方案从三峡库区调水，在小江的白家溪设泵站抽水（或与抽水蓄能结合），经 5.3km 的压力洞入规划的兴隆水库，经总长 36.5km 的隧洞后，到开县东河规划的关面水库坝下，接纳关面水库补水，再经 23.2km 隧洞至前河明通水库坝前，接纳规划的明通水库补水后，经 39.8km 隧洞到城口县坪坝河岔溪口入任河，顺河出重庆境入陕西省境内任河，在任河建唐家湾水库，由库区清岩溪设取水口进入隧洞，以隧洞和渡槽组合过蛛溪河、渚河、腊溪河、清溪河到汉江，在漩涡以高渡槽过汉江，再接隧洞在汉阴县高梁铺下穿阳安铁路向西北进入池河，在池河青石北约 6km 的红花坪进洞，以 112km 特长隧洞过秦岭，在沣河祥峪口下游 2km 出洞，沿沣河（或经平原水库调蓄）入渭河。

小江调水方案多年平均调水量为 40.1 亿 ~ 102.9 亿 m^3，调水线路全长 453.26km，其中隧洞长 307.03km，抽水扬程 376m，估算投资 942.53 亿 ~ 1329.2 亿元，单方水投资为 23.50 ~ 12.92 元，初步测算成本水价为 1.025 ~ 0.695 元/m^3。

方案特点：从长江三峡库区调水水源丰富，调水流量大，且主要集中在汛期调水，可有效增加渭河下游和黄河下游输沙用水。同时利用高山水库引水，还可提供一部分河道外工业生活用水。但调水方案线路长，工程规模大，投资较大，抽水扬程高、耗电量大，供水成本较高；调水方案中存在深埋长隧洞施工、跨汉江建筑物设计及抽水蓄能与抽水泵站相结合的问题，工程技术经济问题较为复杂；同时从三峡水库调水将对正在建设的三峡电站发电造成影响，调水 40.1 亿 ~ 102.9 亿 m^3，将减少三峡电站保证出力 0 ~ 400MW，减少发电量 4.19 亿 ~ 16.08 亿 kW · h。

供水的作用：小江调水以向渭河及黄河下游河道提供输沙水量为主，输沙减淤效果较为明显。计算表明，小江调水 40.1 亿 ~ 102.9 亿 m^3（其中向河道内配水 31.6 亿 ~ 95.4 亿 m^3），可使渭河下游年均减淤 1416 万 ~ 2176 万 t，华县—华阴段平滩流量增加到 2760 ~ 3560m^3/s，使黄河下游年均减淤 7300 万 ~ 18 900 万 t，调水可为维持渭河及黄河下游河道中水河槽提供水源，并可适当提供河道外工业生活用水。

3）引嘉入汉济渭方案

方案布置及指标：引嘉入汉济渭方案由嘉陵江—汉江段和汉江—渭河段组成。嘉陵江—汉江段采用宝珠寺抽水方案，在宝珠寺库区李家湾设抽水泵站，净扬程为 67m，从泵站上池引水，分别以渡槽或暗涵穿过嘉陵江支流金溪河、广坪河、八海河、燕子河，在巨亭附近进入嘉陵江干流。建巨亭壅水枢纽，取正常高水位 593m，自嘉陵江左岸引水，以 34.8km 的长隧洞穿过嘉陵江与汉江的分水岭，在汉江小支沟自然分段后，再经 2km 的隧洞在汉江左岸支流沮水河汇合口以上约 1km 处进入汉江。汉江—渭河段与引汉济渭方案结合，与引汉济渭方案的线路一致。

引嘉入汉济渭方案多年平均调水量为54.5亿m^3，调水线路全长182.48km，其中隧洞长179.93km，抽水扬程277m，估算投资381.59亿元，单方水投资7.00元，初步测算成本水价为0.476元/m^3。

方案特点：引嘉入汉济渭方案增加了从嘉陵江的调水水源，调水量有较大的增加。输水线路可与引汉济渭结合，降低工程难度。与小江调水方案相比，该方案调水距离较短，抽水扬程较低，供水成本也较低。但该方案从嘉陵江调水，将对嘉陵江及长江干流梯级电站发电造成较大影响，调水减少嘉陵江及长江干流梯级保证出力288.5MW，减少发电量34.2亿kW·h，同时从汉江调水对中线调水也有一定的影响。在所研究的三个调水方案中，该方案对下游梯级发电的影响最大。

供水的作用：引嘉入汉济渭调水的作用一是增加关中地区国民经济供水量，可解决关中地区的缺水问题；二是增加渭河及黄河下游河道的输沙水量。经计算，引嘉入汉济渭调水54.5亿m^3（其中河道内配水41.9亿m^3），可使渭河下游年均减淤509万t，华县—华阴段平滩流量增加到2153m^3/s，使黄河下游年均减淤5540万t。

4）综合分析意见

综合考虑各调水工程方案工程规模、可调水量及调水影响、调水作用和效果等因素，引汉济渭方案调水线路短，工程规模小，施工难度较小，投资相对较少，总调水量中有1/3的水量为自流引水，使工程的供水成本较低。工程实施后，可基本满足渭河关中地区的国民经济用水需求，对调水河流和南水北调中线工程的影响不大。

小江调水方案从长江三峡库区调水水源丰富，调水流量大，且主要集中在汛期调水，可有效增加渭河下游和黄河下游输沙用水。同时利用高山水库引水，还可提供一部分河道外工业生活用水。但输沙减淤作用的发挥必须依靠平原水库的调蓄，而且调水方案线路长，工程规模大，投资较大，抽水扬程高、耗电量大，供水成本较高；调水方案还存在深埋长隧洞施工、跨汉江建筑物设计及抽水蓄能与抽水泵站相结合的问题，工程技术经济问题较为复杂。

引嘉入汉济渭方案增加了从嘉陵江的调水水源，调水量有较大的增加。输水线路可与引汉济渭结合，降低工程难度。与小江调水方案相比，该方案调水距离较短，抽水扬程较低，供水成本也较低。工程实施后可基本满足渭河关中地区国民经济用水需求，且可为渭河及黄河下游河道提供一定的输沙用水。但是，由于引水期为全年引水，调水对渭河和黄河下游河道减淤作用远小于小江调水方案，而且调水河段下游进入川中盆地，经济社会较为发达，调水影响远大于引汉济渭和小江调水方案。

综上所述，南水北调东中线加大引水补黄只能部分解决黄河下游的缺水问题，调水效益不能得到充分发挥，并且存在中线水源不足问题。引汉济渭方案只能解决关中地区的缺水问题，不能解决中游能源重化工基地建设的用水问题，也不能解决下游输沙问题。小江调水方案能够解决黄河下游缺水和输沙问题，但与西线工程相比，其受益区无法覆盖黄河上游和中游能源重化工基地，其单方水的效益不如西线。

14.5　西线工程合理调水规模与调水时机分析

14.5.1　调水河流可调水量研究

1. 调水河流水资源开发利用现状

1）用水现状

（1）坝上河段用水现状。

2005 年雅砻江流域总用水量为 244 718 万 m^3，其中生活、生产、生态用水量分别为 7329 万 m^3、235 508 万 m^3、1880 万 m^3。雅砻江流域的用水主要分布在下游地区。大渡河流域总用水量为 89 389 万 m^3，其中生活、生产、生态用水量分别为 5966 万 m^3、81 567 万 m^3、1856 万 m^3。大渡河流域的用水主要分布在中游、下游地区。雅砻江、大渡河流域各河段现状的用水量见表 14-11。

7 条调水河流中各坝址以上现状总用水量为 105 万 ~1539 万 m^3，占雅砻江、大渡河流域现状总用水量的 0.1% ~0.6%。因此，从现状来看，调水河流坝址以上用水较少。

表 14-11　2005 年雅砻江、大渡河流域各部门用水量表

河流		分区	生活用水/万 m^3	生产用水/万 m^3			生态环境用水/万 m^3	总用水量/万 m^3	占比例/%
				城镇生产	农村生产	小计			
雅砻江	鲜水河	达曲	59	19	562	581	29	668	0.27
		泥曲	51	11	497	509	31	591	0.24
		干流	68	37	708	745	36	849	0.35
	干流	河源—甘孜	179	23	2 040	2 063	97	2 338	0.96
		甘孜—洼里	1 141	479	13 257	13 737	328	15 205	6.21
		洼里—河口	5 831	17 354	200 521	217 875	1 360	225 066	91.97
	流域合计		7 329	17 923	217 585	235 510	1 881	244 718	100
大渡河	绰斯甲河	色曲	26	13	146	159	19	204	0.23
		杜柯河	61	20	581	601	36	698	0.78
		干流	101	22	1445	1468	33	1602	1.79
	足木足河	玛柯河	87	27	758	785	46	919	1.03
		阿柯河	67	18	307	325	36	428	0.48
		干流	162	73	1 792	1 865	93	2 120	2.37
	干流	双江口—泸定	511	355	7 006	7 362	219	8 092	9.05
		泸定—铜街子	3 039	9 532	31 001	40 533	698	44 270	49.53
		铜街子—河口	1 910	12 467	16 003	28 470	677	31 057	34.74
	流域合计		5 964	22 527	59 039	81 568	1 857	89 390	100

（2）坝下临近河段用水现状。

根据坝下临近河段用水统计，坝下临近河段现状总用水量为 1871 万 m^3，各坝下临近河段为 32 万 ~807 万 m³，主要为牲畜和灌溉用水，见表 14-12。

表 14-12 坝下临近河段现状用水量 （单位：万 m³）

河流	河段	生活用水			生产用水			生态用水	总计
		城镇生活	农村生活	城镇生产	农田灌溉	林牧灌溉	牲畜		
达曲	阿安—达曲河口（炉霍）	9	16	7	87	20	96	14	249
泥曲	仁达—炉霍县城	9	17	7	79	26	117	16	271
色曲	洛若—都牛斯曼沟口	1	2	1	3		22	3	32
杜柯河	珠安达—壤塘县城	20	7	3	71	29	74	18	221
玛柯河	霍那—灯塔	13	10	3	26	10	76	15	153
阿柯河	克柯 2—阿坝县城	23	7	4	23		52	29	138
雅砻江干流	热巴—甘孜县城	15	55	18	278	69	344	29	807
合计		90	114	44	567	154	781	124	1871

2. 调水河流河道外需水预测

据分析，雅砻江流域 2030 年水平总需水量为 30.51 亿 m³，为雅砻江流径流量 600.37 亿 m³的 5.1%，2005 ~2030 年需水增长率为 0.9%。其中生活、生产、生态需水量分别为 1.28 亿 m³、24.86 亿 m³、4.37 亿 m³。流域上游、中游、下游地区需水分别占流域总需水量的 3.6%、15.7%、80.7%，需水主要位于中游、下游地区。

大渡河流域 2030 年水平总需水量为 11.68 亿 m³，为大渡河径流量 475.53 亿 m³的 2.4%，2005 ~2030 年需水增长率为 1.1%。其中生活、生产、生态需水量分别为 1.0 亿 m³、8.99 亿 m³、1.69 亿 m³。流域上游（河源区）、中游、下游地区需水分别占流域总需水量的 28.4%（15.7%）、43.4%、28.2%，流域需水主要在双江口以下。雅砻江、大渡河流域各河段 2030 年的需水量见表 14-13。

表 14-13 2030 年雅砻江、大渡河流域各部门需水量表

河流		分区	生活需水/万 m³	生产需水/万 m³			生态环境需水/万 m³	总需水量/万 m³	占比例/%
				城镇生产	农村生产	小计			
雅砻江	鲜水河	达曲	120	50	1 109	1 159	940	2 219	0.73
		泥曲	106	31	1 173	1 204	1 282	2 592	0.85
		干流	138	34	1 271	1 305	6 816	8 259	2.71
	干流	河源—甘孜	348	63	4 304	4 367	6 209	10 924	3.58
		甘孜—洼里	2 154	1 102	19 111	20 213	12 383	34 750	11.39
		洼里—河口	9 917	23 072	197 309	220 381	16 038	246 336	80.74
	流域合计		12 783	24 352	224 277	248 629	43 668	305 080	100

续表

河流		分区	生活需水/万 m^3	生产需水/万 m^3			生态环境需水/万 m^3	总需水量/万 m^3	占比例/%
				城镇生产	农村生产	小计			
大渡河	绰斯甲河	色曲	41	4	398	402	414	857	0.73
		杜柯河	113	27	1 417	1 444	1 236	2 793	2.39
		干流	182	35	2 092	2 127	1 360	3 669	3.14
	足木足河	玛柯河	161	41	1 661	1 702	1 932	3 795	3.25
		阿柯河	125	31	917	948	982	2 055	1.76
		干流	292	172	2 893	3 065	1 753	5 110	4.37
	干流	双江口—泸定	925	516	9 915	10 431	3 595	14 951	12.82
		泸定—铜街子	5 118	8 116	32 980	41 096	4 432	50 646	43.36
		铜街子—河口	3 032	14 663	14 068	28 730	1 165	32 928	28.19
	流域合计		9 989	23 605	66 341	89 945	16 869	116 804	100

西线第一期工程各调水坝址以上需水量为 0.05 亿 ~0.85 亿 m^3，占流域总需水量的 0.4% ~3.4%。坝下临近河段 2030 年总需水量为 7028 万 m^3，各坝下临近河段的需水量分别为 224 万 ~3150 万 m^3（表 14-14）。

表 14-14　坝下临近河段 2030 年水平总需水量表　（单位：万 m^3）

河流	河段	生活需水			生产需水			生态需水	合计
		城镇生活	农村生活	工业	农田灌溉	林牧灌溉	牲畜		
达曲	阿安—达曲河口（炉霍）	48	4	20	66	86	245	384	853
泥曲	仁达—炉霍县城	52	5	20	59	101	299	371	907
色曲	洛若—都牛斯曼沟口	2	4	1	3	1	68	145	224
杜柯河	珠安达—壤塘县城	50	4	7	68	275	150	240	794
玛柯河	霍那—灯塔	37	14	6	23	132	129	255	596
阿柯河	克柯 2—阿坝县城	70	6	7	25	85	105	206	504
雅砻江干流	热巴—甘孜县城	70	69	48	209	287	871	1596	3150
	合计	329	106	109	453	967	1 867	3 197	7 028

根据岷江上游及供水区的供需平衡分析结果①，2030 年多年平均来水条件下需从大渡河调水 5.4 亿 m^3；2050 年多年平均来水条件下需从大渡河调水 21.6 亿 m^3。无论西线调水前后，大渡河双江口断面的来水量均能满足“引大济岷”总水量要求。

① 水利部四川省水利水电勘测设计研究院《南水北调西线工程与四川调出区水资源宏观配置关系研究》报告

3. 调水坝址下游的生态环境需水量研究

河道内生态环境需水的大小受生态特性、生态目标和生态条件三方面的因素制约，与生态系统本身自然状况、人类活动、经济条件关系密切。

调水河段内生态环境保护对象和保护目标不同，对生态环境需水量及其过程的要求不同。为全面把握调水河段河道内生态环境需水量的规模，对各种保护对象均选择典型进行了分析。在典型分析的基础上，确定了调水河段生态环境需水量的构成和选取方法。

1）主要保护对象需水量典型分析

（1）岸边植被需水量。

岸边植被主要分布在近邻河岸的河谷湿地中，以鲜水河干流孜龙河坝湿地和中仁达河谷湿地为典型进行分析。

根据调查①，孜龙河坝湿地保护区面积为300hm^2，邻近道孚县城，保护区两岸以天然河坝为界，保护对象为湿地野生植被和天鹅、雀鹰、鸳鸯、鸽子、画眉等动物，湿地总需水量为241.4万m^3，要求流量为0.07m^3/s。

中仁达河谷湿地为鲜水河河谷滩地，面积1280hm^2，据调查，湿地内野生植被主要为高山柳、海棠、三棵针、沙棘等，区内无珍稀植物，野生动物主要有金雕、秃鹫、黄鸭、小天鹅等，黑鹳和中华秋沙鸭两种国家一级保护鸟类，均为旅鸟，湿地总需水量为529.8万m^3，要求流量为0.171m^3/s。

（2）水生生物需水量。

调水工程区内虽无长距离的河—河洄游种类，但根据外业调查，齐口裂腹鱼、大渡软刺裸裂尻鱼都有短距离的洄游习性。这些鱼类的短距离洄游路线多是从越冬场所出发，从干流下游向上游或从干流向支流做一段距离的迁徙，在具有适宜繁殖条件的河段游弋，等待适宜的繁殖时机。

调水工程区现有的19种鱼类中，主要保护和经济鱼类的繁殖时间见表14-15。

表14-15　调水河流主要鱼类的繁殖时间

种类	繁殖时间	雅砻江	大渡河	备注
虎嘉鱼	3~4月		+	国家二级保护鱼类，被列入《中国濒危动物红皮书》
齐口裂腹鱼	3~4月		+	省级保护鱼类
短须裂腹鱼	3~4月	+		
厚唇裸重唇鱼	4~5月	+		
四川裂腹鱼	4~5月	+		
长丝裂腹鱼	5~6月	+		省级保护鱼类
裸腹叶须鱼	4月前后	+		被列入《中国濒危动物红皮书》

① 甘孜州道孚县人民政府［2005］30号文

续表

种类	繁殖时间	雅砻江	大渡河	备注
软刺裸裂尻鱼	5 月	+		
大渡软刺裸裂尻鱼	5 月		+	大渡河水系特有鱼种
麻尔柯河高原鳅	4 月	+	+	
重口裂腹鱼	8～9 月		+	省级保护鱼类
青石爬鮡	9～10 月	+	+	省级保护鱼类

据坝址径流统计，热巴坝址 3 月份多年平均径流为 55.4m^3/s，最小月径流量为 38.8m^3/s，90% 枯水年 3 月份的径流量为 38.8m^3/s，则 3～6 月生态基流采用 50m^3/s；以此类推，阿达坝址采用 55m^3/s；阿安、仁达、珠安达、霍那、贡杰等坝址采用 8m^3/s；洛若、克柯 2 等坝址采用 4m^3/s。

（3）维持水环境需水量。

调水河段内人烟稀少，工农业落后，水质基本保持天然状态。按照《四川省地面水水域功能划类管理规定》，雅砻江干流甘孜河段，雅砻江达曲、泥曲及大渡河杜柯河、玛柯河、阿柯河支流，水功能区划均为地表水Ⅱ类水体。

根据不同水平年经济发展情况预测，甘孜、新龙、雅江、炉霍、道孚、壤塘、班玛、阿坝等县城 2030 年水平污水入河量为 1530～7956t/d，在考虑治污的情况下，COD 排放量为 137～1193.3kg/d，BOD_5 排放量 91.6～795.5 kg/d，氨氮排放量 15.9～138.1 kg/d。

2）生态环境需水量综合分析

根据前述典型分析，调水河段内生态环境保护对象和保护目标不同，对生态环境需水量的要求不同。若要满足不同生态功能对水量的需求，应按照最大值的原则确定河段生态环境需水量。为此，西线调水河段生态环境水量分为两部分：一是河段基本生态环境需水，即按照目前国内外常用的分析方法，分析一般规律条件下调水河段生态环境需要的水量；二是重点保护对象的需水，即以鱼类为代表，满足河道内水生生物生长过程中关键特殊对水量的需求。两者取外包线作为西线调水河段的生态环境需水。

（1）基本生态环境需水。

基本生态环境需水是保证全河段水流连续性的基本条件，也是多种保护对象对河道内水量的最基本需求。选择多种方法对调水河流河道内基本生态环境需水量进行了初步分析，结果见表 14-16。

表 14-16　各引水坝址下游河道内基本生态环境需水量分析结果　（单位：m^3/s）

河流	坝址	坝址多年平均流量	Tennant 法		7Q10 法		最小月平均径流法	按原国家环保局 11 号文件规定	水力半径法	湿周法	生态环境流量范围值	基本生态流量推荐值
			良好生态环境标准	一般生态环境标准	近 10 年最枯月平均流量	90% 保证率最枯月平均流量						
雅砻江干流	热巴	192.5	54.6	35.3	29.0	33.8	44.5	9.6	49.8	11.06	9.6～54.6	35

续表

河流	坝址	坝址多年平均流量	Tennant 法		7Q10 法		最小月平均径流法	按原国家环保局11号文件规定	水力半径法	湿周法	生态环境流量范围值	基本生态流量推荐值
			良好生态环境标准	一般生态环境标准	近10年最枯月平均流量	90%保证率最枯月平均流量						
达曲	阿安	31.7	9.0	5.8	2.4	4.5	6.0	3.3	5.0	4.60	2.4~9.0	5
泥曲	仁达	36.4	10.3	6.7	1.0	3.0	4.6	3.6	8.3	3.72	1.0~10.3	5
色曲	洛若	13.1	3.7	2.4	1.0	1.5	1.8	1.3			1.0~3.7	2
杜柯河	珠安达	45.8	13.0	8.4	4.0	3.9	6.4	4.6		3.50	3.5~13.0	5
玛柯河	霍那	35.1	10.0	6.4	3.4	7.2	7.2	3.5	9.9	1.27	1.3~10.0	5
阿柯河	克柯2	19.2	5.4	3.5	1.7	2.2	2.4	1.9	3.7	1.9	1.7~5.4	2

由表可见，由于各种方法的保护对象和生态目标不同，计算的河道最小生态环境流量有一定差别。采用湿周法、近10年最枯月平均流量法以及按原国家环境保护总局11号文计算的结果最小，采用Tennant法中的良好生态环境标准所计算的结果最大。根据坝下临近河段径流汇入分析，在坝下10~20km即有较大支流的汇入，调水后河道基流恢复较快，河道内水量将沿程增加，生态环境流量将迅速增加。根据各坝址计算的生态流量范围值以及各坝下汇流情况，推荐的各坝址下游临近河段生态流量分别为：热巴35m^3/s，阿安、仁达、珠安达、霍纳均为5m^3/s，洛若、克柯2均为2m^3/s，该流量满足维持引水坝址下游临近河段生态用水需求，并且均大于原国家环境保护总局11号文件的规定的最小生态流量。

（2）重点保护对象生态需水。

考虑对调水区鱼类，特别是对特有的珍贵稀有鱼类的保护，维持其最小的生态需水量。根据对鱼类繁殖期对水量的需求分析，各引水坝址生态流量见表14-17。

表14-17　各引水坝址生态环境需水量采用结果　（单位：m^3/s）

河流	坝址	年内各时段生态需水流量		生态需水量采用值		
		重点保护对象生态需水（3~6月）	基本生态需水（1~12月）	各月生态需水（外包线）		年均生态需水
				3~6月	7~次年2月	
雅砻江干流	热巴	50	35	50	35	40.0
达曲	阿安	8	5	8	5	6.0
泥曲	仁达	8	5	8	5	6.0
色曲	洛若	4	2	4	2	2.7
杜柯河	珠安达	8	5	8	5	6.0
玛柯河	霍那	8	5	8	5	6.0
阿柯河	克柯2	4	2	4	2	2.7

4. 可调水量分析

由各坝址的水资源平衡结果知，多年平均情况下各调水坝址断面以上的来水均能满足其河道内外的用水要求，并且用水需求仅占其来水量的 14.6% ~22.2%（表 14-18），在 90% 的枯水年份，各坝址断面以上的需求占其来水量的 18.8% ~29.9%。由于坝址以上地区人烟稀少，工农业不发达，用水需求较小，无论多年平均还是枯水年份，坝址以上来水均能满足其需水要求，剩余水量较多。说明各调水河流坝址断面有水可调。

表 14-18　2030 年水平各坝址断面多年平均水资源供需平衡表

河流	坝址名称	需水量/亿 m^3		来水量	余水量	需水量占来水量的比例/%
		河道内	河道外	/亿 m^3	/亿 m^3	
雅砻江干流	热巴	12.61	0.8013	60.72	47.31	22.1
	阿达	14.19	0.8505	67.74	52.70	22.2
达曲	阿安	1.89	0.1367	10.00	7.97	20.3
泥曲	仁达	1.89	0.1687	11.49	9.43	17.9
色曲	洛若	0.84	0.0547	4.12	3.23	21.7
杜柯河	珠安达	1.89	0.1445	14.45	12.42	14.1
玛柯河	霍那	1.89	0.1067	11.08	9.08	18.0
	贡杰	1.89	0.1154	13.14	11.13	15.3
阿柯河	克柯 2	0.84	0.0452	6.06	5.17	14.6

坝址天然径流量扣除坝址以上河道外需水量和下泄要求的河道内需水量后，剩余水量作为可调水量。根据各引水坝址上下游河段水资源供需平衡分析，考虑未来用水增长后，坝址上下游河道外需水量占来水量的比例都很小，坝址下游河道仅区间径流即可满足用水需求，不需要引水水库专门考虑对河道外供水。

各坝址可调水量为各引水坝址径流量扣除坝址上游经济社会发展需水量、坝下要求的生态环境需水量。不同来水频率情况下入库径流量以及可调水量见表 14-19。

表 14-19　各引水坝址不同频率入库径流量　　　（单位：亿 m^3）

调水河流	坝址	来水频率					
		10%	25%	50%	75%	90%	多年平均
雅砻江干流	热巴	75.95	69.94	56.88	53.06	44.72	59.92
达曲	阿安	13.60	11.96	9.67	7.77	6.72	9.86
泥曲	仁达	14.96	13.90	11.29	8.78	7.66	11.32
色曲	洛若	5.40	4.80	3.97	3.28	2.96	4.07
杜柯河	珠安达	18.49	17.40	13.75	11.53	10.68	14.31
玛柯河	霍那	14.90	13.25	11.03	9.06	8.07	10.97
阿柯河	克柯 2	7.52	7.03	6.12	4.92	4.46	6.01

续表

调水河流	坝址	来水频率					
		10%	25%	50%	75%	90%	多年平均
各坝址合计后排频（雅砻江干流、玛柯河为上坝址）		151.22	137.63	111.91	99.31	90.37	116.46
各坝址合计后排频（雅砻江干流、玛柯河为下坝址）		162.78	147.86	119.75	107.25	96.85	125.48

从表中看出，当雅砻江、玛柯河为上坝址时，即雅砻江为热巴坝址、玛柯河为霍那坝址，7座引水坝址多年平均入库径流量为116.46亿m^3，90%保证率入库径流量为90.37亿m^3；当雅砻江、玛柯河为下坝址时，即雅砻江为阿达坝址、玛柯河为贡杰坝址，7座引水坝址多年平均入库径流量为125.48亿m^3，90%保证率入库径流量为96.85亿m^3。

考虑各调水坝址上游取水，在满足坝址断面河道内外用水需求的条件下，提出坝址合理的调水量。2030年，热巴、阿安、仁达、洛若、珠安达、霍那和克柯2七个坝址以上需水量为1.46亿m^3，按推荐采用的坝下生态流量，坝址最小下泄水量为21.85亿m^3，则多年平均可调水量为93.15亿～102.17亿m^3。

14.5.2 南水北调适宜的调水时机

1. 水资源短缺导致的主要问题

1）水资源短缺严重制约流域经济社会的可持续发展

黄河贯穿西北和华北人口稠密地区，属资源性缺水河流，且泥沙含量大。20世纪80年代以来，黄河供需矛盾越来越尖锐，水资源短缺问题已成为流域经济社会发展的重大制约因素。每年约有1000万亩有效面积得不到灌溉，部分灌区灌溉保证率和灌溉定额很低，很多计划开工建设的能源项目由于没有取水指标而无法立项，部分地区的工业园区和工业项目由于水资源供给不足而迟迟不能发挥效益。上中游正在建设的能源工业基地面临最大的挑战之一就是水资源问题，水资源短缺将严重制约黄河流域发展以及我国西部大开发的实施进程。

2）河道内生态环境水量被大量挤占，河流健康受到严重破坏

流域生态系统呈现恶化趋势。河道外生产生活用水大量挤占河道内生态环境用水，导致黄河干流及主要支流均出现频繁断流。据统计，1972～1999年，黄河干流下游河道有22年出现断流。断流最严重的1997年，入海水量仅有18.6亿m^3，下游断流达226天，断流河段上延至开封柳园口附近。主要支流如汾河、渭河、伊洛河、沁河、大汶河、金堤河、天然文岩渠、大黑河、大夏河、清水河等，也出现了严重的断流现象，断流次数增加，时间延长，进一步加剧了黄河干流的断流形势。1999年黄河干流水量统一调度后，断流持续恶化势头有所遏制，但入海水量仍然严重不足，使河道内和河口地区的生态环境受到严重影响。

黄河河道淤积萎缩严重，防洪形势日趋严峻。由于进入黄河下游的水量急剧减少，加剧了水沙关系的不协调性，下游河道主槽淤积严重。随着主槽排洪能力降低，中常洪水水位抬升，漫滩流量减小，黄河下游滩区居民生命财产遭受损失越来越频繁，损失越来越大；小北干流河段，由于流量较小，泥沙淤积主要集中在主河槽中，使河道排洪能力急剧下降，对河段防凌带来不利影响；渭河流域水资源总量不足，国民经济发展用水大量挤占河道内生态环境用水，导致下游河道淤积严重，主槽萎缩，同流量水位大幅上升，排洪能力下降；宁蒙河段由于上游引黄水量增加和龙羊峡、刘家峡水库联合调度运用，改变了径流时程分配，河道淤积加重，中小洪水水位抬高，平滩流量下降，河道宽浅散乱，摆动加剧，严重威胁防洪防凌安全。

3）河口地区生态环境退化

由于入海水量减少，致使湿地面积萎缩、土地盐碱化加重、生物多样性减少。据对 20 世纪 90 年代统计，因严重断流，河口地区植被面积减少将近一半，鱼类减少 40%，鸟类减少 30%，黄河鲥鱼、东方对虾等珍稀生物濒于绝迹。水量调度和调水调沙对缓解黄河下游及河口地区生态环境问题初见成效，但功能性断流问题和流域层面存在的生态环境问题还远未解决。另外，由于水资源的不合理开发利用还导致湖泊沼泽萎缩、土壤盐渍化等一系列生态环境问题。

综上所述，严峻的缺水形势必将对黄河流域及邻近地区的生产生活用水造成严重影响，制约经济社会的可持续发展；黄河河道生态系统也将遭受更加严重的威胁，河道断流、河床淤积、干旱和洪水危害等将进一步加剧。

2. 南水北调西线工程适宜调水时机

现状情况黄河流域水资源供需矛盾已经十分突出，流域河道内外缺水量达 180 亿 m^3，河道外缺水率达 24.4%。缺水导致了诸多问题：水资源总量不足，难以支撑经济社会的可持续发展；水沙关系日益恶化，严重威胁河流健康；生态用水被大量挤占，生态环境日趋恶化。

2020 年水平，在充分节水、挖潜的条件下，黄河流域河道内外缺水达 160.5 亿 m^3，其中河道外缺水 75.3 亿 m^3，缺水率达 14.5%；河道内缺水 85.2 亿 m^3。到 2030 年水平，黄河流域河道内外缺水达 192.4 亿 m^3，其中河道外缺水 104.2 亿 m^3，缺水率达 19.0%；河道内缺水 88.2 亿 m^3。可见，随着流域人口的增加和经济社会的快速发展，在大力节约用水的条件下，流域缺水形势仍极为严峻，缺水无论是对黄河生态系统的维持，还是对流域经济社会可持续发展、小康社会全面建设和饮水安全，以及对于国家粮食安全和能源安全均将造成巨大威胁。

黄河流域近期的水资源短缺已影响了西部地区经济社会的健康、协调发展，影响了我国推进西部大开发的进程以及我国整体推进的战略构想，因此目前形势非常紧迫。为尽快有效缓解黄河流域水资源危机，南水北调一期工程宜尽早建成生效，但鉴于西线一期工程自身的复杂性和难度，以及西线一期工程的前期工作周期和建设时间，西线一期工程将在 2030 年建成生效。

第 15 章　南水北调水资源配置保障机制与政策措施

研究流域水资源配置保障机制，是管理和政策层面落实水资源配置方案的重要内容。保障机制的建立应当针对水资源配置中存在的风险，深入解析引发风险的机制缺陷，有针对性地提出具体建议。

15.1　水资源配置风险分析

在传统的行政管制、市场调节和公众参与的条件下，南水北调水资源合理配置可能存在以下六方面的风险。

风险之一：经济水与生态水不合理配置风险。主要表现为在黄淮海流域水资源总量严重不足，甚至继续衰减的条件下，受传统的经济价值观的驱动，如果缺乏最严格的管控制度，将可能造成基本的生态用水保障不力，经济用水继续挤占生态用水，生态环境系统持续退化，包括河道最小生态基流和入海水量得不到满足，地下水被继续超采，河湖湿地继续萎缩，地下水位持续下降。

风险之二：当地水与外调水不合理配置风险。在南水北调通水后，如果价格和管控机制不健全或是不严格，当地水资源由于相对于外调水的开发利用成本较小，在短期逐利理念的驱动下，可能会造成地方继续过量开采当地水资源，而南水北调引江水使用严重不足，特别是遇到丰水年或是平水年，从而导致生态环境继续恶化，而南水北调工程效益得不到充分发挥。

风险之三：城市与农村用水配置不合理风险。南水北调引江水配置对象是工业和城市，但由于城市和农村、工业与农业在用水竞争上的差异，如果缺乏严厉有效的配置措施，可能会造成城市和农村用水不合理配置的风险。这主要表现在城市由于引江水的调入会进一步提高其保障程度，但农村和农业用水无增加水源，造成“城市和工业用不完，农村和农业不够用”，从而影响区域整体协调发展。

风险之四：常规水与非常规水源不合理配置的风险。多水源的联合配置是南水北调受水区乃至黄淮海流域需要重点开展的工作，但黄淮海流域目前非常规水源的开发程度仍然较低，如天津市再生水回用率不足 10%，同时海水淡化能力和淡化量也未得到有效的配置。未来一个时期黄淮海流域仍然面临着常规水与非常规水源不合理配置的风险，突出表现为再生水回用率不足、雨水利用量偏低等，应当制定和出台相应的政策机制，促进多水源的整体优化配置。

风险之五：缺水与用水浪费并存的风险。节水和多渠道开源是水资源配置的核心内容。尽管黄淮海流域和南水北调受水区大力推进节水型社会的建设，但水资源利用的效率仍有提高的潜力和空间。如果缺乏相应的机制保障，可能仍然会存在水资源严重短缺和水资源浪费并存的风险。如何强化对水资源的节约和保护，也是南水北调水资源配置保障机制的重要内容。

风险之六：抵御特枯和连枯年份能力不足的风险。黄淮海流域属于季风气候敏感区，发生特旱和连续枯水的概率较大。如果常态管理与应急管理联立机制没有有效的建立，或是在水资源配置格局中应急工程和备用水源不足，则可能会在特枯或是连枯年份缺乏有效的应对策略，因此需要健全水资源配置中的应急管理机制，降低特殊情景下的黄淮海流域水资源风险。

以上机制均是南水北调工程实施后配套的管理体制、机制、制度不健全条件下，南水北调水资源配置面临的可能风险。因此必须在大力完善配置技术方案和工程条件的情况下，积极推进配套保障机制的建设，软硬都要抓，两手都要硬，切实保障基于南水北调工程的黄淮海流域水资源合理配置格局的形成。

15.2　风险的内在机制成因分析

降低上述所提的水资源配置风险，除进一步完善工程技术和公众意识层面的因素以外，还需要重点加强和切实健全以下三方面的机制，使其成为水资源配置的外部约束或是内生动力，从而促进水资源合理配置。

（1）行政管制机制。水资源是基础性的自然资源，具有明显的不可或缺、不可替代等基本属性，加强水资源配置中的行政管制，提高水资源一次分配的有效性，是实现水资源公平配置和可持续利用的重要机制。水资源配置中行政管制的主要内容包括四方面：一是对基于水资源承载能力的开发利用总量进行控制；二是对流域内区际的用水权益关系进行界定；三是对区域内基本的生态用水和农业用水进行保障；四是制定区域水资源节约与保护的标准并进行监管。

（2）经济调节机制。充分发挥市场和经济手段对水资源配置的重要作用，以弥补单一行政手段的“政府失灵”的问题。经济调节机制主要包括三方面：一是价格手段，在黄淮海流域水资源配置中要充分发挥经济调节的作用，既要采取提高水价、水资源费，实行阶梯式水价等一般政策，又要有所创新，包括推广针对农业的“一提一补”水价制度等；二是经济奖励与处罚，重点要建立有利于节水减排的经济激励机制，包括节水型企业的税收减免政策，废水“零排放”企业的排污费的减免政策，对于超标排污和超量取用水企业的经济处罚政策等；三是积极培育水市场，规范水权交易，特别是要探索推动农业向工业进行水权转让市场的规范。

（3）公众参与和协商机制。水资源的分配是一种利益分配，既可以通过市场也可以通过非市场来解决，水资源的配置方案不仅仅需要技术上、经济上的可行性，更重要的是政治上的可行性。通过对流域水资源配置的经济机制和利益机制的分析，在水资源配置过程中要特别注重公众参与和协商机制的引入，应当建立既不同于传统行政“指令配置”也不同于“完全市场”的“准市场”。其具体实施由“政治民主协商制度”和“利益补偿机制”等辅助机制来保障，以协调地方利益分配，达到同时兼顾优化流域水资源配置的效率目标和缩小地区差距、保障农民利益的公平目标。流域统一管理应和“准市场”、“地方政治民主协商”有机结合，通过不断的制度创新和制度变迁，形成比较成熟有效的新的流域水分配、水管理模式，并逐步以法律法规的形式固定化。

15.3 相关政策措施

针对以上配置存在的六方面的风险，建立风险控制机制，在政策措施上核心是通过实行最严格的水资源管理制度，建立有效的水资源配置、节约与保护机制，为此提出以下六条政策建议。

措施之一：建立和严格实施水资源红线管理。立足于流域和区域水资源承载能力，面向水资源三大主要矛盾和突出问题，即需求过大带来的缺水问题、开发过度导致的水生态退化问题、排污超量引发的水环境污染问题。实行最严格的水资源管理制度的核心是要确立“三条红线”，即水资源开发利用总量控制红线、用水效率控制红线、水功能区限制纳污红线，从而将经济社会系统对水资源和生态环境系统的影响控制在可承载范围之内，以促进人与自然关系的和谐与水资源的可持续利用。在三条红线的框架下，建立基本生态用水保障制度和地下水开发总量控制制度，强化 ET 的管理，以降低经济水与生态水不合理配置风险。

措施之二：实行水资源开发利用的红黄蓝分区管理模式。科学评价黄淮海流域水资源开发利用程度、效率和污染现状，根据地表地下水资源开发利用程度、生态健康状况、水环境质量状况和用水效率情况，划定红、黄、蓝分区。对于不同分区实施不同的取水许可和水资源论证政策。对于红区和黄区严格执行建设项目的水资源论证制度，对于取水总量已达到或是超过控制指标的地区，暂停审批建设项目新增取水；对于取水总量接近控制指标的地区，限制审批新增取水。推进水资源论证制度要推进国民经济与社会发展规划、城市总体规划以及建设项目布局的水资源论证工作。

措施之三：大力推行城乡水资源综合配置。针对黄淮海流域的缺水现状和南水北调工程主要补水给城市和工业的现实，要立足于城乡统筹发展的需求，实行城乡水资源综合配置，在深化水务一体化管理体制改革的基础上，重点开展三方面的工作：一是要推进城市再生水有目的的回用于农业灌溉；二是在城市有新增水源的条件下，逐步将原来挤占农村的水源还给农村；三是逐步建立城乡水权有偿转染制度。此外在有增产任务的粮食主产区，要探索从区域水资源费中补贴“一提一补”农业水费的政策。

措施之四：推进水价和水资源费制度改革与试点。充分发挥经济杠杆对资源的配置与调节作用，合理确立再生水与常规供水的水价差距，在井灌区和有计量条件的地区推行“一提一补”农业水费政策，在工业水上提高水价标准并实行超计划累进加价制度；建立红黄蓝分区差异水资源费制度，特别是切实提高超采区水资源费标准，探索容量水资源费与计量水资源费相结合的制度，选择典型地区开展水资源费改革试点。

措施之五：完善取水用水计量和水情监测统计体系。着力完善取水、用水、排水的计量监测基础设施，重点加快省界断面和重要控制断面、重要取水和排水口、重点地区地下水、用水大户监测设施建设，逐步实现各类信息的实时在线联网监测；建立科学的用水信息统计体系，切实提高用水统计信息的精确度和覆盖面；加快国家和省级水资源管理信息系统建设，推进水资源管理的信息化进程。

措施之六：建立地下水战略储备制度。划定黄淮海流域主要城市地下水应急水源与战略储备水源，制定水源建设规划和管理保护方案及管理措施，提出地下水应急与战略储备水源管理的具体制度，包括备用水源启用程序、涵养要求、保护区管理、压采封停取水工程管理等制度，建立健全地下水应急水源地管理制度体系，制定应急水源调配方案，增强地下水应急供水水源建设与管理能力，以提高应对极端干旱、水污染突发事件的抗风险能力。

第16章　结论与建议

16.1　取得的创新性成果和基本结论

通过三年的攻关，本课题主要取得三项技术性成果和四项应用性成果。

16.1.1　技术性成果

1. 全口径缺水识别技术

全口径缺水识别是指对全口径水源的供水量和全口径用户的需水量进行识别。其中在供水端从水分的有效性出发，综合考虑有效降水和人工取供水量，并考察不同供水量中的水质满足程度，如生活用水量中高端用水（如饮用水和食物相关的用水）的水质要求；在需求端计算天然河湖生态、地下水资源系统、农业、工业、人工生态和生活用水需求量。在此基础上，按照缺水的梯度理论，逐级计算各用水户的实际缺水量，最后汇总形成包括生态环境和经济社会系统的全口径缺水量。此外，本次研究中还创新提出了基于存量的破坏性缺水和基于增量的约束性缺水的概念，为显性缺水和隐性缺水的综合识别奠定了基础；同时研究在分项用户缺水量定量计算技术上也取得了一系列创新，如工业、生活、生态环境缺水的计算技术等，为缺水识别的定量化实现提供了有效的技术支撑。

全口径缺水识别技术通过水资源供需全要素的系统均衡，不仅能够定量计算出区域系统缺水量，同时能够识别出不同缺水主体的相互的作用机制与影响，为科学分析和识别区域缺水状态提供了基本的技术途径，具有明显的自主原始创新特性，在水资源系统评价和规划中具有重要的应用价值。

2. 科学发展观下的流域水资源合理配置理论与方法

黄淮海泛流域面临深度的资源性缺水，经济社会和生态环境系统各需求主体用水竞争矛盾十分突出，生态系统退化和地下水超采问题严重，但不同区域的经济社会发展与用水水平很不均衡，加上水资源衰减十分严重，在这种流域开展水资源合理配置必须统筹协调好各方关系，维护水资源的自然、环境、生态、经济和社会多元属性。为此，本课题以科学发展观的五个统筹为指导，提出了基于统筹发展的水资源层次化配置方法。第一个层次是流域尺度上基本生态需水的合理配置；第二个层次是在流域经济社会允许配置量中的区域间的水资源合理配置；第三个层次是经济社会协调发展中的经济水资源和生活水资源的配置；第四个层次是城市与农村之间的水资源配置；

第五个层次是统筹区内和区外的发展，包括当地水和外调水以及实体水与虚拟水的配置。

在科学发展观的视域框架下，水资源合理配置的决策机制包括五方面。其中自然属性的维护必须以水量平衡机制为准则，社会属性的维护是以社会公平为准则，经济属性的维护以效益最优为准则，生态属性的维护则以维护生态功能良好为决策机制，环境属性的维护是以水体功能为准则。基于上述准则，本次研究确定了维护不同功能属性的具体指标，并作为配置模型的目标函数或是约束条件进行植入，从而保障水资源配置多目标的均衡协调。

3. 超大泛流域水资源配置整体分析模型技术

由于人工“水道”沟通所形成的流域“交域”所对应的相关地域称为“泛流域”，它是以水及水工程为基础和纽带，融通水系与地域，不单纯以分水岭划界，水资源输移互济、生态与自然响应趋同、水土资源等相互联系形成的，具有新的流域发展规律和承载能力的多个子流域（水域）的关联体。跨流域调水工程建设，联通了本来相互独立的单个流域，打破了自然分水岭的阻隔，实现了水资源的南北互济、东西贯通，在水资源配置上体现出泛流域协同互济的整体特征。包括水资源系统在内的很多系统都是人类-自然耦合系统，其中复杂的模式和过程是单学科研究所无法发现和描述的，因此将各个相关学科理论和技术手段紧密融合，成为研究泛流域水资源系统的哲学和方法论基础。耦合多时空尺度和跨学科理论的整体模型技术，是跨流域调水工程研究和论证在理论方法和技术手段上新的探索。本研究建立的黄淮海流域水资源配置整体分析模型，在宏观经济分区和水资源利用分区这两层系统空间结构上分别进行了水资源优化配置方案的分析，建立并探讨了不同情境下水资源合理配置与适应对策的科学工具。整体模型的基础是宏观经济水资源模型和长系列供需分析模拟模型，模型中还耦合了生态模块和水环境保护模块。各个模块之间通过变量进行动态连接并整体优化，以期为包括多种自然要素和经济社会要素的二元水资源系统提供一个整体分析工具。

16.1.2　应用性成果

1. 黄淮海流域全口径缺水识别

应用创新提出的区域缺水全口径识别技术，对黄淮海流域现状缺水状况进行了系统的诊断与识别，计算了黄淮海流域的全口径缺水量，开展了现状缺水量的空间展布，形成了对黄淮海流域严重缺水态势的系统认知。

缺水识别结果显示，海河流域经济社会缺水总量为 57.65 亿 m^3，其中农业灌溉缺水量为 50.77 亿 m^3，城市生活与工业缺水量为 2.91 亿 m^3，农村生活缺水量为 3.97 亿 m^3。生态环境缺水总量为 125 亿 m^3，其中地下水超采量为 81 亿 m^3。全流域经济社会缺水主要集中于海河南系平原区，即河北省南部地区，该地区人均水资源量和多年平均降雨量远低于海河流域平均水平，耕地面积大且粮食生产任务重，农业缺水表象明显。由于水资源高度短缺，位于竞争“金字塔”上端的工业系统用水和生活用水受到冲击，缺水也集中于该区域。

黄河流域社会经济缺水总量为63亿m^3，其中农业灌溉缺水量为55.6亿m^3，城市生活与工业缺水量为3.1亿m^3，农村生活缺水量为4.3亿m^3。生态缺水总量为100亿m^3，其中地下水超采量为26亿m^3，河道内输沙缺水量达到74亿m^3。黄河流域经济社会缺水主要集中于汾河、渭河流域，该区域人口密集，用水需求量大，特殊地理条件导致地表水存蓄能力差，区域缺水问题十分突出。

淮河流域由于年均降水量相对较高，总体来讲，供需矛盾尖锐程度较低。2008年，社会经济缺水总量为31.3亿m^3，其中农业灌溉缺水量为30.23亿m^3，农村生活缺水量为1.07亿m^3，主要集中于河南省和山东省两省的北部地区，该区域是我国重要的粮食主产区，农业灌溉用水需求大而人工供水量不足。淮河区浅层地下水超采量为6.5亿m^3，深层承压水开采量为26.8亿m^3，河道内生态环境缺水量为3.1亿m^3，生态环境缺水量总计为36.4亿m^3。此外，由于大量废污水排入水体，加上经济社会用水对河道内生态用水挤占导致水体自净能力下降，水环境状况恶劣。

2. 黄淮海流域综合配置结论

应用所提出的水资源合理配置理论与模型技术，开展了黄淮海流域2015年、2020年和2030年三个规划水平年水资源合理配置，主要结论包括以下四方面。

（1）在无南水北调工程的基准情景中，黄淮海流域基准年、2015年、2020年、2030年的多年平均缺水量分别为239亿m^3、268亿m^3、273亿m^3和336亿m^3。日渐扩大的供需缺口将会体现在进一步超采地下水、严重挤占河道内生态用水量、社会经济需水得不到满足，给流域的可持续发展带来严重的后果。

（2）在南水北调东线和中线一期实施后，2015年、2020年、2030年黄淮海流域的多年平均缺水量分别为146亿m^3、148亿m^3和206亿m^3。东线一期和中线一期的通水，对于缓解2015年及之后的海河流域和淮河流域的缺水压力，具有非常显著的效果，可以作为2015年的水资源配置推荐方案。

（3）在东线和中线一期的基础上，东线二期和引汉济渭一期工程实施后，2020年、2030年黄淮海流域的多年平均缺水量分别为126亿m^3和180亿m^3。东线二期工程对海河流域的水资源供需矛盾具有较大的缓解作用，而黄河流域引汉济渭工程的实施效果也十分明显，可以作为2020年的推荐方案。

（4）在现有规划的东线一期、二期、三期，中线一期、二期和西线一期工程全部通水后，2030年黄淮海流域的多年平均缺水量为63 m^3，黄淮海流域的水资源供需情势得到了很大程度的缓解。但多年平均条件下依然存在一定程度的缺水，其中尤以黄河流域最为严重，约为35亿m^3，仍需要从供给和需求两个方面来改善水资源供需形势。

3. 海河流域重点区域水资源综合配置

1）南水北调中线通水前后北京市水资源供需形势分析

北京市多年平均降水量585mm，但1999年以来平均降水量仅470mm，水资源供需矛盾加剧，北京市在加强节水的基础上，采取了超采地下水等水资源紧缺条件下的权宜之举和不可持续的水资源利用方式，维持了水资源的供需平衡，以占全国 0.2% 的水资源，支撑着占全国 1.3% 的人口，支撑着全国 4.2% 的 GDP，支撑着每年 10% 以上的 GDP 增长速度。

未来北京市水资源供需是以近 10 年连续干旱的实际供需情况为参考，按照南水北调中线 2014 年通水到京，以生活用水控制增长、工业用水零增长，农业用新水负增长，生态环境扩大再生水使用为原则，确定未来用水量。北京市 540 年间旱涝变化和 1841 年以来北京雨量站降水变化规律表明，北京市具有显著的持续旱涝规律，所以北京市供水是以 1999 年实际供水为评估基础。供需分析结果表明：①在南水北调中线通水之前，如果目前干旱持续，必须持续超采地下水、增加再生水利用量、继续外调水，才能维系北京市水资源基本平衡。②在南水北调中线通水之后，在南水北调中线进京 10 亿 m^3 的前提下，如果再次面临类似 1999 年以来的持续干旱情境，2015 年，可以在不超采地下水的情景下维持北京市供需平衡，还将有约 3.3 亿 m^3 水资源量富余，可用于地表和地下水资源储备；到 2030 年，北京市基本能够维持供需平衡，但南水北调中线水资源红利基本消耗殆尽。

根据规划，特枯年份丹江口水库北调水量约 62 亿 m^3，如果按照等比例消减的原则，北京市引江进京水量约为 6.5 亿 m^3，北京市将会形成很大的水源缺口。由于北京市安全供水的极端重要性，必须充分考虑最不利水资源情况，以确保首都供水安全。通过小浪底水利枢纽引水济京和万家寨引黄济京工程两个应急供水工程的对比分析，小浪底水利枢纽引水济京要优于万家寨引黄济京工程。

2030 年以后，北京市现有水源和规模难以应对持续干旱情景，海水淡化、南水北调中线扩大规模、引用南水北调东线都将是可供选择的方案。从水质、水价和环境影响等方面对比分析，南水北调东线都要优于海水淡化。如果二期丹江口水库北调水量增加，扩大南水北调中线进京规模也是保证北京市水资源安全的重要举措。

2）基于南水北调东中线的天津市水资源合理配置研究

基于南水北调中东线的天津市水资源配置研究，得到以下六方面相关结论。

（1）南水北调生效后，在合理配置格局下，天津市由于工业和城市可供水规模大于其需水量，未来将会出现“城市和工业用不完，而农业和生态不够用”的局面。从水资源角度来看，外调水规模应配合区域需水增长逐步到位，进一步科学调整水资源配置格局，尽量实现城市和农村、经济与生态用水整体安全。

（2）由于引滦和中东线共同为天津市供水，加上地下水调蓄供水，其供水保证率在 75% 和 95% 可以得到保障，并有部分剩余，因此从区域公平的角度，在保留特枯年份引黄补充机制条件下，天津市引滦水量在 75% 和 95% 年份可适当调整一些给河北省唐山市，使得区域水资源利用更加科学合理。

（3）南水北调生效后，为统筹考虑城市和农村水资源安全，城市供水得到更大程度的满足后，应将城市挤占农村的用水指标归还农村。

（4）基于天津市农业水资源短缺、水环境恶化的局面，单纯依靠有限的常规水资源已不现实，再生水资源是实现农业及生态可持续发展的现实可行的重要途径和宝贵资源。典型区再生水回用农业项目建成后，将为再生水利用农业、生态提供示范，迅速提升再生水利用率，具有良好的社会、经济和生态环境综合效益。

（5）考虑到南水北调东中线、引滦水的影响，从资源配置的角度来看，天津市生活及工业供水水源较充沛，天津的海水淡化规模及利用量在未来利用中应适当考虑控制。

（6）天津市水源复杂，多水源的联合调配是水资源配置的重要内容，应大力加强多水源的统一规划、统一配置、统一调度和统一管理，形成外调水和海水主要供给工业和生活，当地水、再生水和浅层地下水主要供给农业和生态的基本格局。

3）河北省重度缺水地区水资源配置研究

黑龙港及运东地区是河北省缺水最为严重的地区，人均水资源量仅有160m^3，现状用水量的49%通过深层地下水开采供给，累计超采地下水已逾1000亿m^3，饮水不安全人口803万，占到该地区总人口的63%。严重的缺水条件已极大地制约了该地区社会经济发展，影响了人民群众生命健康和造成了生态环境破坏。通过对黑龙港及运东地区水资源供需平衡的分析，在南水北调中线2015年、东线2020年开始向该地区供水的情况下，不考虑引黄和深层地下水开采，该地区平水年份近期（2015年）、中期（2020年）、远期（2030年）缺水量分别为21.45亿m^3、14.18亿m^3、9.97亿m^3，缺水率分别达到42.4%、27.4%、19.4%。而根据《南水北调（东、中线）受水区地下水压采总体方案》，该地区2015年和2020年深层地下水最大可开采量分别为10.58亿m^3和7.08亿m^3。因此，仅靠南水北调工程难以解决该地区的水资源供需矛盾，需要在现有条件下增加专用引黄通道，加大引黄规模。通过引黄工程的建设，近期引黄能力可达到9.64亿m^3，中期、远期可达到15.67亿m^3，在引黄指标保持18.44亿m^3不变的情况下，除近期仍存在1.23亿m^3的缺口外，中期、远期将能实现该地区的水资源供需平衡，并逐步补充地下水和削减引黄河水量指标。

4）南水北调通水后滦河水资源优化配置研究

由潘家口水库、大黑汀水库和引滦枢纽闸、引滦入津、引滦入唐等工程组成的引滦工程，在历史上发挥着重要的作用，为天津市的生存与发展提供了极为重要的物质基础，也是唐山市供水的重要来源。随着南水北调工程的实施，中国北方水资源严重短缺局面将有所缓解，流域将面临着供水体系的重大改变，此外，潘家口水库来水量呈现明显减少趋势，导致引滦工程向唐山市的供水量呈急剧下降的趋势，特别是连续枯水期的缺水形势更为严峻。因此，是否需要对滦河分水比例进行调整，成为当前研究的热点问题。本研究提出了滦河水量分配的五大基本原则，在此基础上构建了体现保障性、公平性、效率性和历史性的五大指标，对不同分水比例调整方案进行了多目标定量分析。研究结论表明，2015年天津市引滦水量不需要调整，在75%来水频率条件下，2020年两市总水量调整0.5亿m^3，净调整水量为0.4亿m^3；考虑衰减总水量和净水量调整分别为0.4亿m^3和0.3亿m^3，在95%来水频率条件下，2020年两市总水量调整1.0亿m^3，净调整水量为0.8亿m^3。在南水北调通水后对滦河水进行重新分配，可明显改善唐山市水资源条件，有助于提高唐山市沿海四点一带的供水保障程度，对于改善滦河下游的地下水补给状况、滦河两岸的水生态改善具有重要的意义。滦河水量分配调整方案对天津市水资源保障程度的影响在可接受的范围内。在南水北调通水后，天津市可在中心城区、塘沽区、大港区和静海县增大引江水对引滦水的置换力度，并实现引滦水在武清、宝坻、汉沽和蓟县的优化配置。

5）南水北调东中线受水区水资源合理配置研究

（1）扩大东中线二期的供水规模和范围是非常必要和迫切的。

由黄淮海流域整体配置结果可知，在基准情景下设定了东线一期和中线一期通水的2015年推荐情景方案。通过长系列计算多年平均统计可知，黄淮海流域基准年供需缺口为229.5亿m^3，2015年缺口为134.94亿m^3，2020年缺口为147.59亿m^3，2030年缺口为209.9亿m^3。

在东线一期工程通水的条件下，东线受水区在75%降水频率下，仍存在较大的缺口，缺水率达到10.5%。中线一期工程的实施使得2020年的缺水矛盾得到了极大的缓和，但在75%降水频率下的缺水量达到了47.13亿m^3，缺水率为11.7%。

尽管东中线一期工程对相应受水区的缺水有一定程度缓解，但还不能支撑经济社会用水的高保证率和整个生态环境系统的修复目标要求。并且，二期工程还需要进一步扩大供水范围。因此，在进一步节约用水，合理利用现有水资源基础上，增加水源以保障水资源与经济社会发展相适应，建设南水北调东线、中线工程二期是十分必要和迫切的。

（2）东线工程二期供水规模与调水时机。

根据前述对黄淮海东部平原缺水形势的分析预测、南水北调东中线受水区水资源配置结果和以往规划论证成果，认为南水北调东线工程二期需要在一期工程抽江119.60亿m^3的基础上增加抽江56.44亿m^3调水规模（穿黄水量34.95亿m^3；山东半岛水量21.49亿m^3），并且调水二期工程要在2020年之前生效才能有效保障和促进受水区经济社会快速发展的需要。

根据配置结果和受水区供需平衡分析，按选定的工程规模进行典型年供需平衡计算，可以满足规划供水目标。

（3）中线工程二期供水水源、规模与调水时机。

根据丹江口水库可调水量各方案比较结果可知，近期加坝与水库优化调度方案的调水量可以达到97.1亿m^3，能满足2015年受水区的需水要求。后期（即2020年）调水的诸方案中，可以通过降低个别枯水年的调水量，提高多年平均调水量，则年均调水量可达140亿m^3，能满足受水区城市的用水要求。

中线一期与二期工程规划的受水区范围完全一致，根据黄淮海流域水资源配置结果分析，一期工程运行后，基本能保障近期受水区中长期经济社会发展需要。但是，根据供需平衡分析结果，第二期工程的抽江水量需在一期的基础上增加47.13亿m^3，并且调水二期工程要在2020年之前生效才能有效保障和促进受水区经济社会快速发展的需要。

4. 黄河流域重点区域水资源综合配置

1）黄河中上游能源重化工基地水资源供需分析

黄河流域中上游地区煤炭、石油和天然气等资源十分丰富，在我国能源战略格局中的地位十分突出，被列为我国重点建设的能源重化工产业区。根据国家《煤化工业中长期发展规划》，该区域布局了众多能源化工基地。

西部大开发战略以及国家能源产业政策的实施，给能源资源富集的黄河中上游能源重化工基地带来了加速发展的黄金发展时期。依赖资源优势，能源矿产工业发展迅猛，经济发展加快，对水资源需求快速增长。然而，黄河中上游能源重化工基地地处西北干旱半干旱地区，水资源匮乏、生态环境脆弱，黄河是主要供水水源、供需矛盾突出，能源化工基地已无供水潜力。2030 年水平能源重化工基地总需水量为 28.90 亿 m^3，在无外流域水量调入的情况下，区域可供水量为 10.99 亿 m^3，缺水量为 17.91 亿 m^3，缺水率将达 62.0%。缺水将造成部分工业园区和工业项目由于水量供给不足而不能发挥效益，导致其制约西部大开发战略和国家能源产业政策的顺利实施。

研究成果已被黄河流域水资源综合规划及综合规划修编等重大规划采用，指导了流域水资源利用和生产力布局等宏观决策。

2）基于“零淤积”的黄河下游河道输沙用水研究

按照目前的三门峡、小浪底联合调度运行方式，小浪底将在 10 年后达到冲淤平衡，即上游全部来沙将于 2020 年按设计下泄进入黄河下游河道；在小浪底冲淤平衡后，水保工程的拦沙效率将是黄河输沙水量大小的决定性因素，此外，小北干放淤量越大，则下游输沙水量越小。2015 年是十二五规划完成的关键年，若按照枯水年考虑，输沙水量至少需要 168 亿 m^3，缺口为 138 亿 m^3；若按正常来水年考虑，需要的输沙水量至少要 322.8 亿 m^3；若按枯水年考虑，输沙水量至少需要 148 亿 m^3，缺口为 117 亿 m^3。如果按照持续枯水考虑，2030 年枯水年情境下下游河道需求的输沙水量至少要 128 亿 m^3，缺口约 90 亿 m^3。黄河下游丰水期的输沙效率高于平水期。如果按照丰水年考虑，则 2020～2030 年输沙水量缺口为 80 亿 m^3。

目前，黄河已进入长达 19 年的枯水期，来水量日渐减少，而为确保河道安全，必须保证在未来下游河道零淤积，鉴于利津站 1987～2005 年水量仅有 141.4 亿 m^3，因此自 2015 年后黄河最小水量就会出现不足，2019 年后的来水缺口将达到 180 亿 m^3 左右，2030 年状态下，即使是枯水年，来水缺口也将达到 90 亿 m^3 以上，因此在确保黄河流域继续加大水保力度的同时，南水北调中线二期应尽快上马。

3）西线工程必要性与时机论证研究

黄河流域在我国的经济社会格局中占据着极其重要的战略地位，是我国重要的能源、粮食基地，流域水沙问题一直困扰下游沿岸居民。多年来，黄河流域水资源十分缺乏，按照我国治理黄河“保河道、保民生、保增长、保供水”的重要定位，到 2030 年，流域缺水量高达 114.4 亿 m^3，其中生态输沙缺水量高达 90 亿 m^3，如若水量不够，则到 2030 年黄河下游的水沙淤积问题将十分严重。而目前，解决黄河流域如此大的水量缺口，有两条主要途径。首先为节水。通过农业上调整种植结构、薄膜秸秆覆盖、提高渠系利用系数等方法，以及工业和生活上的节水器具的普及和应用达到节水目的。其次为外调水。通过引汉济渭工程可调水 15.3 亿 m^3，小江调水工程可调水 40.1 亿～102.9 亿 m^3，引嘉入汉济渭工程可调水 54.5 亿 m^3，但由于成本高昂、技术难度大等种种问题，外调水四个方案中，只有引汉济渭方案能实施，水量缺口难以弥补。因此，只有依靠南水北调西线工程从大渡河和雅砻江调水，来满足黄河流域缺水问题。

西线工程调水河段，在满足河道内外需水的基础上，共计可调水 93.14 亿 m^3。为尽快有效缓解黄河流域水资源危机，南水北调一期工程宜尽早建成生效，但鉴于西线一期工程自身的复杂性和难度，考虑西线一期工程的前期工作周期和建设时间，西线一期工程将在 2030 年建成生效。

4）渭河流域资源配置与引汉（江）济渭工程研究

引汉济渭工程可以解决近中期关中缺水和渭河生态基流不足问题，不能解决渭河下游的冲沙问题。引汉济渭工程的供水范围为关中“一线两带”渭河两岸地区，主要包括宝鸡、西安、咸阳、渭南、杨凌 5 个重点城市和兴平等 13 个县级城市及沿线 8 个重要工业园区，所调水量向区内生活、生产供水，并兼顾改善渭河河道内生态环境用水。计算表明，采用引汉济渭调水 15.3 亿 m^3方案后，关中地区国民经济缺水量将由 16.94 亿 m^3减少为 1.64 亿 m^3，基本解决关中地区的国民经济缺水问题。引汉济渭工程多年平均可向渭河下游河道内补充水量 2.7 亿 m^3，其中非汛期可以增加河道内用水量 1.7 亿 m^3，对满足特枯来水年份河道内生态基流用水要求，确保渭河不断流起到积极的作用，但 6～10 月河道内输沙水量仍不能满足。因此调水对渭河下游的输沙减淤作用有限。

通过嘉陵江补汉方案可以增加引汉济渭工程的可调水量 9.7 亿 m^3/a，扣除沿途蒸发渗漏消耗，引汉济渭的调水规模可扩大到 24.7 亿 m^3/a，理论上可以补充渭河的输沙和生态用水。但是，引汉济渭工程缺乏岭北调蓄工程，如果引来的水均匀放入渭河，则不能形成人造洪峰，创造最有利于输沙的河道水流情势，达不到预期的输沙效果。

引汉济渭调水工程由于入黄位置的局限，难以解决黄河潼关以上的上中游地区和宁蒙、小北干流两处关键河段的缺水和淤积问题，引汉济渭方案的供水范围为渭河的关中地区，且调入水量有限，远远不能满足黄河流域的用水需求，因此二者之间不存在相互替代的问题，也不可能替代西线工程的供水，但对缓解渭河流域的国民经济缺水问题和确保渭河不断流将起到积极的作用，同时增加了入黄水量，为改善和恢复渭河和黄河下游河道功能提供了条件。

在黄河中游能源重化工基地建设和国家粮食安全的双重驱动下，未来 20 年黄河流域的水资源供需矛盾将更趋尖锐。随着黄河小浪底水库淤沙库容的衰减，黄河下游要实现冲淤平衡的输沙水量将逐渐增加。因此，为了实现黄河流域经济社会的可持续发展，促进水资源的持续利用，维持河流健康和生态平衡，建议积极推进南水北调西线工程。

16.2　建　　议

16.2.1　大力推行最严格的水资源管理制度，切实强化 ET 管理

黄淮海泛流域是我国缺水、水污染、水生态退化和地下水超采等水资源问题最突出的地区。水资源供需预测和平衡结果分析表明，未来一个时期黄淮海流域水资源情势更加严峻，必须切实强化水资源的配置、节约和保护，着力实施最严格的水资源管

理，努力将南水北调受水区建设成为实行最严格的水资源管理制度的“特区”和示范区。

最严格的水资源管理制度关键是要建立四大体系：一是建立红线管理量化指标体系，以明确各级政府管理目标责任；二是建立红线管理基本制度体系，落实最严格水资源管理要求，着重突出制度实施的强制力和执行力；三是建立红线管理基础支撑体系，为最严格的水资源管理制度实施奠定基础；四是建立红线控制目标考核体系，保障最严格管理目标的实现。

针对黄淮海流域资源性缺水的实际，在强化水资源管理过程中要突出 ET 的管理，特别是在节水过程中要切实以 ET 的减少量作为评价节水效果的最终依据，包括在水权转化过程中要充分认识到这一点。

16.2.2 建立生态和农业基本用水保障制度，严格治理地下水超采

受传统价值观的影响和经济利益的驱动，黄淮海泛流域当前最突出的水资源基本生态用水被挤占导致的生态退化问题、农业用水保障程度不高和地下水严重超采，因此在最严格水资源管理制度的建设中，要切实建立其生态和农业基本用水保障制度，强化地下水超采管理。

基本生态用水保障制度建设主要包括四方面内容：一是经济社会用水总量的严格控制，包括地表水和地下水总量控制；二是重点河湖湿地生态用水水源的建设，重点是再生水补给河湖湿地的水源和输水工程建设；三是重点生态系统的监测与评价体系的建设；四是特殊情况下重点生态的应急补水机制的建设。

基本农业用水保障制度建设也主要包括四方面的内容：一是粮食主产区和千亿斤粮食增产计划地区的农业基本水权的建立，包括农业水源权属的固化，防治农业水源被无偿挤占；二是农田水利基础设施的建立与完善，灌区节水技术改造与农业节水技术的推广；三是将城市再生水回用于农业的工程技术措施和体制机制建设；四是农业节水的激励机制与政策制定，包括定额以内农业用水的优惠等。

为防止黄淮海流域地下水进一步超采，保护地下水资源，应切实开展以下四方面的工作：一是细化地下水功能区划，核定禁采、限采和允许开采地区；二是实行红黄蓝分区管理制度，对不同分区政策执行的力度进行明细界定，在不同地区执行不同的水资源费标准；三是优化南水北调通水后的水资源配置，大力推进城市地下水的水源替代；四是采用严格的地下水的监测与信息通报。

16.2.3 着力完善城乡水资源统一配置体系

由于南水北调东线、中线引江水主要供给城市工业、生活和生态用水，如果缺乏有效的区域城乡水资源统一配置，必将造成城市水用不完、农业水不够用的不合理配置局面。因此，通水后的城乡水资源统一配置是南水北调受水区在通水前必须重点考虑和妥善应对的管理任务。

对于农业用水，应重点对城市处理达标的再生水科学利用于农业灌溉，要立足于区域水资源整体配置和农业配置的需求，科学规划和优化调整城市集中污水处理厂的

布局，建设相应的输水工程和调蓄工程，建立健全水质监测与评估体系，提高农业用水的供水和安全保障程度。在推进城镇化的同时，扩大城市公共供水覆盖范围，提高农村生活用水水量与水质的保障程度。

16.2.4 优化东中线一期工程通水后的流域和区域水资源配置格局

南水北调东线、中线一期工程通水后，黄淮海泛流域的水资源配置格局发生深刻变化，流域和区域间的水力联系进一步密切，必须适应这种形势变化，对流域和区域水资源配置格局作进一步的优化调整。一是要进一步优化调整受水区内外的水资源合理配置格局，以扩大南水北调工程的供水范围，提高工程效益，如东中线一期工程通水后的滦河流域水资源配置格局的调整；二是南水北调通水后的黄河水量分配方案的优化调整，重点对下游地区有引黄水的城市，在东线、中线引江水条件下，应作进一步的优化；三是应急调度格局的调整，海河流域一些城市在没有引江水之前，在特枯年份或枯水季节，经常采取应急调水措施，应在南水北调东中线的框架下作适当的优化调整。

16.2.5 积极推进南水北调东线、中线二期工程

研究结果表明，由于黄淮海流域的缺水形势严峻，在南水北调东线、中线一期通水后，无论是东线二期工程扩大范围，还是现有的一期工程受水区范围，都有较大的供需缺口。特别是作为东线二期的扩大范围的河北省沧州市和衡水市，属于重度缺水地区。这两大城市不仅农业和生态严重缺水、大量超采深层地下水，而且工业和城市生活用水也受到较大约束，应当尽快加紧东线工程的延伸，以缓解区域严重紧张缺水形势。对于一期工程已覆盖的地区，一期引江水量对于区域缺水形势有较好的缓解作用，但从长远来看仍有一定的缺口，特别是东线范围的山东半岛地区、中线一期工程范围内的北京市和河北省一些城市，建议一方面积极推进区域的节水型社会建设进程，提高水资源利用效率和效益，并充分利用好一期工程引江水量，同时做好二期工程的前期工作，根据需求适时建设二期工程。

16.2.6 加快南水北调西线前期工作，争取早日发挥效益

研究结果表明，黄河流域目前正面临着深度缺水，不仅经济社会发展受水资源约束严重，而且河道基本输沙生态水量不足，同时还承担着向海河和淮河两大流域供水的任务。从未来的发展情势来看，黄河流域人民生活水平的提高、下游河道河势的维系、能源重化工基地的建设以及海河淮河流域的供水安全都对于黄河水资源量提出了更高要求。黄河流域今后治水方略的基本定位是“保民生、保河道、保增长、保供水”。而黄河流域水资源总量严重不足，加上人类活动和气候变化造成的水资源衰减，使得黄河流域属于严重的资源型缺水地区。在南水北调东中线工程通水后，黄河流域成为最缺水的地区，应及时开展外流域调水，即建设西线工程。总体来看，西线工程必须要建，而且晚建不如早建。但西线工程问题复杂且存在较大的不确定性，建议加紧前期工程，争取早日发挥效益。

16.2.7 充分认识黄淮海流域水资源情势，完善应急常态化管理

研究表明，黄淮海流域水资源情势十分严峻，甚至比我们日常所见和一般讨论的严重得多，如水资源基础条件，全国水资源综合规划对于水资源评价的成果尚偏于保守，未能充分反映出其客观的基础条件。此外，在大陆季风气候主导下，加上全球气候变化和人类活动的影响，黄淮海流域极端气候事件，特别是特枯和连枯的年份发生的频率增加，因此水资源安全保障要立足于这种情势，一方面要客观认知和判断新形势下的区域水资源禀赋的变化；另一方面在常态管理中要充分考虑特殊情景的要求，提高风险管理意识，加强水源的战略储备，完善应急的常态化管理机制，保障流域和区域水资源安全。

参考文献

安新代，石春先，余欣，等，2002. 水库调水调沙回顾与展望——兼论小浪底水库运用方式研究. 泥沙研究，(5)：36-43

陈建国，周文浩，孙平. 2009. 论小浪底水库近期调水调沙在黄河下游河道冲刷中的作用. 泥沙研究，(6)：31-37

陈志恺，王浩，汪党献. 2004. 西北地区水资源配置生态环境建设和可持续发展战略研究. 北京：科学出版社

费祥俊. 1998. 高含沙水流长距离输沙机理与应用. 泥沙研究，(3)：55-61

高季章，王浩，甘泓，等. 1999. 黄河治理开发与南水北调工程. 中国水利水电科学研究院学报，(1)：27-34

何杉，邹洁玉. 2008. 海河流域跨省河流水量分配的基本思路. 水资源管理，5：43-46

河北省唐山市水务局，中国水利水电科学研究院. 2008. 唐山市沿海四点一带水资源安全保障战略研究（报批稿）

黄河勘测规划设计有限公司. 2008. 南水北调西线第一期工程项目建议书第一篇工程建设必要性及开发任务

黄河勘测规划设计有限公司. 2009. 黄河水量统一调度效果评估报告

黄河上中游管理局. 2010. 黄河流域水土保持“十二五”规划

黄河水利科学研究院. 2006. 黄河输沙水量研究及西线一期工程调水量对黄河干流减淤作用分析

黄金池，刘树坤. 2000. 黄河下游输沙用水量的研究. 中国水利水电科学研究院学报，(1)：43-413

黄自强. 2003. 黄土高原地区淤地坝建设的地位及发展思路. 中国水利，(17)：23-29

李立刚. 2005. 黄河小浪底水库库区泥沙冲淤规律及减淤运用方式研究. 河海大学工程硕士论文

李文家. 2010-05-06. 黄河泥沙减少的原因和今后泥沙状况分析. 黄河报，003

齐璞，李世滢，刘月兰，等. 1997. 黄河水沙变化与下游河道减淤措施. 郑州：黄河水利出版社

钱意颖，叶青超，曾庆华. 1993. 黄河干流水沙变化与河床演变. 北京：中国建材工业出版社

任宪韶. 2007. 海河流域水资源评价. 北京：中国水利水电出版社

萨师煊，王珊. 2002. 数据库系统概论. 北京：高等教育出版社

石伟，王光谦. 2001. 黄河下游输沙水量研究评述，黄河流域水资源演化规律与可再生性维持机理研究与进展. 郑州：黄河水利出版社

水利部长江水利委员会. 2001. 南水北调中线工程规划

水利部海河水利委员会. 2010. 海河流域综合规划

水利部淮河水利委员会. 2008. 淮河流域及山东半岛水资源综合规划

水利部黄河水利委员会. 2009. 黄河流域水资源综合规划报告

水利部水利水电规划设计总院，水利部南水北调规划设计管理局. 2010. 南水北调（东、中线）受水区地下水压采总体方案（报批稿）

唐山市统计局，国家统计局唐山调查队. 2008. 2008 年唐山市国民经济和社会发展统计公报

天津市发展和改革委员会. 2006. 天津市南水北调中线市内配套工程总体规划

天津市统计局，国家统计局天津调查总队. 2008. 2008 年天津市国民经济和社会发展统计公报

王光谦，石伟. 2002. 黄河下游最小输沙水量初探. 北京：清华大学出版社

王建华，江东. 2006. 黄河流域二元水循环要素反演研究. 北京：科学出版社

王随继，范小黎，赵晓坤. 2010. 黄河宁蒙河段悬沙冲淤量时空变化及其影响因素. 地理研究，(10)：1879-1889

王忠静，赵建世，熊雁晖.2003. 现代水资源规划若干问题及解决途径与技术方法（三）. 海河水利，3：16-19

翁文斌，王忠静，赵建世.2004. 现代水资源规划：理论、方法和技术. 北京：清华大学出版社

许新宜，王浩，甘泓.1997. 华北地区宏观经济水资源规划理论与方法. 郑州：黄河水利出版社

薛选世.2005. 黄河小北干流泥沙影响及防治对策探讨. 第六届全国泥沙基本理论研究学术讨论会论文集. 郑州：黄河水利出版社

严军，胡春宏.2003. 小浪底水库修建后黄河下游河道高效输沙水量研究. 中国水利水电科学研究院博士论文

严军，胡春宏.2004. 黄河下游河道输沙水量的计算方法及应用. 泥沙研究，(8)：25-33

姚润丰，赵超.2010. 水土保持法：依法防治水土流失，全民共建秀美山川——写在修订后的水土保持法表决通过之际：http：//www. mwr. gov. cn/slzx/slyw/201012/t20101227_ 248333. html

岳德军，侯素珍，赵业安，等.1996. 黄河下游输沙水量研究. 人民黄河，(8)：32-33，40

张金良.2008. 黄河调水调沙实践. 天津大学学报，(9)：1046-1052

张媛.2009. 关于引滦工程水权再分配的初步探讨. 河北水利.8：29-30

赵华侠，陈建国，陈建武，等.1997. 黄河下游洪水期输沙用水量与河道泥沙冲淤分析. 泥沙研究，(3)：57-61

赵建世，王忠静，翁文斌.2004. 水资源系统整体模型研究. 中国科学 E 辑技术科学，34（增刊 I)：60-73

郑利民.2008. 黄土高原水土保持与生态环境可持续维护. 中国水利水电市场，(4)：17-19

中国人民共和国水利部.2001. 南水北调东线工程规划（修订）

中国人民共和国水利部.2009. 中国水资源公报 2008. 北京：中国水利水电出版社

中国水利水电科学研究院，河北省唐山市水务局.2006. 唐山市水资源综合规划

Arthur W B. 1999. Complexity and the economy. Science，284（5411)：107-109

Barnett T P，Pierce D W，Hidoalgo H G，et al. 2008. Human- induced changes in the Hydrology of the western United States. Science，319（5866)：1080-1083

Becker G. 1968. Crime and punishment：an economic approach. The Journal of Political Economy，76：169-217

Bithell M，Brasington J. 2009. Coupling agent-based models of subsistence farming with individual-based forest models and dynamic models of water distribution. Environmental Modelling & Software，24（2)：173-190

Brekke L D，Kiang J E，Olsen J R，et al. 2009. Climate change and water resources management——A federal perspective. U. S. Geological Survey Circular，1331：65

Grimm V，Revilla E，Berger U，et al. 2005. Pattern- oriented modeling of agent- based complex systems：lessons from ecology. Science，310（5750)：987-991

Inalhan G，Stipanovic D M，Tomlin C J. 2002，Decentralized optimization，with application to multiple aircraft coordination. in Proceedings of the 41st IEEE Conference on Decision and Control. 1：1147-1155

IPCC. 2007. IPCC Fourth Assessment Report（AR4）. Cambridge：Cambridge University Press

Liu J，Dietz T，Carpenter S R，et al. 2007. Complexity of coupled human and natural systems. Science，317（5844)：1513-1516

Loucks D P，Beek E V，Stedinger J R，et al. 2005. Water Resources Systems Planning and Management：An Introduction to Methods，Models and Applications. Paris：UNESCO Publishing

Martin R，Sunley P. 2007. Complexity thinking and evolutionary economic geography. Journal of Economic Geography，7（5)：573-601

Mass A，Hufschmidt M M，Dorfman R，et al. 1966. Design of Water Resources System. Cambridge，Mass：Harvard Univ. Press

Milly P C D，Betancourt J，Falkenmark M，et al. 2008. Stationarity is dead：whither water management? Science，319：573-574

NSF. 2010. Dynamics of coupled Natural and human systems（CNH）. http：//www. nsf. gov/funding/pgm_summ. jsp? pims_ id=13681

Ostrom Elinor. 2009. A general framework for analyzing sustainability of social- ecological systems. Science，325：419-422

Souza Filho，F A，U Lall，et al. 2008. Role of price and enforcement in water allocation：insights from game theory. Water Resources Research，44：12420

Viner D. 2002. A qualitative assessment of the sources of uncertainty in climate change impacts assessment studies. Advances in Global Change Research，10：139-149

Yang Y-C E，Cai X M，Stipunovic D M. 2009. A decentralized optimization algorithm for multiagent system -based watershed management. Water Resources Research，8（45）：DOI：10，1029/2008WR007634

附　录

附表 1　黄河流域社会经济发展汇总

地区	水平年	人口发展与城市化			经济发展/亿元				有效灌溉面积/万亩	林牧渔面积/万亩
		总人口/万人	城镇人口/万人	城镇化率/%	GDP	一产	二产	三产		
青海	基准年	451.1	167.9	37	426	49	207	171	273.4	39.8
	2015	489.8	235.2	48	639	51	289	298	309.1	65.6
	2020	509.1	268.9	53	939	62	431	446	327.0	78.6
	2030	531.9	324.5	61	1 747	82	813	852	348.0	122.4
四川	基准年	9.0	2.2	25	9	1	4	4	0.4	
	2015	9.5	2.6	27	14	1	6	6	0.4	5.5
	2020	9.8	2.7	28	20	1	9	9	0.4	8.2
	2030	10.0	3.5	35	37	2	17	18	0.4	11.7
甘肃	基准年	1 822.8	508.4	28	1 671	211	768	692	763.3	52.8
	2015	1 968.4	731.3	37	2 731	203	1 219	1 309	808.0	64.2
	2020	2 041.2	842.7	41	4 011	243	1 831	1 936	830.3	69.8
	2030	2 097.4	1 028.6	49	7 455	309	3 526	3 620	830.3	81.9
宁夏	基准年	604.0	259.7	43	900	98	476	325	668.9	113.3
	2015	667.3	333.3	50	1 152	89	569	494	685.8	131.5
	2020	699.0	370.2	53	1 684	108	847	729	694.2	140.6
	2030	759.0	455.3	60	3 104	148	1 602	1 354	797.8	205.6
内蒙古	基准年	850.8	465.4	55	3 833	151	1 996	1 685	1 558.8	316.7
	2015	911.6	556.3	61	4 395	234	2 167	1 994	1 618.7	346.2
	2020	942.0	601.7	64	6 543	287	3 290	2 966	1 648.7	360.9
	2030	963.7	669.6	69	12 430	384	6 462	5 583	1 693.7	414.6
陕西	基准年	2 845.7	1 221.5	43	4 634	426	2 675	1 533	1 653.0	157.4
	2015	3 090.1	1 606.1	52	6 438	404	3 556	2 478	1 727.6	162.3
	2020	3 212.3	1 798.4	56	9 679	496	5 394	3 789	1 764.9	164.8
	2030	3 332.5	2 133.7	64	18 683	668	10 414	7 601	1 847.4	194.8
山西	基准年	2 202.0	893.9	41	3 093	138	1 836	1 118	1 230.5	27.7
	2015	2 422.3	1 055.2	44	4 390	214	2 218	1 958	1 327.0	36.6
	2020	2 532.4	1 135.9	45	6 451	259	3 247	2 945	1 375.3	41.1
	2030	2 638.2	1 425.0	54	11 996	347	6 061	5 588	1 395.3	47.3
河南	基准年	1 710.7	513.6	30	3911	365	2 450	1 097	1 114.9	41.0
	2015	1 830.1	738.5	40	4 666	389	2 838	1 438	1 193.8	47.3
	2020	1 889.8	851.0	45	6 824	475	4 189	2 160	1 233.3	50.5
	2030	1 930.8	1 081.0	56	12 596	601	7 643	4 352	1 271.8	58.6

续表

地区	水平年	人口发展与城市化			经济发展/亿元				有效灌溉面积/万亩	林牧渔面积/万亩
		总人口/万人	城镇人口/万人	城镇化率/%	GDP	一产	二产	三产		
山东	基准年	802.6	391.0	49	2 518	209	1 347	961	501.6	41.0
	2015	816.1	465.0	57	3 238	194	1 843	1 201	506.1	42.9
	2020	822.9	502.1	61	4 800	233	2 783	1 783	508.4	43.8
	2030	830.3	582.8	70	8 792	299	5 283	3 210	512.3	45.7
黄河流域	基准年	11 298.8	4 423.5	39	20 995	1 648	11 760	7 587	7 764.6	789.7
	2015	12 205.2	5 723.5	47	27 663	1 780	14 705	11 178	8 176.6	902.1
	2020	12 658.4	6 373.5	50	40 951	2 165	22 022	16 764	8 382.5	958.3
	2030	13 093.9	7 703.9	59	76 840	2 841	41 821	32 178	8697.0	1 182.5

附表 2　海河流域社会经济发展汇总

地区	水平年	人口发展与城市化			经济发展/亿元				有效灌溉面积/万亩	林牧渔面积/万亩
		总人口/万人	城镇人口/万人	城镇化率/%	GDP	一产	二产	三产		
北京	基准年	1 633.0	1 380.0	85	10 488	113	2 693	7 682	346.0	104.0
	2015	1 717.9	1 502.7	87	15 498	124	3 883	11 491	340.5	128.2
	2020	1 800.0	1 600.0	89	23 443	152	5 679	17 612	333.0	134.0
	2030	2 000.0	1 820.0	91	44 384	249	10 613	33 522	313.0	134.0
天津	基准年	1 115.0	851.0	76	6 354	123	3 821	2 411	524.0	42.0
	2015	1 254.8	1 067.0	85	10 283	185	4 869	5 228	518.0	51.3
	2020	1 350.0	1 185.0	88	15 568	238	7 635	7 695	515.0	55.0
	2030	1 550.0	1 400.0	90	28 619	383	14 981	13 255	510.0	60.0
河北	基准年	6 898.0	2 776.0	40	14 732	1 851	7 987	4 893	6 696.0	594.0
	2015	7 348.8	3 291.3	45	21 710	1 847	10 914	8 950	6 587.0	583.4
	2020	7 483.0	3 634.0	49	32 313	2 198	16 841	13 275	6 561.0	610.0
	2030	7 570.0	4 345.0	57	60 357	3 472	33 030	23 854	6 561.0	704.0
山西	基准年	1 181.0	523.0	44	2 176	131	1 233	812	665.0	18.0
	2015	1 310.4	692.9	53	3 088	99	1 517	1 472	691.0	23.5
	2020	1 357.0	773.0	57	4 656	118	2 262	2 276	699.0	26.0
	2030	1 408.0	901.0	64	8 857	192	4 303	4 362	705.0	30.0
河南	基准年	1 226.0	549.0	45	2 799	380	1 801	618	915.0	34.0
	2015	1 365.8	721.9	53	3 685	322	2 157	1 206	971.0	43.3
	2020	1 426.0	811.0	57	5 128	348	3 069	1 711	989.0	48.0
	2030	1 513.0	966.0	64	8 878	465	5 476	2 936	1 004.0	56.0

续表

地区	水平年	人口发展与城市化			经济发展/亿元				有效灌溉面积/万亩	林牧渔面积/万亩
		总人口/万人	城镇人口/万人	城镇化率/%	GDP	一产	二产	三产		
山东	基准年	1 543.0	404.0	26	3 684	479	2 276	1 135	1 929.0	196.0
	2015	1 590.5	689.4	43	6 475	369	3 668	2 438	1 968.8	178.2
	2020	1 604.0	809.0	50	9 824	471	5 574	3 780	1 986.0	174.0
	2030	1 611.0	976.0	61	17 986	751	10 276	6 959	2011.0	174.0
内蒙古	基准年	73.0	29.0	40	114	17	59	38	132.0	1.0
	2015	73.9	37.7	51	136	12	68	56	86.0	1.0
	2020	75.0	41.0	55	194	13	101	80	75.0	1.0
	2030	78.0	45.0	58	346	20	190	136	75.0	1.0
辽宁	基准年	24.0	3.0	13	24	4	13	8	16.0	5.0
	2015	22.4	3.8	17	30	3	15	12	16.0	5.0
	2020	22.0	4.0	18	45	3	23	18	16.0	5.0
	2030	22.0	4.0	18	86	5	47	34	16.0	5.0
海河流域	基准年	13 693.0	6 515.0	48	40 371	3 097	19 884	17 597	11 223.0	994.0
	2015	14 684.4	8 006.6	55	60 905	2 960	27 092	30 853	1 1178.2	1 013.9
	2020	15 117.0	8 857.0	59	91 171	3 541	41 185	46 446	11 174.0	1 053.0
	2030	15 752.0	10 457.0	66	169 513	5 538	78 917	85 058	11 195.0	1 164.0

附表3　淮河区社会经济发展汇总

地区	水平年	人口发展与城市化			经济发展/亿元				有效灌溉面积/万亩	林牧渔面积/万亩
		总人口/万人	城镇人口/万人	城镇化率/%	GDP	一产	二产	三产		
安徽	基准年	3 644.8	1 284.9	35	3 441	731	1 677	1 034	3 032.3	234.7
	2015	3 738.0	1 531.6	41	5 029	899	2 367	1 763	3 092.3	234.7
	2020	3 831.2	1 778.2	46	6 617	1 067	3 057	2 493	3 152.3	234.7
	2030	3 987.3	2 199.1	55	11 893	1 474	5 126	5 293	3 152.3	234.7
河南	基准年	5 915.3	2 115.8	36	6 610	1 214	3 146	2 250	4 636.0	162.3
	2015	6 102.7	2 502.5	41	10 580	1 576	5 119	3 885	4 795.8	179.1
	2020	6 290.1	2 889.2	46	14 549	1 937	7 092	5 520	4 955.7	189.9
	2030	6 598.6	3 650.1	55	27 418	3 011	13 027	11 379	5 042.1	211.6
江苏	基准年	4 318.3	1 775.8	41	6 283	1 007	2 947	2 328	3 722.7	274.8
	2015	4 517.9	2 152.6	48	8 988	1 319	4 121	3 548	3 701.1	278.1
	2020	4 717.4	2 529.5	54	11 694	1 630	5 296	4 768	3 679.4	279.0
	2030	4 986.0	3 033.2	61	20 528	2 457	8 799	9 272	3 637.0	280.7

续表

地区	水平年	人口发展与城市化			经济发展/亿元				有效灌溉面积/万亩	林牧渔面积/万亩
		总人口/万人	城镇人口/万人	城镇化率/%	GDP	一产	二产	三产		
湖北	基准年	25.6	5.5	21	19	3	11	5	16.5	1.1
	2015	26.4	6.1	23	28	4	16	8	17.2	1.1
	2020	27.2	6.8	25	36	4	21	11	18.0	1.1
	2030	28.7	8.3	29	67	6	37	23	18.0	1.1
山东	基准年	7 133.8	3 670.5	51	16 884	1 542	8 758	6 584	4 992.3	599.1
	2015	7 270.3	4 108.5	57	26 069	1 912	12 977	11 180	5 030.3	615.1
	2020	7 406.7	4 546.5	61	35 254	2 282	17 196	15 776	5 068.2	631.2
	2030	7 406.7	5 184.8	70	67 073	3 067	31 077	32 929	5 142.3	663.3
淮河区	基准年	21 037.9	8 852.5	42	33 237	4 497	16 539	12 201	16 399.9	1 272.0
	2015	21 655.2	10 301.3	48	50 694	5 709	24 600	20 385	16 636.8	1 308.1
	2020	22 272.6	11 750.1	53	68 151	6 922	32 661	28 568	16 873.7	1 335.9
	2030	23 007.2	14 075.6	61	126 978	10 015	58 067	58 896	16 991.7	1 391.4

附表 4　黄河流域用水定额汇总

地区	水平年	城镇生活人均用水/[L/(人·d)]	万元工业增加值用水/(m^3/万元)	三产万元GDP用水/(m^3/万元)	城镇环境	农村生活人均用水/[L/(人·d)]	亩均用水/(m^3/亩)	林牧渔定额/(m^3/亩)	农村环境
青海	基准年	101.2	169.0	18.0	1.57	49.3	551.6	275.8	0.68
	2015	111.1	159.1	11.0	2.22	56.3	473.0	236.5	0.78
	2020	114.1	119.9	7.5	2.55	60.4	441.5	220.8	0.85
	2030	122.4	68.1	5.4	3.62	68.7	391.3	195.6	0.95
四川	基准年	122.3	181.8	11.5	0.00	40.6	3243.2	1621.6	0.00
	2015	106.7	99.9	8.2	0.05	65.5	510.6	255.3	0.02
	2020	100.4	59.0	6.6	0.08	77.4	398.7	199.3	0.03
	2030	79.2	37.6	5.6	0.09	84.3	319.7	159.9	0.02
甘肃	基准年	117.5	164.9	13.6	0.99	43.1	416.1	208.1	0.43
	2015	120.6	126.9	9.7	1.37	54.4	394.6	197.3	0.48
	2020	121.6	91.8	7.7	1.56	60.6	384.7	192.4	0.52
	2030	127.0	53.6	4.7	1.84	70.2	370.5	185.2	0.48
宁夏	基准年	103.4	107.0	15.6	0.87	43.8	1110.2	555.1	0.38
	2015	107.4	119.0	10.1	2.14	51.1	984.7	492.3	0.75
	2020	108.8	90.2	6.3	2.77	55.0	925.1	462.6	0.93
	2030	115.5	57.1	4.1	5.20	64.1	788.3	394.1	1.36

续表

地区	水平年	城镇生活人均用水/[L/(人·d)]	万元工业增加值用水/(m^3/万元)	三产万元GDP用水/(m^3/万元)	城镇环境	农村生活人均用水/[L/(人·d)]	亩均用水/(m^3/亩)	林牧渔定额/(m^3/亩)	农村环境
内蒙古	基准年	104.8	40.0	9.0	8.56	51.9	499.4	249.7	3.69
	2015	117.2	44.0	17.9	9.03	58.9	451.8	225.9	3.16
	2020	122.0	41.1	4.7	9.26	62.8	429.4	214.7	3.10
	2030	131.8	22.5	3.3	10.52	71.7	405.8	202.9	2.75
陕西	基准年	102.7	51.0	13.4	0.51	55.2	308.6	154.3	0.22
	2015	112.9	50.9	16.7	0.95	60.6	290.1	145.1	0.33
	2020	116.4	42.6	6.7	1.17	63.7	281.4	140.7	0.39
	2030	126.5	23.9	5.0	1.80	72.4	276.8	138.4	0.47
山西	基准年	93.5	49.0	14.3	0.31	48.4	326.4	163.2	0.13
	2015	102.6	53.0	14.9	0.48	56.9	302.5	151.3	0.17
	2020	106.1	46.3	5.7	0.57	60.8	291.9	145.9	0.19
	2030	114.8	29.1	4.4	0.81	69.3	278.9	139.4	0.21
河南	基准年	112.6	43.0	10.6	0.15	56.5	333.1	166.6	0.06
	2015	118.6	44.7	8.0	0.30	64.0	312.9	156.4	0.11
	2020	120.4	32.1	6.7	0.38	68.3	303.8	151.9	0.13
	2030	129.3	19.2	4.8	0.56	76.7	289.4	144.7	0.15
山东	基准年	93.9	38.5	9.5	0.09	58.6	260.7	130.3	0.04
	2015	102.9	34.5	6.7	0.14	67.1	254.3	127.2	0.05
	2020	106.4	24.3	5.3	0.16	72.6	251.2	125.6	0.05
	2030	116.6	13.9	3.6	0.21	81.9	242.0	121.0	0.05
黄河流域	基准年	102.7	107.0	11.5	13.05	55.2	326.4	163.2	5.63
	2015	112.9	119.0	8.2	16.68	60.6	302.5	151.3	5.84
	2020	116.4	90.2	6.6	18.50	63.7	291.9	145.9	6.19
	2030	126.5	57.1	5.6	24.65	72.4	278.9	139.4	6.45

附表5　海河流域用水定额汇总

地区	水平年	城镇生活人均用水/[L/(人·d)]	万元工业增加值用水/(m^3/万元)	三产万元GDP用水/(m^3/万元)	城镇环境	农村生活人均用水/[L/(人·d)]	亩均用水/(m^3/亩)	林牧渔定额/(m^3/亩)	农村环境
北京	基准年	115.3	29.0	9.3	2.72	97.5	462.6	231.3	0.00
	2015	126.1	21.1	6.9	3.82	121.4	388.2	194.1	0.00
	2020	132.0	18.0	5.3	4.38	130.1	379.0	189.5	0.00
	2030	142.9	14.0	1.9	5.34	140.0	406.3	203.2	0.00

续表

地区	水平年	城镇生活人均用水/[L/(人·d)]	万元工业增加值用水/(m^3/万元)	三产万元GDP用水/(m^3/万元)	城镇环境	农村生活人均用水/[L/(人·d)]	亩均用水/(m^3/亩)	林牧渔定额/(m^3/亩)	农村环境
天津	基准年	102.4	19.0	5.6	0.52	75.8	307.7	153.9	0.00
	2015	122.5	14.3	4.4	1.91	80.4	333.2	166.6	1.43
	2020	129.7	12.0	3.5	2.32	84.7	338.4	169.2	1.77
	2030	137.4	8.0	1.5	2.58	95.0	335.9	168.0	1.77
河北	基准年	80.6	48.0	2.0	1.19	64.2	268.5	134.3	0.00
	2015	104.7	35.1	2.5	1.61	64.8	248.2	124.1	1.37
	2020	112.3	28.0	2.4	1.95	67.6	241.9	121.0	1.69
	2030	118.0	15.0	1.5	2.71	76.4	237.3	118.7	1.69
山西	基准年	69.1	50.0	5.4	0.15	56.6	227.2	113.6	0.00
	2015	83.2	45.7	4.6	0.57	53.9	238.8	119.4	0.00
	2020	92.5	40.0	3.9	0.76	57.2	241.3	120.6	0.00
	2030	111.6	25.0	2.3	1.07	70.2	240.4	120.2	0.00
河南	基准年	112.3	54.0	14.3	0.72	68.8	294.2	147.1	0.00
	2015	120.7	39.2	9.2	0.42	67.2	298.6	149.3	0.00
	2020	125.3	32.0	7.1	0.40	69.9	298.2	149.1	0.00
	2030	133.9	20.0	4.4	0.57	80.1	293.5	146.8	0.00
山东	基准年	111.2	29.0	1.9	1.05	67.4	328.7	164.3	0.00
	2015	108.8	22.9	1.6	0.37	71.9	310.5	155.2	0.00
	2020	111.4	19.0	1.6	0.25	76.2	302.7	151.4	0.00
	2030	121.8	11.0	1.7	0.37	86.3	291.5	145.8	0.00
内蒙古	基准年	113.4	90.0	6.7	0.00	74.7	163.0	81.5	0.00
	2015	100.4	90.7	9.6	0.01	63.9	241.1	120.6	0.00
	2020	100.2	80.0	11.5	0.02	64.5	260.9	130.5	0.00
	2030	109.6	45.0	15.1	0.03	74.7	264.9	132.5	0.00
辽宁	基准年	91.3	28.0	3.8	0.00	39.1	113.5	56.8	0.00
	2015	128.2	21.5	1.6	0.00	69.0	152.8	76.4	0.00
	2020	137.0	20.0	1.7	0.00	76.1	162.2	81.1	0.00
	2030	137.0	20.0	7.5	0.00	76.1	162.2	81.1	0.00
海河流域	基准年	94.6	44.0	5.4	6.35	66.0	328.7	164.3	0.00
	2015	111.0	32.2	4.6	8.72	67.2	310.5	155.3	2.79
	2020	117.5	25.7	3.9	10.08	70.4	302.7	151.4	3.46
	2030	126.2	13.8	2.3	12.67	80.0	291.5	145.8	3.46

附表 6　淮河流域用水定额汇总

地区	水平年	城镇生活人均用水/[L/(人·d)]	万元工业增加值用水/(m³/万元)	三产万元GDP用水/(m³/万元)	城镇环境	农村生活人均用水/[L/(人·d)]	亩均用水/(m³/亩)	林牧渔定额/(m³/亩)	农村环境
安徽	基准年	80.3	98.6	98.3	0.80	87.5	316.2	158.1	0.40
	2015	119.8	68.5	60.0	0.97	120.5	307.8	153.9	0.48
	2020	153.0	57.1	37.5	1.07	109.0	293.6	146.8	0.53
	2030	173.8	37.4	19.1	1.27	115.7	276.5	138.2	0.63
河南	基准年	89.7	40.9	30.4	0.40	71.9	207.5	103.8	0.20
	2015	147.5	36.3	14.7	0.67	88.1	208.7	104.3	0.33
	2020	152.4	29.3	8.9	0.87	93.6	203.7	101.9	0.43
	2030	160.4	18.7	3.7	1.27	108.1	203.6	101.8	0.63
江苏	基准年	131.3	59.2	41.1	1.67	95.8	486.8	243.4	0.83
	2015	154.7	51.0	29.8	2.10	145.3	451.3	225.6	1.05
	2020	172.9	44.0	20.8	2.27	140.7	446.5	223.2	1.13
	2030	189.6	29.2	11.5	2.60	157.2	436.6	218.3	1.30
湖北	基准年	150.6	118.4	134.4	0.00	95.3	528.1	264.1	0.00
	2015	134.6	118.6	137.5	0.00	94.6	562.0	281.0	0.00
	2020	121.6	118.7	138.9	0.00	93.9	540.1	270.0	0.00
	2030	98.5	79.2	87.5	0.00	94.0	540.0	270.0	0.00
山东	基准年	85.2	26.6	14.7	0.53	84.5	263.0	131.5	0.27
	2015	131.5	22.1	7.6	0.77	120.7	242.0	121.0	0.38
	2020	154.0	18.5	4.4	0.87	118.2	235.3	117.7	0.43
	2030	182.4	11.5	1.8	1.07	146.5	222.3	111.2	0.53
淮河流域	基准年	89.7	59.2	41.1	3.40	87.5	316.2	158.1	1.70
	2015	147.5	51.0	29.8	4.50	120.5	307.8	153.9	2.25
	2020	152.4	44.0	20.8	5.07	109.0	293.6	146.8	2.53
	2030	160.4	29.2	11.5	6.20	115.7	276.5	138.2	3.10

附表 7　黄河流域需水量汇总　　（单位：亿 m³）

地区	水平年	城镇				农村				总计
		生活	生产	环境	小计	生活	生产	环境	小计	
青海	基准年	0.62	3.80	1.57	5.99	0.51	16.18	0.68	17.37	23.36
	2015	0.95	4.93	2.22	8.11	0.52	16.17	0.78	17.47	25.58
	2020	1.12	5.50	2.55	9.17	0.53	16.17	0.85	17.55	26.72
	2030	1.45	6.00	3.62	11.07	0.52	16.01	0.95	17.48	28.55

续表

地区	水平年	城镇				农村				总计
		生活	生产	环境	小计	生活	生产	环境	小计	
四川	基准年	0.01	0.08	0.00	0.09	0.01	0.12	0.00	0.13	0.22
	2015	0.01	0.07	0.05	0.13	0.02	0.16	0.02	0.20	0.33
	2020	0.01	0.06	0.08	0.15	0.02	0.18	0.03	0.23	0.38
	2030	0.01	0.07	0.09	0.17	0.02	0.20	0.02	0.24	0.42
甘肃	基准年	2.18	13.60	0.99	16.77	2.07	32.86	0.43	35.36	52.13
	2015	3.22	16.73	1.37	21.32	2.46	33.15	0.48	36.08	57.41
	2020	3.74	18.30	1.56	23.60	2.65	33.29	0.52	36.46	60.06
	2030	4.77	20.60	1.84	27.21	2.74	32.28	0.48	35.50	62.71
宁夏	基准年	0.98	5.60	0.87	7.45	0.55	80.55	0.38	81.48	88.93
	2015	1.31	7.27	2.14	10.71	0.62	74.00	0.75	75.37	86.08
	2020	1.47	8.10	2.77	12.34	0.66	70.73	0.93	72.32	84.66
	2030	1.92	9.70	5.20	16.82	0.71	70.99	1.36	73.06	89.88
内蒙古	基准年	1.78	9.50	8.56	19.84	0.73	85.76	3.69	90.18	110.02
	2015	2.38	13.10	9.03	24.51	0.76	80.95	3.16	84.88	109.38
	2020	2.68	14.90	9.26	26.84	0.78	78.55	3.10	82.43	109.27
	2030	3.22	16.40	10.52	30.14	0.77	77.14	2.75	80.66	110.80
陕西	基准年	4.58	15.70	0.51	20.79	3.27	53.44	0.22	56.93	77.72
	2015	6.62	22.23	0.95	29.80	3.28	52.47	0.33	56.09	85.89
	2020	7.64	25.50	1.17	34.31	3.29	51.99	0.39	55.67	89.98
	2030	9.85	28.70	1.80	40.35	3.17	53.84	0.47	57.48	97.83
山西	基准年	3.05	10.60	0.31	13.96	2.31	40.61	0.13	43.05	57.01
	2015	3.95	14.67	0.48	19.10	2.84	40.70	0.17	43.70	62.80
	2020	4.40	16.70	0.57	21.67	3.10	40.74	0.19	44.03	65.70
	2030	5.97	20.10	0.81	26.88	3.07	39.57	0.21	42.85	69.73
河南	基准年	2.11	11.70	0.15	13.96	2.47	37.82	0.06	40.35	54.31
	2015	3.20	13.83	0.30	17.33	2.55	38.09	0.11	40.75	58.08
	2020	3.74	14.90	0.38	19.02	2.59	38.23	0.13	40.95	59.97
	2030	5.10	16.80	0.56	22.46	2.38	37.66	0.15	40.19	62.65
山东	基准年	1.34	6.10	0.09	7.53	0.88	13.61	0.04	14.53	22.06
	2015	1.75	7.17	0.14	9.05	0.86	13.42	0.05	14.32	23.37
	2020	1.95	7.70	0.16	9.81	0.85	13.32	0.05	14.22	24.03
	2030	2.48	8.50	0.21	11.19	0.74	12.95	0.05	13.74	24.93
黄河流域	基准年	16.65	76.68	13.05	106.38	12.80	360.95	5.63	379.38	485.76
	2015	23.38	100.00	16.68	140.07	13.91	349.12	5.84	368.87	508.94
	2020	26.75	111.66	18.50	156.91	14.47	343.20	6.19	363.86	520.77
	2030	34.77	126.87	24.65	186.29	14.12	340.64	6.45	361.21	547.50

附表 8　海河流域需水量汇总　　（单位：亿 m^3）

地区	水平年	城镇				农村				总计
		生活	生产	环境	小计	生活	生产	环境	小计	
北京	基准年	5.81	13.99	2.72	22.52	0.90	18.41	0.00	19.31	41.83
	2015	6.92	16.09	3.82	26.83	0.95	15.71	0.00	16.66	43.49
	2020	7.71	19.49	4.38	31.58	0.95	15.16	0.00	16.11	47.69
	2030	9.49	21.35	5.34	36.18	0.92	15.44	0.00	16.36	52.54
天津	基准年	3.18	6.49	0.52	10.19	0.73	16.77	0.00	17.50	27.69
	2015	4.77	9.30	1.91	15.98	0.55	18.11	1.43	20.09	36.07
	2020	5.61	11.88	2.32	19.81	0.51	18.36	1.77	20.64	40.45
	2030	7.02	14.02	2.58	23.62	0.52	18.14	1.77	20.43	44.05
河北	基准年	8.17	34.83	1.19	44.19	9.66	187.79	0.00	197.45	241.64
	2015	12.58	40.54	1.61	54.73	9.59	170.73	1.37	181.69	236.43
	2020	14.89	50.28	1.95	67.12	9.50	166.12	1.69	177.31	244.43
	2030	18.72	53.15	2.71	74.58	8.99	164.08	1.69	174.76	249.34
山西	基准年	1.32	5.64	0.15	7.11	1.36	15.31	0.00	16.67	23.78
	2015	2.11	7.61	0.57	10.28	1.21	16.78	0.00	17.99	28.27
	2020	2.61	9.94	0.76	13.31	1.22	17.18	0.00	18.40	31.71
	2030	3.67	11.77	1.07	16.51	1.30	17.31	0.00	18.61	35.12
河南	基准年	2.25	8.84	0.72	11.81	1.70	27.42	0.00	29.12	40.93
	2015	3.18	9.57	0.42	13.17	1.58	29.64	0.00	31.22	44.40
	2020	3.71	11.04	0.40	15.15	1.57	30.21	0.00	31.78	46.93
	2030	4.72	12.23	0.57	17.52	1.60	30.29	0.00	31.89	49.41
山东	基准年	1.64	5.33	1.05	8.02	2.80	66.62	0.00	69.42	77.44
	2015	2.74	8.80	0.37	11.91	2.37	63.90	0.00	66.26	78.17
	2020	3.29	11.19	0.25	14.73	2.21	62.75	0.00	64.96	79.69
	2030	4.34	12.52	0.37	17.23	2.00	61.16	0.00	63.16	80.39
内蒙古	基准年	0.12	0.44	0.00	0.56	0.12	2.16	0.00	2.28	2.84
	2015	0.14	0.67	0.01	0.83	0.08	2.08	0.00	2.17	3.00
	2020	0.15	0.90	0.02	1.07	0.08	1.97	0.00	2.05	3.12
	2030	0.18	1.06	0.03	1.27	0.09	2.00	0.00	2.09	3.36
辽宁	基准年	0.01	0.03	0.00	0.04	0.03	0.21	0.00	0.24	0.28
	2015	0.02	0.03	0.00	0.05	0.05	0.28	0.00	0.33	0.38
	2020	0.02	0.05	0.00	0.07	0.05	0.30	0.00	0.35	0.42
	2030	0.02	0.12	0.00	0.14	0.05	0.30	0.00	0.35	0.49
海河流域	基准年	22.50	75.59	6.35	104.44	17.30	334.69	0.00	351.99	456.43
	2015	32.45	92.61	8.72	133.78	16.39	317.24	2.79	336.42	470.20
	2020	37.99	114.77	10.08	162.84	16.09	312.05	3.46	331.60	494.44
	2030	48.16	126.22	12.67	187.05	15.47	308.72	3.46	327.65	514.70

附表9　淮河区需水量汇总　　（单位：亿 m^3）

地区	水平年	城镇				农村				总计
		生活	生产	环境	小计	生活	生产	环境	小计	
安徽	基准年	3.77	26.70	0.80	31.27	7.53	99.60	0.40	107.53	138.80
	2015	6.70	26.80	0.97	34.46	9.70	98.80	0.48	108.99	143.45
	2020	9.93	26.80	1.07	37.80	8.17	96.00	0.53	104.70	142.50
	2030	13.95	29.30	1.27	44.52	7.55	90.40	0.63	98.58	143.10
河南	基准年	6.92	19.70	0.40	27.02	9.98	97.90	0.20	108.08	135.10
	2015	13.47	24.30	0.67	38.44	11.58	101.95	0.33	113.86	152.30
	2020	16.08	25.70	0.87	42.64	11.62	102.90	0.43	114.96	157.60
	2030	21.37	28.50	1.27	51.13	11.63	104.80	0.63	117.07	168.20
江苏	基准年	8.51	27.00	1.67	37.18	8.89	187.90	0.83	197.62	234.80
	2015	12.15	31.60	2.10	45.85	12.55	173.30	1.05	186.90	232.75
	2020	15.97	33.20	2.27	51.43	11.23	170.50	1.13	182.87	234.30
	2030	20.99	36.40	2.60	59.99	11.21	164.90	1.30	177.41	237.40
湖北	基准年	0.03	0.20	0.00	0.23	0.07	0.90	0.00	0.97	1.20
	2015	0.03	0.30	0.00	0.33	0.07	1.00	0.00	1.07	1.40
	2020	0.03	0.40	0.00	0.43	0.07	1.00	0.00	1.07	1.50
	2030	0.03	0.50	0.00	0.53	0.07	1.00	0.00	1.07	1.60
山东	基准年	11.42	33.00	0.53	44.95	10.68	139.20	0.27	150.15	195.10
	2015	19.72	37.20	0.77	57.68	13.93	129.20	0.38	143.52	201.20
	2020	25.56	38.70	0.87	65.13	12.34	126.70	0.43	139.47	204.60
	2030	34.52	41.70	1.07	77.29	11.88	121.70	0.53	134.11	211.40
淮河区	基准年	30.65	106.60	3.40	140.65	37.15	525.50	1.70	564.35	705.00
	2015	52.06	120.20	4.50	176.76	47.84	504.25	2.25	554.34	731.10
	2020	67.56	124.80	5.07	197.43	43.44	497.10	2.53	543.07	740.50
	2030	90.86	136.40	6.20	233.46	42.34	482.80	3.10	528.24	761.70